# 高山气象站资料代表性及应用价值研究

叶成志　潘志祥　蔡荣辉　等 **编著**

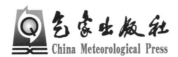

气象出版社

**China Meteorological Press**

## 内容简介

本书是基于编者的有关研究工作和国内外相关研究进展综合而成,目的在于介绍我国高山观测站气象资料及其在科研业务中的应用情况,探讨其资料代表性以及对降水的指示作用,并揭示全球变暖大背景下高山气候多时空尺度演变特征,从而帮助人们深入了解高山站气象资料的特点和应用价值。全书共分六个章节及附录,其中第 1 章主要介绍高山气象观测站概况及其数据集资料说明;第 2 章利用统计分析方法揭示高山站气象要素时空演变特征;第 3 章介绍复杂地形条件下低层环流日变化特征数值模拟研究成果;第 4 及第 5 章系统性、定量化地阐述高山站风场对低层环流的资料代表性及对下游区域强降水的指示作用;第 6 章重点介绍基于前 5 章科研成果自主研发的"高山站气象资料应用暴雨预报业务系统"及其推广应用情况。附录主要收集了高山站历史沿革及相关业务技术规范。

本书作为国内首部高山站气象资料应用价值研究方面的专著,不仅可作为广大气象业务和服务人员用书,而且对于从事大气科学研究和教学的人员也有重要的参考价值,还可供相关政府部门在防灾减灾决策与指挥工作中参考。

**图书在版编目(CIP)数据**

高山气象站资料代表性及应用价值研究 / 叶成志等编著. --北京:气象出版社,2016.12
ISBN 978-7-5029-6508-2

Ⅰ.①高… Ⅱ.①叶… Ⅲ.①高山气候-研究 Ⅳ.①P462.5

中国版本图书馆 CIP 数据核字(2016)第 321683 号

出版发行:气象出版社

地　　址:北京市海淀区中关村南大街 46 号　　　　邮政编码:100081
电　　话:010-68407112(总编室)　010-68408042(发行部)
网　　址:http://www.qxcbs.com　　　　E-mail:qxcbs@cma.gov.cn
责任编辑:白凌燕　　　　　　　　　　　　终　审:邵俊年
责任校对:王丽梅　　　　　　　　　　　　责任技编:赵相宁
封面设计:博雅思企划
印　　刷:中国电影出版社印刷厂
开　　本:787 mm×1092 mm　1/16　　　　印　张:19.25
字　　数:490 千字
版　　次:2016 年 12 月第 1 版　　　　　　印　次:2016 年 12 月第 1 次印刷
定　　价:120.00 元

# 《高山气象站资料代表性及应用价值研究》
# 撰写人员

| | | | | | |
|---|---|---|---|---|---|
| 第 1 章 | 潘志祥 | 叶成志 | 陈德桥 | 彭嘉栋 | 莫如平* |
| 第 2 章 | 张剑明 | 陈德桥 | 赵娴婷 | 莫如平* | 戴泽军 |
| 第 3 章 | 刘鸿波 | 何明洋 | 叶成志 | 张剑明 | |
| 第 4 章 | 原韦华 | 陈昊明 | 赵娴婷 | 尹　洁 | |
| 第 5 章 | 叶成志 | 原韦华 | 陈静静 | 尹　洁 | 徐双柱 |
| 第 6 章 | 蔡荣辉 | 欧小锋 | 陈静静 | 叶成志 | 郑逢春 |
| 附　录 | 陈德桥 | 陈红专 | 王叶红 | 戴泽军 | 许　霖 |
| 统　稿 | 叶成志 | 陈静静 | 王青霞 | | |

---

\* Mo Ruping，National Laboratory for Coastal and Mountain Meteorology，Environment and Climate Change Canada，Vancouver，BC，Canada.

# 序

我国高山气象观测站具有悠久的历史,在我国天气观测和预报中起着独特的作用。前辈气象学家和预报员经常利用上游高山站的气象要素变化作为指标站,监测低空急流活动,预报下游暴雨的发生;另一方面也利用高山站降水的观测,估算水资源的储存与耗损状况。高山站由于可对其所在高度代表的对流层低层环流进行连续监测,其特殊的地理位置和特定的高度层使其观测资料具有代表性与不可替代性,即使在天地一体化进行立体观测的今天,也是不可或缺的。尤其是目前受城市化影响不大的人工操作观测点正日趋减少,而高山气象观测站远离人类活动中心,海拔高度接近大气边界层顶部,其观测资料较少受到现代城市化和局地环境污染的影响,因而更能真实反映低层环流的气候演变特征。

近年来,国外利用高山观测资料开展大气科学研究十分活跃,并取得了一些有意义的成果。一方面基于高山站资料开展山地气候和气候变化研究,另一方面则主要集中在利用高山观测资料研究地形对低层环流及周边降水以及特殊天气事件的影响。特别值得一提的是,目前国外的一些大型气象观测研究项目都在复杂地形上安装密集的地面和探空观测站,其中包括许多高山自动气象站,并将获取的加密观测资料与高分辨率数值模式等现代技术相结合,对山地天气过程进行临近预报外场试验,取得了许多理论和技术突破,同时也为进一步研究复杂地形上的天气现象提供了新的观测事实。

我国老一辈气象学者也非常重视高山站资料的应用,山东的泰山气象站是我国最早建立的较完整的高山观测站之一,通过长期的分析与研究积累了宝贵的技术方法及应用经验。近年来,随着探测条件和信息技术的进一步完善,利用高山站高时间分辨率的风场资料探讨低空急流日变化特征及对降水日变化的影响等方面的研究工作正逐步展开,为暴雨精细化预报提供了必需的资料和新思路。但总体而言,我国在这方面尚缺乏系统性、定量化的研究。

今天看到叶成志同志及国内外一批优秀的科研业务人员，汇集多年智慧结晶，编写了《高山气象站资料代表性及应用价值研究》一书并准备正式出版，感到由衷的高兴。这是国内首部充分挖掘高山站气象资料应用价值，并将其一系列研究成果汇编而成的专著。它收集整理了湖南南岳山、江西庐山、安徽黄山、福建九仙山、湖北绿葱坡等一批有长时间人工观测的高山气象站气象要素和历史沿革资料，紧密围绕高山站资料气候态特征、资料代表性和降水指示作用逐章阐述。既强调了高山站观测资料的重要性，又突出了新技术、新方法在我国南方暴雨预报业务中的应用，形成了有区域特色的暴雨预报新技术支撑。我相信这本专著的出版，对深刻认识高山站气象资料特点和应用价值具有十分重要的意义，也为进一步了解副热带山地气候演变规律提供科学依据。

高山气象观测站工作环境恶劣，条件十分艰苦。多年来我国从事高山站观测的众多观测人员积极奉献，克服各种困难，为我国积累了大量高山观测资料，这是一份宝贵的气象资料财富。在出版此书之际，谨向他们长期的无私奉献表示崇高的敬意。

丁一汇

2015 年 10 月于北京

# 目　　录

序

第1章　中国中东部高山气象观测站及其资料说明……………………………（1）

1.1　高山站地理位置、站史及观测仪器………………………………………（1）

1.1.1　南岳高山气象观测站 …………………………………………………（1）

1.1.2　庐山高山气象观测站 …………………………………………………（4）

1.1.3　九仙山高山气象观测站 ………………………………………………（5）

1.1.4　黄山高山气象观测站 …………………………………………………（6）

1.1.5　绿葱坡高山气象观测站 ………………………………………………（7）

1.1.6　神农架高山气象观测站 ………………………………………………（8）

1.2　高山站资料数据集及均一化检验方法 …………………………………（9）

1.2.1　高山站资料数据集简介 ………………………………………………（9）

1.2.2　风速的均一性检验与订正 ……………………………………………（9）

1.3　国内外山地气象及相关研究进展………………………………………（15）

1.3.1　低空急流 ………………………………………………………………（16）

1.3.2　低空急流日变化及其对降水的影响 …………………………………（19）

1.3.3　高山站资料应用 ………………………………………………………（21）

第2章　高山站气象要素时空演变特征 ………………………………………（24）

2.1　高山站气象要素多时间尺度演变特征…………………………………（24）

2.1.1　资料与方法……………………………………………………………（24）

2.1.2　气象要素的年际变化…………………………………………………（24）

2.1.3　气象要素的年内变化…………………………………………………（37）

2.1.4　风向风速的变化特征…………………………………………………（39）

2.1.5　气象要素的 M-K 突变分析……………………………………………（43）

2.1.6　气象要素的 Morlet 小波分析…………………………………………（45）

2.1.7　小结……………………………………………………………………（50）

2.2　湖北神农架立体观测网夏季气象要素时空分布特征…………………（51）

　　2.2.1　资料和方法 ……………………………………………………… (52)

　　2.2.2　降水空间分布特征 ………………………………………………… (55)

　　2.2.3　降水日变化 ………………………………………………………… (56)

　　2.2.4　气温特征 …………………………………………………………… (57)

　　2.2.5　风场特征 …………………………………………………………… (59)

　　2.2.6　湿度特征 …………………………………………………………… (60)

　　2.2.7　小结 ………………………………………………………………… (62)

　2.3　高山站与邻近低海拔城市站气温变化对比分析 …………………… (62)

　　2.3.1　站点和资料说明 …………………………………………………… (63)

　　2.3.2　相关分析和相似分析 ……………………………………………… (64)

　　2.3.3　线性回归分析 ……………………………………………………… (66)

　　2.3.4　局部加权回归分析 ………………………………………………… (69)

　　2.3.5　小结 ………………………………………………………………… (71)

　2.4　高山站风对夏季风的响应 …………………………………………… (72)

　　2.4.1　对夏季风进退的响应 ……………………………………………… (72)

　　2.4.2　对夏季风强度的响应 ……………………………………………… (73)

　　2.4.3　小结 ………………………………………………………………… (76)

第3章　复杂地形条件下的低层环流日变化特征 ………………………… (77)

　3.1　引言 …………………………………………………………………… (77)

　3.2　低空急流日变化特征及影响因子数值模拟研究 …………………… (77)

　　3.2.1　模式简介 …………………………………………………………… (78)

　　3.2.2　低空急流大尺度特征及模拟结果验证 …………………………… (79)

　　3.2.3　低空急流日变化特征 ……………………………………………… (81)

　　3.2.4　低空急流的地转和非地转分量 …………………………………… (83)

　　3.2.5　低空急流的非平衡特征 …………………………………………… (86)

　　3.2.6　敏感性试验 ………………………………………………………… (87)

　　3.2.7　小结 ………………………………………………………………… (91)

　3.3　弱斜压背景下复杂下垫面边界层风场日循环过程数值模拟分析 … (92)

　　3.3.1　资料和模式 ………………………………………………………… (93)

　　3.3.2　观测分析及模拟结果验证 ………………………………………… (95)

　　3.3.3　复杂下垫面边界层风场日循环特征 ……………………………… (100)

　　3.3.4　小结 ………………………………………………………………… (103)

**第 4 章 高山站风场对低层环流的代表性分析** ……………………………… (107)

4.1 再分析资料检验高山站风场的代表性 ……………………………… (107)

4.1.1 资料与方法 ……………………………………………………… (107)

4.1.2 年际变化代表性 ………………………………………………… (107)

4.1.3 季节变化代表性 ………………………………………………… (115)

4.2 探空资料检验高山站气象要素的代表性 ………………………… (122)

4.2.1 南岳站风场与探空资料的相关性 …………………………… (123)

4.2.2 庐山站风场与探空资料的相关性 …………………………… (124)

4.2.3 黄山站气象要素与探空资料的相关性 ……………………… (125)

4.2.4 九仙山站气象要素与探空资料的相关性 …………………… (126)

4.3 风廓线雷达资料检验高山站风场的代表性 ……………………… (126)

4.3.1 大老岭站 ………………………………………………………… (127)

4.3.2 绿葱坡站 ………………………………………………………… (130)

4.3.3 神农顶站 ………………………………………………………… (132)

4.3.4 武当山站 ………………………………………………………… (134)

4.4 本章总结 …………………………………………………………… (136)


**第 5 章 高山站风场对降水的指示作用** ……………………………………… (137)

5.1 高山站风场对下游区域持续性降水指示作用的统计分析 ……… (137)

5.1.1 资料与方法 ……………………………………………………… (137)

5.1.2 持续性降水与风场的关系 …………………………………… (137)

5.1.3 小结 ……………………………………………………………… (143)

5.2 江南春雨期我国中东部两个高山站风速变化特征及其指示作用 … (143)

5.2.1 资料与方法 ……………………………………………………… (144)

5.2.2 江南春雨的变化特征 ………………………………………… (144)

5.2.3 江南春雨期高山站风场的变化特征 ………………………… (148)

5.2.4 西南风指数与江南春雨的相关 ……………………………… (151)

5.2.5 强、弱江南春雨年高山站风的特征 ………………………… (152)

5.2.6 小结 ……………………………………………………………… (153)

5.3 南岳站风向风速演变对湖南强降雨天气过程的指示作用 ……… (154)

5.3.1 湖南暴雨天气形势主客观分型 ……………………………… (154)

5.3.2 五类南岳站风向风速演变特征对湖南不同天气型强降雨的指示作用 …… (161)

5.4 南岳站风场对赣北暴雨的指示作用 ……………………………… (173)

5.4.1　南岳站西南风对赣北有无暴雨的指示作用 ……………………… (173)

5.4.2　南岳站风对赣北暴雨过程开始和南压的指示作用 …………… (174)

5.4.3　小结 …………………………………………………………… (179)

5.5　南岳站、庐山站风场对长江流域梅雨锋暴雨的指示作用 …………… (179)

5.5.1　长江流域梅雨锋暴雨的环流形势 …………………………… (179)

5.5.2　长江流域梅雨锋暴雨的重要天气系统 ………………………… (181)

5.5.3　南岳、庐山高山站风场对长江流域梅汛期暴雨的指示作用 …… (185)

第6章　高山站资料应用暴雨预报系统介绍 ………………………………… (193)

6.1　系统功能及技术实现 ……………………………………………… (194)

6.1.1　系统功能 ……………………………………………………… (194)

6.1.2　系统功能技术实现 …………………………………………… (196)

6.2　系统操作手册 ……………………………………………………… (196)

6.2.1　暴雨个例检索 ………………………………………………… (196)

6.2.2　暴雨预报模型 ………………………………………………… (200)

6.2.3　相似个例查询 ………………………………………………… (201)

6.2.4　暴雨预警预报 ………………………………………………… (204)

6.2.5　常用链接 ……………………………………………………… (213)

6.2.6　退出系统 ……………………………………………………… (213)

6.3　系统的安装与配置 ………………………………………………… (213)

6.3.1　安装 …………………………………………………………… (213)

6.3.2　快速配置 ……………………………………………………… (213)

6.3.3　自定义地图集 ………………………………………………… (219)

参考文献 …………………………………………………………………… (221)

附录A　台站历史沿革 ……………………………………………………… (232)

附录B　2006—2015年华中区域暴雨个例统计表 ………………………… (253)

附录C　2006—2015年湖南暴雨个例统计表 ……………………………… (262)

附录D　中尺度天气分析业务技术规范 …………………………………… (282)

附录E　相似指数简介 ……………………………………………………… (289)

附录F　中尺度模式简介 …………………………………………………… (293)

# 第 1 章　中国中东部高山气象观测站及其资料说明

山地覆盖地球陆地面积的五分之一,是影响生态环境和气候系统的一个重要因素(Meybeck et al.,2001)。由于地形复杂及观测资料匮乏等原因,人们对山地动力和热力效应及其与大气的相互作用等方面仍然缺乏足够的认识,在一定程度上制约了山地气象预报,特别是中小尺度的暴雨预报准确率和精细化服务水平的进一步提高。我国中东部高山气象观测站,积累有长时间序列的观测资料,且较少受到人为环境变化的影响,可对其所在高度代表的对流层低层环流进行连续监测。其逐时观测资料能够描述比探空资料更高时间分辨率的气象要素变化,可反映对流层低层风场的时变特征。此外,由于中东部高山站处在东亚季风关键影响区及低空急流活动高频次区(陶诗言,1980;Ding,1994;Chen et al.,1995;Stensrud,1996;Wang et al.,2000;Ding et al.,2001;Rife et al.,2010),其观测资料在一定程度上可反映东亚季风环流的特征,对其下游地区的强降水发生发展具有重要的指示作用,如在日常预报业务中,高山站的风向、风速资料是预报季风雨带位置和强度的重要指标。目前,高山站气象资料应用技术研究相对较少,尤其是定量分析和业务化应用技术尚且薄弱,还远未充分发挥其应用价值。因此,在当前探空资料时空分辨率严重不足,难以满足暴雨精细化预报需求的情况下,深刻认识高山站气象资料特点并将其应用于现有的预报业务,对丰富天气气候规律的认识以及提高暴雨预报准确率和精细化水平等方面都具有重要的现实意义。

## 1.1　高山站地理位置、站史及观测仪器

我国中东部地区共有六个人工观测的高山气象观测站,分别位于湖南南岳山、江西庐山、湖北绿葱坡、安徽黄山、福建九仙山及浙江天目山(图 1.1)。由于浙江天目山高山气象观测站已于 1997 年撤站,因此,本节我们将介绍除天目山之外的五个高山气象观测站的地理位置、站史、观测环境及观测仪器变更情况。此外,由于目前湖北神农架地区已形成了山地气象立体观测站网,从山脚兴山峡口(海拔高度 260 m)到神农顶(海拔高度 2900 m)由低到高分布了若干个地面加密自动观测站,其观测资料对长江中下游暴雨等灾害性天气的科学研究和预报业务具有重要意义。因此,本节也将神农架气象站一并作重点介绍。

### 1.1.1　南岳高山气象观测站

南岳山地处湖南衡邵盆地,位于衡阳市南岳区境内。南岳高山气象观测站(27°18′N,112°41′E,以下简称南岳站)位于南岳山风景名胜区望日台山顶,观测场海拔高度为 1265.9 m,与最高峰祝融峰(1300.2 m)水平距离相隔 400 m(图 1.2a)。其前身是始建于 1937 年 7 月的南岳测候所(图 1.2b),1952 年 11 月改建为气象观测站,至今观测场位置未发生过变动。其中 1952 年 11 月—1953 年 6 月站号为 433,1953 年 7 月—1957 年 5 月站号为 56752,1957 年 6 月

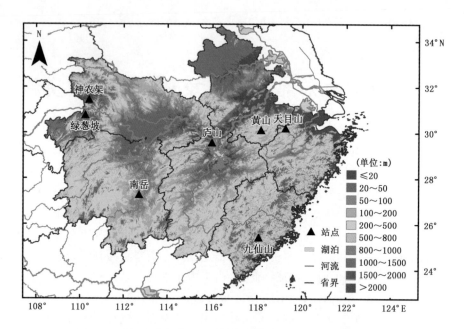

图 1.1　我国中东部高山气象站地理位置及地形图(单位:m)

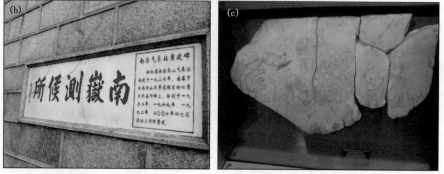

图 1.2　湖南南岳高山气象观测站实景(a)、南岳气象站重建碑(b)和南岳测候所原碑(c)

至今站号为 57776。台站级别:1952—1953 年为丙种气象站,1954—1960 年为气候站,1961—1979 年为气象站,1980—2012 年为国家基本气象站,2013 年升级为国家基准气候站。图 1.2c 为南岳测候所原始石碑,现保存在南京中国北极阁气象博物馆。

观测时间:1953 年之前采用 120°E 标准时每日 8 次(03、06、09、12、15、18、21、24 时),1954 年 1 月—1960 年 6 月采用地方平均太阳时每日 4 次(01、07、13、19 时),1960 年 7 月—2012 年 12 月采用北京时每日 4 次(02、08、14、20 时),2013 年采用北京时每日 8 次(23、02、05、08、11、14、17、20 时)。2014 年 1 月 1 日全国地面气象观测业务调整至今则采用北京时每日 5 次(08、11、14、17、20 时)。2003—2006 年人工观测与自动观测平行进行,2003 年以人工观测资料为正式记录,2004—2006 年以自动观测资料为正式记录,2007 年转为自动气象站业务单轨运行,从 2014 年 1 月 1 日起,使用新型自动站。2003 年 1 月至今每日 24 h 连续自动观测。

表 1.1 记录了南岳站气象要素观测仪器变更情况,其中风向风速观测仪器 1952 年 11 月—1954 年 2 月采用风向器、风程表,1954 年 3—12 月采用丁字式风向器,1955 年 3 月—1968 年 7 月采用维尔德测风器(轻、重型),1968 年 8 月—2011 年 12 月采用 EL 型电接风向风速计,2003 年 1 月至今采用风杯式遥测风向风速传感器。每年冬季(11 月至翌年 3 月)因结冰维尔德测风器停用,1954 年 12 月—1958 年 3 月风速用电传风速器观测,风向用估测值,1958 年 6 月至今用轻便杯形风速表补充测定,1958 年 11 月—1968 年 7 月因结冰风向风速用维尔德测风器和轻便杯形风速器交替测定,1968 年 8 月—2013 年 12 月因结冰风向风速用 EL 型电接风向风速计指示器或轻便杯形风速器测定,2014 年 1 月至今因结冰风向风速用轻便杯形风速器测定。气温观测采用百叶箱干湿球温度表及双金属温度计,干湿球温度表使用至 2013 年 12 月,双金属温度计使用至 2011 年 12 月,2003 年 1 月至今则采用铂电阻温度传感器(自动,下同)。降水量采集 1952 年 11 月—2013 年 12 月采用雨量器(人工,定时雨量以此为准,下同),1958 年 4 月—2011 年 12 月采用虹吸式雨量计(自记,下同),2003 年 1 月至今采用双翻斗遥测雨量传感器(自动,下同),2014 年 12 月至今采用称重式降水传感器(自动,下同)作为冬季观测使用,其中,2014 年 1 月至今定时雨量以双翻斗遥测雨量计传感器和称重式降水传感器为准,雨量器作为备份。

表 1.1　南岳站气象要素观测仪器变更情况表

| 开始日期 | 结束日期 | 要素 | 仪器 |
| --- | --- | --- | --- |
| 19521101 | 19540228 | 风向风速 | 风向器、风程表 |
| 19540301 | 19541207 | 风向风速 | 丁字式风向器 |
| 19550301 | 19680731 | 风向风速 | 维尔德测风器 |
| 19580601 | 99999999 | 风向风速 | 轻便风向风速表 |
| 19680801 | 20111231 | 风向风速 | EL 型电接风向风速计 |
| 20030101 | 99999999 | 风向风速 | 风杯式遥测风向风速传感器 |
| 19521101 | 20131231 | 气温 | 干湿球温度表 |
| 19521101 | 20111231 | 气温 | 双金属温度计 |
| 20030101 | 99999999 | 气温 | 铂电阻温度传感器 |
| 19521101 | 20131231 | 降水量 | 雨量器 |
| 19580401 | 20111231 | 降水量 | 虹吸式雨量计 |
| 20030101 | 99999999 | 降水量 | 双翻斗遥测雨量传感器 |
| 20141201 | 99999999 | 降水量 | 称重式降水传感器 |

注:99999999 为至今,下同。

### 1.1.2   庐山高山气象观测站

庐山地处江西省北部的鄱阳湖盆地,位于九江市庐山区境内,滨临鄱阳湖畔,雄峙长江南岸。庐山高山气象观测站(29°34′N,115°59′E,以下简称庐山站)位于庐山牯牛背山顶,东面和南面环山,东侧有庐山第二高峰大月山,南面为庐山最高峰汉阳峰(海拔高度 1474 m)。观测场海拔高度为 1164.5 m,始建于 1954 年 12 月,至今观测场位置未发生过变动。其中 1954 年 12 月—1957 年 5 月站号为 56772,1957 年 6 月至今站号为 58506。台站级别:1954—1962 年为气象站,1963—2006 年为基本站,2007—2008 年为国家气象观测站(一级站),2009—2012 年为国家基本气象站,2013 年升级为国家基准气候站(图 1.3)。

图 1.3   江西庐山高山气象观测站实景

观测时间:1960 年 7 月之前采用地方平均太阳时每日 4 次(01、07、13、19 时),1960 年 7 月—2013 年采用北京时每日 4 次(02、08、14、20 时),2014 年至今采用北京时每日 5 次(08、11、14、17、20 时)。2003 年以人工观测资料为正式记录,2004 年以自动观测资料为正式记录,2004 年 1 月至今每日 24 h 连续自动观测。

表 1.2 记录了庐山站气象要素观测仪器变更情况,其中风向风速观测仪器 1954 年 12 月—1968 年 8 月采用维尔德测风器(轻、重型),1968 年 9 月—2011 年 12 月采用 EL 型电接风向风速计,2003 年 1 月至今采用风杯式遥测风向风速传感器。气温观测采用百叶箱干湿球温度表及双金属温度计,干湿球温度表使用至 2004 年 12 月,双金属温度计使用至 2011 年 12 月,2003 年 1 月至今采用铂电阻温度传感器。降水量采集 1954 年 12 月至今采用雨量器,1956 年 7 月—2011 年 12 月采用虹吸式雨量计,2003 年 1 月至今采用双翻斗遥测雨量传感器。

表 1.2   庐山站气象要素观测仪器变更情况表

| 开始日期 | 结束日期 | 要素 | 仪器 |
|---|---|---|---|
| 19541201 | 19680822 | 风向风速 | 维尔德测风器 |
| 19680823 | 20111231 | 风向风速 | EL 型电接风向风速计 |
| 20030101 | 99999999 | 风向风速 | 风杯式遥测风向风速传感器 |
| 19541201 | 20041231 | 气温 | 干湿球温度表 |
| 19541201 | 20111231 | 气温 | 双金属温度计 |

| 开始日期 | 结束日期 | 要素 | 仪器 |
| --- | --- | --- | --- |
| 20030101 | 99999999 | 气温 | 铂电阻温度传感器 |
| 19541201 | 99999999 | 降水量 | 雨量器 |
| 19560701 | 20111231 | 降水量 | 虹吸式雨量计 |
| 20030101 | 99999999 | 降水量 | 双翻斗遥测雨量传感器 |

### 1.1.3　九仙山高山气象观测站

　　九仙山位于福建省德化县西北部的赤水、上涌、大铭三乡镇交界处,海拔高度为 1658 m。九仙山气象观测站((25°43′N,118°06′E,以下简称九仙山站)坐落于有"闽中屋脊"之称的戴云山脉九仙山山顶,观测场海拔高度为 1653.5 m,始建于 1955 年 9 月,至今观测场位置未发生过变动,其中 1955 年 9 月—1957 年 5 月站号为 57931,1957 年 6 月至今站号为 58931。台站级别:1955—1962 年为气象站,1963—2006 年为国家基本气象站,2007—2008 年为国家气象观测站(一级站),2009 年至今为国家基本气象站(图 1.4)。

图 1.4　福建九仙山高山气象观测站实景

　　观测时间:1960 年 8 月之前采用地方平均太阳时每日 4 次(01、07、13、19 时),1960 年 8 月至今采用北京时每日 4 次(02、08、14、20 时),2006 年至今每日 24 h 连续自动观测。2006—2007 年人工观测与自动观测进行平行观测,2006 年以人工观测资料为正式记录,2007 年以自动观测资料为正式记录,2008 年开始自动站单轨运行。

　　表 1.3 记录了九仙山站气象要素观测仪器变更情况,其中风向风速观测仪器 1955 年 9 月—1971 年 5 月采用维尔德测风器(轻、重型),1971 年 7 月—2011 年 12 月采用 EL 型电接风向风速计,2000 年至今采用风向风速计传感器。气温观测采用百叶箱干湿球温度表及双金属温度计,干湿球温度表使用至 2001 年 7 月,双金属温度计使用至 2011 年 12 月,2000 年 7 月至今采用铂电阻温度传感器。降水量采集 1955 年 9 月至今采用雨量器,1955 年 9 月—1985 年 4 月采用虹吸式雨量计,1985 年 5 月至今采用双翻斗遥测雨量传感器。

表 1.3　九仙山站气象要素观测仪器变更情况表

| 开始日期 | 结束日期 | 要素 | 仪器 |
|---|---|---|---|
| 19550915 | 19620630 | 风向风速 | 福斯风速表及布条 |
| 19550915 | 19710531 | 风向风速 | 维尔德测风器 |
| 19710701 | 20111231 | 风速 | EL 型电接风向风速计 |
| 20000101 | 99999999 | 风向风速 | 风向风速计传感器 |
| 19560915 | 20010724 | 气温 | 干湿球温度表 |
| 19560801 | 20111231 | 气温 | 双金属温度计 |
| 20000725 | 99999999 | 气温 | 铂电阻温度传感器 |
| 19550915 | 99999999 | 降水量 | 雨量器 |
| 19550915 | 19850430 | 降水量 | 虹吸式雨量计 |
| 19850501 | 99999999 | 降水量 | 双翻斗遥测雨量传感器 |

## 1.1.4　黄山高山气象观测站

　　黄山位于安徽省南部黄山市境内,主峰莲花峰海拔高度达 1864.8 m,与光明顶、天都峰并称三大黄山主峰。黄山气象观测站(30°08′N,118°09′E,以下简称黄山站)位于黄山光明顶山顶,观测场海拔高度为 1840.4 m,始建于 1956 年 1 月,至今观测场位置未发生过变动,站号 58437。台站级别:1956—2006 年为气象站,2007—2008 年为国家气象观测站(一级站),2009—2012 年为国家基本气象站,2013 年升级为国家基准气候站(图 1.5)。

图 1.5　安徽黄山高山气象观测站实景

　　观测时间:1960 年 8 月之前采用地方平均太阳时每日 4 次(01、07、13、19 时),1960 年 8 月至今采用北京时每日 4 次观测(02、08、14、20 时)。2000—2001 年人工观测与自动观测进行平行观测,2000 年以人工观测资料为正式记录,2001 年以自动观测资料为正式记录,2002 年开始自动站单轨运行,2003 年 1 月至今采用每日 24 h 连续自动观测。

　　表 1.4 记录了黄山站气象要素观测仪器变更情况,其中风向风速观测仪器 1957 年 6 月—1979 年 12 月采用维尔德测风器(轻、重型),1967 年 1 月—1992 年 12 月采用 EL 型电接风向风速计,1993 年 1 月—2009 年 12 月采用 EN 型测风数据处理仪,2009 年 10 月至今采用遥测风向风速传感器。气温观测从 1956 年 1 月—2009 年 12 月采用百叶箱干湿球温度表及双金属温度计,2000 年 1 月至今采用铂电阻温度传感器。降水量采集 1956 年 1 月至今采用雨量

器,1956 年 7 月—2011 年 12 月采用虹吸式雨量计,1980 年 1 月—1999 年 12 月采用遥测雨量计,2000 年 1 月至今采用双翻斗遥测雨量传感器。

表 1.4　黄山站气象要素观测仪器变更情况表

| 开始日期 | 结束日期 | 要素 | 仪器 |
|---|---|---|---|
| 19560101 | 19570531 | 风向 | 风信旗 |
| 19560101 | 19570630 | 风速 | 杯形风速器 |
| 19570601 | 19791231 | 风向风速 | 维尔德测风器 |
| 19670101 | 19921231 | 风向风速 | EL 型电接风向风速计 |
| 19930101 | 20091231 | 风向风速 | EN 型测风数据处理仪 |
| 20091029 | 99999999 | 风向风速 | 遥测风向风速传感器 |
| 19560101 | 20091231 | 气温 | 干湿球温度表 |
| 19560101 | 20091231 | 气温 | 双金属温度计 |
| 20000101 | 99999999 | 气温 | 铂电阻温度传感器 |
| 19560101 | 99999999 | 降水量 | 雨量器 |
| 19560701 | 20111231 | 降水量 | 虹吸式雨量计 |
| 19800101 | 19991231 | 降水量 | 遥测雨量计 |
| 20000101 | 99999999 | 降水量 | 双翻斗遥测雨量传感器 |

### 1.1.5　绿葱坡高山气象观测站

绿葱坡位于湖北省巴东县境内,绿葱坡气象观测站(30°49′N,110°15′E,以下简称绿葱坡站)位于巴东县绿葱坡山顶,观测场海拔高度为 1819.3 m,始建于 1957 年 1 月,1998 年 1 月撤站,2008 年 9 月恢复观测,期间观测场位置未发生过变动。其中 1957 年 1—5 月站号为56726,1957 年 6 月—1997 年 12 月以及 2008 年 9 月至今站号为 57451。台站级别:1957—1962 年为气象站,1963—1979 年为基本站,1980—1997 年为国家基本气象站,2008 年 9 月至今是无人自动气象站(图 1.6)。

图 1.6　湖北绿葱坡高山气象观测站(a:建站初期;b:实景近照)

观测时间:1960 年 8 月之前采用地方平均太阳时每日 4 次(01、07、13、19 时),1960 年 8月—1997 年采用北京时每日 4 次(1960 年 8 月之前 01、07、13、19 时,之后 02、08、14、20 时),2008 年 9 月恢复观测至今采用每日 24 h 连续自动观测。

表 1.5 记录了绿葱坡站气象要素观测仪器变更情况,其中风向风速观测仪器 1957 年 4

月—1968 年 6 月采用维尔德测风器(轻、重型),1968 年 7 月—1997 年 12 月采用 EL 型电接风向风速计,2008 年 9 月至今为风杯式遥测风向风速传感器,每年冬季因结冰采用手持风速表。气温观测 1957 年 1 月—1997 年 12 月采用百叶箱干湿球温度表及双金属温度计,2008 年 9 月至今使用铂电阻温度传感器。降水量采集 1957—1997 年采用雨量器及虹吸式雨量计,2008 年 9 月至今采用双翻斗遥测雨量传感器。

表 1.5　绿葱坡站气象要素观测仪器变更情况表

| 开始日期 | 结束日期 | 要素 | 仪器 |
|---|---|---|---|
| 19570101 | 19971231 | 风向 | 立轴式风向计 |
| 19570401 | 19680630 | 风向风速 | 维尔德测风器 |
| 19680701 | 19971231 | 风向风速 | EL 型电接风向风速计 |
| 20080918 | 99999999 | 风向风速 | 风杯式遥测风向风速传感器仪器 |
| 19570101 | 19971231 | 气温 | 干湿球温度表 |
| 19570101 | 19971231 | 气温 | 双金属温度计 |
| 20080916 | 99999999 | 气温 | 铂电阻温度传感器 |
| 19570101 | 19971231 | 降水量 | 雨量器 |
| 19570601 | 19971231 | 降水量 | 虹吸式雨量计 |
| 20080918 | 99999999 | 降水量 | 双翻斗遥测雨量传感器 |

### 1.1.6　神农架高山气象观测站

神农架位于湖北省西部边陲,与重庆市巫山县毗邻,由大巴山脉东延余脉组成,由西南向东北逐渐降低,最高峰神农顶海拔高度 3162.2 m,为华中地区最高点。神农架气象观测站(31°45′N,110°40′E,以下简称神农架站)位于神农架林区松香坪,观测场海拔高度为 935.2 m,始建于 1975 年 1 月,期间观测场位置未发生过变动,站号 57362。台站级别:1975 年 1 月—1979 年 12 月为气象站,1980 年 1 月—2006 年 6 月为国家一般气象站,2006 年 7 月—2008 年 12 月为国家气象观测站(二级站),2009 年 1 月至今为国家一般气象站(图 1.7)。

图 1.7　湖北神农架高山气象观测站实景

观测时间:1975—2002 年为北京时每日 3 次(08、14、20 时),2003 年 1 月至今采用北京时每日 24 h 连续自动观测。

表 1.6 记录了神农架站气象要素观测仪器变更情况,其中风向风速观测仪器 1975 年 1

月—2011 年 12 月采用 EL/EN 型电接风向风速计,2002 年至今采用风杯式遥测风向风速传感器。气温观测 1975 年 1 月—2003 年 12 月采用百叶箱干湿球温度表,1975 年 1 月—2011 年 12 月采用双金属温度计,2002 年至今采用铂电阻温度传感器。降水量采集 1975 年至今采用雨量器,1975 年 1 月—1983 年 3 月采用虹吸式雨量计,1983 年 4 月—2011 年 12 月采用翻斗式遥测雨量计,2002 年 1 月至今采用双翻斗式遥测雨量传感器。

**表 1.6　神农架站气象要素观测仪器变更情况表**

| 开始日期 | 结束日期 | 要素 | 仪器 |
| --- | --- | --- | --- |
| 19750101 | 20111231 | 风向风速 | EL/EN 型电接风向风速计 |
| 20020101 | 99999999 | 风向风速 | 风杯式遥测风向风速传感器 |
| 19750101 | 20031231 | 气温 | 干湿球温度表 |
| 19750101 | 20111231 | 气温 | 双金属温度计 |
| 20020101 | 99999999 | 气温 | 铂电阻温度传感器 |
| 19750101 | 99999999 | 降水量 | 雨量器 |
| 19750101 | 19830331 | 降水量 | 虹吸式雨量计 |
| 19830401 | 20111231 | 降水量 | 翻斗式遥测雨量计 |
| 20020101 | 99999999 | 降水量 | 双翻斗遥测雨量传感器 |

## 1.2　高山站资料数据集及均一化检验方法

### 1.2.1　高山站资料数据集简介

我国中东部高山气象站气象资料数据集包括 1960—2014 年南岳站、庐山站、黄山站、九仙山站、神农架站以及 1960—1997 年、2008—2014 年绿葱坡站地面定时观测温度、降水、风向风速值数据。数据集由各省、市气候资料处理部门逐月上报的《地面气象记录月报表》的信息化资料文件,根据《全国地面气候资料(1961—1990)统计方法》及《地面气象观测规范》有关规定进行整编统计而得,数据集均经过各省气候资料处理部门质量控制检验。

由于大多气候原始资料序列在形成过程中受到多种非气候因素影响,如站址迁移、仪器变更、观测时制和时次的变化、观测者的习惯性误差以及站址周围的环境变化等因素,会造成观测记录数据的非均一性(李庆祥 等,2003)。相关研究显示,气温、降水的非均一性主要由台站迁移引起,而台站历史沿革信息表明,我国中东部高山站均未有过远距离迁址,仅海拔高度稍有变动,故而气温、降水序列存在非均一性的可能性很小,对南岳站的均一性检验也表明其气温、降水不存在非均一性(彭嘉栋 等,2010)。而风速序列的均一性不仅受到台站迁移的影响,还与风速仪器的变更密切相关。我国中东部高山站的测风仪器均存在多次变更的情况,因此,有必要对其风速资料序列进行均一性检验和订正。

### 1.2.2　风速的均一性检验与订正

我国历史上风速仪器存在多次同期批量换型的情况,建站初期气象台站使用的风向风速观测仪器大多是维尔德风压板,其构造简单、灵敏性差、所测资料缺乏准确性,部分台站配备了达因式风向风速计等仪器。1966 年开始,国产 EL 型电接风向风速计陆续装备全国各气象台站,有效提高了风速观测的精度。20 世纪 90 年代初期,部分台站使用的 EL 型电接风向风速计又被 EN 型系列测风数据处理仪所替换,EN 型测风数据处理仪具有测量准确可靠、使用安装简便等优势。但仪器的同期换型增加了对风速序列均一性检验的难度,因为即使参考序列的选取对序列的均一性检验有很大帮助,但如果邻近台站测风仪器和待检台站同批次换型,则利用邻近台站建立的参考序列可能本身就会存在非均一性问题,从而大大影响对待检台站进行均一性检验的效果。因此,在对风速进行均一性检验时,需合理利用台站历史沿革信息,首先对各邻近台站风速序列的均一性进行判断,在此基础上再对待检台站风速序列进行均一性检验,这样方能有效提升待检台站均一性检验的准确度(刘小宁,2000;曹丽娟 等,2010)。

### 1.2.2.1 资料与方法

下面以南岳站和庐山站为例,利用两站以及周边邻近台站 1960—2012 年逐月的平均风速资料,采用二项回归方法(Lund *et al.*,2002)并结合台站历史沿革信息对其风速序列进行均一化检验。

(1)建立参考序列:

$$S_i = \frac{\sum_{k=1}^{4} \rho_k^2 (X_{ki} - \bar{X}_k + \bar{Y})}{\sum_{k=1}^{4} \rho_k^2} \tag{1.1}$$

式中,$\{Y_i\}_{i=1,\cdots,n}$ 是被检验站年平均风速序列;$\{X_{ki}\}_{i=1,\cdots,n}$ 是第 $k$ 个邻近站年平均风速序列;$n$ 是时间序列长度;$\bar{X}_k$ 是第 $k$ 个测站平均值;$\rho_k$ 是被检验站与第 $k$ 个邻近站的相关系数,以被检验站与其他测站的相关系数最高的四个站为标准选择邻近站。

(2)对待检序列和参考序列的比率或差值序列进行变换,使其成标准化序列:

$$Q_i = Y_i - S_i \tag{1.2}$$

对 $Q_i$ 进行标准化变换:

$$Z_i = \frac{Q_i - \bar{Q}}{\sigma_Q} \tag{1.3}$$

式中,$\sigma_Q$ 为 $Q_i$ 的标准差。

(3)假设序列 $Z_i$ 的长期趋势、均值有转折性变化,可以建立如下趋势拟合模式:

$$Z_i = a_0 + b_0 i + e_i \quad i = 1, 2, \cdots, a \tag{1.4}$$

$$Z_i = a_1 + b_1 i + e_i \quad i = a+1, \cdots, n \tag{1.5}$$

式中,$a$ 为序列转折点,$e_i$ 为随机误差。

原假设 $H_0$:序列无不连续点。备选假设 $H_1$:序列存在不连续点,即 $b_0 = b_1$,构造似然比统计量 $U$:

$$U = [(Q_0 - Q)/3]/[Q/(n-4)] \tag{1.6}$$

$Q_0$、$Q$ 分别为 $H_0$、$H_1$ 成立时的残差平方和,可以证明,在 $H_0$ 成立时,$U$ 统计量的渐近分布为 $F$ 分布,其自由度分别为 3 和 $n-4$。根据假设检验,若实测样本在给定的置信水平 $1-a$ 上满足:

$$U \geqslant F_{3,n-4}(1-a) \tag{1.7}$$

则拒绝原假设,否则接受原假设,这里取 $\alpha = 0.05$。

(4)通过台站历史沿革数据对不连续点进行确认。由于二项回归模式是一个冗余的模式,因此,对于该模式检验得到的可能不连续点还需要经过进一步判断和确认。这里我们通过查阅台站历史沿革数据对二项回归方法检验得到的可能不连续点进行确认,得出不连续点的位置。

#### 1.2.2.2　均一性检验与订正

（1）南岳站风速

选择南岳站周边与其风速相关性较好的桂东（57889）、衡山（57777）、永兴（57887）及新宁（57851）四站建立参考序列,四站与南岳站风速相关系数分别为 0.818、0.817、0.806 和 0.802。永兴、新宁在 1960—2012 年站址未迁移,2012 年之后均迁往城郊,风速变大。衡山、桂东站址虽有变动,但迁站距离分别仅为 2.2 km 和 0.5 km,且海拔高度变化不超过 30 m。因此,可利用上述四站 1960—2012 年的风速资料建立参考序列。

图 1.8 为南岳站年平均风速与参考序列的差值序列,二项回归的检验结果表明,该差值序列无明显突变点存在。但查阅南岳站台站历史沿革发现,1968 年南岳站的风速观测仪器由维尔德测风器（即风压板）更换为 EL 型电接风向风速计,尽管各参考站的风速观测仪器也均在同时期由维尔德测风器更换为 EL 型电接风向风速计,但差值序列在 1968 年前后还是有一个跳跃。其原因是我国风压板是根据 1010.6 hPa（气温 15℃）情况下的空气密度将风压转换成风速的,风压板指针全国统一,并无高山平原之别,而在高山上的空气密度显著比平原小,造成风速误差。而二项回归方法未能检测出这个非均一点,可能与该非均一点未达到其所需的显著性水平有关。这里利用图 1.9 中南岳站年平均风速与参考序列的差值序列在 1968 年前后均值的差值作为订正系数,对南岳站 1968 年之前的风速资料进行订正（图 1.9）。各季节平均风速的订正方法与年平均风速相同（图 1.10）,但各季节订正系数的平均值应与年订正系数相等,由此得出冬季订正系数为 0.55 m/s,春季为 0.24 m/s,夏季为 0.29 m/s,秋季为 0.25 m/s,年为 0.33 m/s。

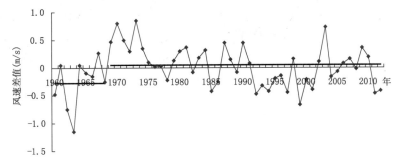

图 1.8　南岳站年平均风速与其参考序列的差值序列

（2）庐山站风速

选择庐山站周边与其风速相关性较好的九江（58502）、德安（58508）、湖口（58510）、星子（58514）四站建立参考序列,四站与庐山站相关系数分别为 0.823、0.876、0.885 和 0.801。

图 1.11 为庐山站年平均风速待检序列与参考序列的差值序列,经检验该序列 1992 年存在一个可能断点。查庐山站台站历史沿革,1992 年前后庐山站既无迁站,风速仪器也未换型,从图中也可发现,差值序列并非突然下降,而是呈现出逐步下降的趋势,原因可能与庐山站的风速下降较参考站速率更大有关。因此,综合考虑庐山站 1992 年前后不存在非均一性断点,1960—2012 年庐山站年平均风速序列是均一的。

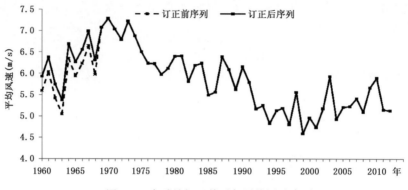

图 1.9　南岳站订正前后年平均风速序列

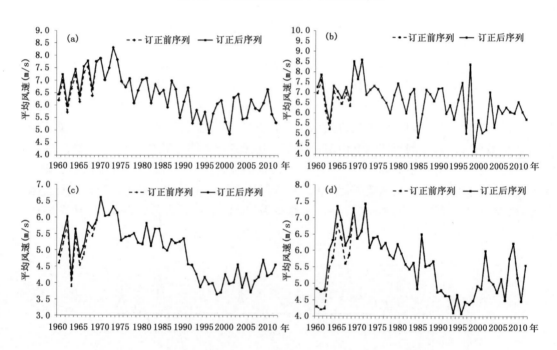

图 1.10　南岳站订正前后春(a)、夏(b)、秋(c)、冬(d)平均风速序列

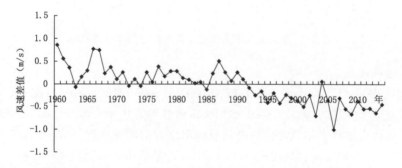

图 1.11　庐山站年平均风速的待检序列与参考序列的差值序列

1.2.2.3  南岳站与低海拔参考站变化特征对比分析

(1)南岳站与低海拔参考站风速

南岳站多年平均风速(5.9 m/s)远高于低海拔参考站的平均值(1.8 m/s),从两者的变化趋势对比来看,1960—2012 年南岳及参考站年平均风速均呈显著的减小趋势且均通过 0.01 显著性水平检验,两者风速减小速率分别为 0.32 和 0.26 (m/s)/10a,南岳站明显高于参考站(图 1.12)。

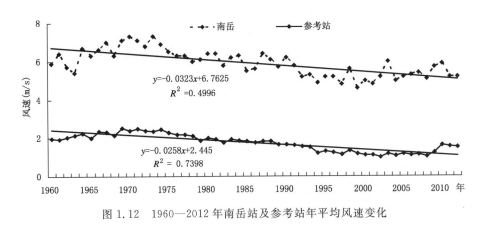

图 1.12  1960—2012 年南岳站及参考站年平均风速变化

分季节来看,南岳站夏季和春季平均风速较大(分别为 6.7 和 6.4 m/s),冬季次之(5.5 m/s),秋季最小(5.1 m/s),而低海拔参考站四季平均风速差异不大(在 1.7~1.9 m/s 之间);1960—2012 年南岳站和低海拔参考站各季节平均风速均呈显著的减小趋势,其中南岳站以平均风速最小的秋季减小速率最大(0.37(m/s)/10a),而低海拔参考站以平均风速最大的春季减小速率最大(0.30(m/s)/10a),且南岳站各季节平均风速减小速率均高于参考站(表 1.7)。

表 1.7  南岳站及参考站各季节平均风速及线性变化趋势

| 站名 | 项目 | 冬季 | 春季 | 夏季 | 秋季 |
| --- | --- | --- | --- | --- | --- |
| 南岳 | 平均值(m/s) | 5.5 | 6.4 | 6.7 | 5.1 |
| | 线性变化趋势((m/s)/10a) | −0.30 | −0.35 | −0.29 | −0.37 |
| 参考站 | 平均值(m/s) | 1.8 | 1.9 | 1.8 | 1.7 |
| | 线性变化趋势((m/s)/10a) | −0.26 | −0.30 | −0.24 | −0.24 |

(2)庐山站与低海拔参考站风速

庐山站多年平均风速(4.3 m/s)大于周围低海拔参考站的平均风速(2.7 m/s),从两者的变化趋势对比来看,1960—2012 年庐山及低海拔参考站年平均风速均呈显著的减小趋势且均通过 0.01 显著性水平检验,两者风速减小速率分别为 0.44 和 0.26(m/s)/10a,庐山站明显高于低海拔参考站(图 1.13)。

分季节来看,庐山站春季和夏季平均风速最大(均为 4.6 m/s),秋季次之(4.3 m/s),冬季最小(3.8 m/s),低海拔参考站冬季和秋季平均风速较大(分别为 2.8 m/s 和 2.7 m/s),夏季次之(2.5 m/s),春季最小(2.3 m/s);1960—2012 年庐山站和低海拔参考站各季节平均风速均呈显著的减小趋势,其中庐山站以秋季减小速率最大(0.47(m/s)/10a),而低海拔参考站以平均风速最大的秋冬季减小速率最大,均为 0.31(m/s)/10a,且庐山站各季节平均风速减小速

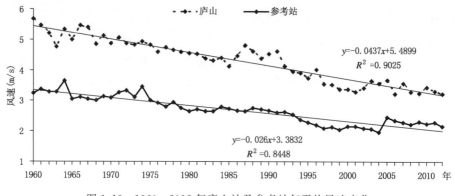

图 1.13　1960—2012 年庐山站及参考站年平均风速变化

率均高于参考站(表 1.8)。

表 1.8　庐山站及参考站各季节平均风速及线性变化趋势

| 站名 | 项目 | 冬季 | 春季 | 夏季 | 秋季 |
|---|---|---|---|---|---|
| 庐山 | 平均值(m/s) | 3.8 | 4.6 | 4.6 | 4.3 |
| | 线性变化趋势((m/s)/10a) | −0.41 | −0.46 | −0.40 | −0.47 |
| 参考站 | 平均值(m/s) | 2.8 | 2.3 | 2.5 | 2.7 |
| | 线性变化趋势((m/s)/10a) | −0.31 | −0.26 | −0.16 | −0.31 |

(3) 同区域 NCEP/NCAR 全球再分析资料的风速变化特征

为了进一步了解高山站与参考站风速变化特征的差异,选取同区域对应海拔高度的 NCEP/NCAR 全球再分析风速资料进行分析发现,850 hPa 的多年平均风速 2.8 m/s 大于 1000 hPa 的平均风速(2.1 m/s),但 850 hPa 的多年平均风速显著低于南岳和庐山,而 1000 hPa 的多年平均风速与低海拔台站的差异相对较小。从 850 hPa 和 1000 hPa 的多年平均风速的变化趋势对比来看,1960—2012 年 850 hPa 和 1000 hPa 年平均风速均呈显著的减小趋势且均通过 0.01 显著性水平检验,两者风速减小速率分别为 0.19 和 0.09(m/s)/10a,850 hPa 明显高于 1000 hPa,说明近 50 年来该区域低空风速的减小速率同样高于地面风速(图 1.14)。

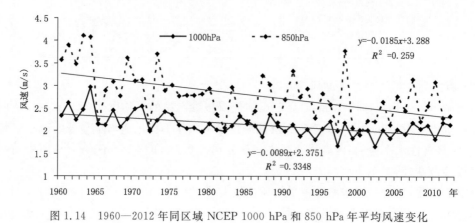

图 1.14　1960—2012 年同区域 NCEP 1000 hPa 和 850 hPa 年平均风速变化

分季节来看,850 hPa 夏季和春季平均风速较大(分别为 3.9 m/s 和 3.1 m/s),秋季次之 (2.4 m/s),冬季最小(1.7 m/s),这与高山站风速的季节差异基本一致;而 1000 hPa 冬季和秋季平均风速最大(分别为 2.8 m/s 和 2.7 m/s),夏季次之(1.6 m/s),春季最小(1.5 m/s),与庐山站的季节差异基本一致。1960—2012 年 850 hPa 和 1000 hPa 的春季和夏季平均风速均呈显著的减小趋势,且 850 hPa 平均风速的减小速率均高于 1000 hPa,这与同高度气象台站的春季和夏季风速变化趋势基本一致;而 850 hPa 和 1000 hPa 冬季和秋季平均风速变化趋势均不明显,而同高度气象台站的冬季和秋季风速均呈显著减小趋势(表 1.9)。

**表 1.9 同区域 NCEP 850 hPa 和 1000 hPa 各季节平均风速及线性变化趋势**

| 层次 | 项目 | 冬季 | 春季 | 夏季 | 秋季 |
|------|------|------|------|------|------|
| 850 hPa | 平均值(m/s) | 1.7 | 3.1 | 3.9 | 2.4 |
| | 线性变化趋势((m/s)/10a) | 0.03 | −0.37 | −0.38 | −0.01 |
| 1000 hPa | 平均值(m/s) | 2.8 | 1.5 | 1.6 | 2.7 |
| | 线性变化趋势((m/s)/10a) | 0.01 | −0.12 | −0.20 | −0.05 |

#### 1.2.2.4 小结

本节运用二项回归检验方法并结合台站历史沿革信息,对以南岳站和庐山站为代表的我国中部高山气象站 1960—2012 年的年平均风速数据进行了均一性检验和订正,并分析其变化特征及其与周边低海拔参考台站的差异,得到如下主要结论。

(1)南岳站平均风速序列存在非均一性,而庐山站平均风速序列不存在非均一性,测风仪器换型是导致高山站风速资料非均一性的主要原因;对南岳站风速序列进行均一性订正后,能够较好地去除测风仪器换型对风速序列带来的影响,使得整个序列更加连续。

(2)南岳站和庐山站年及四季平均风速均显著高于周边低海拔台站,且高山站以春季和夏季风速最大,而低海拔台站各季节风速差异相对较小;庐山年及四季平均风速均低于南岳,可能与庐山气象观测站海拔较南岳站低且观测环境差异有关。

(3)近 50 年高山站及周边低海拔台站的年及四季平均风速均呈显著的减小趋势,但高山站的减小速率显著高于低海拔台站;庐山站年及四季平均风速的减小速率均高于南岳站。

(4)对同区域 NCEP/NCAR 全球再分析风速资料进行分析发现,近 50 年 850 hPa 的年、春季和夏季平均风速减小速率显著高于 1000 hPa,这与高山站和周边低海拔台站风速的变化差异一致;但 850 hPa 和 1000 hPa 冬季和秋季平均风速变化趋势均不明显,与同高度气象台站存在较大差异。

与低海拔台站的风速探测环境常受到周边高楼大厦的影响不同,位于中低对流层的高山气象观测站的探测环境受到城市化的影响很小,但其风速减小速率仍显著高于低海拔台站,其原因可能与大尺度的环流变化或季风变化特点有关,值得进一步深入研究。

## 1.3 国内外山地气象及相关研究进展

中国地处东亚季风区,降水受季风环流系统和复杂地形的影响(陶诗言 等,1958;陶诗言,1980;章淹,1983;吕心艳 等,2011),其中西南低空急流是影响长江流域夏季降水的重要因子(Chen et al.,1995;Wang et al.,2000;Ding et al.,2001)。本节将回顾和总结高山站资料应用及与之相关的低空急流国内外研究进展,不仅有助于读者了解这一领域的最新研究成果,还将为本书相关章节的撰写提供理论基础和客观依据。

### 1.3.1　低空急流

一般认为,低空急流是一种发生在对流层低层(700 hPa 以下)强而窄的气流带,广泛分布于世界各地,如北美和南美地区、非洲、亚洲、大洋洲以及南极洲(Stensrud,1996)。Rife 等(2010)利用一套全球 40 km 高分辨率同化资料绘制出了具有显著日变化特征的低空急流分布图(图 1.15),图中可以看到,我国中东部地区、青藏高原及塔里木盆地在夏季为低空急流多发区域。由于急流高度、最大风速、垂直切变以及背景场环流的不同,目前为止尚没有关于低空急流统一的定义(刘鸿波 等,2014)。Bonner(1968)根据最大风速及风速垂直切变强度将北美地区低空急流分成三个级别,即当气流最大速度达到 12 m/s 及以上,同时垂直向上到最近一个风速极小值或在 3 km 高度(以较低者为准)风速下降 6 m/s 及以上,就可以称为一级急流,而二级(三级)急流的判别标准是最大风速达到 16(20)m/s,垂直风速切变达到 8(10)m/s。赛瀚等(2012)根据低空急流最大风速轴所在高度将其分为自由大气低空急流(850~600 hPa 之间)和边界层低空急流(850 hPa 或 1500 m 以下)。

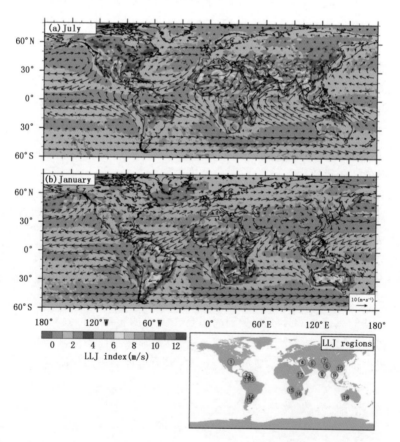

图 1.15　1985—2005 年逐时分析资料计算的(a)7 月和(b)1 月平均夜间低空急流指数(阴影)以及地表以上 500 m 高度处风场(箭头);右下方插图表示 17 个夜间低空急流高频区的位置(Rife *et al.*,2010)

低空急流通常形成于大地形周围或具有显著海陆温度对比的沿海地区,风向则平行于地形或海岸线走向(Ardanuy,1979;Douglas,1995;Zhang *et al.*,2006;Rife *et al.*,2010;Du *et al.*，2012）。低空急流不仅能输送大量的水汽、热量和动量，同时还与从湍流到天气系统各尺度的相互作用过程密切相关（Maddox，1980；Zhang *et al.*，1986；Arritt，*et al.*，1997；Higgins *et al.*，1997；Qian *et al.*，2004；Sperber *et al.*，2006），对暴雨的发生发展有重要的指示作用（丁一汇，1991；黄荣辉 等，2008）。此外，在最近的二十年左右，低空急流与空气污染、风能、航空安全、森林火灾及鸟类迁徙间的关系也越来越受到交叉领域的关注和研究（Liechti *et al.*，1999；Taubman *et al.*，2004；Archer *et al.*，2005；Storm *et al.*，2008）。

　　低空急流自 20 世纪 30 年代开始引起气象学者的关注（Goualt，1938；Farquharson，1939）。随后，Bleeker 等（1951）和 Means（1954）通过天气分析发现落基山脉东部低空南风急流和美国中西部夏季降水有密切联系。Arakawa（1956）根据探空资料分析提出低空急流的建立与低层大气逆温层结构有关。最早的低空急流的理论模式由 Blackadar（1957）提出，该模式把夜间低空急流与边界层逆温层内摩擦力突然减弱激发出来的超地转风速极值联系起来（Buajitti *et al.*，1957；Shapiro *et al.*，2010；Van de Wiel *et al.*，2010）。Holton（1967）对 Blackadar 的理论做了进一步订正，提出斜坡地形上的加热和冷却日变化可以导致热成风的周期变化，进而引起低层风振荡，为北美洲落基山脉以东的低空急流形成与发展提供了可靠的理论依据。Wexler（1961）则认为，落基山脉以东的低空急流可以用西部洋流理论来解释，这一理论随后被 Lighthill（1969）应用到赤道印度洋上，提出了索马里低空急流的形成机制及其与西南季风的联系。Anderson（1976）为该模式做了进一步的理论分析和数值模拟验证。Browning 等（1973）发现冷锋前经常伴随有一至数支低空急流，他们认为，这是一个地面摩擦和锋前温度梯度随高度递减的综合效应。Matsumoto（1973）则认为，锋前低空急流是对流降水引起动量下传的结果。Chen（1982）提出锋前低空急流主要是由高空急流入口处的热成风调整引起的，锋前对流只对低空急流起到加强作用。这些锋前急流理论对东亚梅雨和太平洋上的大气河（atmospheric river）研究均有重要意义（Chen *et al.*，1988；Chou *et al.*，1990；Nagata *et al.*，1991；Ding 1994；Hsu *et al.*，1994；Ralph *et al.*，2005；Chen *et al.*，2006；Sgouros *et al.*，2009；Gimeno *et al.*，2014）。

　　早期国外对低空急流的观测分析主要依赖于有限的常规探空资料（Arakawa，1956；Browning *et al.*，1973）。为了获得更详细的三维急流结构，Whiteman 等（1997）利用加密的探空资料来分析低空急流气候特征。Song 等（2005）利用多年风廓线和声雷达资料讨论低空急流的年际变化。Banta 等（2002）结合激光雷达、声雷达和铁塔观测资料对低空急流的时空变化特征进行详细研究。Sgouros 等（2009）结合声雷达、常规探空和加密地面观测资料探讨欧洲东南部低空急流与各种尺度的天气过程之间的相互作用。Cook 等（2010）利用高分辨率北美区域再分析资料研究加勒比海地区低空急流的水汽动力学特征及其与降水过程的联系。Raman 等（2011）结合高分辨率 GPS 探空资料和欧洲中期天气预报中心（ECMWF）再分析资料研究印度半岛的低空急流特征及其与印度夏季风降雨的联系，在该领域取得了重要进展。

　　近年来，数值模拟方法在国外也被广泛应用于低空急流研究。McCorcle（1988）利用大气土壤水文耦合模式分析地表含水量对低空急流的影响。Nicolini 等（1993）利用中小尺度模式探讨云层辐射和潜热释放对低空急流的影响。Hsu 等（1994）利用原始方程数值模式研究梅雨系统中的低空急流及其次生环流。Zhong 等（1996）用高分辨率模式 RAMS 对美国大平原低空急流进行了详细的个例分析。Zhang 等（2006）结合风廓线雷达资料和数值预报资料分析美国东北部夏季低空急流的气候特征。Cuxart 等（2007）用大涡旋模式（LES）研究夜间低空急流引起的边界层混合过程。Parish 等(2010)利用 12 km 分辨率的非静力平衡模式揭示各种物理机制对低空急流的强迫作用。Werth 等(2011)比较加密观测资料和高分辨率大气模式模拟的低空急流湍流特征,并详细分析相应的动量、热量和水汽输送过程。

此外,许多大型国际观测或研究计划将低空急流列为重要课题。其中 CASES-99 (1999 Cooperative Surface-Atmosphere Exchange Study)项目重点放在研究稳定夜间边界层结构,在夜间低空急流方面的研究取得了一些重大突破(Banta et al.,2002)。设在南美洲的安第斯山脉的南美低空急流试验(SALLJ-South American Low-Level Jet Experiment),揭示了低空急流的水汽输送对局地强对流天气的触发机制,同时为研究低空急流的日变化特征对降水的影响提供了新的观测事实(Vera et al.,2006)。MAP(Mesoscale Alpine Program)和 IM-PROVE (Improvement of Microphysical Parameterization through Observational Verification Experiment)这两个大型山地气象观测和研究项目的实施,在有关稳定暖湿气流与山地降水相互作用造成的峡谷逆急流研究上取得了一些突破性进展(Steiner et al.,2003;Medina et al.,2005)。此外,世界气象组织(WMO)为温哥华 2010 年冬季奥运会设立的 SNOW-V10 (Science of Nowcasting Olympic Weather for Vancouver 2010)项目,利用山地加密观测资料和高分辨率数值预报产品分析低空急流与复杂地形相互作用,并且及时把相关成果用于指导临近预报业务(Joe et al.,2010,2014;Isaac et al.,2014;Mo et al.,2014;Teakles et al.,2014)。

国内有关低空急流的研究相对较晚,陶诗言等(1958)首先提出了与暴雨有关的中尺度低空急流的天气概念。20 世纪 70 年代后期开始,国内对低空急流展开了较深入的研究,期间有代表性的研究工作主要集中于低空急流的成因(高守亭 等,1984;斯公望,1989;陈受钧,1989;董家斌 等,1998;林永辉 等,2003)、低空急流与暴雨的相互作用(朱乾根,1975;孙淑清,1979;张文龙 等,2003)、低空急流对暴雨的影响机制(孙淑清 等,1980;翟国庆 等,1999;陈忠明,2005;陈忠明 等,2007)、高低空急流的耦合作用(张维桓 等,2000;朱乾根 等,2001;何华 等,2004)、低空急流气候特征(王蕾 等,2003;张文龙 等,2007;李炬 等,2008;Du et al.,2012)、低空急流与暴雨的统计相关分析(孙淑清,1986;苗爱梅 等,2010;丁治英 等,2011;Liu et al.,2012)等方面。

近十年来,国内对低空急流的研究主要在两个方面取得了突破性进展。一方面,数值模式的发展,使其成为低空急流研究的重要手段和发展方向(Liu et al.,2014)。郑祚芳等 (2007)通过三层双向嵌套的 MM5 模式揭示了局地强降水与边界层急流之间存在的正反馈作用。濮梅娟等 (2010)采用 GRAPES 模式通过改变高空急流位置和强度的敏感性试验,提出了高低空急流耦合及上升运动加强,是暴雨发生和雨量增幅的一种重要物理机制。盛春岩(2010)利用高分辨率的 ARPS 模式研究了低层东南风气流的形成机制。Qian 等(2004)和 Zhao (2012)则分别利用中尺度模式研究了我国梅雨期强降水发生过程中潜热释放和低空急流的相互作用以及局地地形对低空急流的调制作用。Liu 等(2012)利用全球尺度再分析资料,在日—周、旬—次月(10~30 d)、月—次季节(30~60 d)时间尺度上对低空急流的活动特征、低空急流与江淮流域极端降水事件关系的天气—气候学特征进行了研究,并进一步采用数值敏感性试验探讨了低空急流与降水日变化的关系及其对环流系统的反馈作用(Liu,2012;He et al.,2016)。另一方面,高山站资料、风廓线雷达、加密探空等非常规资料的逐步丰富和应用也使得对低空急流的结构特征、形成机理等方面的认识有了极大提高。董佩明等 (2004)研究表明,高山站逐时风场信息反映出低空西南急流和其上大风速中心,同中尺度低压(扰动)及暴雨发生演变过程有密切关系。Yu 等(2009)分析中国中东部地表风场的日变化时指出,午夜至凌晨高山站风场的加强表征了低空急流的加强,这对持续性降水清晨的峰值可能有较大贡献。孙继松(2005)利用加密观测研究了地形热力作用及局地强降水在边界层急流形成过程中的作用,特别强调边界层急流和对流层中低层大尺度低空急流的成因具有本质的区别,且在强降水过程中的作用也不同。另外,由于边界层风廓线雷达可进行高时间分辨率连续风廓线观测,近年也常被用于低空急流研究(刘淑媛 等,2003;曹春燕 等,2006;翟亮,2008;张桂桂 等,2011),其中一项有代表性的研究是,Du 等(2012)利用上海地区青浦站的风廓线雷达资料对该地区 2008—2009 年暖季低空急流的气候特征进行了统计研究,揭示了该地区低空急流的类型、时间演变特征及其与降水事件的统计关系。此外,通过实施 2001/2002 年长江中下游暴雨野外科学试验以及 2008/2009 年南方暴雨野外科学试验(SCHeREX),获取了有关低空急流中尺度特征方面新的观测事实和理论创新,且提出了风廓线仪在降水出现时对大气三维风场结构的分析处理方法,可以得到降水云体中三维风随高度分布的演变(倪允琪 等,2006)。

## 1.3.2　低空急流日变化及其对降水的影响

Lindzen(1967)指出,大气风场存在类似潮汐的变化,并将这些日内时间尺度的振荡称作大气潮。经典理论认为,大气风场存在日变化和半日变化,且主要是由太阳辐射与其他局地强迫产生的重力内波引起的,这种风场类似潮汐的振荡主要在大气上层,而在地表较弱(Wallace et al.,1969;Williams et al.,1996)。此后基于有限的台站资料或者再分析资料的研究发现,对流层风场存在着强的日变化和半日变化(Wallace et al.,1974;Aspliden et al.,1977;Williams et al.,1996;Deser et al.,1998;Dai et al.,1999)。美国于 1961 年在中部地区首次针对边界层风场开展了逐时加密观测试验,详细揭示了低空急流风速的日变化过程:急流从凌晨开始不断合并加强,到 05 时达到最强,日出后急流减弱,组织完好的中心分裂成几个,至日落以后风速又开始加强,23 时急流又恢复成一个完善的强中心(Hoecker,1963)。低空急流的日变化现象广泛分布于世界各主要急流多发地区。尽管各地区之间急流事件的起止时间、最大风速方向及急流高度有所差异,但无论是气候平均还是个例分析,低空急流风速一般都在当地时间午夜至清晨达到最大,中午前后最小。此外,低空急流最大风速在一天时间范围内呈现出显著的顺时针旋转特征,风向也随之发生明显变化。对于这种普遍存在的日变化现象,Blackadar(1957)和 Holton(1967)通过惯性振荡理论和昼夜辐射差异所引起的上山、下山风及两种风转向的机制分别进行了解释,Bonner 等(1970)进一步指出,陆面及大气间的热力性质不同所导致的热成风转向也对低空急流的日变化特征具有重要的影响。

低空急流的日变化现象得到重视的主要原因在于它和降水过程的日循环特征存在着密切的联系。夜间当低空急流增强时,垂直切变增强,超地转现象明显,以致于造成很大的不稳定性,有利于对流系统发展,因此,雷暴或强对流天气往往在夜间得到加强和发展(陶诗言,1980)。Higgins 等(1997)指出,低空急流事件发生时,美国北部和大平原地区的降水显著增加而墨西哥湾沿岸及东部沿海地区的降水则有所减少,受低空急流活动的影响,夏季大平原地区夜间的降水量较白天高出 25%;而在低空急流的作用下,该区域夜间的水汽收支也较平均值高出 45%。Liu(2012)数值模拟结果发现江淮地区的降水过程存在着显著的双峰双谷特征,即清晨及傍晚降水最强而中午及午夜降水最弱,而同一时段内的低空急流也存在着清晨最强而在午后减弱或消失的日变化现象。陈昊明(2009)着重探讨了低层环流日变化对长江流域持续性降水峰值出现时间的影响。他认为,急流日变化过程中风向顺时针旋转异常所造成的辐合场形势,对长江中下游地区持续性降水事件夜间至清晨降水峰值的出现进行了很好的解释,而长江中上游午后降水的低值与白天青藏高原向下游的暖平流抑制该地区午后局地对流的发生有关。徐娟等(2013)经过对浙江北部地区多次暴雨过程的研究也发现夜间暴雨发生前12 h就会有低空急流建立。近年来,随着探测条件和技术的进一步完善,利用高山站高时间分辨率的风场资料探讨低空急流日变化特征及对降水日变化的影响等方面的研究工作正逐步展开,为暴雨精细化预报提供了理论基础和研究思路。Yu等(2007,2009)研究指出,我国高山站风场反映了对流层低层的日变化信号,能有效反映对流层低层环流的时变特征,其日变化特征与地表台站不同,两者风速日变化曲线接近反位相,太阳辐射日变化导致的边界层内对流混合的日变化可部分解释高山站与其他台站相反的日变化曲线(Crawford et al.,1973)。高山站风场的日最大值均出现在凌晨,而最小值出现在午后,其风向日变化表现为一致的顺时针旋转特征,但风向并非匀速旋转,在夜间地表相对较冷的时段,风向顺时针旋转信号明显,但在中午地表加热较强的时段,风向的变化较小。

进一步分析表明(Chen et al.,2010;Yu et al.,2014;Yuan et al.,2014),对流层低层风场日变化表现为与高山站一致的自傍晚至白天顺时针旋转特征。在我国中东部地区,风速均在午夜达到最强,对应于夜间低空急流的增强,而该区域夜间出现的极端强降雨事件往往与低空急流夜间增强的日变化特征密切相关。同时,风速的日变化还存在明显的南北差异,在长江以南地区,风速在午后最弱,而在长江以北地区,风速的最小值出现在上午。纬向风的日变化曲线与全风速相似,而经向风的峰值时间略早于纬向风。Yu等(2007)和Chen等(2010)通过对低层大尺度环流日变化的分析,进而提出了长江流域夏季持续性夜雨以及日位相自西向东滞后的可能机制,即对流层低层风场顺时针旋转及其与地形的相互作用引起的低层辐合和上升运动的日变化是影响长江流域降水日变化的重要因子(图1.16)。在傍晚,中国东部一致的异常东风吹向高原,在高原东麓引起异常的辐合和大尺度上升运动,为长江上游持续性降水的发生提供了有利的触发条件。到午夜,高原东侧为异常南风控制,有利于低纬度的水汽向该区域输送,同时长江中游的辐合也有利于该区域降水的发生。到早晨,长江南北分别为异常的西南

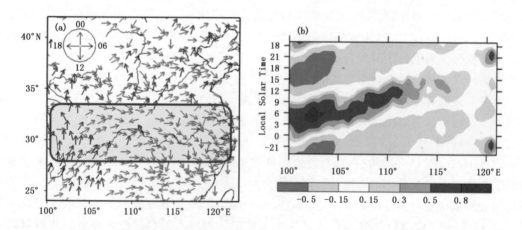

图1.16　1991—2004年夏季持续性降水的峰值时间(a)和1991—2004年持续性降水过程经向平均(27°～33°N的标准化降水量日变化随经度的分布(b)(Yu et al.,2007;Chen et al.,2010)

风和东北风控制,两者在长江中下游形成大尺度的异常辐合,从而有利于中下游清晨降水的发生发展(图 1.17)。除大尺度动力强迫以外,低层风的日变化可通过影响高原向下游的温度和水汽平流而影响长江中上游降水的日变化。白天,高原强烈的增温,在低层纬向西风的输送下形成向下游的暖平流,抑制了下游午后热对流的发展。到晚上,随着低层风转向和高原的冷却,暖平流减弱并在夜间转为冷平流,从而有利于夜间降水系统的发展。基于上述理论基础,紧密围绕高山资料代表性和降水指示作用的科研工作正逐步深入(Yuan *et al*.,2016)。

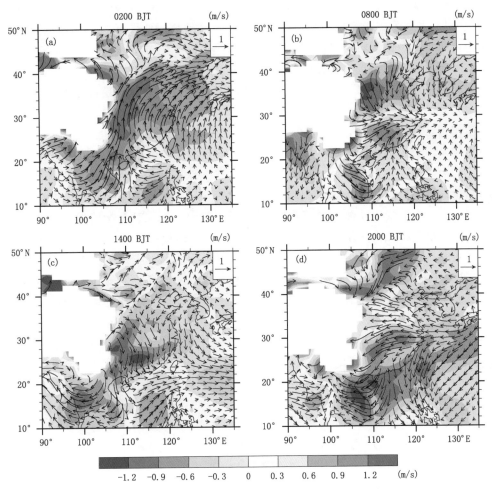

图 1.17　1991—2004 年夏季平均的 JRA25 850 hPa 风场的日变化

矢量箭头代表异常风场(减去日平均值),填色图为日异常风速的分布(Chen *et al*.,2010)

### 1.3.3　高山站资料应用

近年来,国外利用高山观测资料开展大气科学的研究十分活跃,取得了一些有意义的成果(Bücher *et al*.,1991;Stekl *et al*.,1993;Williams *et al*.,1996;Beniston *et al*.,1997;Diaz *et al*.,1997;Weber *et al*.,1997;Toumi *et al*.,1999;Barry *et al*.,2000;Seidel *et al*.,2003;Barry 2008,Isaac *et al*.,2014)。这些研究工作主要集中在两个方面,一是利用高山站资料开展的山地气候和气候变化研究。通过比较高山观测与周边低海拔观测资料,能进一步揭示引起气

候变化的关键因素。Bücher 等(1991)通过分析 89 年间高山观测序列发现,欧洲比利牛斯山脉的变暖趋势主要是由夜间温度升高造成的,而夜间温度升高则与云量增加有关。进一步研究发现这是一种普遍的山地气候变化规律(Stekl *et al*.,1993;Weber *et al*.,1994,1997;Diaz *et al*.,1997)。Rebetez 等(1997)利用阿尔卑斯山上的观测资料研究泥石流灾害,发现最近几十年在瑞士由暴雨引发的山洪和泥石流明显增多,这与山地气候变暖融雪加剧有关。Shrestha 等(1999)利用尼泊尔的山地观测资料分析喜马拉雅山周边的气温变化,发现这一地区的气候变暖趋势非常显著,有些变化与季风环流异常有关。Beniston 等(2004)利用高山观测站资料作极值分析,发现了一些极端天气过程随高度的变化特点。Chan 等(2007)通过分析坦桑尼亚火山上的自动气象站资料,发现东非地区的降水季节内变化与周边大尺度环流有紧密联系,其中一些关系对中长期预报具有很好的指导意义。

另一方面的研究则主要集中在利用高山观测资料探讨地形对低层环流及周边降水的影响。Smolarkiewicz 等(1988)和 Rasmussen 等(1989)通过理论分析和数值模拟研究山地对气流的强迫作用,提出在强的稳定层结条件下,暖湿气流环绕三维地形的动力过程可以激发山前逆行重力波及山后涡旋环流,与重力波伴随的是山前带状云及阵雨带逆风传播,背风涡旋可以造成特定的山后降水分布。Chen 等(1995)利用夏威夷地区的加密山地观测资料对上述结论作了科学验证,同时还发现由地形降水的非绝热冷却引起下坡气流(Feng *et al*.,1998)。随后开展的两个大型山地气象观测和研究项目 MAP 和 IMPROVE,对复杂地形动力强迫与山地降水非绝热过程的相互作用做了进一步的研究(Bougeault *et al*.,2001)。温哥华 2010 年冬季奥运会期间的 SNOW—V10 项目在加拿大西部海岸复杂地形上安装密集的地面和探空观测站,其中包括许多高山自动气象站(Joe *et al*.,2010,2014),并将获取的加密观测资料与中小尺度数值模式等现代技术相结合,对山地天气过程进行临近预报外场试验,为奥运会的高标准特殊气象服务提供了保障(Isaac *et al*.,2014),同时也为进一步研究复杂地形上的天气现象提供了宝贵资料。其中 Mo 等(2014)利用不同海拔高度的山地气象观测资料分析山坡温度、湿度和风廓线的变化规律,提出了半山云(mid—mountain cloud)的形成机制和预报方法;Gultepe 等(2014)分析一个高山气象站观测到的风向风速、能见度、温度和湿度,发现这些自动观测的山地气象要素有很大的不确定性,在预报和研究过程中需要通过严格的质量控制;Teakles 等(2014)总结了为奥运会提供气象服务时如何利用加密、特殊的山地观测资料及时诊断和预报局地湍流过程的宝贵经验;Milbrandt 等(2014)利用云微物理模式和山地多普勒雷达资料分析山谷雨—雪位相转换过程,为进一步改善复杂地形上的中小尺度模式提供依据。此外,目前正在进行的一个山地气象观测研究项目 OLYMPEX(Olympic Mountain Experiment)着眼于利用山地综合观测资料来验证和订正卫星微波遥感降水测量技术(Houze *et al*.,2015)。

我国学者也非常重视高山站气象资料的收集和分析研究,其中早期工作可以追溯到 20 世纪上半叶。严振飞(1935)比较在崂山测候所和青岛观测到的十四个月气象资料,发现高山气温偏低,雨量明显偏高,风向受地形影响显著,而且存在半山云现象。涂长望等(1936)发现在海拔 3093m 的峨眉山上观测到的年降水量明显高于周边地区,并明确指出这是地形对暖湿气流的强迫抬升造成的结果。吕炯(1943)分析青藏高原上观测到的气压年变化,发现这一地区的高山气压以 10 月为最高,而世界其他地区的高山气压一般在夏季达到最高值。吕炯先生认为,一般情况下,夏季地面气温升高,造成空气柱重心提高,所以夏季高山上气压升高,平原上气压降低,但是由于亚洲大陆夏季受海洋季风之影响,空气比较潮湿,密度较小,所以该地区高山上的气压在夏季比 10 月份偏低。新中国成立初期,一些气象学者开始利用日益增多的山地气象资料和少量的探空资料来系统性解释青藏高原对东亚环流的动力和热力强迫作用,取得了一些突破性的成果(叶笃正,1952;顾震潮 等,1955;杨鉴初 等,1957)。程纯枢(1956)通过分析泰山日观峰日照资料,发现下午日照总量平均比上午弱,这种现象在夏季最明显,这主要是受云量日变化的影响。傅抱璞(1962)根据南京方山上的观测资料详细地讨论了山坡方位对土壤和空气温度、湿度等要素的影响。汤懋苍(1963)通过分析祁连山区的地面和探空资料揭示复杂地形上的典型气压系统及其对雨量和温度分布的影响。谢世俊(1975)注意到东北地区海陆分布及其长白山对长白高压形成的作用,提出了根据观测到的局地高压预报周边天气过程的可行性。王显镒(1978)选取乌蒙山脉两个高海拔观测站的气象要素作对比分析,探讨由于地形引起的气候差异,为当地农业发展提供气象和气候服务。

　　近三十年来,我国学者对山地气象的系统观测和分析研究均有了长足的进步。章淹(1983)用通俗易懂的语言介绍地形对降水过程的各种强迫作用,并且提出了在各种不同因素的影响下,我国一些山区降水的特点和预报思路。许多气象工作者在这方面做了进一步的研究,取得了一些可喜成果(陈世训 等,1983;章淹,1991;文迁 等,1997;殷志有 等,2004;丁仁海 等,2009;Chen et al.,2010;李岩瑛 等,2010;陈乾 等,2011;赵玉春 等,2012)。随着高山气象资料的不断积累,人们开始运用这些资料来揭示各地山区气候分布与变化特征(傅抱璞,1983;刘增基 等,1997;王毅荣 等,2006;张万诚 等,2006;蓝永超 等,2007;陈德桥 等,2012,2014;张剑明 等,2016)以及气象要素随海拔高度变化的垂直分布特征(程根伟,1996;赵成义 等,2011;王娟 等,2011)。由于高山气象站位于真正的旷野和自然生态群落内,不仅避开了人口密集、发展迅速的城市,而且由于海拔较高,避免了城市热岛效应的影响,对于反映区域背景气候变化更具有代表性(段春锋 等,2012)。一些学者利用高山站和城市站的资料对比分析城市热岛效应、空气质量的变化以及气溶胶等对天气的影响(林长城 等,2006;王宏 等,2008;戴进 等,2008;王文 等,2009;杜川利,2012;段春锋 等,2012),这些研究成果可以帮助我们进一步了解区域气候变化趋势中的人为因素和特定地形的强迫作用(陈涛 等,2013)。还有不少研究着重揭示山地低空急流演变特征及对下游降水影响(孙淑清,1979;孙淑清 等,1980;董佩明 等,2004;林中鹏 等,2011;陈静静 等,2011;叶成志 等,2012),并形成了基于高山站资料应用的暴雨预报经验和可业务化技术指标(叶成志 等,2011b;尹洁 等,2014;陈静静 等,2015)。

# 第 2 章　高山站气象要素时空演变特征

## 2.1　高山站气象要素多时间尺度演变特征

南岳、庐山、黄山、九仙山、绿葱坡和神农架高山站位于我国夏季风活动的关键区域,其特殊的地理位置和特定的高度层,使其观测资料具有代表性与不可替代性(叶成志 等,2012)。由于绿葱坡站于 1998 年 1 月撤站,2008 年 9 月才恢复气象观测,故 1998—2007 年的气象观测资料缺测,神农架站的观测记录时间尺度较短(1975 年开始)。考虑资料样本长度的一致性及高山站气象要素多时间演变的可比性,本节将南岳、庐山、黄山和九仙山站作为研究对象,系统性分析这四个高山站 1961—2014 年的风速、温度和降水资料,揭示在全球变暖大背景下局地低层大气气象要素的多时空演变特征,为进一步理解副热带山地气候演变提供科学依据。

### 2.1.1　资料与方法

南岳站、庐山站、黄山站、九仙山站地处我国长江以南,这四个高山站近六十年基本气象要素(气温、降水、风等)记录齐全,而且站点未迁址,观测环境总体良好。根据观测记录的质量和连续程度,本节基于上述四个高山站 1961—2014 年逐日 4 次 2 分钟平均(定时)风,逐日最高气温、平均气温、最低气温及降水量等资料,运用线性回归(魏凤英,1999)、Mann-Kendall 突变(魏凤英,1999)、Morlet 小波(Torrence *et al.*,1998;邓自旺 等,1999;韩荣青 等,2009)等方法分析各站气象要素的长期变化趋势和周期性。

本节对四季的定义为:3—5 月为春季,6—8 月为夏季,7—9 月为秋季,12 月—翌年 2 月为冬季;对冬夏半年定义为:夏半年为 4—9 月,冬半年为 10 月—翌年 3 月。

### 2.1.2　气象要素的年际变化

#### 2.1.2.1　平均风速

1961—2014 年南岳站年平均风速呈显著减小趋势(图 2.1),倾向率为 −0.28(m/s)/10a,通过 0.01 显著性检验。年平均风速变化曲线在 20 世纪 70 年代初期存在波峰,尤其以 1970 年和 1973 年为最高(风速均为 7.3 m/s),20 世纪 70 年代中期以后风速持续减小,到 90 年代末期达到谷底,尤其以 1999 年为最低(风速为 4.6 m/s)。9 年滑动平均曲线表明,20 世纪 80 年代后期之前年平均风速偏大,80 年代后期以后年平均风速偏小。

庐山站年平均风速呈显著减小趋势,倾向率为 −0.44(m/s)/10a,通过 0.01 显著性检验。年最大风速出现在 1961 年,风速为 5.7 m/s,最小风速出现在 2014 年,为 3.3 m/s。9 年滑动平均结果表明,20 世纪 60 年代中期以前风速变化不大,60 年代中期到 80 年代初呈下降趋势,80 年代初到 90 年代初呈弱的上升趋势,之后风速呈显著下降趋势,1991 年之前的 31 年中只

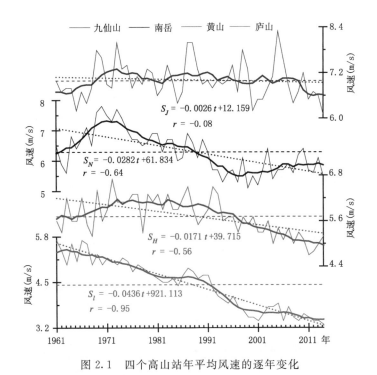

图 2.1　四个高山站年平均风速的逐年变化

（图中细实线表示逐年变化，粗实线表示 9 年滑动平均曲线，长虚线表示多年平均线，短虚线表示趋势线）

有 1 年为负距平，1992 年之后 23 年风速均为负距平。

黄山站年平均风速呈显著减小趋势，倾向率为−0.17(m/s)/10a，通过 0.01 显著性检验。年最大风速出现在 1972 年，风速为 6.7 m/s，最小风速出现在 2011 年，为 4.7 m/s。9 年滑动平均结果表明，20 世纪 60 年代中期到 90 年代中期年平均风速偏大，60 年代中期以前、90 年代中期以后年平均风速偏小。

九仙山站年平均风速变化趋势不显著，年最大风速出现在 2005 年，为 8.3 m/s，最小风速出现在 2014 年，为 6.1 m/s。9 年滑动平均结果表明，20 世纪 60 年代后期到 2008 年风速偏大，其他时段风速偏小。

对比分析发现，九仙山站多年平均风速最大(7.0 m/s)，南岳站、黄山站次之(5.8、5.7 m/s)，庐山站最小(4.4 m/s)。南岳站、黄山站、庐山站在 20 世纪 60 年代末期到 2014 年年代际变化特征非常相似，1969—2014 年庐山站与南岳站的相关系数为 0.84，黄山站与南岳站的相关系数为 0.72，均通过 0.01 显著性检验；在 60 年代末期之前南岳站风速明显增加，黄山站风速也呈增加趋势，而庐山站风速明显减小。三站年平均风速的时间变化与我国平均风速时间变化比较一致(王遵娅 等，2004)，均呈显著减小趋势，但南岳站、庐山站风速减小速率更大。我国平均风速在 20 世纪 60 年代至 80 年代中期为正距平，之后转为负距平，90 年代中期之后减小趋势变缓，这与南岳站、庐山站的时间变化比较一致。

这种地面风速减弱趋势在北半球大部分地区均可观测到，有研究认为，我国风速减小的实质是亚洲冬、夏季风的减弱(王遵娅 等，2004)，也可能与全球变暖导致近 30 年大尺度海陆热力差异减小有关(中国气候变化监测公报，2014)，另外，也可能与全球变暖造成的陆地植被增加有关(张爱英 等，2009)。

四季平均风速年代际变化与年平均风速类似，南岳站、庐山站、黄山站年代际变化的趋势较为一致,均呈显著减小趋势,但各季节风速变化的振幅存在明显年代际及年际差异。

春季(图 2.2a,表 2.1)南岳站、庐山站、黄山站平均风速均呈显著减小趋势(均通过 0.01 显著性检验),九仙山站平均风速下降趋势不明显,倾向率分别为一0.33、一0.47、一0.21、一0.14(m/s)/10a;九仙山站平均风速最大(7.5 m/s),南岳站(6.4 m/s)、黄山站次之(6.0 m/s),庐山站最小(4.7 m/s);九仙山站平均风速年际变率最大,庐山站、南岳站次之,黄山站最小。9 年滑动平均曲线表明,四个高山站 20 世纪 80 年代中期至 90 年代初之前春季平均风速偏大,之后偏小。

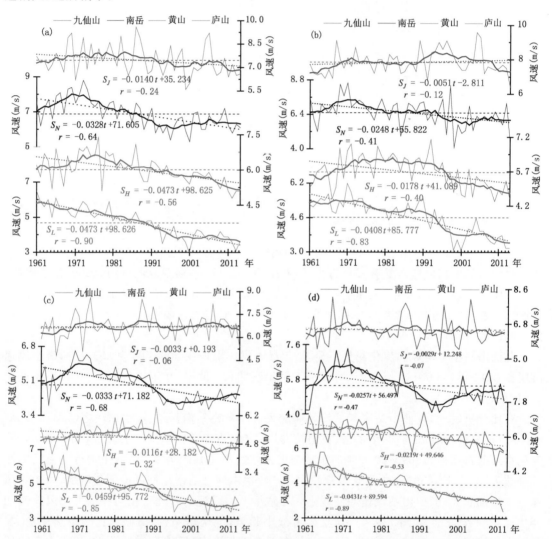

图 2.2　四个高山站春季(a)、夏季(b)、秋季(c)、冬季(d)平均风速的逐年变化
(图中细实线表示逐年变化,粗实线表示 9 年滑动平均曲线,长虚线表示多年平均线,短虚线表示趋势线)

夏季(图 2.2b,表 2.1)南岳站、庐山站、黄山站平均风速均呈显著减小趋势(均通过 0.01 显著性检验),九仙山站平均风速变化趋势不明显,倾向率分别为一0.25、一0.41、一0.18、0.05 (m/s)/10a;九仙山站平均风速最大(7.3 m/s),南岳站(6.5 m/s)、黄山站次之(5.7 m/s),庐山站最小(4.6 m/s);南岳站平均风速年际变率最大,九仙山站、庐山站次之,黄山站最小。9

年滑动平均曲线表明,庐山站、黄山站 20 世纪 90 年代初之前夏季平均风速偏大,之后偏小;南岳站 20 世纪 80 年代初之前偏大,80 年代初至 90 年代初风速在平均值附近波动,之后偏小;九仙山站夏季风速的变化与年变化比较类似,20 世纪 60 年代后期到 2008 年平均风速偏大,其他时段平均风速偏小。

秋季(图 2.2c,表 2.1)南岳站、庐山站、黄山站平均风速均呈显著减小趋势(南岳站、庐山站通过 0.01 显著性检验,黄山站通过 0.05 显著性检验),九仙山站平均风速变化趋势不明显,倾向率分别为 -0.33、-0.46、-0.12、0.03 (m/s)/10a;九仙山站平均风速最大(6.7 m/s),黄山站(5.1 m/s)、南岳站次之(4.9 m/s),庐山站最小(4.5 m/s);庐山站平均风速年际变率最大,九仙山站、南岳站次之,黄山站最小。9 年滑动平均曲线表明,四个高山站 20 世纪 80 年代中期至 90 年代初之前秋季平均风速偏大,之后偏小。

冬季(图 2.2d,表 2.1)南岳站、庐山站、黄山站平均风速均呈显著减小趋势(均通过 0.01 显著性检验),九仙山站平均风速变化趋势不明显,倾向率分别为 -0.26、-0.43、-0.22、-0.03 (m/s)/10a;九仙山站平均风速最大(6.5 m/s),黄山站(6.1 m/s)、南岳站次之(5.5 m/s),庐山站最小(3.9 m/s);南岳站平均风速年际变率最大,庐山站次之,九仙山站、黄山站最小。9 年滑动平均曲线表明,庐山站、黄山站 20 世纪 80 年代中期至 90 年代初冬季平均风速偏大,之后偏小;南岳站 20 世纪 80 年代初风速偏大,之后偏小;九仙山站风速呈波动变化趋势。

表 2.1　四个高山站四季平均风速(m/s)及倾向率((m/s)/10a)

| 项目 | 春季 | | | | 夏季 | | | |
|---|---|---|---|---|---|---|---|---|
| | 南岳 | 庐山 | 黄山 | 九仙山 | 南岳 | 庐山 | 黄山 | 九仙山 |
| 平均值 | 6.4 | 4.7 | 6.0 | 7.5 | 6.5 | 4.6 | 5.7 | 7.3 |
| 标准差 | 0.81 | 0.83 | 0.59 | 0.92 | 0.95 | 0.78 | 0.69 | 0.68 |
| 最大值 | 8.3 | 6.5 | 7.4 | 9.6 | 8.6 | 6.2 | 7.1 | 9.1 |
| 最小值 | 4.8 | 3 | 4.8 | 5.6 | 4.1 | 3.1 | 4.4 | 5.9 |
| 倾向率 | -0.33*** | -0.47*** | -0.21*** | -0.14* | -0.25*** | -0.41*** | -0.18*** | 0.05 |

| 项目 | 秋季 | | | | 冬季 | | | |
|---|---|---|---|---|---|---|---|---|
| | 南岳 | 庐山 | 黄山 | 九仙山 | 南岳 | 庐山 | 黄山 | 九仙山 |
| 平均值 | 4.9 | 4.5 | 5.1 | 6.7 | 5.5 | 3.9 | 6.1 | 6.5 |
| 标准差 | 0.77 | 0.85 | 0.57 | 0.79 | 0.84 | 0.75 | 0.64 | 0.68 |
| 最大值 | 6.6 | 6.5 | 6.6 | 8.6 | 7.4 | 5.8 | 7.5 | 8.2 |
| 最小值 | 3.7 | 3 | 3.8 | 4.8 | 4.1 | 2.4 | 4.5 | 5.4 |
| 倾向率 | -0.33*** | -0.46*** | -0.12** | 0.03 | -0.26*** | -0.43*** | -0.22*** | -0.03 |

注:* 标注通过 0.10 显著性检验,** 标注通过 0.05 显著性检验,*** 标注通过 0.01 显著性检验

南岳站、庐山站、九仙山站春、夏季平均风速大于秋、冬季,黄山站春、冬季平均风速大于夏、秋季;庐山站、九仙山站春季平均风速最大,南岳站夏季平均风速最大,黄山站冬季平均风速最大;四季平均风速均以九仙山站最大,庐山站最小,春、夏季南岳站平均风速大于黄山站,秋、冬季小于黄山站;四个高山站平均风速相差最大的为春季(2.8 m/s),最小的为秋季(2.2 m/s)。

## 2.1.2.2　气温

　　四个高山站的年气温逐年变化如图 2.3 所示,1961—2014 年四个高山站平均气温、平均最高气温、平均最低气温的时间变化非常相似,均呈明显上升趋势。南岳站和九仙山站平均最低气温增加的幅度最大、平均气温增加幅度次之、平均最高气温增加幅度最小,其中南岳站气温倾向率分别为 0.20、0.18、0.15℃/10a,九仙山站气温倾向率分别为 0.22、0.17、0.12℃/10a,均通过 0.01 显著性检验;庐山站和黄山站平均最高气温增加的幅度最大、平均气温增加幅度次之、平均最低气温增加幅度最小,其中庐山站气温倾向率分别为 0.24、0.20、0.18℃/10a,黄山站气温倾向率分别为 0.27、0.25、0.25℃/10a（两站气温均通过 0.01 显著性检验）。9 年滑动平均曲线表明,20 世纪 60 年代中期至 90 年代中期年气温偏低,60 年代中期以前、90、年代中期以后年气温偏高,进入 21 世纪初之后气温增加趋势有所减缓。这与全球表面气温的时间变化比较一致,全球变暖趋势在持续,但近 15 年升温速率趋于平缓,WMO2010 年全球气候状况声明（Vautard *et al.*, 2010）指出,2001—2010 年这十年是创纪录最暖的十年,比之前的 1991—2000 年十年的平均气温偏高,1991—2000 年十年的温度又比之前所有十年期的温度高,这与长期全球变暖趋势相一致。

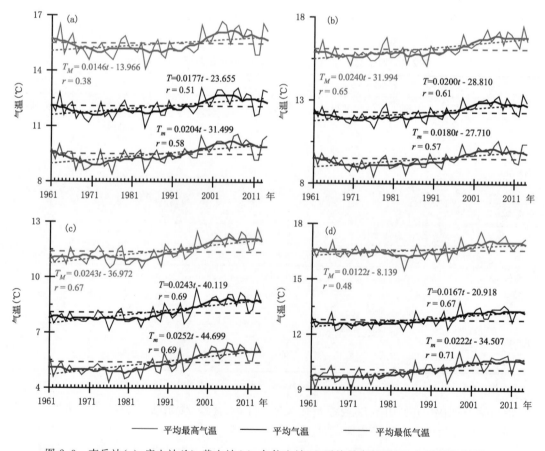

图 2.3　南岳站(a)、庐山站(b)、黄山站(c)、九仙山站(d)平均最高气温($T_M$)、平均气温($T$)、平均最低气温($T_m$)的逐年变化

(图中细实线表示逐年变化,粗实线表示 9 年滑动平均曲线,长虚线表示多年平均线,短虚线表示趋势线)

　　对比发现,四站平均气温、平均最高气温、平均最低气温上升趋势与我国气温显著上升趋势是一致的(中国气象局气候变化中心,2014),但增长速率南岳站、庐山站较华中地区更快(华中地区平均气温升温率为 0.16℃/10a),黄山站与华东地区增长速率一致,九仙山站增长速率较华南地区更快(华南地区平均气温升温率为 0.15℃/10a)。九仙山站多年平均气温均高于其他三站,南岳站多年平均气温、平均最高气温均低于庐山站,且庐山站平均气温、平均最高气温升温快于南岳站;两站多年平均最低气温均为 8.9℃,但南岳站升温速度快于庐山站。黄山站海拔较南岳站、庐山站海拔高 500～600 m,气温均低于两站 3～4℃。

　　四季气温的逐年变化如图 2.4 所示,其中 1961—2014 年南岳站、庐山站、黄山站春季平均气温、平均最高气温、平均最低气温均呈明显上升趋势,九仙山站平均最低气温也呈明显上升趋势(图 2.4a,表 2.2)。南岳站和九仙山站平均最低气温增加的幅度最大、平均气温增加幅度次之、平均最高气温增加幅度最小,其中南岳站气温倾向率分别为 0.25、0.23、0.19℃/10a(均通过 0.01 显著性检验),九仙山站气温倾向率分别为 0.14、0.10、0.09℃/10a(最低气温通过 0.05 显著性检验);庐山站和黄山站平均最高气温增加的幅度最大、平均气温增加幅度次之、平均最低气温增加幅度最小,其中庐山站气温倾向率分别为 0.35、0.29、0.24℃/10a,黄山站气温倾向率分别为 0.30、0.24、0.20℃/10a(两站气温均通过 0.01 显著性检验)。9 年滑动平均曲线表明:20 世纪 60 年代中期至 90 年代中期春季气温偏低,60 年代中期以前、90 年代中期以后春季气温偏高。

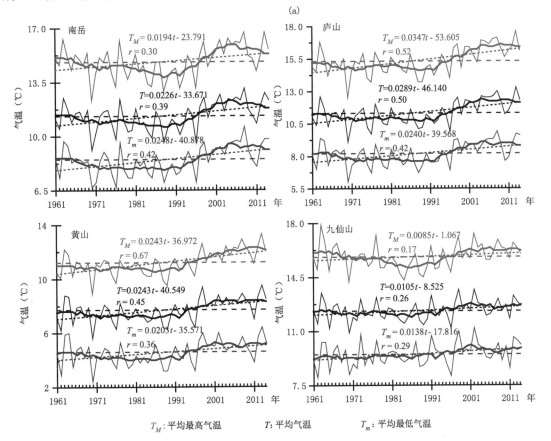

(a)

$T_M$:平均最高气温　　　　$T$:平均气温　　　　$T_m$:平均最低气温

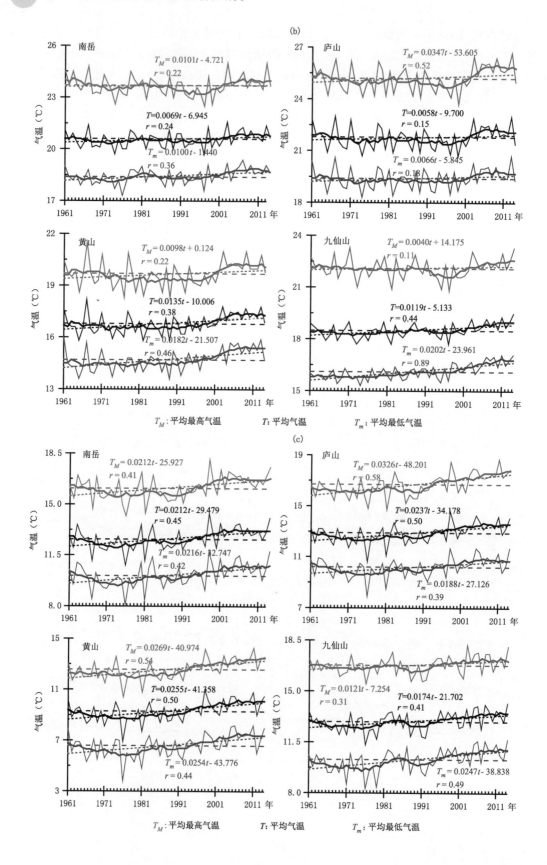

$T_M$：平均最高气温　　　$T$：平均气温　　　$T_m$：平均最低气温

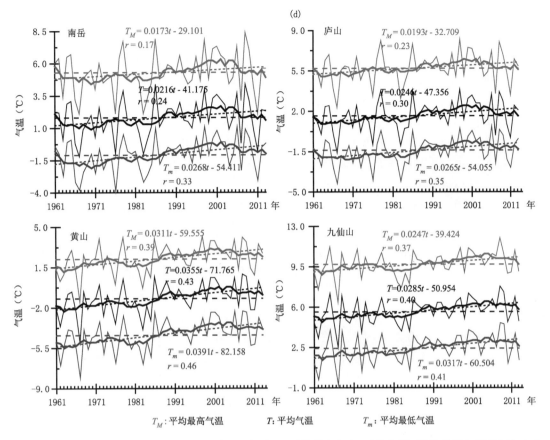

图 2.4　四个高山站春季(a)、夏季(b)、秋季(c)、冬季(d)平均最高气温、平均气温、平均最低气温的逐年变化
（图中细实线表示逐年变化,粗实线表示 9 年滑动平均曲线,长虚线表示多年平均线,短虚线表示趋势线）

1961—2014 年南岳站夏季平均最低气温、黄山站和九仙山站平均气温、平均最低气温呈明显上升趋势(图 2.4b,表 2.2)。黄山站、九仙山站平均最低气温增加的幅度最大、平均气温增加幅度次之、平均最高气温增加幅度最小,其中黄山站气温倾向率分别为 0.18、0.13、0.10℃/10a (平均气温、平均最低气温通过 0.01 显著性检验),九仙山站气温倾向率分别为 0.20、0.12、0.04℃/10a (平均气温、平均最低气温通过 0.01 显著性检验);南岳站平均最低气温和最高气温幅度相当,平均气温增加幅度最小,倾向率分别为 0.10、0.10、0.07℃/10a (平均最低气温通过 0.01 显著性检验);庐山站平均最高气温增加的幅度最大、平均最低气温增加幅度次之、平均气温增加幅度最小,倾向率分别为 0.35、0.07、0.06℃/10a (均未通过 0.01 显著性检验)。9 年滑动平均曲线表明,20 世纪 80 年代中期以前夏季气温在平均值附近波动,80年代中期至 90 年代后期偏低,之后偏高。

1961—2014 年四个高山站秋季平均气温、平均最高气温、平均最低气温均呈明显上升趋势(图 2.4c,表 2.2)。南岳站平均最低气温增加的幅度最大、平均最高气温和平均气温增加幅度相当,气温倾向率分别为 0.22、0.21、0.21℃/10a (均通过 0.01 显著性检验);庐山站平均最高气温增加的幅度最大、平均气温增加幅度次之、平均最低气温增加幅度最小,气温倾向率分别为 0.33、0.24、0.19℃/10a (均通过 0.01 显著性检验);黄山站平均最高气温增加的幅度最大、平均气温增加幅度次之、平均最低气温增加幅度最小,气温倾向率分别为 0.27、0.26、

0.25℃/10a(均通过 0.01 显著性检验);九仙山站平均最低气温增加的幅度最大、平均气温增加幅度次之、平均最高气温增加幅度最小,气温倾向率分别为 0.25、0.17、0.12℃/10a(平均气温、平均最低气温通过 0.01 显著性检验,平均最高气温通过 0.05 显著性检验)。9 年滑动平均曲线表明:20 世纪 60 年代中期至 90 年代中期秋季气温偏低,60 年代中期以前、90 年代中期以后秋季气温偏高。

1961—2014 年黄山站、九仙山站冬季平均气温、平均最高气温、平均最低气温,南岳站平均最低气温,庐山站平均气温、平均最低气温均呈明显上升趋势(图 2.4d,表 2.2)。四个高山站平均最低气温增加的幅度最大、平均气温增加幅度次之、平均最高气温增加幅度最小,其中南岳站气温倾向率分别为 0.27、0.22、0.17℃/10a(平均最低气温通过 0.05 显著性检验),庐山站气温倾向率分别为 0.27、0.25、0.19℃/10a(平均气温通过 0.05 显著性检验,平均最低气温通过 0.01 显著性检验),黄山站气温倾向率分别为 0.39、0.36、0.31℃/10a(均通过 0.01 显著性检验),九仙山站气温倾向率分别为 0.32、0.29、0.25℃/10a(均通过 0.01 显著性检验)。9 年滑动平均曲线表明:20 世纪 80 年代中期之前冬季气温偏低,之后偏高。

可以发现,四个高山站冬季气温明显升高趋势的时间早于春季、夏季和秋季,夏季气温升高趋势的时间最晚。春季和秋季气温在 20 世纪 90 年代中期前后有明显升高趋势,夏季气温在 90 年代后期有升高趋势,冬季气温在 80 年代中期有明显升高趋势。秋季气温高于春季气温,黄山站各季节气温明显低于另外三个高山站,春季九仙山站气温最高、夏季和冬季庐山站气温最高、秋季三个高山站气温相差不大。

**表 2.2　四季平均最高气温、平均气温、平均最低气温的平均值、最大值、最小值(℃)及倾向率(℃/10a)**

| 项目 | | 春季 | | | | 夏季 | | | | 秋季 | | | | 冬季 | | | |
|---|---|---|---|---|---|---|---|---|---|---|---|---|---|---|---|---|---|
| | | 南岳 | 庐山 | 黄山 | 九仙山 | 南岳 | 庐山 | 黄山 | 九仙山 | 南岳 | 庐山 | 黄山 | 九仙山 | 南岳 | 庐山 | 黄山 | 九仙山 |
| 平均最高气温 | 平均值 | 14.8 | 15.3 | 11.2 | 15.8 | 23.7 | 24.7 | 19.7 | 22.1 | 16.1 | 16.7 | 12.6 | 16.8 | 5.3 | 5.7 | 2.2 | 9.7 |
| | 最大值 | 16.7 | 17.6 | 13.3 | 17.9 | 25.0 | 26.2 | 21.5 | 23.3 | 18.1 | 18.7 | 14.3 | 18.2 | 8.4 | 8.2 | 4.2 | 12.0 |
| | 最小值 | 12.3 | 12.5 | 8.9 | 14.2 | 22.5 | 23.2 | 18.3 | 20.8 | 14.2 | 14.7 | 10.4 | 15.5 | 2.1 | 2.3 | −1.5 | 6.4 |
| | 倾向率 | 0.19 | 0.35 | 0.30 | 0.09 | 0.10 | 0.35 | 0.10 | 0.04 | 0.21 | 0.33 | 0.27 | 0.12 | 0.17 | 0.19 | 0.31 | 0.25 |
| 平均气温 | 平均值 | 11.3 | 11.3 | 7.7 | 12.3 | 20.6 | 21.3 | 16.8 | 18.5 | 12.6 | 12.9 | 9.3 | 12.9 | 1.8 | 1.6 | −1.2 | 5.6 |
| | 最大值 | 13.1 | 13.3 | 9.5 | 13.7 | 21.6 | 22.5 | 18.2 | 19.5 | 14.4 | 14.6 | 11.0 | 14.2 | 4.4 | 3.9 | 0.9 | 7.8 |
| | 最小值 | 9.1 | 9.1 | 5.6 | 10.9 | 19.7 | 20.3 | 15.7 | 16.7 | 10.8 | 10.6 | 7.5 | 11.3 | −1.2 | −1.6 | −5.0 | 2.5 |
| | 倾向率 | 0.23 | 0.29 | 0.24 | 0.10 | 0.07 | 0.06 | 0.13 | 0.12 | 0.21 | 0.24 | 0.26 | 0.17 | 0.22 | 0.25 | 0.36 | 0.29 |
| 平均最低气温 | 平均值 | 8.5 | 8.2 | 4.6 | 9.5 | 18.1 | 18.9 | 14.7 | 16.1 | 10.1 | 10.2 | 6.6 | 10.3 | −1.1 | −1.4 | −4.4 | 2.4 |
| | 最大值 | 10.6 | 9.9 | 6.4 | 11.2 | 19.4 | 20.2 | 16.0 | 17.1 | 11.8 | 11.7 | 8.2 | 11.7 | 1.1 | 0.7 | −2.3 | 4.6 |
| | 最小值 | 6.7 | 6.0 | 2.4 | 8.0 | 17.3 | 17.8 | 13.6 | 15.3 | 8.1 | 7.9 | 3.8 | 8.3 | −3.9 | −4.3 | −8.1 | −0.8 |
| | 倾向率 | 0.25 | 0.24 | 0.20 | 0.14 | 0.10 | 0.07 | 0.18 | 0.20 | 0.22 | 0.19 | 0.25 | 0.25 | 0.27 | 0.27 | 0.39 | 0.32 |

### 2.1.2.3　降水量和雨日

图 2.5 给出 1961—2014 年四个高山站降水量和雨日的时间变化曲线。可以看出庐山站、黄山站、九仙山站年降水量呈不显著上升趋势,倾向率分别为 22.0、31.7、38.4 mm/10a(均未通过显著性检验);南岳站呈不显著下降趋势,倾向率为 13.6 mm/10a(未通过显著性检验)。

9 年滑动平均曲线表明：南岳站、庐山站、黄山站年降水量在 20 世纪 60 年代末至 70 年代中期、90 年代初至 21 世纪初偏多，20 世纪 60 年代初至 60 年代末、70 年代中期至 90 年代初、21 世纪初以后偏少；九仙山站年降水量 20 世纪 70 年代初至 70 年代中期、90 年代初至 90 年代末、2007 年以后偏多，70 年代初以前、70 年代中期至 90 年代初、90 年代末至 2007 年偏少。这与我国近几十年来主雨带的年代际移动有一定关系，20 世纪 90 年代主雨带位于长江流域（王遵娅 等，2008），对应南岳站、庐山站、黄山站处于降水量偏多时期，20 世纪 90 年代以后雨带年代际移动，华中地区年降水量呈明显减少趋势（中国气候变化监测公报，2014）。

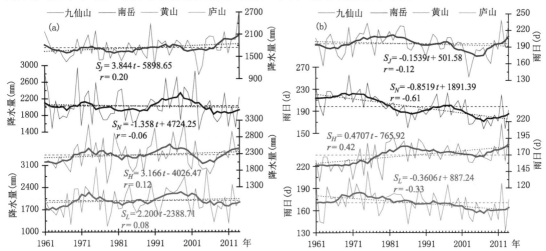

图 2.5　四个高山站年降水量(a)和雨日(b)的逐年变化图

（图中细实线表示逐年变化，粗实线表示 9 年滑动平均曲线，长虚线表示多年平均线，短虚线表示趋势线）

南岳站、庐山站年雨日数呈显著下降趋势，倾向率分别为 8.5、3.6 d/10a，南岳站通过 0.01 显著性检验，庐山站通过 0.05 显著性检验；黄山站年雨日数呈显著上升趋势，倾向率为 4.7 d/10a（通过 0.01 显著性检验）；九仙山站雨日数呈不显著下降趋势，倾向率为 1.5 d/10a（未通过显著性检验）。9 年滑动平均曲线表明：南岳站、庐山站雨日数在 20 世纪 80 年代初以前偏多，80 年代初至 90 年代末在平均值附近波动，90 年代末以后偏少；黄山站雨日数在 70 年代末以前偏少，之后偏多；九仙山站雨日数在 60 年代末至 80 年代中期偏多，其余时段偏少。

可以发现，南岳站、庐山站雨日数与中国平均雨日数的变化趋势非常一致（中国气候变化监测公报，2014），均呈显著减少趋势，其中南岳站雨日数减少的趋势较中国平均更明显。南岳站、庐山站降水量变化趋势不显著，而雨日数呈显著减少趋势，与很多研究的结果比较一致（严华生 等，2001；WMO，2010），但黄山站、九仙山站雨日数呈增加趋势，与一些研究结果不尽相同（陈晓燕 等，2010）。

四季降水量的逐年变化（图 2.6，表 2.3）表明，南岳站多年平均春季降水量为 686.0 mm，在 379.3（2011 年）～1110.7mm（1973 年）之间；庐山站多年平均春季降水量为 628.5 mm，在 268.0（2011 年）～1008.2mm（1967 年）之间；黄山站多年平均春季降水量为 663.8 mm，在 350.3（2011 年）～1233.3mm（1973 年）之间；九仙山站多年平均春季降水量为 551.8 mm，在 324.6（1963 年）～903.1mm（1975 年）之间。南岳站、庐山站、黄山站春季降水量呈不显著下降趋势，倾向率分别为 9.7、9.2、13.8 mm/10a（均未通过显著性检验）；九仙山站春季降水量呈不显著上升趋势,倾向率为 7.6 mm/10a(未通过显著性检验)。

　　南岳站多年平均夏季降水量为 664.7 mm,在 333.0 (2003 年)～1276.3mm (1961 年)之间;庐山站多年平均夏季降水量为 791.5 mm,在 225.4 (1979 年)～1461.7mm (2005 年)之间;黄山站多年平均夏季降水量为 1032.6 mm,在 471.9 (1969 年)～2115.6mm (1981 年)之间;九仙山站多年平均夏季降水量为 706.1 mm,在 366.4 (1995 年)～1223.0mm (1987 年)之间。南岳站、庐山站、黄山站夏季降水量呈不显著上升趋势,倾向率分别为 26.5、33.4、34.7 mm/10a (均未通过显著性检验);九仙山站夏季降水量呈显著上升趋势,倾向率为 30.5 mm/10a (通过 0.10 显著性检验)。

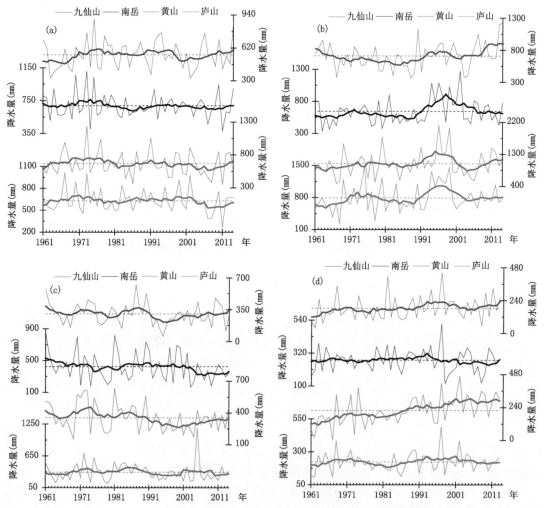

图 2.6　四个高山站春季(a)、夏季(b)、秋季(c)、冬季(d)降水量的逐年变化
(图中细实线表示逐年变化,粗实线表示 9 年滑动平均曲线,长虚线表示多年平均线)

　　南岳站多年平均秋季降水量为 420.9 mm,在 163.3 (2003 年)～861.6mm (1961 年)之间;庐山站多年平均秋季降水量为 341.3 mm,在 122.1 (1979 年)～1166.5mm (2005 年)之间;黄山站多年平均秋季降水量为 353.0 mm,在 155.1 (1969 年)～631.4mm (1981 年)之间;九仙山站多年平均秋季降水量为 300.3mm,在 55.2 (1995 年)～617.8mm (1987 年)之间。

南岳站、黄山站秋季降水量呈显著下降趋势,倾向率分别为27.4、23.4 mm/10a(南岳站通过0.10显著性检验,黄山站通过0.05显著性检验);庐山站、九仙山站秋季降水量呈不显著下降趋势,倾向率分别为5.6、13.8 mm/10a(均未通过显著性检验)。

南岳站多年平均冬季降水量为271.7 mm,在117.4(1998年)~514.7mm(1997年)之间;庐山站多年平均冬季降水量为223.0 mm,在104.0(1962年)~491.1mm(1997年)之间;黄山站多年平均冬季降水量为218.1 mm,在0.4(1967年)~468.0mm(2002年)之间;九仙山站多年平均冬季降水量为181.4 mm,在37.3(1962年)~442.1mm(1997年)之间。南岳站冬季降水量呈不显著下降趋势,倾向率为0.8 mm/10a(未通过显著性检验);庐山站降水量呈不显著上升趋势,倾向率为5.2 mm/10a(未通过显著性检验),黄山站、九仙山站冬季降水量呈显著上升趋势,倾向率分别为35.6、13.6 mm/10a(黄山站通过0.01显著性检验,九仙山站通过0.10显著性检验)。

四季雨日数的逐年变化(图2.7,表2.3)表明,南岳站多年平均春季雨日数为61 d,在47(1986年)~81 d(1973年)之间;庐山站多年平均春季雨日数为53 d,在34(2011年)~73 d(1973年)之间;黄山站多年平均春季雨日数为50.1 d,在36(1962、2009年)~67 d(1973年)之间;九仙山站多年平均春季雨日数为60.1 d,在39(1963年)~76 d(1978年)之间。南岳站、庐山站春季雨日数呈显著减少趋势,倾向率分别为1.9、2.4 d/10a(均通过0.01显著性检验);黄山站春季雨日数呈不显著增多趋势,倾向率为0.2 d/10a(未通过显著性检验);九仙山站春季雨日数呈不显著减少趋势,倾向率为0.2 d/10a(未通过显著性检验)。

表 2.3　四季降水量、雨日数的平均值、最大值、最小值(mm,d)及倾向率(mm/10a,d/10a)

| 项目 | | 春季 | | | | 夏季 | | | | 秋季 | | | | 冬季 | | | |
| --- | --- | --- | --- | --- | --- | --- | --- | --- | --- | --- | --- | --- | --- | --- | --- | --- | --- |
| | | 南岳 | 庐山 | 黄山 | 九仙山 | 南岳 | 庐山 | 黄山 | 九仙山 | 南岳 | 庐山 | 黄山 | 九仙山 | 南岳 | 庐山 | 黄山 | 九仙山 |
| 降水量 | 平均值 | 686.0 | 628.5 | 663.8 | 551.8 | 644.7 | 791.5 | 1032.6 | 706.1 | 420.9 | 341.3 | 353.0 | 300.3 | 271.7 | 223.0 | 218.1 | 181.4 |
| | 最大值 | 1110.7 | 1008.2 | 1233.3 | 903.1 | 1276.2 | 1461.7 | 2115.6 | 1223.0 | 861.6 | 1166.5 | 631.4 | 617.8 | 514.7 | 491.1 | 468.0 | 442.1 |
| | 最小值 | 379.3 | 268.0 | 350.3 | 324.6 | 333.0 | 225.4 | 471.9 | 366.4 | 163.3 | 122.1 | 155.1 | 55.2 | 117.4 | 104.0 | 0.4 | 37.3 |
| | 倾向率 | −9.7 | −9.2 | −13.8 | 7.6 | 26.5 | 33.4 | 34.7 | 30.5* | −27.4* | −5.6 | −23.4** | −13.8 | −0.8 | 5.2 | 35.6*** | 13.6* |
| 雨日 | 平均值 | 61.1 | 53.0 | 50.1 | 60.2 | 46.0 | 44.4 | 51.9 | 58.0 | 42.9 | 35.1 | 35.7 | 41.1 | 48.2 | 38.1 | 32.2 | 36.2 |
| | 最大值 | 81 | 73 | 67 | 76 | 65 | 59 | 68 | 72 | 64 | 57 | 53 | 60 | 67 | 53 | 50 | 57 |
| | 最小值 | 47 | 34 | 36 | 39 | 33 | 30 | 34 | 42 | 25 | 18 | 20 | 22 | 29 | 14 | 8 | 5 |
| | 倾向率 | −1.9*** | −2.4*** | 0.2 | −0.3 | −0.7 | 0.6 | 0.6 | −0.9 | −4.0*** | −2.3*** | −1.0 | −1.4* | −2.1*** | 0.5 | 4.9*** | 1.1 |

注:* 标注通过0.10显著性检验,** 标注通过0.05显著性检验,*** 标注通过0.01显著性检验

南岳站多年平均夏季雨日数为46 d,在33(1983、2013年)~65 d(1999年)之间;庐山站多年平均夏季雨日数为44.4 d,在30(2013年)~59 d(1997年)之间;黄山站多年平均夏季雨日数为51.9 d,在34(2003年)~68 d(2011、2014年)之间;九仙山站多年平均夏季雨日数为58.0 d,在42(2003年)~72 d(1973、1978年)之间。南岳站、九仙山站夏季雨日数呈不显著减少趋势,倾向率分别为0.7、0.9 d/10a(均未通过显著性检验);庐山站、黄山站夏季雨日数呈不显著增多趋势,倾向率均为0.6 d/10a(未通过显著性检验)。

南岳站多年平均秋季雨日数为42.9 d,在25(2007年)~64 d(1961年)之间;庐山站多年平均秋季雨日数为35.1 d,在18(1995年)~57 d(1961年)之间;黄山站多年平均秋季雨日数

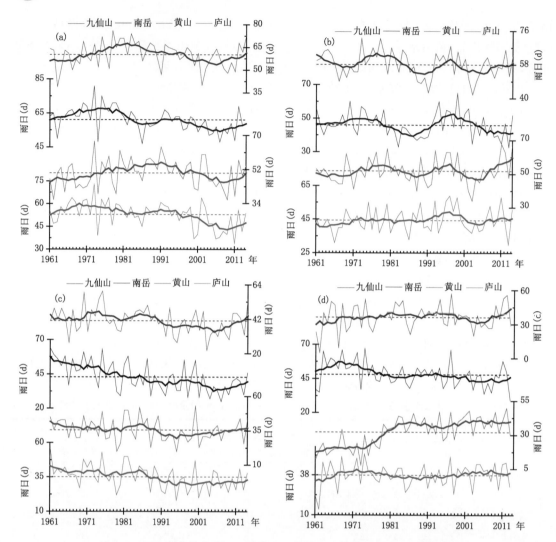

图 2.7　四个高山站春季(a)、夏季(b)、秋季(c)、冬季(d)雨日的逐年变化
(图中细实线表示逐年变化,粗实线表示 9 年滑动平均曲线,长虚线表示多年平均线)

为 35.7 d,在 20 (1979、1995 年)～53 d (2000 年)之间;九仙山站多年平均秋季雨日数为 41.1 d,在 22 (2003 年)～60 d (1975 年)之间。南岳站、庐山站、九仙山站秋季雨日数呈显著减少趋势,倾向率分别为 4.0、2.3、1.4 d/10a (南岳站、庐山站均通过 0.01 显著性检验,九仙山站通过 0.10 显著性检验);庐山站秋季雨日数呈不显著减少趋势,倾向率为 1.0 d/10a (未通过显著性检验)。

南岳站多年平均冬季雨日数为 48.2 d,在 29 (1962 年)～67 d (1974 年)之间;庐山站多年平均冬季雨日数为 38.1 d,在 14 (1962 年)～53 d (1974 年)之间;黄山站多年平均冬季雨日数为 32.2 d,在 8 (1973 年)～50 d (2012 年)之间;九仙山站多年平均冬季雨日数为 36.2 d,在 5 (1962 年)～57 d (1997 年)之间。南岳站冬季雨日数呈显著减少趋势,倾向率为 2.1 d/10a (通过 0.01 显著性检验);庐山站、九仙山站雨日数呈不显著增多趋势,倾向率为 0.5、1.1 d/10a (未通过显著性检验),黄山站冬季雨日数呈显著增多趋势,倾向率分别为 4.9 d/10a (黄山站通过 0.01 显著性检验)。

有关研究表明,20 世纪 60 年代中期开始,东亚夏季风有年代际减弱的趋势(Wang,2001;张立波 等,2013;张琪 等,2014),且于 20 世纪 70 年代中期出现转折。而全球大气环流也在历史同期发生了一次突变,并能够清楚地在大气风场、温度和降水等气候要素场的变化上表现出来(宋燕 等,2001;Xue,2001;Wang,2002)。

四个高山站风速明显减弱的时期与季风的年代际减弱趋势基本吻合,东亚季风明显减弱可能是引起四个高山站风速减弱的原因。那么风速的变化是否会影响其温度和降水等气候要素场的变化呢?从前面分析中可以发现四个高山站气温的变化与风速的变化呈反位相的变化,降水量在 20 世纪 70 年代中期至 21 世纪初有较好的反位相关系,风速呈明显减小趋势,到 20 世纪 90 年代至 21 世纪初风速减小趋势趋缓,而降水量呈增加的趋势,在 20 世纪 90 年代至 21 世纪初达到最大,而南岳站、庐山站在该时段风速为最小。本章节仅分析了高山站的风速、气温、降水相关性,但三者关系的内在机理仍有待进一步研究。

### 2.1.3　气象要素的年内变化

#### 2.1.3.1　风速

1961—2014 年平均风速以九仙山站最大(7.0 m/s),庐山站最小(4.4 m/s),南岳站与黄山站年平均风速接近(5.8 m/s)。四季风速呈现“春夏大,秋冬小”的特点。月最大风速除九仙山站出现在 6 月外,其他均出现在 7 月;最小风速庐山站、九仙山站出现在 12 月,其他出现在 9 月。

四个高山站候平均风速变化均呈“双峰型”分布(图 2.8),分别在第 20 候前后、第 37 候前后存在峰值。这可能与东亚季风进退有关系,有研究指出:在 4 月第 2 候至 7 月第 1 候为我国江南地区主雨季(侯伟芬 等,2004)。

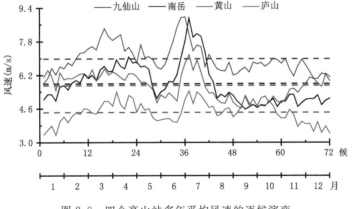

图 2.8　四个高山站多年平均风速的逐候演变

对比发现四个高山站第 1—59 候(1—10 月)逐候风速变化的趋势特征较为接近,但变化的幅度存在差异,1—4 月除黄山站逐候风速变化呈弱的增大趋势外,其他三站逐候风速均呈明显增大趋势;5—10 月逐候风速变化的趋势特征基本一致,其中 5 月(第 25—29 候)逐候风速均呈明显的减弱趋势,6 月(第 30—36 候)逐候风速呈显著增大,在 37 候前后风速达到最大,7 月初—8 月底 9 月初(第 50 候)逐候风速呈现明显减弱,而后逐候(9—10 月)风速的变化相对平稳;11—12 月逐候风速黄山站呈明显增大,南岳站相对平稳,而其他两站均呈明显减弱趋势,11—12 月风速变化的不一致,可能与地理位置及秋末至冬初大气影响系统有关。

#### 2.1.3.2 气温的年内变化

多年平均气温年内变化(图 2.9)表明,四个高山站气温的年内变化均呈单峰型分布,1月最低,7月最高。南岳站平均气温在 0.4～21.6℃之间,平均最高气温在 3.8～24.8℃之间,平均最低气温在 −2.4～19.4℃之间;庐山站平均气温在 0.2～22.5℃之间,平均最高气温在 4.2～26.0℃之间,平均最低气温在 −2.8～20.2℃之间;黄山站平均气温在 −2.5～17.8℃之间,平均最高气温在 0.9～20.5℃之间,平均最低气温在 −5.6～15.8℃之间;九仙山站平均气温在 4.7～19.2℃之间,平均最高气温在 8.8～23.1℃之间,平均最低气温在 1.5～16.7℃之间。平均最低气温的年较差最大、平均气温次之、最高气温最小,九仙山站气温的年较差最小、黄山站次之、南岳站和庐山站最大。

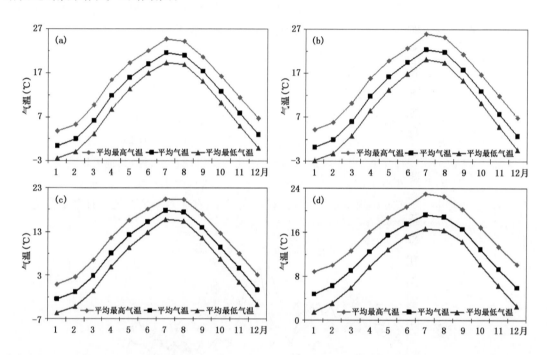

图 2.9　南岳站(a)、庐山站(b)、黄山站(c)、九仙山站(d)平均最高气温、平均气温、平均最低气温的年内变化

#### 2.1.3.3 降水和雨日的年内变化

四个高山站降水量、雨日数、降水强度的年内变化(图 2.10)表明,南岳站、庐山站、九仙山站月平均降水均呈双峰型分布,黄山站则呈单峰型分布,月降水量南岳站在 70.2(12月)～274.3 mm(5月)之间、庐山站在 55.2(12月)～294.7 mm(6月)之间、黄山站在 51.1(12月)～421.0 mm(6月)之间、九仙山站在 44.4(12月)～261.7 mm(6月)之间;各月平均雨日数南岳站、九仙山站较庐山站、黄山站偏多 2 d 左右,月雨日数南岳站在 12.1(7月)～20.8 d(3月)之间、庐山站在 10.6(12月)～18.0 d(4月)之间、黄山站在 8.5(12月)～17.8 d(5月、6月)之间、九仙山站在 10.0(12月)～20.6 d(6月)之间;月降水强度南岳站在 5.2(1月)～13.3 mm/d(8月)之间、庐山站在 5.2(1、12月)～18.0 mm/d(8月)之间、黄山站在 5.9(1月)～23.7 mm/d(6月)之间、九仙山站在 4.4(12月)～12.9 mm/d(8月)之间。

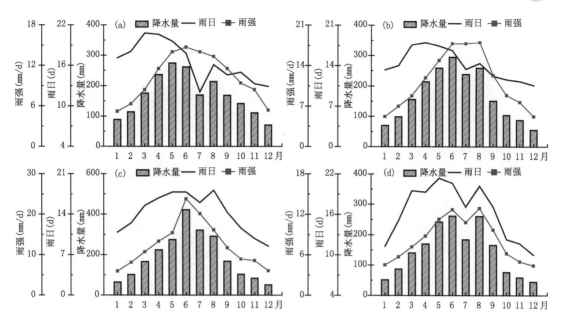

图 2.10　南岳站(a)、庐山站(b)、黄山站(c)、九仙山站(d)降水量、雨日数、降水强度的年内变化

## 2.1.4　风向风速的变化特征

通过对 1961—2014 年南岳站、庐山站、黄山站和九仙山站每日 02、08、14 和 20 时风向风速做统计,分别得到四个高山站的年、夏半年、冬半年平均风向和风速玫瑰图(图 2.11～图 2.13)。

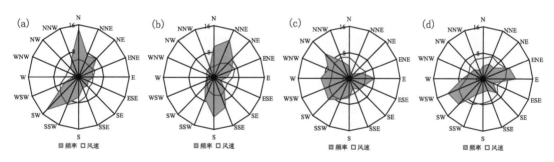

图 2.11　南岳站(a)、庐山站(b)、黄山站(c)、九仙山站(d)年平均风向频率、风速玫瑰图

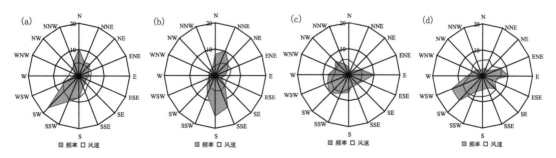

图 2.12　南岳站(a)、庐山站(b)、黄山站(c)、九仙山站(d)夏半年风向频率、风速玫瑰图

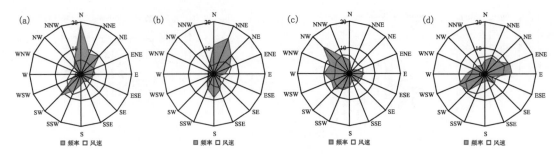

图 2.13 南岳站(a)、庐山站(b)、黄山站(c)、九仙山站(d)冬半年风向频率、风速玫瑰图

### 2.1.4.1 年平均风向风速的变化

四个高山站年平均风速存在明显的季节转换,南岳站的主导风向为北风(N),占 14.6%,风速为 5.4 m/s;西南风(SW)次之,占 14.3%,风速为 7.9 m/s。风向频率超过 7.0% 的还有北东北风(NNE)、东北风(NE)、南西南风(SSW),分别为 7.0%、7.9%、8.6%。南西南风(SSW)风速最大,为 9.1 m/s;西南风(SW)次之,为 7.9 m/s。

庐山站的主导风向为北东北风(NNE),占 12.4%,风速为 4.8 m/s;南风(S)次之,占 12.2%,风速为 5.4 m/s。风向频率超过 8.0% 的还有北风(N)、东北风(NE)、南东南风(SSE),分别为 9.5%、8.4%、9.8%。东东北风(ENE)风速最大,为 7.2 m/s;东北风(NE)次之,为 6.4 m/s。

黄山站的主导风向为西北风(NW),占 10.7%,风速为 6.6 m/s;西南风(SW)次之,占 9.3%,风速为 7.4 m/s。风向频率超过 8.0% 的还有西西南风(WSW)、西风(W),分别为 8.3%、8.8%。西南风(SW)风速最大,为 7.4 m/s;北西北风(NNW)次之,为 7.0 m/s。

九仙山站的主导风向为西西南风(WSW),占 12.1%,风速为 8.4 m/s;西南风(SW)次之,占 11.1%,风速为 9.1 m/s。风向频率超过 8.0% 的还有东东北风(ENE)、东风(E),分别为 9.0%、10.5%。西南风(SW)风速最大,为 9.1 m/s;南西南风(SSW)、西西南风(WSW)次之,为 8.4 m/s。

### 2.1.4.2 夏半年、冬半年风向风速的变化

夏半年南岳站的主导风向为西南风(SW),占 17.2%,风速为 8.3 m/s;南西南风(SSW)次之,占 10.5%,风速为 9.7 m/s。夏半年南岳站南西南风(SSW)风速最大,为 9.7 m/s;南风(S)次之,为 8.4 m/s。冬半年南岳站的主导风向为北风(N),占 19.0%,风速为 5.6 m/s;西南风(SW)次之,占 11.3%,风速为 7.2 m/s。冬半年南岳站南西南风(SSW)风速最大,为 8.3 m/s;西南风(SW)次之,为 7.2 m/s。

夏半年庐山站的主导风向为南风(S),占 15.4%,风速为 5.8 m/s;南东南风(SSE)次之,占 13.0%,风速为 6.3 m/s。夏半年庐山站东东北风(ENE)风速最大,为 6.8 m/s;南东南风(SSE)次之,为 6.3 m/s。冬半年庐山站的主导风向为北东北风(NNE),占 14.7%,风速为 4.7 m/s;北风(N)次之,占 11.2%,风速为 3.4 m/s。冬半年庐山站东东北风(ENE)风速最大,为 7.5 m/s;东北风(NE)次之,为 6.6 m/s。

夏半年黄山站的主导风向为西南风(SW),占 10.2%,风速为 7.8 m/s;东风(E)次之,占 9.8%,风速为 5.3 m/s。夏半年黄山站西南风(SW)风速最大,为 7.8 m/s;西西南风(WSW)和南西南风(SSW)次之,为 7.1 m/s。冬半年黄山站的主导风向为西北风(NW),占 14.3%,

风速为 7.1 m/s;西风(W)次之,占 9.8%,风速为 5.6 m/s。冬半年黄山站北西北风(NNW)风速最大,为 7.5 m/s;西北风(NW)次之,为 7.1 m/s。

夏半年九仙山站的主导风向为西南风(SW)和西西南风(WSW),均占 13.4%,风速分别为 9.1、8.7 m/s;东风(E)次之,占 10.3%,风速为 7.2 m/s。夏半年九仙山站西南风(SW)风速最大,为 9.1 m/s;西西南风(WSW)次之,为 8.7 m/s。冬半年九仙山站的主导风向为西西南风(WSW),占 10.9%,风速为 8.1 m/s;东风(E)次之,占 10.7%,风速为 7.2 m/s。冬半年九仙山站西南风(SW)风速最大,为 9.1 m/s;东东北风(ENE)次之,为 8.4 m/s。

可以发现,四个站风向存在明显的季节转换,这可能与夏半年、冬半年分别受东亚夏季风和冬季风控制有关,夏半年主导风均为偏南风,冬半年主导风大多为偏北风(九仙山站冬半年主导风也为偏南风)。但是由于地理位置等的差异,四个高山站风具有各自的变化特征,其中南岳站为西南风(SW)与北风(N)的转换,南西南风(SSW)风速最大;庐山站为南风(S)与北东北风(NNE)的转换,东东北风(ENE)风速最大;黄山站为西南风(SW)与西北风(NW)转换,此外,黄山站还存在东风(E)与西风(W)次主导的转换,夏半年西南风(SW)风速最大,冬半年北西北风(NNW)风速最大;九仙山站为西西南风(WSW)与东风(E)的转换,西南风(SW)风速最大。南岳站主导风的频率最大,庐山站、九仙山站次之,黄山站最小;九仙山站风速最大,南岳站、黄山站次之,庐山站最小。

### 2.1.4.3　季节内盛行风向及最大风速

各月最大风向频率及最大风速对应风向(表 2.4)表明,九仙山站 1—7 月盛行偏西南风(WSW、SW),8—12 月盛行偏东北风(E、ENE);南岳站春夏季(3—8 月)盛行西南风(SW),秋冬季(9 月—翌年 2 月)盛行北风(N);庐山站春夏季(3—8 月)为南风(S),秋冬季为北东北风(NNE),其中,3 月作为冬春季节过渡,北东北风(NNE)和南风(S)各占 12%,5 月作为春夏季节过渡,南东南风(SSE)和南风(S)各占 13%;黄山站 1—5、11—12 月为西北风(NW),6—7 月为西南风(SW),8—10 月为东风(E)。

九仙山站 1—6 月最大风速均为 9~10 m/s 左右的西南风(SW),7—8 月为偏东南风(SE、SSE),9—12 月为偏东北风(ENE、NNE);南岳站各月最大风速的风向均为南西南风(SSW),2—7 月南西南风(SSW)风速都维持在 10 m/s 左右;而庐山站各月最大风速的风向除 6—7 月为南东南风(SSE)外,其他各月均为偏东北风(ENE、NE);黄山站 2—8 月最大风速的风向为西南风(SW),9—10 月由东北风(NE)转为北风(N),11—2 月为偏西北风(NNW)。

### 2.1.4.4　风向风速的日变化

四个高山站多年平均逐时主导风向风速的变化(图 2.14)表明,四个高山站多年平均逐时主导风向风速有明显的日变化,南岳站在 17、20、23 时为偏北风,其余时段均为偏南风。庐山站、黄山站、九仙山站风向发生明显的转变,其中庐山站在 09—19 时为偏北风,风速较小;在 01—08 时、20—24 时以偏南风为主,风速较大;黄山站 12—19 时为偏北风,其余时段以偏南风或者西风为主;九仙山站 01—18 时以偏南风为主,19—24 时为东风。可以发现偏南风风速明显大于其他风向风速,夜间风速要明显大于白天的风速。

表 2.4　月最大频率风向、频率(%)及对应风速(m/s)和月最大风速对应的风向及风速(m/s)

| | | 1月 | 2月 | 3月 | 4月 | 5月 | 6月 | 7月 | 8月 | 9月 | 10月 | 11月 | 12月 |
|---|---|---|---|---|---|---|---|---|---|---|---|---|---|
| 九仙山 | 最大频率风向 | WSW | WSW | WSW | WSW | WSW | WSW | SW | E | E | ENE | ENE | E |
| | 对应频率 | 13 | 17 | 20 | 19 | 17 | 20 | 17 | 14 | 22 | 23 | 18 | 10 |
| | 对应风速 | 7.6 | 8.8 | 9.5 | 9.1 | 9.1 | 9.8 | 8.4 | 7.4 | 7.7 | 9.1 | 8.8 | 6.6 |
| | 最大风速 | 9.1 | 8.4 | 10.2 | 10.7 | 9.4 | 10.3 | 8.6 | 8.7 | 8.4 | 9.1 | 8.8 | 8.1 |
| | 对应频率 | 11 | 10 | 14 | 17 | 16 | 19 | 9 | 5 | 17 | 23 | 18 | 8 |
| | 对应风向 | SW | SW | SW | SW | SW | SW | SE | SSE | ENE | ENE | ENE | NNE |
| 南岳山 | 最大频率风向 | N | N | SW | SW | SW | SW | SW | SW | N | N | N | N |
| | 对应频率 | 23 | 19 | 17 | 18 | 17 | 21 | 27 | 14 | 18 | 18 | 18 | 19 |
| | 对应风速 | 5.5 | 5.5 | 8.7 | 8.5 | 8.3 | 8.7 | 9.3 | 7.1 | 5.2 | 5.8 | 5.7 | 5.7 |
| | 最大风速 | 7.8 | 10.1 | 9.9 | 9.6 | 9.4 | 10 | 10.4 | 7.7 | 6.4 | 6.5 | 6.7 | 6.7 |
| | 对应频率 | 6 | 8 | 9 | 10 | 10 | 13 | 16 | 8 | 4 | 5 | 6 | 6 |
| | 对应风向 | SSW | SSW | SSW | SSW | SSW | SSW | SSW | SSW | SSW | SSW | SSW | SSW |
| 庐山 | 最大频率风向 | NNE | NNE | NNE/S | S | SSE/S | S | S | S | NNE | NNE | NNE | NNE |
| | 对应频率 | 15 | 14 | 12 | 15 | 13 | 16 | 25 | 16 | 17 | 17 | 16 | 15 |
| | 对应风速 | 4.4 | 4.6 | 5.2/5.6 | 6.5 | 6.3/5.6 | 5.8 | 6.4 | 5 | 5.6 | 5.2 | 4.6 | 4.4 |
| | 最大风速 | 7 | 7.9 | 7.5 | 8.1 | 7.3 | 6.3 | 6.8 | 6.3 | 7.2 | 7.4 | 7.7 | 7.4 |
| | 对应频率 | 6 | 7 | 6 | 5 | 5 | 13 | 20 | 8 | 10 | 9 | 7 | 6 |
| | 对应风向 | ENE | ENE | ENE | ENE | ENE | SSE | SSE | NE | NE | ENE | ENE | ENE |
| 黄山 | 最大频率风向 | NW | NW | NW | NW | NW | SW | SW | E | E | E | NW | NW |
| | 对应频率 | 19 | 15 | 12 | 10 | 10 | 12 | 17 | 13 | 16 | 14 | 14 | 18 |
| | 对应风速 | 7.6 | 6.9 | 6.9 | 6.6 | 5.9 | 8.4 | 8.6 | 5.6 | 5.5 | 5.6 | 7 | 7.5 |
| | 最大风速 | 7.6 | 8.1 | 8.2 | 8.2 | 7.5 | 8.4 | 8.6 | 6.7 | 7.2 | 6.7 | 7.7 | 7.7 |
| | 对应频率 | 19 | 10 | 10 | 10 | 9 | 12 | 17 | 8 | 10 | 6 | 8 | 7 |
| | 对应风向 | NW | NNW | SW | SW | SW | SW | SW | SW | NE | N | NNW | NNW |

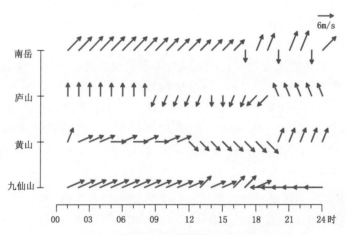

图 2.14　四个高山站多年平均逐时主导风向风速的变化

(箭头的长短为风速大小)

　　四个高山站夏半年平均逐时主导风向风速的变化(图 2.15a)表明,南岳站风向风速的日变化较小,为西南风(SW)或南西南风(SSW)。庐山站、黄山站、九仙山站风向发生明显的转变,其中庐山站 02—09 时、18 时为南风(S),10—17 时为北东北(NNE)或北风(N),18—24时、01 时为南东南风(SSE);黄山站在 11—19 时为东风(E)或西北风(NW),在 01—10 时、20—24 时以偏南风为主;九仙山站 01—18 时为西西南风(WSW)或西南风(SW),19—24 时为东风(E)。

　　四个高山站冬半年平均逐时主导风向风速的变化(图 2.15b)表明,南岳站、九仙山站风向发生明显的转变,09—16 时为西南风(SW),其余时段主要以偏北风为主;九仙山站 12—17 时为西南风(SW)或者西西南风(WSW),其余时段为东风(E)或者东东北风(ENE)。庐山站、黄山站风向风速的日变化较小,其中庐山站为北风(N)、北东北风(NNE)或东北风(NE);黄山站为西北风(NW)或北西北风(NNW)。

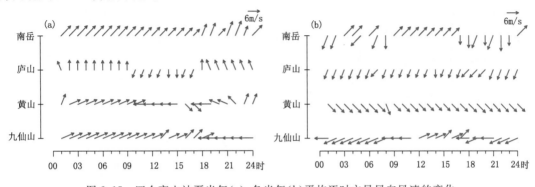

图 2.15　四个高山站夏半年(a)、冬半年(b)平均逐时主导风向风速的变化

## 2.1.5　气象要素的 M-K 突变分析

### 2.1.5.1　风速

　　四个高山站年平均风速的 M-K 检验(图 2.16)可以发现,南岳站年平均风速在 20 世纪 80 年代初之后呈下降趋势,在 90 年代初以后下降趋势超过了 0.05 临界线,甚至超过了 0.01 显

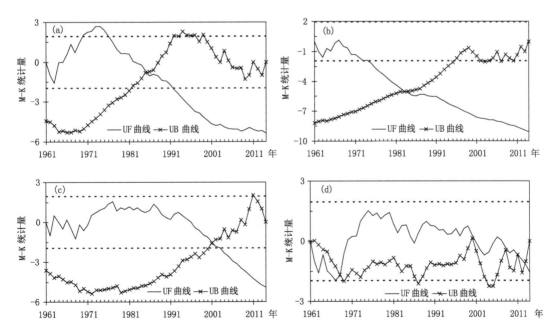

图 2.16　南岳站(a)、庐山站(b)、黄山站(c)、九仙山站(d)年平均风速的 M-K 检验

(实线为顺序统计检验曲线,叉线为逆序统计检验曲线,虚线为 M-K 检验 0.05 显著性水平)

著性水平($\mu_{0.01}=-2.56$),表明南岳站年平均风速下降趋势十分显著。根据 UF 和 UB 曲线的交点位置,确定 80 年代初之后下降趋势是一突变现象,具体开始年份为 1984 年。

庐山站年平均风速在统计时段内均呈下降趋势,在 20 世纪 70 年代中期以后下降趋势超过了 0.05 临界线,甚至超过了 0.01 显著性水平($\mu_{0.01}=-2.56$),表明庐山站年平均风速下降趋势十分显著。根据 UF 和 UB 曲线的交点位置,确定 70 代中期之后下降趋势是一突变现象,具体开始年份为 1983 年。

黄山站年平均风速在 20 世纪 90 年代中后期以后呈下降趋势,在 21 世纪初以后下降趋势超过了 0.05 临界线显著性水平,表明黄山站年平均风速呈明显下降趋势。根据 UF 和 UB 曲线的交点位置,确定 90 代中后期之后下降趋势是一突变现象,具体开始年份为 2001 年。

九仙山站年平均风速在 2008 年以后呈下降趋势,但是在统计时段 UF 和 UB 曲线有多个交点,故不能确定是否有突变。

### 2.1.5.2 气温

分析高山站年气温的 M-K 检验(图 2.17)可以发现,四个高山站年气温在 20 世纪 80 年代后期至 90 年代初以后呈上升趋势,在 90 年代末至 21 世纪初升高趋势超过了 0.05 临界线,甚至超过了 0.01 显著性水平($\mu_{0.01}=-2.56$),表明升高趋势十分显著。总的说来,南岳站、黄山站、九仙山站平均最低气温升高趋势开始时间最早,平均气温次之,平均最高气温最晚;庐山站平均最高气温升高趋势开始时间最早。根据 UF 和 UB 曲线的交点位置,确定 20 世纪 80 年代后期至 90 年代初之后气温上升趋势是一突变现象,南岳站气温突变具体开始年份分别为 1997、2001、1998 年,庐山站为 2000、2000、2001 年,黄山站均为 1998 年,九仙山站为 1997、2002、1996 年。

### 2.1.5.3 降水和雨日的 M-K 突变

四个高山站年降水量、雨日数的 M-K 检验(图 2.18)可以发现,年降水量除庐山站在 20 世纪 60 年代末至 70 年代初有增多的突变外,其他三个高山站无明显突变。

南岳站年雨日数在统计时段内呈减少趋势,在 20 世纪 80 年代初以后减少趋势超过了 0.05 临界线,甚至超过了 0.01 显著性水平($\mu_{0.01}=-2.56$),表明南岳站年雨日数减少趋势十分显著。根据 UF 和 UB 曲线的交点位置,确定雨日数减少趋势是一突变现象,具体开始年份为 1981 年。

庐山站年雨日数在 20 世纪 80 年代中期以后呈减少趋势,在本世纪初以后减少趋势超过了 0.05 临界线,表明庐山站年雨日数减少趋势十分显著。根据 UF 和 UB 曲线的交点位置,确定 80 代中期之后减少趋势是一突变现象,具体开始年份为 1992 年。

黄山站年雨日数在 20 世纪 70 年代中期以后呈增多趋势,在 80 年代中期以后增多趋势超过了 0.05 临界线显著性水平,表明黄山站年雨日数呈明显增多趋势。根据 UF 和 UB 曲线的交点位置,确定 70 代中后期之后增多趋势是一突变现象,具体开始年份为 1974 年。

九仙山站年雨日数在 2002 年以后呈减少趋势,根据 UF 和 UB 曲线的交点位置,确定 2002 年之后减少趋势是一突变现象,具体开始年份为 1996 年。

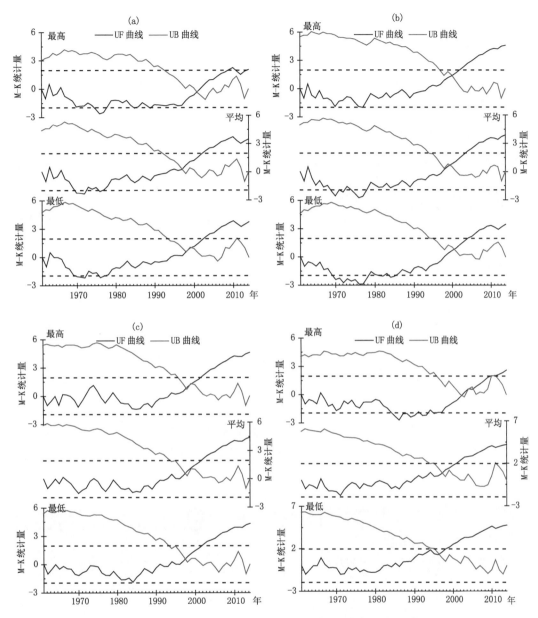

图 2.17　南岳站(a)、庐山站(b)、黄山站(c)、九仙山站(d)年
平均最高气温、平均气温、平均最低气温的 M-K 检验

(实线为顺序统计检验曲线，叉线为逆序统计检验曲线，虚线为 M-K 检验 0.05 显著性水平)

## 2.1.6　气象要素的 Morlet 小波分析

### 2.1.6.1　风速

图 2.19 给出四个高山站 1961—2014 年平均风速的 Morlet 小波结果。可以看出，南岳站年平均风速存在 2～3 年、5～7 年和 15～19 年左右的振荡周期，其中 2～3 年振荡在 54 年中始终存在，且振荡周期稳定；在 5～7 年时间尺度上，20 世纪 70 年代中期以后比较明显，由 70

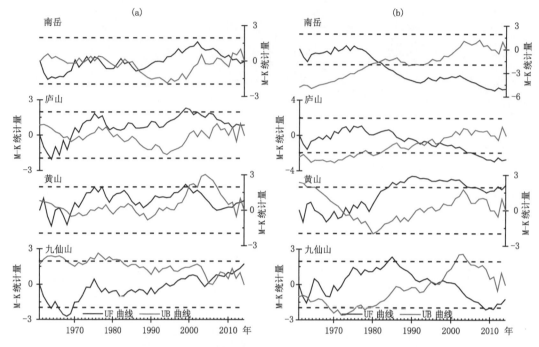

图 2.18　四个高山站年降水量(a)和雨日数(b)的 M-K 突变图

(实线为顺序统计检验曲线,叉线为逆序统计检验曲线,虚线为 M-K 检验 0.05 显著性水平)

年代中期的 7 年振荡周期逐渐过渡到 21 世纪的 5 年振荡周期;15～19 年左右的振荡周期在 54 年中经历了 6 次风速偏大和偏小转换。为了分析南岳站年平均风速周期的显著性,对其进行 Morlet 小波功率谱分析发现(图略),2～3 年振荡周期在 20 世纪 60 年代初至 60 年代后期、80 年代中期、21 世纪初前后较显著。

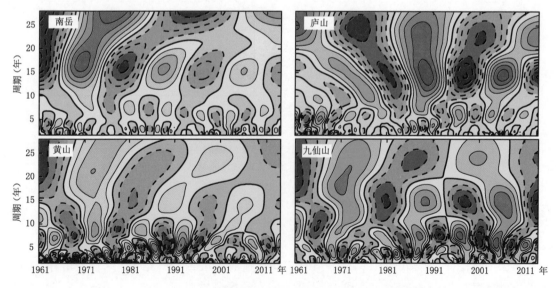

图 2.19　四个高山站年平均风速的 Morlet 小波分析图

庐山站年平均风速存在 2～3 年、5～7 年、14～15 年和 21～25 年左右的振荡周期。2～3 年和 14～15 年时间尺度上,在 54 年中始终存在,且振荡周期稳定。5～7 年左右的振荡周期在 20 世纪 70 年代中期以前和 90 年代初期以后较明显。21～25 年左右的振荡周期在 54 年中经历了 4 次风速偏大和偏小转换。庐山站年平均风速周期变化在统计时段内均不显著(图略)。

黄山站年平均风速存在 2～3 年、5～7 年、10～11 年和 21～25 年左右的振荡周期。2～3 年和 5～7 年时间尺度上,在 54 年中始终存在,且振荡周期稳定。在 11～15 年时间尺度上,20 世纪 70 年代中期以前表现为 11 年左右的振荡周期,之后表现为 14～15 年左右的振荡周期,21～25 年左右的振荡周期 54 年中大致经历了 4 次平均风速偏大和偏小的转换。黄山站年平均风速的在 20 世纪 60 年代初至 80 年代初具有显著的 2～3 年振荡周期,80 年代中后期至 90 年代初具有显著的 5～7 年振荡周期(图略)。

九仙山站年平均风速存在 2～3 年、5～7 年、11～15 年和 21～25 年左右的振荡周期。2～3 年和 5～7 年时间尺度上,在 54 年中始终存在,且振荡周期稳定。在 11～15 年时间尺度上,20 世纪 70 年代初以前表现为 11 年左右的振荡周期,70 年代末以后表现为 14～15 年左右的振荡周期,21～25 年左右的振荡周期 54 年中大致经历了 4 次平均风速偏大和偏小的转换。九仙山站年平均风速在 20 世纪 60 年代中期至 70 年代中期、90 年代中期至 21 世纪初具有显著的 2～3 年振荡周期,60 年代中期至 2010 年前后具有显著的 5～7 年振荡周期(图略)。

## 2.1.6.2　气温

图 2.20 给出四个高山站 1961—2014 年气温的 Morlet 小波结果。可以看出,南岳站和庐山站年平均气温、平均最高气温、平均最低气温的周期变化非常类似(图 2.20a、b),均存在 2～3 年、4～5 年、7～10 年和 18～21 年左右的振荡周期,其中 2～3 年、7～10 年振荡周期稳定,且在 54 年中始终存在;在 4～5 年时间尺度上,20 世纪 80 年代中期以后比较明显;18～21 年左右的振荡周期在 54 年中经历了 5 次气温偏高和偏低转换。

黄山站平均最高气温存在 2～3 年、4～5 年、11～15 年和 22～25 年左右的振荡周期,其中 2～3 年、4～5 年振荡周期稳定,且在 54 年中始终存在;在 11～15 年时间尺度上,20 世纪 70 年代至 21 世纪初比较明显;22～25 年左右的振荡周期在 54 年中经历了 4 次平均最高气温偏高和偏低转换。黄山站平均气温存在 2～4 年、5～8 年、9～12 年和 22～25 年左右的振荡周期,其中 2～4 年、4～5 年振荡周期稳定,且在 54 年中始终存在;在 9～12 年时间尺度上,20 世纪 80 年代中期以前比较明显;22～25 年左右的振荡周期在 54 年中经历了 4 次平均气温偏高和偏低转换。黄山站平均最低气温存在 2～3 年、5～7 年和 12～17 年左右的振荡周期,其中 2～3 年、5～7 年振荡周期稳定,且在 54 年中始终存在;在 12～17 年时间尺度上,由 20 世纪 60 年代初的 12 年左右振荡周期逐渐过渡到 21 世纪的 17 年左右的振荡周期,在 54 年中经历了 7 次平均最低气温偏高和偏低转换(图 2.20c)。

九仙山站平均最高气温存在 2～3 年、5～7 年、11～15 年和 22～25 年左右的振荡周期,其中 2～3 年振荡周期稳定,且在 54 年中始终存在;在 5～7 年时间尺度上,20 世纪 80 年代中期以前比较明显;在 11～15 年时间尺度上,由 20 世纪 60 年代初的 15 年左右振荡周期逐渐过渡到 21 世纪的 11 年左右的振荡周期;22～25 年左右的振荡周期在 54 年中经历了 4 次平均最高气温偏高和偏低转换。九仙山站平均气温和平均最低气温的周期变化比较类似,均存在 2～3 年、5～7 年和 15～20 年左右的振荡周期(图 2.20d)。

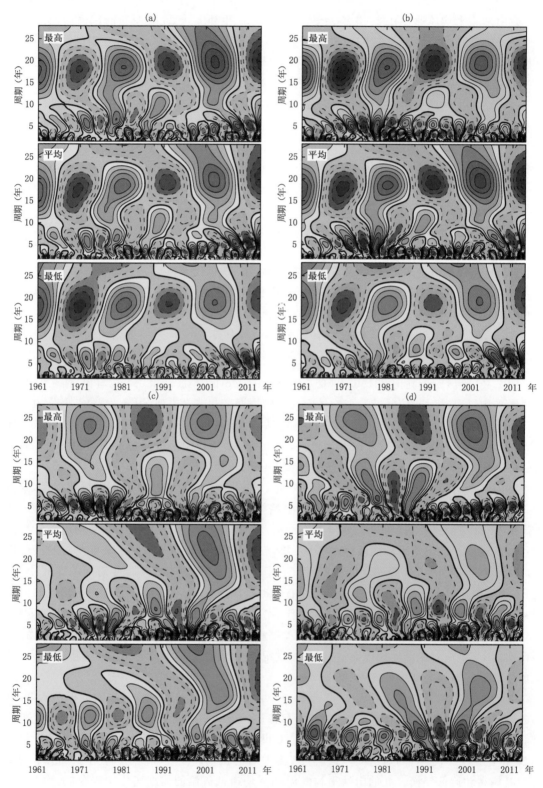

图 2.20　南岳站(a)、庐山站(b)、黄山站(c)、九仙山站(d)年
平均最高气温、平均气温、平均最低气温 Morlet 小波分析图

### 2.1.6.3　降水量和雨日数

图 2.21 给出四个高山站 1961—2014 年降水量和雨日数的 Morlet 小波结果。南岳站年降水量存在 2～3 年、4～6 年、7～9 年和 15～17 年左右的振荡周期。2～3 年、4～6 年时间尺度上,在 54 年中始终存在;7～9 年时间尺度在 20 世纪 80 年代初之前表现较为明显;15～17 年时间尺度在 80 年代中期以后表现较为明显。庐山站降水量存在 2～3 年、5～7 年、11～15 年和 21～25 年左右的振荡周期。2～3 年时间尺度上,在 54 年中始终存在;5～7 年时间尺度上,20 世纪 70 年代中期以后仅 2005 年前后表现较为明显;11～15 年时间尺度上,90 年代中期以前表现为 11 年左右的振荡周期,之后逐渐过渡到 15 年左右的振荡周期;21～25 年时间尺度上,在统计时段内经历了 4 次偏少与偏多的转变。黄山站降水量存在 3～4 年、8～10 年和 17～21 年左右的振荡周期。3～4 年时间尺度上,在 54 年中始终存在;8～10 年时间尺度

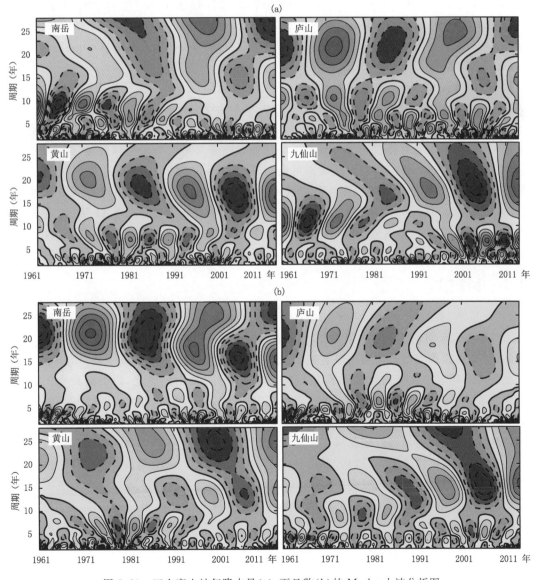

图 2.21　四个高山站年降水量(a)、雨日数(b)的 Morlet 小波分析图

上,由 20 世纪 60 年代初的 10 年左右的振荡周期逐渐过渡到本世纪初的 8 年左右的振荡周期;17～21 年时间尺度上,在统计时段内经历了 5 次偏少与偏多的转变。九仙山站降水存在 2～3 年、4～7 年和 10～15 年左右的振荡周期。2～3 年时间尺度上,在 54 年中始终存在;4～7 年时间尺度上,由 20 世纪 60 年代初 4 年左右的振荡周期逐渐过渡到 21 世纪初 7 年左右的振荡周期;10～15 年时间尺度上,由 20 世纪 60 年代初 10 年左右的振荡周期逐渐过渡到 21 世纪初 15 年左右的振荡周期(图 2.21a)。

南岳站和庐山站雨日数存在 2～3 年、4～7 年和 17～21 年左右的振荡周期。2～3 年和 17～21 年时间尺度上,在 54 年中始终存在;4～7 年时间尺度上,由 20 世纪 60 年代初的 4 年左右的振荡周期逐渐过渡到 90 年代中期的 7 年左右的振荡周期,再逐渐减小过渡到 21 世纪的 4 年左右的振荡周期。黄山站雨日数的振荡周期可以分为两个时段,20 世纪 90 年代初以前存在 2～3 年、5～7 年、21～24 年左右的振荡周期,之后存在 3～5 年、12～15 年和 21～24 年左右的振荡周期。九仙山站雨日数的振荡周期可以分为两个时段,20 世纪 80 年代中期以前存在 3～4 年、7～10 年、14～15 年左右的振荡周期,之后存在 2～3 年、5～7 年和 14～15 年左右的振荡周期(图 2.21b)。

需指出的是:上述四个站气象要素的 2～3 年振荡周期与平流层大气坏流的准 2 年周期振荡(Quasi-Biennial Oscillation,简称 QBO)和对流层大气环流的准 2 年周期振荡(Tropospheric-Biennial Oscillation,简称 TBO)(李建平 等,2005;郑彬 等,2005)比较一致。这可能是由于平流层 QBO 通过改变对流层的大气环流形势从而影响着对流层中的季风环流、降水过程(贾建颖 等,2009)。5～7 年左右的振荡周期可能与 ENSO 事件的 3～7 年的准周期相关,ENSO 事件是气候系统年际变化中的最强外强迫信号,以遥相关的形式间接影响全球天气气候的变化(郑彬 等,2005)。10～15 年、20～25 年左右的振荡周期与太阳活动的准 11 年、22 年振荡周期比较一致,说明四个站气象要素的变化可能受太阳活动的影响(施能 等,2004;段长春,2006)。

## 2.1.7　小结

(1)南岳站、黄山站、庐山站年平均风速均呈显著减小趋势,九仙山站变化趋势不明显。在 20 世纪 60 年代末期到 2014 年,南岳站、黄山站、庐山站年代际变化特征非常相似。南岳站、庐山站、黄山站四季平均风速均呈显著减小趋势,而九仙山站仅春季呈减小趋势,其余三个季节变化趋势不明显。九仙山站多年平均风速最大,南岳站、黄山站次之,庐山站最小。四个高山站风的变化具有明显的季节特征,风速均呈现"春夏大,秋冬小"的特点,除 11—12 月外年内逐候风速变化趋势基本一致;四站风向存在明显的季节转换,夏半年盛行偏南风,冬半年除九仙山站外,其余三个站都盛行偏北风。南岳站主导风的频率最大,庐山站、九仙山站次之,黄山站最小;九仙山站风速最大,南岳站、黄山站次之,庐山站最小。四个高山站夏半年南岳站风向风速的日变化较小,为西南风或南西南风。庐山站、黄山站、九仙山站风向发生偏南风和偏北风明显的转变。冬半年南岳站、九仙山站风向发生偏南风和偏北风明显的转变,庐山站、黄山站风向风速的日变化较小,以偏北风为主。南岳站、庐山站、黄山站年平均风速均存在风速减小的突变,南岳站突变发生年最早、庐山站次之、黄山站相对较晚,九仙山站年平均风速无突变发生。年平均风速南岳站存在 2～3 年、5～7 年和 15～19 年周期,其他三个高山站存在 2～3 年、5～7 年、10～15 年和 21～25 年周期。

(2)四个高山站年平均气温、平均最高气温、平均最低气温均呈显著上升趋势。九仙山站多年平均气温均高于其他三站,南岳站多年平均气温、平均最高气温均低于庐山站,且庐山平均气温、平均最高气温升温快于南岳站;两站多年平均最低气温均为 8.9℃,但南岳站升温速度快于庐山站。黄山站较南岳站、庐山站海拔高 500～600 m,气温均低于两站 3～4℃。四个高山站四季增温具有不均匀性,各季节增温状况差异较大,春季、秋季气温呈显著增加趋势,夏季南岳站、黄山站、九仙山站平均最低气温呈显著增加趋势,冬季黄山站和九仙山站气温、南岳站和庐山站平均最低气温呈显著增加趋势。四个高山站气温的年内变化均呈单峰型分布,1月气温最低,7月气温最高。平均最低气温的年较差最大、平均气温次之、最高气温最小,九仙山站气温的年较差最小、黄山站次之、南岳站和庐山站最大。四个高山站年气温在 20 世纪 90 年代中后期至 21 世纪初发生了明显增温的突变,且有明显的周期变化特征。其中南岳站和庐山站年气温存在 2～3 年、4～5 年、7～10 年和 18～21 年周期,黄山站平均最高气温存在 2～3 年、4～5 年、11～15 年和 22～25 年周期,平均气温存在 2～4 年、5～8 年、9～12 年和 22～25 年左右的振荡周期,平均最低气温存在 2～3 年、5～7 年和 12～17 年周期,九仙山站平均最高气温存在 2～3 年、5～7 年、11～15 年和 22～25 年周期,九仙山站平均气温和平均最低气温存在 2～3 年、5～7 年和 15～20 年周期。

(3)四个高山站年降水量变化趋势不明显;南岳站、庐山站年雨日数呈显著下降趋势,黄山站年雨日数呈显著上升趋势,九仙山站变化趋势不明显。四个高山站四季降水量除个别站点、个别季节存在明显变化趋势外,其他季节、站点无明显变化趋势;南岳站春夏秋三季、庐山站春秋两季、九仙山站秋季雨日数呈显著减少趋势,黄山站冬季呈显著增加趋势,其他季节、站点无明显变化趋势。南岳站、庐山站、九仙山站月平均降水均呈双峰型分布,黄山站则呈单峰型分布。四个高山站年降水量除庐山存在突变外,其余均不能确定是否有突变或无明显突变发生。四个高山站年雨日数均发生了突变,其中南岳站、黄山站突变时间较早,庐山站、黄山站突变时间较晚。年降水量南岳站存在 2～3 年、4～6 年、7～9 年和 15～17 年周期,庐山站存在 2～3 年、5～7 年、11～15 年和 21～25 年周期,黄山站存在 3～4 年、8～10 年和 17～21 年周期,九仙山站存在 2～3 年、4～7 年和 10～15 年周期。年雨日数南岳站和庐山站存在 2～3 年、4～7 年和 17～21 年周期;黄山站在 20 世纪 90 年代初以前存在 2～3 年、5～7 年、21～24 年周期,之后存在 3～5 年、12～15 年和 21～24 年周期;九仙山站在 20 世纪 80 年代中期以前存在 3～4 年、7～10 年、14～15 年周期,之后存在 2～3 年、5～7 年和 14～15 年周期。

## 2.2　湖北神农架立体观测网夏季气象要素时空分布特征

神农架位于湖北省西部边缘,与重庆市巫山县毗邻,是由大巴山脉东延余脉组成的中高山地貌,由西南向东北逐渐降低,是影响华中乃至长江中下游地区上游天气系统的必经之路。境内山脉起伏,平均海拔 1700 m,最高峰神农顶海拔 3162.2 m,是华中地区最高点。西南部的石柱河海拔仅 398 m,为境内最低点,相对高差达 2764.2 m。神农架地处中纬度北亚热带季风区,气温偏凉且多雨,并随海拔的升高形成低山、中山、亚高山 3 个气候带,立体气候十分明显。神农架林区 3—9 月平均相对湿度为 68%～82%,拥有丰沛的水汽,最多风向为东南风(张霞 等,2006)。神农架南坡山前涌升效应对强对流有一定的触发和维持作用(陈少平 等,2006)。但是由于神农架地形复杂,山区地面和高空观测资料缺乏,针对神农架及周边地区的气象要素特征的研究较少。随着近年来高山自动气象站的建立,观测资料有了一定程度的积累,如何运用这些梯度观测资料也成为一个亟待研究的新课题。本节尝试运用高密度的高山自动气象站资料对神农架及周边地区的气象要素时空分布特征进行统计分析,旨在进一步加深对该地区天气气候规律的认识,同时为高山自动气象站资料的运用提供新的思路和方法。

### 2.2.1　资料和方法

研究所用资料为长江流域 12 省市自动气象站实时资料。神农架及其周边自动气象站是 2006 年以来逐批建成的,2010 年之前多个站点要素缺测较多,故本节利用 2010—2014 年 6—8 月的逐小时自动气象站资料,对神农架及周边地区的降水、气温、风场及湿度等气象要素的特征进行统计分析,所选自动气象站的分布如图 2.22 所示。神农顶站为最高点,海拔高度 2918 m,以神农顶站为南北界限,东北坡 7 个站点,其海拔由高到低分别为:大草坪南站(2537 m),燕子垭站(2043 m),红坪站(1650 m),八角庙站(1155 m),松柏站(935 m),阳日站(500 m),马桥站(483 m);东南坡 6 个站点,其海拔由高到低分别为酒壶坪站(1963 m),徐家庄站(1376 m),九冲站(690 m),咸水河站(588 m),兴山站(337 m),兴山峡口站(215 m);西南坡 5 个站点,其海拔由高到低分别为:竹贤站(1340 m),板桥站(1177 m),骡坪站(1080 m),三溪站(358 m),巴东站(334 m)。

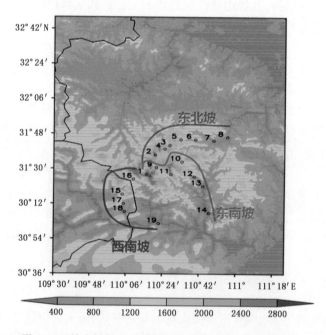

图 2.22　神农架周边自动气象站位置(色斑:地形高度)

(1.神农顶站;2.大草坪南站;3.燕子垭站;4.红坪站;5.八角庙站;6.松柏站;7.阳日站;8.马桥站;
9.酒壶坪站;10.徐家庄站;11.九冲站;12.咸水河站;13.兴山站;14.兴山峡口站;15.竹贤站;
16.板桥站;17.骡坪站;18.三溪站;19.巴东站)

所选自动气象站包括四个六要素(降水、风向、风速、气温、露点温度、气压)站,分别是神农顶站、松柏站、兴山站、巴东站;四个四要素(降水、风向、风速、气温)站,分别是大草坪南站、酒壶坪站、兴山峡口站、三溪站;九个两要素(降水、气温)站,分别是燕子垭站、阳日站、马桥站、红坪站、徐家庄站、九冲站、板桥站、竹贤站、骡坪站;两个单要素(降水)站,分别是八角庙站和咸水河站。根据湖北省自动气象站质控系统所采用的气候学界限值对小时雨量、气温、风向、风速、气压五个要素进行了检验。标准如下:小时雨量为 0～150 mm/h,气温为 −25～50℃,风向为 0～360°,风速为 0～65 m/s,气压为 520～1085 hPa。经检验发现,资料基本符合气候学界限值。但是由于加密自动气象站无人值班,观测仪器易出现故障而导致部分资料缺测。如表 2.5 所示,6—8 月共 2208 h 缺测,2010—2014 年各站点各要素缺测情况各异。需要注意的是大草坪南站 2010 年资料仅缺测 19 次,但 2011—2014 年由于该站点取消,无数据。兴山峡口站在 2010 年仅有降水资料,而 2011—2014 年具备降水、气温、风向、风速四个要素的观测资料。其他各站缺测如表 2.5 所示。

在对各站夏季降水时数空间分布的统计之前,把两年降水资料进行了空间一致性检验,即包括神农顶站在内,某一时刻同一坡面上如果 5 个站点存在降水,某站点无降水,即认为此站点该时刻数据可疑。经检验发现,马桥站较东北坡其他站点,九冲站较东南坡其他站点,竹贤站、板桥站较西南坡其他站点 6—8 月无降水时数明显偏多,故降水时数随海拔变化的统计中未包括上述各站,同时因大草坪南站 2011—2014 年无降水数据,燕子垭站 2012 年缺测 70%左右,板桥站 2013 年缺测 90%以上,故降水日数、降水时数随海拔变化的统计和降水时数日变化统计中未包括上述站点。

表 2.5　资料缺测情况表　　　　　　(单位:个,"—"表示无该要素)

| 站名 | 降水 | | | | | 温度 | | | | |
|---|---|---|---|---|---|---|---|---|---|---|
| | 2010 年 | 2011 年 | 2012 年 | 2013 年 | 2014 年 | 2010 年 | 2011 年 | 2012 年 | 2013 年 | 2014 年 |
| 神农顶 | 12 | 81 | 259 | 0 | 0 | 12 | 111 | 514 | 0 | 0 |
| 大草坪南 | 19 | — | — | — | — | 19 | — | — | — | — |
| 燕子垭 | 17 | 79 | 1539 | 19 | 0 | 17 | 79 | 1542 | 49 | 0 |
| 八角庙 | 32 | 99 | 4 | 50 | 67 | — | — | — | — | — |
| 松柏 | 5 | 80 | 0 | 0 | 0 | 5 | 80 | 0 | 0 | 0 |
| 阳日 | 11 | 78 | 11 | 96 | 316 | 11 | 78 | 19 | 96 | 316 |
| 马桥 | 18 | 80 | 6 | 37 | 2 | 18 | 80 | 13 | 37 | 2 |
| 红坪 | 11 | 79 | 7 | 134 | 26 | 11 | 79 | 14 | 134 | 26 |
| 酒壶坪 | 13 | 539 | 7 | 22 | 65 | 13 | 1365 | 2188 | 2167 | 1551 |
| 徐家庄 | 13 | 78 | 7 | 19 | 0 | 13 | 78 | 14 | 20 | 0 |
| 九冲 | 17 | 152 | 6 | 22 | 0 | 17 | 152 | 12 | 21 | 0 |
| 咸水河 | 23 | 108 | 21 | 277 | 22 | — | — | — | — | — |
| 兴山 | 5 | 78 | 0 | 0 | 0 | 5 | 78 | 0 | 0 | 0 |
| 兴山峡口 | 28 | 80 | 4 | 18 | 0 | — | 81 | 12 | 18 | 0 |
| 板桥 | 16 | 85 | 18 | 2064 | 25 | 16 | 85 | 26 | 2064 | 25 |
| 竹贤 | 22 | 77 | 9 | 9 | 78 | 22 | 77 | 9 | 9 | 78 |
| 骡坪 | 172 | 81 | 17 | 15 | 8 | 355 | 81 | 17 | 15 | 8 |
| 三溪 | 22 | 77 | 18 | 24 | 4 | 22 | 77 | 18 | 24 | 4 |
| 巴东 | 5 | 78 | 0 | 0 | 0 | 5 | 78 | 0 | 0 | 0 |

续表

| 站名 | 风向 | | | | | 风速 | | | | |
|---|---|---|---|---|---|---|---|---|---|---|
| | 2010 年 | 2011 年 | 2012 年 | 2013 年 | 2014 年 | 2010 年 | 2011 年 | 2012 年 | 2013 年 | 2014 年 |
| 神农顶 | 12 | 81 | 554 | 9 | 0 | 12 | 81 | 554 | 9 | 0 |
| 大草坪南 | 19 | — | — | — | — | 19 | — | — | — | — |
| 燕子垭 | — | — | — | — | — | — | — | — | — | — |
| 八角庙 | — | — | — | — | — | — | — | — | — | — |
| 松柏 | 28 | 101 | 0 | 0 | 0 | 5 | 80 | 0 | 0 | 0 |
| 阳日 | — | — | — | — | — | — | — | — | — | — |
| 马桥 | — | — | — | — | — | — | — | — | — | — |
| 红坪 | — | — | — | — | — | — | — | — | — | — |
| 酒壶坪 | 13 | 539 | 15 | 22 | 562 | 13 | 539 | 15 | 22 | 65 |
| 徐家庄 | — | — | — | — | — | — | — | — | — | — |
| 九冲 | — | — | — | — | — | — | — | — | — | — |
| 咸水河 | — | — | — | — | — | — | — | — | — | — |
| 兴山 | 124 | 167 | 0 | 16 | 0 | 5 | 78 | 0 | 16 | 0 |
| 兴山峡口 | — | 81 | 12 | 18 | 287 | — | 81 | 12 | 18 | 0 |
| 板桥 | — | — | — | — | — | — | — | — | — | — |
| 竹贤 | — | — | — | — | — | — | — | — | — | — |
| 骡坪 | — | — | — | — | — | — | — | — | — | — |
| 三溪 | 22 | 77 | 18 | 24 | 4 | 22 | 77 | 19 | 24 | 4 |
| 巴东 | 181 | 116 | 0 | 0 | 0 | 5 | 78 | 0 | 0 | 0 |

| 站名 | 气压 | | | | | 露点温度 | | | | |
|---|---|---|---|---|---|---|---|---|---|---|
| | 2010 年 | 2011 年 | 2012 年 | 2013 年 | 2014 年 | 2010 年 | 2011 年 | 2012 年 | 2013 年 | 2014 年 |
| 神农顶 | 12 | 81 | 514 | 7 | 0 | 66 | 376 | 514 | 0 | 0 |
| 大草坪南 | — | — | — | — | — | — | — | — | — | — |
| 燕子垭 | — | — | — | — | — | — | — | — | — | — |
| 八角庙 | — | — | — | — | — | — | — | — | — | — |
| 松柏 | 5 | 80 | 0 | 0 | 0 | 5 | 80 | 0 | 0 | 0 |
| 阳日 | — | — | — | — | — | — | — | — | — | — |
| 马桥 | — | — | — | — | — | — | — | — | — | — |
| 红坪 | — | — | — | — | — | — | — | — | — | — |
| 酒壶坪 | — | — | — | — | — | — | — | — | — | — |
| 徐家庄 | — | — | — | — | — | — | — | — | — | — |
| 九冲 | — | — | — | — | — | — | — | — | — | — |
| 咸水河 | — | — | — | — | — | — | — | — | — | — |
| 兴山 | 5 | 78 | 0 | 0 | 0 | 5 | 78 | 0 | 0 | 0 |
| 兴山峡口 | — | — | — | — | — | — | — | — | — | — |
| 板桥 | — | — | — | — | — | — | — | — | — | — |
| 竹贤 | — | — | — | — | — | — | — | — | — | — |
| 骡坪 | — | — | — | — | — | — | — | — | — | — |
| 三溪 | — | — | — | — | — | — | — | — | — | — |
| 巴东 | 5 | 78 | 0 | 0 | 0 | 5 | 78 | 0 | 0 | 0 |

## 2.2.2　降水空间分布特征

从 2010—2014 年 6—8 月 460 d 内的降水日数统计看,各站降水日数占到统计日数的 37.0%～69.1%,呈随海拔升高而增多的趋势(图略)。各站 10 mm/d 以下小雨日数占到降水日数的 62.9%～84.4%,10～25 mm/d 的中雨日数占到 11.8%～21.5%,25～50 mm/d 的大雨日数占到 5.3%～12.4%,50 mm 以上的暴雨日数占到 1.1%～8.5%。可见,夏季 6—8 月神农架及周边地区降水日数比较多,以小雨为主。

图 2.23 是 2010—2014 年神农架及周边地区 6—8 月各站降水时数随海拔高度的变化图。如图 2.23a 所示,东北、东南、西南各坡上,随着高度的逐渐增加,降水时数也逐渐增多。最大值出现在神农顶站,为 2323 h,占到总时数的 1/5 以上。

东北坡上,0～3 mm/h、3～10 mm/h 的降水时数随站点海拔高度的增高呈逐渐增加的趋势(图 2.23b,图 2.23c),10 mm/h 以上的降水时数各站均不到 40 次,随着海拔高度的增高呈现曲折减小的趋势,各站时数相差较少(图 2.23d)。

东南坡上,0～3 mm/h 的降水时数也随海拔高度的增加而增加(图 2.23b),3～10 mm/h 的降水时数随着海拔高度的增高而呈现曲折增加的趋势(图 2.23c),10 mm/h 以上的降水时数不到 50 次,随着海拔高度的增高甚至呈现明显减少的趋势(图 2.23d)。

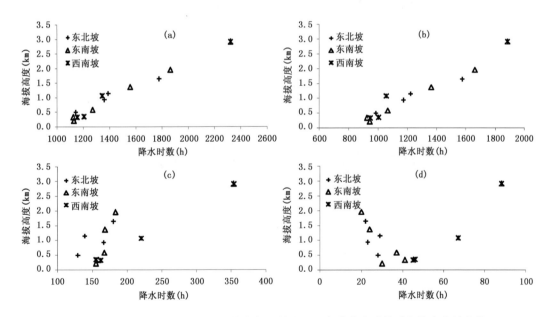

图 2.23　2010—2014 年 6—8 月神农架及周边地区各站降水时数随海拔高度的变化
(a)>0 mm/h;(b)0～3 mm/h;(c)3～10 mm/h;(d)>10 mm/h

西南坡上,0～3 mm/h、3～10 mm/h 和 10 mm/h 以上的降水时数都基本呈现随着海拔高度的增高而增多的趋势。总体看来,随着小时降水量的增加,其发生的时数也迅速减少。由于 0～3 mm/h 的降水时数占到总降水时数的 78.6%～89.1%,远大于 3 mm/h 以上的降水时数,所以各站总降水时数和 0～3 mm/h 的降水时数随海拔高度增加的变化趋势基本一致。

以上分析表明,除了东南坡上 3～10 mm/h,10 mm/h 以上,东北坡上 10 mm/h 以上的降水时数随着高度的增加呈现不变甚至减少的趋势外,其余情况下降水时数均随着海拔高度的增加而增多。

### 2.2.3 降水日变化

图 2.24 为 2010—2014 年 6—8 月神农架及周边地区各站逐时累计降水时数的日变化。可见,神农顶站的降水时数的日变化表现为双极值型分布,分别在 04 时和 17 时左右达到极值,神农顶站 04 时较 17 时降水时数偏多,为 130 h。东北坡各站夜间降水时数相对较少,午后降水时数明显增多,傍晚后又逐渐减少(图 2.24a)。其中燕子垭站降水时数最大值出现在 17 时,为 65 h;红坪站降水时数最大值出现在 18 时,为 105 h;八角庙站降水时数最大值出现在 16 时,为 89 h;松柏站最大时数出现在 16 时,为 81 h;阳日站最大降水时数出现在 17 时,为 64 h;马桥站最大降水时数出现在 18 时,为 64 h。

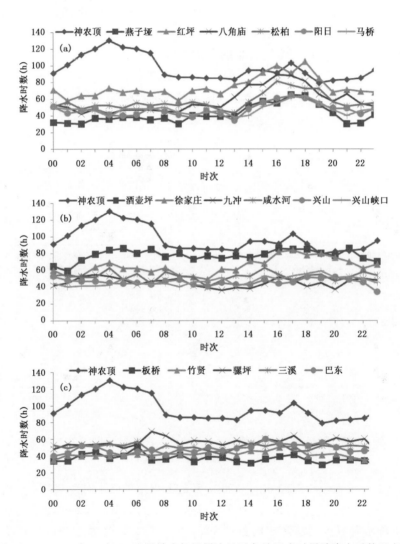

图 2.24 2010—2014 年 6—8 月神农架及周边地区各站逐小时累计降水时数日变化
(a)东北坡;(b)东南坡;(c)西南坡

东南坡降水时数随时间分布较为均匀,酒壶坪和徐家庄站在午后有所增加(图 2.24b)。其中酒壶坪站最大降水时数出现在 05 时、16 时和 21 时,为 86；徐家庄站最大降水时数出现在 17 时,为 84 h；九冲站最大降水时数出现在 03 时,为 55 h；咸水河站最大降水时数出现 04 时、15 时,为 63 h；兴山站最大降水时数出现在 00 时,为 53 h；兴山峡口站最大降水时数出现在 19 时,为 59 h。

西南坡降水时数分布较东南坡更加均匀,各站极大值出现时间比较分散(图 2.24c)。其中板桥站最大降水时数出现在 06 时,为 51 h；竹贤站最大降水时数出现在 17 时,为 51 h；骡坪站最大降水时数出现在 07 时,为 69 h；三溪站最大降水时数出现在 06 时,为 57 h；巴东站最大降水时数出现在 15 时,为 60 h。

可见,东北坡各站降水时数最大值出现在 16—18 时之间,东南坡各站降水时数最大值出现在 00—19 时,西南坡降水时数最大值出现在 06—17 时,东北坡降水时数日变化整体呈单峰型变化趋势,峰值出现在午后至傍晚,东南坡、西南坡降水时数的日变化分布均匀,最大值多出现在傍晚以后。东北坡比东南坡和西南坡在午后更易产生降水。

## 2.2.4　气温特征

从 2010—2014 年 6—8 月神农架及周边地区各站平均气温随海拔高度的变化图可以看出(图 2.25a),东北坡、东南坡和西南坡上,平均气温均随海拔高度的增加而降低。神农顶站 6—8 月平均气温最低,为 11.6℃,6—8 月平均气温最大值出现在东南坡兴山峡口站,为 27.7℃。

图 2.25b 为 6—8 月神农架及周边地区东北坡各站平均气温的日变化情况。如图所示,气温在早晨 06 时左右达到最低值,然后逐渐上升至 14 时左右达到最高值,之后又逐渐下降。海拔较高的神农顶站、大草坪南站、燕子垭站平均气温变化曲线较为平直,即平均气温的日较差小,其中燕子垭站日变化最小。由神农顶站至马桥站,随着海拔高度的降低各小时平均气温逐渐升高。但燕子垭站午夜至清晨的气温却略高于海拔高度较低的红坪站。在东南坡和西南坡上(图略),逐小时平均气温变化趋势基本和东北坡一致,也在 06 时左右达到最低,东南坡海拔高度较高的酒壶坪、徐家庄两站平均气温 14 时左右达到最高,其余三站最高平均气温出现在 15 时,而西南坡上板桥站最高平均气温均出现在 14 时,其余 4 站最高平均气温均出现在 15 时。为了比较各坡上相同高度上的午后气温差异,对东北坡和东南坡 14 时平均气温和高度进行了一元线性拟合。图 2.25c 为 6—8 月 14 时东北坡各站平均气温随海拔高度的变化图。平均气温和海拔高度的相关系数为 0.996,通过了 0.001 的显著性水平检验。东南坡各站平均气温和海拔高度之间的相关系数为 0.997(图略),通过了 0.001 的显著性水平检验。根据东北坡和东南坡的拟合公式求出与西南坡各测站相同高度上的东北坡和东南坡上的平均气温值。如表 2.6 所示,西南坡上,海拔较高的竹贤站、板桥站、骡坪站三站 14 时平均气温分别为 24.2℃、25.4℃和 25.8℃,东南坡相同高度拟合气温分别为 24.4℃、25.6℃、26.2℃,东北坡相同高度拟合气温分别为 24.4℃、25.5℃、26.2℃；海拔高度较低的三溪站、巴东站 14 时平均气温分别为 30.8℃和 31.0℃,东南坡上相同高度拟合气温分别为 31.3℃、31.4℃,东北坡相同高度拟合气温分别为 31.1℃、31.3℃。可见,午后西南坡上各站平均气温均比相同高度东南坡和东北坡拟合气温略低,但数值相差不大。

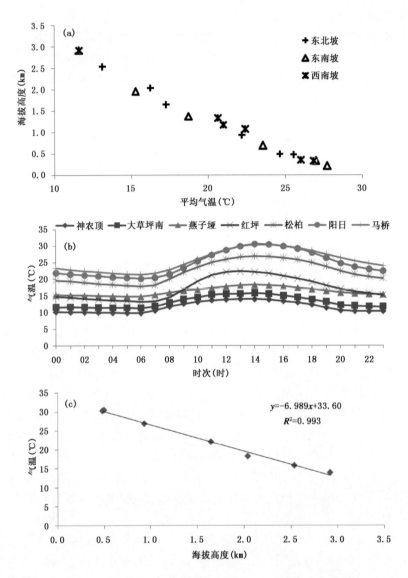

图 2.25　2010—2014 年 6—8 月神农架及周边地区各站平均气温随海拔高度的变化(a)、东北坡各站
逐小时平均气温的日变化(b)及东北坡各站 14 时平均气温—海拔高度拟合曲线(c)

表 2.6　**2010—2014 年 6—8 月神农架及周边地区西南坡各站 14 时平均**
**气温与同高度东南坡和东北坡拟合气温对比(单位:℃)**

| 要素 | 竹贤 | 板桥 | 骡坪 | 三溪 | 巴东 |
|---|---|---|---|---|---|
| 14 时平均气温 | 24.2 | 25.4 | 25.8 | 30.8 | 31.0 |
| 东南坡拟合气温 | 24.4 | 25.6 | 26.2 | 31.3 | 31.4 |
| 东北坡拟合气温 | 24.4 | 25.5 | 26.2 | 31.1 | 31.3 |

## 2.2.5　风场特征

图 2.26 是 2010—2014 年 6—8 月的神农顶站、大草坪南站、松柏站、酒壶坪站、兴山站、兴山峡口站、三溪站和巴东站风向频率玫瑰图。由图可见,在 2010—2014 年间,神农顶站每年的最多风向和次多风向区别较大。酒壶坪、兴山、巴东各站每年最多风向所占比率明显高于次多风向,各站每年最多风向均一致。松柏、三溪两站每年最多风向和次多风向所占比率接近,最多风向和次多风向在各年中轮换出现。在 2011—2014 年兴山峡口站除 2011 年外,最多风向所占比率也明显高于次多风向,3 年中最多风向和次多风向一致。在 2010 年,大草坪南站最多风向所占比率明显高于次多风向。神农顶站 6—8 月最多风向主要是西南风和东南风,大草

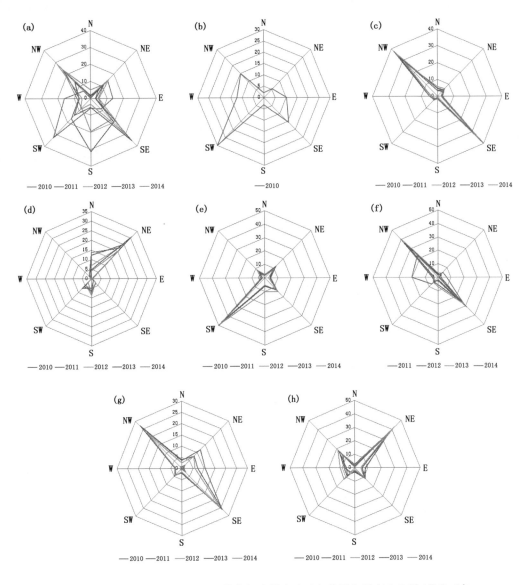

图 2.26　2010—2014 年 6—8 月神农架及周边地区各站风向频率玫瑰图(单位:%)
(a)神农顶站;(b)大草坪南站;(c)松柏站;(d)酒壶坪站;(e)兴山站;(f)兴山峡口站;(g)三溪站;(h)巴东站

坪南站最多风向是西南风,松柏站最多风向是东南风和西北风,酒壶坪站最多风向是东北风,兴山站最多风向是西南风,兴山峡口站最多风向是西北风,三溪站最多风向是东南风和西北风,巴东站最多风向是东北风。可见,虽然各站点每年最多风向和次多风向不尽相同,但是除神农顶站以外还是基本一致的,各站所处的局地地形对风场的影响很大。

图 2.27a 是 2010—2014 年 6—8 月各站平均风场日变化图。如图所示,神农顶站一天 24 h 平均风场均为偏南风,南风分量较大。东北坡的大草坪南站一天内平均风场均为西南风,西风分量明显。松柏站在 00—08 时为西北风,09—18 时转为东南风,之后又转为西北风控制。酒壶坪站在 09—18 时为东北风,北风分量较大,其余时次为南风。兴山站 24 h 均为偏南风,仅在 08—13 时为东南风,其余时间均为西南风。兴山峡口站在 00—07 时为西北风,08—17 时为东南风,18 时以后基本为偏西风控制。三溪站在 08—17 时为东南风,其余时间多为北风。巴东站在 08—18 时为东北风,其余时间均为偏东风。这与统计得出的 6—8 月各站最多风向和次多风向是基本一致的。上述分析显示,除神农顶站、大草坪南站、兴山站一天 24 h 一致偏南风外,其余五站都会在 08 时和 18 时左右出现风向的转变。结合地形分析发现风向的转变可能由山谷风效应引起。白天吹谷风,风从山谷吹向山顶或山腰,夜晚吹山风,风从山顶或山腰吹向山谷。神农顶站以东的松柏站、兴山峡口站、三溪站白天皆吹东南风,吹向海拔较高的地方,夜晚吹西北风,从海拔较高的地方吹向海拔较低的地方。同时,与站点相距较近的小地形影响也很重要,酒壶坪站南边地形明显高于北边,白天吹偏北风,夜晚吹偏南风。巴东站南边是武陵山,北临长江,白天吹东北风,夜晚基本为东风。从风速上看,除了神农顶站和大草坪南站白天风速减小,夜晚风速增加以外,其余各站均表现为夜晚风速较小,白天风速明显增加的特征。图 2.27b 是 2010—2014 年 6—8 月各站逐小时平均风场与日平均风场偏差的日变化图。如图所示,神农顶站和大草坪南站偏差变化较小,东北坡松柏站一日内风场偏差变化最为明显,夜间西北风,白天转为东南风,且风速增加明显,这可能是松柏站午后降水增多的原因之一。

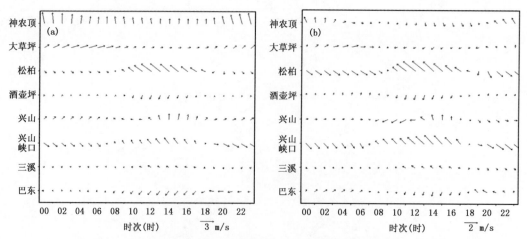

图 2.27 2010—2014 年 6—8 月神农架及周边地区各站平均风场日变化(a)及
逐小时平均风场与日平均风场偏差日变化(b)

## 2.2.6 湿度特征

本节所用资料是根据神农顶、松柏、兴山、巴东各站逐时露点温度和气压值计算得到的各站 2010—2014 年 6—8 月平均比湿与一日内逐时平均比湿。

从 2010—2014 年 6—8 月神农顶站、松柏站、兴山站、巴东站平均比湿随海拔高度的变化来看(图 2.28a),由神农顶站到巴东站,随着海拔高度的降低,比湿逐渐增大,兴山站和巴东站海拔高度相近,比湿值接近,兴山站比巴东站略高。神农顶站平均比湿为 10.47 g/kg,松柏站平均比湿为 14.09 g/kg,兴山站和巴东站平均比湿分别为 16.72 g/kg、16.07 g/kg。可见随着海拔高度的增加,空气中的水汽含量逐渐减少。

图 2.28b 所示是 2010—2014 年 6—8 月神农顶站、松柏站、兴山站、巴东站平均比湿的日变化情况,图 2.28c 是各站逐时平均比湿与日平均比湿的偏差。如图所示,神农顶站平均比湿在 10—19 时高于日平均值,其余时间均低于日平均值,06 时最低,为 9.62 g/kg,14 时最高,为

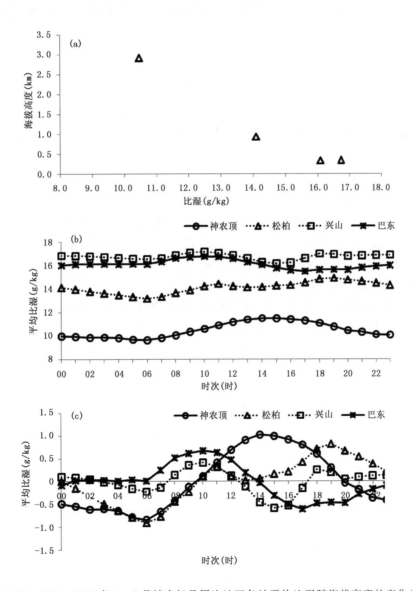

图 2.28　2010—2014 年 6—8 月神农架及周边地区各站平均比湿随海拔高度的变化(a)、
平均比湿日变化(b)及逐时平均比湿偏差日变化(c)

11.49 g/kg。松柏站在 00—09 时平均比湿低于日平均值,在 10—23 时则情形相反,06 时最低,为 13.18 g/kg,19 时最高,为 14.91 g/kg。在 10—19 时内,出现 11—13 时逐渐减小,13 时后又逐渐增大的趋势。兴山站一日内平均比湿出现多极值的情况,低值出现在 06 时和 15 时,高值出现在 10 时和 18 时,15 时最低,为 16.13 g/kg,10 时最高,为 17.13 g/kg。巴东站 01—13 时平均比湿高于日平均值,00—01 时和 14—23 时均小于日平均值。17 时最低,为 15.46 g/kg,10 时最高,为 16.75 g/kg。上述分析表明,平均比湿最小值大多出现在早上,最大值多出现在午后至傍晚,具体时间各站相差较大。海拔高度较高的神农顶站、松柏站平均比湿昼夜变化较大,海拔高度较低的巴东站、兴山站平均比湿昼夜变化较小,即海拔高度较高的两站水汽昼夜变化较大,海拔高度较低的两站水汽昼夜变化较小。夜间,松柏站较其余三站水汽减少更为明显,午后,水汽逐渐增加。这种夜间水汽锐减、午后水汽增多的特征可能也是松柏站夜间降水时数较少、午后降水时数较高的原因之一。

### 2.2.7　小结

本节利用 2010—2014 年 6—8 月神农架及周边地区 19 个自动气象站逐时观测资料,分析了神农架及周边地区夏季降水、气温、风场、湿度等气象要素场的特征,主要结论如下:

(1)夏季雨日较多,但以小雨为主。东北、东南、西南各坡上,各站夏季 0~3 mm/h 降水时数表现出随海拔高度增加而增多的趋势,由于 0~3 mm/h 降水时数占到总降水时数的 7 成以上,降水总时数也呈现出随海拔高度增加而增多的趋势,最大值出现在神农顶站。

(2)神农顶站的降水时数随时间分布呈现双峰型,峰值出现在凌晨和傍晚。东北坡降水时数日变化整体均呈单峰型变化趋势,峰值出现在午后至傍晚,东南坡和西南坡降水时数的日变化分布较为均匀,最大值多出现在傍晚以后。东北坡比东南坡和西南坡在午后更易产生降水。

(3)各站气温在早晨 06 时左右达到最低,然后逐渐上升,至 14 时或 15 时左右达到最高。西南坡最高气温出现时间偏晚。

(4)夏季最多风向和次多风向除神农顶站区别较大外,其余各站基本一致。局地风场受地形影响较大,具有明显的日变化特征。风向转变出现在 08 时和 18 时左右,可能由山谷风效应引起。除了神农顶站和大草坪南站白天风速减小、夜间风速增加以外,其余各站均表现为夜间风速减小、白天风速增加的特征。神农顶站和大草坪南站逐时平均风场与日平均风场偏差的日变化较小,东北坡松柏站风场偏差的日变化最为明显。

(5)由神农顶站到巴东站,随着海拔高度的降低,水汽含量逐渐增多。海拔高度较高的神农顶站和松柏站水汽昼夜变化较大,海拔高度较低的兴山站和巴东站水汽昼夜变化较小。

## 2.3　高山站与邻近低海拔城市站气温变化对比分析

全球气候变暖及城市热岛效应是当前的热门研究课题,这些气候现象对世界各国的社会安全和经济可持续发展造成了重大影响(刘长友 等,2008)。2014 年政府间气候变化专门委员会(IPCC)第五次评估报告指出,最近六十多年来全球陆地和海洋的平均气温大约上升了 0.72℃(IPCC,2014)。然而,这些增温趋势是否明显受到城市化影响,到目前为止仍是一个备受关注、颇有争议的问题。关于城市化对中国气温变化的影响研究已有很多,亦取得了大量研究成果(唐国利 等,2008;周雅清 等,2009;任玉玉 等,2010;张雷 等,2011;赵娜 等,2011)。特别是近 20 年来,人类活动对气候变化的影响日趋明显,气象观测数据与各项城市发展指标呈显著性相关(曹爱丽 等,2008)。赵宗慈(1991)在对中国 160 站观测资料的研究中发现,城市热岛效应的作用随人口的增加而加大。如今,受城市化影响不大的人工操作观测点正日趋减少,高山气象观测站远离人类活动中心,海拔高度接近大气边界层顶部,所观测到的气象资料较少受到现代城市化和局地环境污染的影响,因而更能真实反映低层环流的气候演变特征(严振飞,1935;吕炯,1943;Lindsay, 1952;Coulter,1967;傅抱璞,1983;Stekl *et al* .,1993;Weber *et al* ., 1997;Barry,2008;You *et al* ., 2010;陈德桥 等,2012)。这些资料还可以用来和周边低海拔气象站点观测到的对应要素作比较,帮助我们进一步了解区域气候变化趋势中的人为因素和特定地形的强迫作用(Karl *et al* .,1988;Stekl *et al* .,1993;Barry,2008;段春锋 等,2012;陈涛 等,2013)。本节通过比较我国中东部地区三个高山站和邻近城市观测站的温度变化特征,揭示在全球变暖大背景下地形对局地低层大气温度层结的影响,探讨城市化进程对区域气候变化的强迫作用,为深入了解区域乃至全球气候变化的立体结构特征提供一些有益的参考。

## 2.3.1　站点和资料说明

高山气象站工作环境恶劣,运行和维护成本高昂,因此,拥有多年连续观测资料的站点十分稀少。本节选择三个有 50 年以上连续气温观测资料的高山站作为研究对象,这三个站分别是黄山站、南岳站和九仙山站。选取与上述三个高山站作比较分析的三个低海拔观测站分别是杭州站(30°14′N,120°10′E,海拔高度 43m,站号:58457)、长沙站(28°12′N,113°05′E,海拔高度 46 m,站号:57679)和福州站(26°05′N,119°17′E,海拔高度 85 m,站号:58847)。这些都是位于大城市的观测站,其中杭州站距离黄山站 193 km,长沙站距离南岳站 108 km,福州站距离九仙山站 125 km。图 2.29 标出了这些站点的地理位置。

根据上述六个气象观测站的多年观测记录情况,选取 1958 年 1 月 1 日至 2013 年 12 月 31 日每天四个时刻(北京时 02、08、14、20 时)的气温观测值来计算 56 年间的月平均和年平均气温时间序列,然后对这些资料作详细的对比分析。本节资料来源于《中国地面气候资料定时值数据集》。

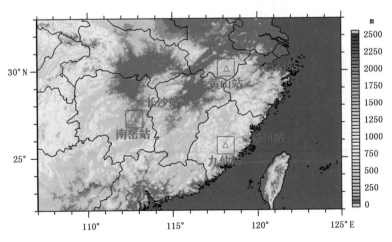

图 2.29　中国东部地区地形图及其六个气象观测站的地理位置

### 2.3.2 相关分析和相似分析

对比分析两个气象站的观测资料可以帮助我们了解两地之间天气和气候变化的相互联系。有很多统计参数可以用来判断两个变量间的关联程度,其中相关系数是最常用的一种统计值。如果用 $x=\{x_i|i=1,2,\cdots,N\}$ 和 $y=\{y_i|i=1,2,\cdots,N\}$ 来表示两组对比变量,它们之间的相关系数 $r_{xy}$ 可以表述为:

$$r_{xy} = \frac{\sum_{i=1}^{N}(x_i-\bar{x})(y_i-\bar{y})}{\sqrt{\sum_{i=1}^{N}(x_i-\bar{x})^2 \sum_{i=1}^{N}(y_i-\bar{y})^2}} = \frac{\sigma_{xy}}{\sigma_x \sigma_y} \tag{2.1}$$

其中 $\bar{x}$ 和 $\bar{y}$ 表示 $x$ 和 $y$ 的平均值,$\sigma_{xy}$ 表示协方差,$\sigma_x$ 和 $\sigma_y$ 表示标准差,分别定义如下:

$$\bar{x} = \frac{1}{N}\sum_{i=1}^{N}x_i, \quad \bar{y} = \frac{1}{N}\sum_{i=1}^{N}y_i \tag{2.2}$$

$$\sigma_{xy} = \frac{1}{N}\sum_{i=1}^{N}(x_i-\bar{x})(y_i-\bar{y}), \quad \sigma_x = \sqrt{\frac{1}{N}\sum_{i=1}^{N}(x_i-\bar{x})^2}, \quad \sigma_y = \sqrt{\frac{1}{N}\sum_{i=1}^{N}(y_i-y)^2} \tag{2.3}$$

由(2.1)式算出的相关系数只能用来描述两个变量之间的相关程度,其变化范围从 $-1$ 到 $+1$。$r_{xy}=1$ 表示两个变量趋势完全一致,相关程度最好;$r_{xy}=-1$ 表示两个变量趋势完全相反,而 $r_{xy}=0$ 表示两个变量之间没有联系。如果两个变量的观测值完全相等($x\equiv y$),它们之间的相关系数一定是1,但是反过来不一定成立,即相关系数等于1不一定意味着两个变量完全相等。

图 2.30 给出了三个高山站和三个低海拔城市站的年平均气温时间变化曲线。可以看出这些曲线之间有很好的相关性,其中黄山站和杭州站的温度相关系数最高,为 0.91,南岳站和长沙站的相关系数为 0.88,九仙山站和福州站的相关系数为 0.86,都通过了 $p<0.01$ 的显著度检验。但是这些高相关系数并不表示高山站和其周边低海拔城市站观测到气温很接近。由于层结效应,对流层大气的温度随高度递减(平均递减率为 6.5℃/km),所以高山站的平均气温比周边低海拔站的气温要低。从图 2.30 上可以看到,黄山站的平均气温是 8.1℃,比杭州站的 16.7℃ 低 8.6℃;南岳站的海拔高度比较低,其平均气温是 11.6℃,还是比长沙站的 17.5℃ 低 5.9℃;九仙山站的平均气温是 12.3℃,比福州站的 20.0℃ 低 7.7℃。另外,这些温度曲线的变化幅度也不完全一致,所以它们之间的标准差也有一定差别。

用相关系数来衡量变量关联程度的一个最大局限就是不能反映出这些变量之间平均值的差别和标准差的差别。用(2.1)式可以验证,$r_{xy}$ 的大小不受($\bar{x}-\bar{y}$)或($\sigma_x-\sigma_y$)改变的影响,如果给 $x$ 所有的观测值都加上一个同样的常数(改变其平均值)或乘以同样一个常数(改变其标准差),代入(2.1)式后得出的相关系数还是一样的。也就是说,不管黄山站与杭州站的年平均气温相差是 8.6℃ 还是 86℃,它们之间的相关系数都是 0.91。因此,如果要衡量的是两个变量的接近程度,仅给出相关系数显然是不够的。

两个可比变量的接近程度可以用一个合适的相似指数来衡量。在科学文献里能够找到很多相似指数的定义,Mo 等(2014)介绍了几个适合于水文、气象研究和应用的相似指数(详见附录 E),其中根据 Wang 等(2002,2004)提出的结构相似指数改进而来的 W−B 相似指数可以表述为:

$$Q_{xy}^{\dagger} = \underbrace{\left[\frac{2(\overline{x} - \Psi_{xy})(\overline{y} - \Psi_{xy})}{(\overline{x} - \Psi_{xy})^2 + (\overline{y} - \Psi_{xy})^2}\right]}_{\widetilde{m}_{xy}} \underbrace{\left(\frac{2\sigma_x\sigma_y}{\sigma_x^2 + \sigma_y^2}\right)}_{v_{xy}} \underbrace{\left(\frac{\sigma_{xy}}{\sigma_x\sigma_y}\right)}_{r_{xy}} \tag{2.4}$$

式中, $\Psi_{xy}$ 等于两个变量的最小值, 即 $\Psi_{xy} = \min(x_i, y_i | i = 1, 2, \cdots, N)$。和相关系数 $r_{xy}$ 一样, (2.4)式定义的相似指数 $Q_{xy}^{\dagger}$ 的变化范围也是从 $-1$ 到 $+1$。与 $r_{xy}$ 不同的是, $Q_{xy}^{\dagger}$ 只有在两个变量完全等同的情况下才会达到极大值。$Q_{xy}^{\dagger}$ 可以分解为三个分量, 即平均值失真系数 $\widetilde{m}_{xy}$ ($0 \leqslant \widetilde{m}_{xy} \leqslant 1$), 标准差失真系数 $v_{xy}$ ($0 \leqslant v_{xy} \leqslant 1$), 和相关系数 $r_{xy}$。所以这个相似指数也可以看成是一个订正相关系数: 如果两个变量的平均值相等 ($\overline{x} = \overline{y}$), 标准差也相等 ($\sigma_x = \sigma_y$), 那么 $\widetilde{m}_{xy} = 1, v_{xy} = 1$, 所以 $Q_{xy} = r_{xy}$; 如果两个变量的平均值有差别 ($\overline{x} \neq \overline{y}$), 那么 $0 < \widetilde{m}_{xy} < 1$, 导致 $|Q_{xy}^{\dagger}| < |r_{xy}|$; 同样, 如果两个变量的标准差不相等 ($\sigma_x \neq \sigma_y$), 就会导致 $0 < v_{xy} < 1$ 和 $|Q_{xy}^{\dagger}| < |r_{xy}|$。

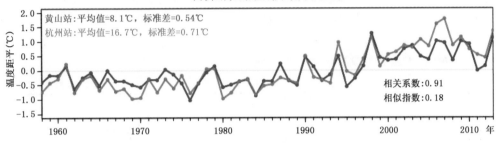

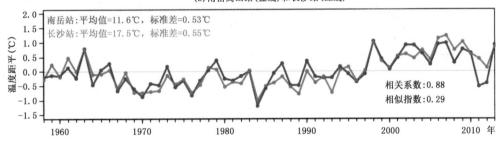

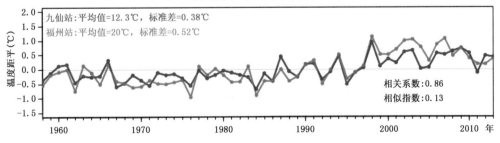

图 2.30　三个高山站和对应的低海拔城市站的年平均温度距平时间序列

（图中给出的气候平均值、标准差、相关系数和相似指数分别根据

（2.2）式、（2.3）式、（2.1）式和（2.4）式算出）

图 2.30 里给出的三个相似指数都远远小于对应的相关系数,这主要是因为高山站和对应的低海拔城市站的平均温度差别比较大,算出来的平均值失真系数比较小的缘故。虽然黄山站与杭州站之间的温度相关系数(0.91)高于南岳站与长沙站的相关系数(0.88),但是由于黄山站与杭州站的平均温度差别比较大,它们的温度相似指数(0.18)反而低于南岳站与长沙站的对应值(0.29)。在三个高山站中,南岳站的海拔高度最低,所以观测到的气温最接近低海拔站的气温,图 2.31 中的相似指数与这个事实相吻合。

图 2.31 给出了根据各个月份高山站和与之对应的低海拔城市站月平均温度变化计算出来的相似指数及其三个分量。可以看出,这三个高山站和周边城市站的温度相关程度都很高,一年内相关系数(红线)在 0.7 到 0.9 之间浮动,没有明显的季节变化特征。但是对应的相似指数却表现出很大的季节变化:冬半年的相似程度明显高于夏半年。图中的蓝线表示平均值失真系数($\tilde{m}_{xy}$),其变化趋势和黑线表示的相似指数($Q_{xy}^{+}$)非常一致,说明大气温度垂直递减率的季节变化是引起温度相似系数季节变化的主要原因。随着夏季的来临,副热带地区的太阳辐射逐渐增强,造成近地面气温迅速上升,这种辐射加热在低海拔城市地区特别明显,所以夏季的高山站和城市站平均温差变得很大,这种平均值失真效应使高山—低海拔城市温度的相似程度在 6—8 月份降到最低。与之相对应的是夏季大气的层结稳定度也降到最低,这种大气结构季节变化在相关系数里没有得到明显反映。

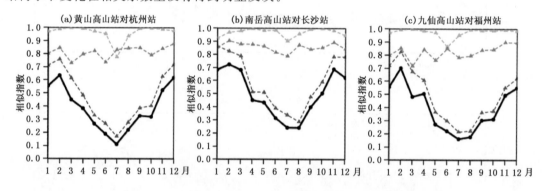

图 2.31　三个高山站和与之对应的低海拔城市站月平均温度相似指数
(与(2.4)式相对应,黑线表示相似指数 $Q_{xy}^{+}$,蓝线为平均值失真系数 $\tilde{m}_{xy}$,
绿线为标准差失真系数 $v_{xy}$,红线为相关系数 $r_{xy}$)

### 2.3.3　线性回归分析

目前的全球气候变暖趋势已经严重威胁到人类的生存和发展,引起各国各界人士的广泛关注。人类活动不断向大气排放的温室气体是导致全球变暖的主要原因(IPCC,2014)。在我国中东部地区,最近几十年快速发展带来的城市热岛效应也可能是引起区域气候变化的一个重要因素(龚道溢 等,2002;彭少麟 等,2005;黄良美 等,2011;张艳 等,2012;陈城 等,2015;李易芝 等,2015),以下通过对比分析高山站和城市站的温度变化趋势对这个问题进行探讨。

从图 2.30 上已经可以大致看到最近几十年来三个高山站和对应的低海拔城市站年平均气温均呈上升趋势。这些站点的平均增温率可以用线性趋势模式来估算。最简单的线性趋势模式通常表述为(Chandler $et$ $al.$,2011):

$$y_n = \beta_0 + \beta_1 t_n + \varepsilon_n \quad (n = 1, \cdots, N) \tag{2.5}$$

其中 $y_1, \cdots, y_N$ 是一组观测变量的时间序列, $\varepsilon_1, \cdots, \varepsilon_N$ 是一组平均值为零的随机误差, $t_n$ 为时间变量, $\beta_0$ 和 $\beta_1$ 是两个待定常数。假设随机误差有一个不随时间变化的方差 $\sigma$,(2.5)式实际上就是一个一元线性回归方程,它的两个待定常数可以通过最小二乘法确定如下:

$$\beta_1 = \frac{N \sum\limits_{n=1}^{N} t_n y_n - \sum\limits_{n=1}^{N} t_n \sum\limits_{n=1}^{N} y_n}{N \sum\limits_{n=1}^{N} t_n^2 - \left(\sum\limits_{n=1}^{N} t_n\right)}, \qquad \beta_0 = \frac{1}{N}\left(\sum\limits_{n=1}^{N} y_n - \beta_1 \sum\limits_{n=1}^{N} t_n\right). \qquad (2.6)$$

上式给出的 $\beta_1$ 可以理解为温度的线性回归倾向率。图 2.32 给出了六个站点的年平均温度时间序列(1958—2013 年)和对应线性回归直线,所有站点的温度均呈明显的上升趋势,而且都通过了 $p < 0.01$ 的显著度检验。三个低海拔城市站的增温率都高于附近的高山站,说明气候变暖现象一般随高度递减,这可能与城市化带来的热岛效应有关联。值得注意的是,虽然黄山站的海拔高度最高,这里的增温率却高达 0.022℃/年,明显高于其他两个高山站的

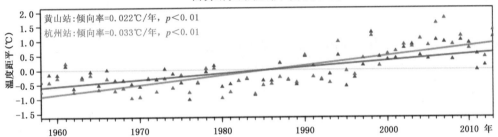

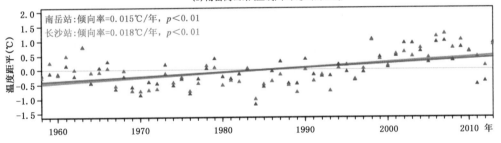

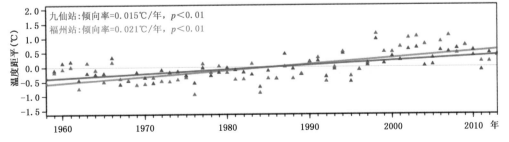

图 2.32　高山站(蓝线)和周边低海拔城市站(红线)年平均温度线性变化趋势
(三角符号表示实际观测到的年平均温度,线性回归倾向率及其统计显著度参数见图中标注)

0.015℃/年,甚至比低海拔的长沙站(0.018℃/年)还要高。杭州站距离黄山站最近,这里的增温率最高,达0.033℃/年,这种局地显著增温现象很可能是改革开放以来长江三角洲地区经济的持续高速发展,城市规模迅速扩大所带来的后果。

从图2.32b上还可以看到,南岳站的增温率和长沙站的增温率并没有太大的差别,这可能是南岳站的海拔高度比较低的缘故。但是为什么九仙山站比南岳站高出许多,这两个站的增温率却几乎没有区别呢?这是由于九仙山站的位置更靠近热带和海洋,周围大气比较湿润,而水汽本身就是一种有效的温室气体,全球变暖趋势又给沿海地区带来更多的水汽,因此,可以推断,如果在同样的海拔高度作比较,九仙山站的气候变暖趋势应该高于南岳站。

现在再来看看温度趋势的季节变化特征。表2.7列出了六个站点每个月份的月平均温度线性回归倾向率,只有杭州站全年12个月都出现明显增温,而且都通过了$p<0.05$显著度检验。除了长沙站,其他五个观测站的最大增温率都出现在2月,并且都通过了$p<0.01$的显著度检验;最大增温率为0.049℃/年,同时出现在2月的杭州站和黄山、南岳两个高山站上;其中南岳站2月的增温率明显高于其下的长沙站,另外两个高山站2月的增温率与周边低海拔的城市站不相上下。此外,六个观测站在6月和11月的增温率都通过了$p<0.05$的显著度检验,而且三个高山站在11月的增温率明显高于周边低海拔的城市站;在6月份,九仙山站的增温率明显低于福州站,另外两个高山站则与周边低海拔城市站不相上下。

表 2.7　月平均和年平均温度的线性倾向率(℃/年)

| | 黄山站 | 杭州站 | 南岳站 | 长沙站 | 九仙山站 | 福州站 |
|---|---|---|---|---|---|---|
| 1月 | 0.030** | 0.027** | −0.005 | −0.003 | 0.034*** | 0.021** |
| 2月 | 0.049*** | 0.049*** | 0.049** | 0.037** | 0.042*** | 0.041*** |
| 3月 | 0.018 | 0.034*** | 0.008 | 0.015 | 0.008 | 0.017 |
| 4月 | 0.015 | 0.039*** | 0.022** | 0.030*** | 0.007 | 0.011 |
| 5月 | 0.027*** | 0.047*** | 0.023** | 0.038*** | 0.007 | 0.018** |
| 6月 | 0.020*** | 0.023** | 0.017** | 0.016** | 0.012** | 0.034*** |
| 7月 | 0.010* | 0.025** | 0.005 | 0.015* | 0.006 | 0.022** |
| 8月 | 0.008 | 0.020** | −0.001 | −0.002 | 0.013** | 0.022** |
| 9月 | 0.012 | 0.031** | 0.003 | 0.008 | 0.003 | 0.015* |
| 10月 | 0.025*** | 0.047*** | 0.018* | 0.026*** | 0.018** | 0.025*** |
| 11月 | 0.035*** | 0.032*** | 0.038*** | 0.025** | 0.025** | 0.021*** |
| 12月 | 0.014 | 0.026** | 0.009 | 0.008 | 0.004 | 0.013 |
| 年平均 | 0.022*** | 0.033*** | 0.015*** | 0.018*** | 0.015*** | 0.021*** |

注:数字后面的"*","**"和"***"分别表示通过了$p<0.10$,$p<0.05$和$p<0.01$的显著度检验

从表2.7里还可以看到,南岳站和长沙站在1月和8月的倾向率都是负值,但是这些微弱的降温现象都没有通过最基本的$p<0.10$显著度检验。值得注意的是,这两个观测站在4月至6月的增温率都比较明显,这可能与该地区主汛期大气中的高水汽含量有一定联系。

以上的一元线性回归分析只能考虑在整个56年时段里温度的平均变化趋势。但是在图2.30和图2.32上可以看到,六个观测站的显著变暖趋势似乎都是在20世纪80年代左右才开始的,有些站点在80年代以前可能还出现了微弱的变冷趋势。下面先用一个分段线性回归

模式来对这个问题作一些定量分析。

分段线性回归模式（Piecewise linear regression）假设在所考虑的变化范围内至少存在一个转折点，在其前后的线性关系有显著变化（Montgomery *et al.*，2012）。现在考虑只有一个转折点的时间序列，如果已经知道这个转折点出现在 $t=t_c$ 处，就可以用下列两个线性回归方程来分别描述前期和后期的线性变化：

$$y_n = \beta_0 + \beta_1 t_n + \varepsilon_n, \qquad t_n \leqslant t_c \tag{2.7}$$

$$y_n = \hat{\beta}_0 + \hat{\beta}_1 t_n + \varepsilon_n, \qquad t_n > t_c \tag{2.8}$$

同时要求两条回归线在 $t=t_c$ 处相交，所以上式中的四个待定回归常数必须满足以下关系：

$$\beta_0 + \beta_1 t_c = \hat{\beta}_0 + \hat{\beta}_1 t_c \tag{2.9}$$

上面的这个分段回归模式实际上等同于以下这个二元线性回归模式：

$$y_n = \beta_0 + \beta_1 t_n + \beta_2 t_n^+ + \varepsilon_n \tag{2.10}$$

其中 $\beta_2 = \hat{\beta}_1 - \beta_1$，$t_n^+$ 是一个引进变量，定义为

$$t_n^+ = \begin{cases} 0, & t_n \leqslant t_c \\ t_n - t_c, & t_n > t_c \end{cases} \tag{2.11}$$

通过最小二乘法求出（2.10）式里的三个回归常数后，（2.8）式里的两个常数由下列公式给出：

$$\hat{\beta}_0 = \beta_0 - \beta_2 t_c, \qquad \hat{\beta}_1 = \beta_1 + \beta_2 \tag{2.12}$$

$\beta_1$ 和 $\hat{\beta}_1$ 分别代表前期和后期的倾向率。

如果转折点的位置不确定，我们可以把每个时间点当成 $t_c$ 代到上面给出的分段线性回归模式，然后找出回归误差最小的时间点作为转折点。

图 2.33 给出的是六个观测站年平均温度的分段线性回归分析结果，其中的垂直虚线表示检测到的转折点位置。黄山站和杭州站的转折点出现在 20 世纪 80 年代初，前期的微弱降温趋势没有通过 $p<0.10$ 的显著度检验，可以忽略不计，后期的增温趋势十分显著，分别达到 0.043℃/a 和 0.062℃/a，且通过了 $p<0.01$ 的显著度检验。九仙山站和福州站的转折点则出现在 20 世纪 70 年代中，前期的微弱降温趋势也可以忽略不计。长沙站的转折点出现在 1984 年，与之对应的南岳站的转折点则提前到 1970 年；这两个站的前期降温趋势都通过了 $p<0.05$ 的显著度检验，但是仔细观察发现，这些降温趋势更象是对温度年际振荡过程的响应，与后期的显著增温趋势有本质上的不同。

## 2.3.4　局部加权回归分析

上面用到的回归方法都可以统称为参数模式，这些模式都基于一个假设，即基本趋势有指定的数学形式，比如线性回归模式假设变化是线性的。但是这种假设不一定总是合适的，如上面提到的年际振荡对分段线性回归分析的影响。为了避免这些影响，可以考虑采用一些非参数趋势模式来分析温度的变化趋势。非参数趋势模式的主要特点就是让资料本身来决定趋势形式，而不是预先假设一个特定的数学函数。在科学文献里，已经提出很多有用的非参数趋势分析技术，本节选择一个被称为局部加权回归的模式（Lowess-locally weighted scatterplot smoother）（Cleveland，1979；Chandler *et al.*，2011）来做温度序列的趋势分析。

局部加权回归模式的基本假设是资料之间的距离越近，它们之间的相关性越强，所以可以根据资料的不同位置赋予不同的权重，然后进行局部加权回归。这里略去对模式迭代回归过程的具体描述，有兴趣的读者可以参考有关文献（Cleveland，1979；梁中耀 等，2014），或者安装

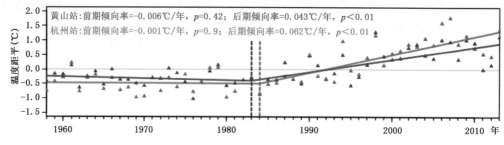

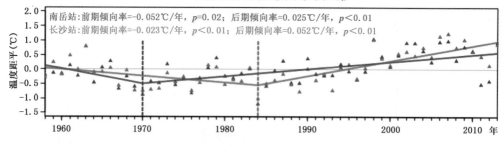

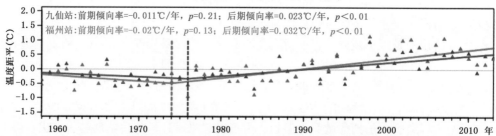

图 2.33　高山站(蓝)和周边低海拔城市站(红)年平均温度和分段线性变化趋势线
(图中的垂直虚线为转折点位置,其前后的倾向率及其统计显著度
参数也在图中标出,三角符号表示实际观测到的年平均温度)

免费的 R 统计绘图软件(http://www.r-project.org/),从中可以找到 lowess 和 loess 的两个函数的应用说明。

图 2.34 给出了应用局部加权回归模式得到的年平均温度时间序列低频趋势曲线,垂直虚线表示趋势曲线的拐点。这些拐点都出现在 20 世纪 70 年代里,且和图 2.33 中的转折点表示的意思是不一样的。在图 2.33 上,过了转折点,温度倾向率立即转换到另外一个常数,而图 2.34 中描述时间序列的低频趋势平滑曲线,在拐点处的趋势为零,拐点附近的趋势变化也可以忽略不计。所以,虽然图 2.34a 上黄山站和杭州站的拐点比图 2.33a 上的转折点大约提前了 10 年时间,从趋势曲线的走向可以看出,真正显著的增温趋势还是在 20 世纪 80 年以后才开始的,这与我国改革开放所带来的城市化进程加快步伐相吻合。

从图 2.34b 可以看到,在 20 世纪 60—70 年代,南岳站和其附近的长沙站均有微弱的变冷趋势,这一地区增温趋势也是到了 20 世纪 80 年以后才建立起来的。在图 2.34c 上,九仙山站

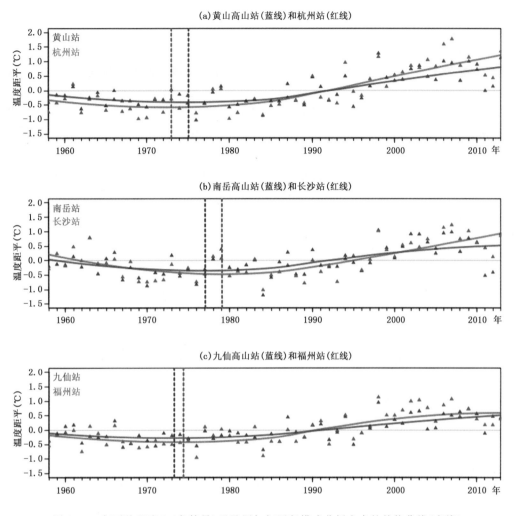

图 2.34　年平均温度(三角符号)以及用加权回归模式分析出来的趋势曲线(实线)；
垂直虚线表示趋势曲线的拐点位置

和福州站的增温趋势更是到了 20 世纪 80 年代中、后期才开始变得明显起来。

## 2.3.5　小结

为了进一步揭示在全球变暖大背景下地形对局地低层大气温度层结的影响,探讨城市化进程对区域气候变化的强迫作用,本节选择中国东部地区三个高山气象观测站和三个邻近的低海拔城市气象站 56 年温度资料来做对比分析,主要结论如下:

(1)首先运用相似指数来分析温度时间序列的相似程度,结果发现,相似指数对大气层结稳定度的季节变化十分敏感,表现为高山站和其周边城市站的温度相似程度在冬季最高,夏季最低。这是因为冬季的低层大气层结结构最稳定,垂直温差最小,所以山上山下观测到的温度最接近,而夏季大气层结变得很不稳定,垂直温差很大,山上山下的温度相似程度自然降低。简单的相关系数分析看不到这种季节变化。

(2)通过简单的线性回归分析发现,与全球变暖的大背景相吻合,在过去的半个多世纪里,三个高山站和周边的城市站的年平均温度均呈显著的上升趋势,其中以长江三角洲附近的黄山站和杭州站的增温势头最为强劲,福建沿海地区的九仙站和福州站次之,内陆地区的南岳站和长沙站的变暖趋势最弱。就年平均温度而言,山上的变暖趋势小于山下城市地区的变暖趋势,说明改革开放后我国中东部地区快速的城市化建设对局地气候变化过程有着不可忽视的影响,城市化所带来的热岛效应对低海拔城市气温上升有加强和延伸作用。从月平均温度趋势的分析中发现,只有杭州站一年四季都出现显著的变暖现象,除长沙站外,其他五个观测站一年中最大的增温率都出现在 2 月份,这些最大增温率不仅都通过了 $p<0.05$ 的显著度检验,而且山上山下的差别不大,其中南岳站的变暖趋势甚至强于其下的长沙站。此外,南岳站和长沙站主汛期(4—6 月)变暖趋势也很显著,这可能与作为温室气体的大气水汽含量有联系。

(3)用分段线性回归模式和非参数局部加权回归模式分析温度变化趋势发现,这六个观测站的变暖趋势都是在进入 20 世纪 80 年代以后才迅速加强,这与我国改革开放所带来的城市化进程加快步伐相吻合,进一步说明城市化对区域气候变暖有一定的正反馈作用。局部地区(南岳、长沙)在 20 世纪 60—70 年代可能还有不能完全忽略的变冷趋势。

## 2.4  高山站风对夏季风的响应

东亚季风的时空变化对中国的气候变化有着重要的影响,特别是东亚夏季风的年代际、年际以及季节内变化,对我国夏季降水的分布、雨带移动有显著影响。长江中下游地区的夏季降水在反映东亚夏季风年际变化方面具有较强的指示意义,季风偏弱时,夏季雨带位置偏南,长江中下游降水偏多;而季风偏强时,长江中下游夏季降水偏少(施能 等,1996;王启 等,1998;吕俊梅 等,2004;黄荣辉 等,2008;苏同华 等,2010;吴贤云 等,2015)。那么值得探讨的是,位于东亚夏季风显著影响区域的南岳山、庐山、黄山及九仙山四个高山气象站,其风场对夏季风时空变化有何响应特征呢?

气候平均意义上,我国季风季节进程中最显著的一个特点是 5 月第 4 候南海夏季风突然爆发,然后分别向西北和北方扩展,最后建立起南亚夏季风和东亚夏季风;南海夏季风作为东亚夏季风的组成部分,在亚洲夏季风的建立和活动中起着重要作用(柳艳菊 等,2007)。季风爆发与低层风向的转变是密不可分的,夏季风建立的一个重要特征就是低层盛行风向由偏北风转为偏西南风,考虑以上因素,采用梁建茵等(1999)定义的方法,定义高山站西南风指数:

$$V_{sw} = -F\sin(\Phi + 45°) = (u+v)/\sqrt{2} \tag{2.13}$$

式中,$F$ 为风速,$\Phi$ 为风向,$u$、$v$ 为经、纬向风速,$V_{sw}$ 为平均风在西南—东北方向上的投影,$V_{sw}>0$ 时为西南风分量,以此来表征风向的转变及西南风的强度。

### 2.4.1  对夏季风进退的响应

图 2.35 给出了四个高山站 1961—2014 年逐候平均西南风指数,就 54 年平均态而言,四个高山站逐候变化的趋势几乎完全一致,呈"双峰型",只是风速大小存在差异。受南支西风槽及西太平洋副热带高压(简称副高,下同)西北侧的西南气流影响,四个高山站在夏季风爆发之前就已经转为西南风,由于地理位置等方面的差异,黄山站从第 1 候开始就维持西南风,九仙山站和南岳站分别从第 2、8 候开始转为西南风,并逐渐加强,而庐山站第 22~26 候转为较弱的西南风。值得关注的是南海季风爆发之前,四个站 5 月中下旬西南风指数均存在明显减弱

期,至南海夏季风爆发(28 候)后,随着夏季风向北推进,南岳站及九仙山站西南风指数分别在第 30 候(5 月底)、黄山站及庐山站西南风指数分别在第 32 候(6 月初)开始再度加强,表明夏季风的到来;随后夏季风继续北推,西南风经历了由弱到强的增长过程,九仙山站在第 36 候(6月底),其他在第 37 候(7 月初)西南风风速达到最大;而后开始由强到弱的减弱过程,庐山站和九仙山站于第 46 候(8 月下旬)、南岳站和黄山站于第 49 候(9 月初)西南风指数转为负值,标志着夏季风减弱南撤;期间南岳站西南风维持了 18 个候,黄山站维持了 17 个候,而九仙山站和庐山站分别维持了 16、14 个候,南海夏季风爆发后推进到四个高山站约 2～4 个候。

综上分析,四个高山站逐候西南风变化的趋势几乎完全一致,夏季最显著的特征是受西南气流控制,西南风在 5 月底—6 月初、8 月底—9 月初出现两次明显突变(夏季风的到来与南撤)以及在 7 月初发生季节内弱～强交替变化,与东亚夏季风在演变过程中两次明显的季节突变(6 月季节性突变和 8 月中旬以后夏季风从华北迅速南撤)及季节内变化(主要表现为副高的两次东撤北跳,分别在 6 月中旬和 7 月下旬)有很好的时滞对应关系(琚建华 等,2005;吕俊梅 等,2006),四个高山站风场演变与夏季风的演变过程在时空分布上具有较好的一致性。

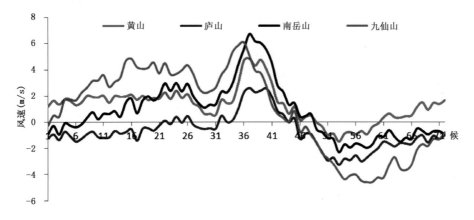

图 2.35　1961—2014 年四个高山站候平均西南风指数变化

## 2.4.2　对夏季风强度的响应

### 2.4.2.1　西南风指数与夏季风强度的关系

描述夏季风的活动,尤其是其强度,定义的方法较多(陈桦 等,2006),目前尚无统一的标准,鉴于季风指数定义的多样性以及四个高山站所处的位置,本节选取张庆云以流场特征为指标定义的东亚夏季风指数(张庆云 等,2003):东亚热带季风槽区(10°～20°N、100°～150°E)与东亚副热带地区(25°～35°N、100°～150°E)6—8 月平均的 850hPa 风场的纬向距平差。

$$I_{EASMI} = U'_{850}[10° \sim 20°N, 100° \sim 150°E] - U'_{850}[25° \sim 35°N, 100° \sim 150°E] \qquad (2.14)$$

指数大于或等于 2 的年份定义为强夏季风年,小于或等于−2 的年份定义为弱夏季风年。该指数能反映东亚夏季风环流强弱变化及与中国东部降水场的年际变化特征,东亚季风指数偏强年,长江流域降水相对偏少。

图 2.36 给出了四个高山站夏季标准化西南风指数与东亚夏季风强度指数的年代际变化,可以看出四个高山站夏季西南风指数年代际变化特征基本一致,并与夏季风强度指数年际变化上呈明显反位相关系。除九仙山站变化不明显外,南岳站、庐山站及黄山站西南风指数均呈

减弱趋势,气候倾向率均在-0.08(m/s)/10a 左右,趋势系数分别为 0.12、0.28、0.31,其中,庐山站、黄山站通过 0.05 显著性水平检验,表明庐山站、黄山站西南风年代际变化呈明显减弱趋势。

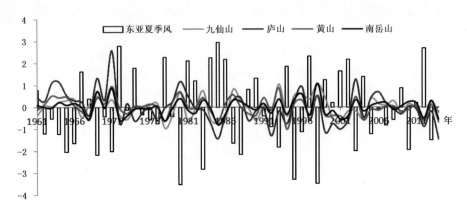

图 2.36　四个高山站夏季(6—8 月)标准化西南风指数与东亚夏季风指数逐年变化

进一步分析夏季风指数与四个高山站夏季(6—8 月)西南风指数序列的关系,如表 2.8 所示,相关系数 r 都呈负相关,均通过 0.05 显著性水平检验,表明中东部内陆地区四个高山站西南风强弱变化与夏季风强弱变化呈显著反相关,夏季风偏强年,西南风偏弱,反之西南风偏强。除庐山站相关系数偏小外,其他三个站相关系数较为接近,均在 0.7 以上,表明这三个站西南风的变化对夏季风的强弱变化反映更为明显,这可能与高山站的观测环境及地理位置等有关。

表 2.8　四个高山站夏季(6—8 月)西南风指数与夏季风指数相关系数 r

| 站名 | 相关系数 r |
| --- | --- |
| 九仙山站 | -0.76 |
| 南岳站 | -0.8 |
| 庐山站 | -0.62 |
| 黄山站 | -0.72 |

(注:$\alpha=0.05$ 时,$r_a=0.25$)

#### 2.4.2.2　强、弱夏季风年高山站风场特征

由图 2.36 夏季风指数,分别确定 11 个较强(1972、1974、1978、1981、1984、1985、1986、1994、1997、2002、2012 年)和较弱(1965、1969、1971、1980、1983、1988、1993、1995、1998、2003、2010 年)夏季风年,分别统计四个高山站夏季 16 个方位风向频率及对应风速的变化,以观察强、弱夏季风年四个高山站夏季风向、风速变化的特征。图 2.37 为强、弱夏季风年四个高山站夏季风向频率(图 2.37a)及对应风速(图 2.37b)的差值,其中:强夏季风年,九仙山站北(N)~南东南(SSE)风向频率平均偏多 1.5%,对应风速除东东北(ENE)风偏小(0.2 m/s)外,其他风速平均偏大 0.8 m/s,其中,频率偏多最大为东(E)风(6.6%),风速偏大最大为东(E)风(1.1 m/s);而南(S)~西(W)风频率平均偏少 3.4%,对应风速平均偏少 0.3 m/s,其中,夏季盛行风西西南(WSW)风频率偏少最大为 5.8%,风速偏低最大为西(W)风(0.8 m/s)。

强夏季风年,南岳站北(N)~东(E)风频率平均偏多 2.6%,对应风速平均偏大 0.6 m/s,

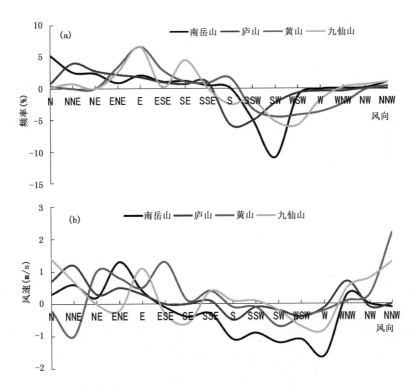

图 2.37　强、弱夏季风年四个高山站夏季风向频率(a)及风速(b)间差值

其中,频率偏多最大为东北(NE)风(5.8%),风速偏大最大为东东北(ENE)风(1.3 m/s);而南西南(SSW)~西西南(WSW)风频率平均偏少 5.7%,对应风速平均偏少 1.0 m/s,其中,夏季盛行风西南(SW)风频率偏少最大为 10.9%,风速偏低最大为西(W)风(1.2 m/s)。

强夏季风年,庐山站北(N)~东(E)风频率平均偏多 2.3%,对应风速平均偏大 0.6 m/s,其中,频率偏多最大的为北东北(NNE)风(4.0%),风速偏大最大为北东北(NNE)风(1.2 m/s);而南(S)~西(W)风频率平均偏少 2.8%,对应风速平均偏低 0.3 m/s,其中,夏季盛行风南(S)风频率及风速偏少最大,分别为 5.7%和 0.5 m/s。

强夏季风年,黄山站东东北(ENE)~南东南(SSE)风频率平均偏多 3.0%,对应风速平均偏大 0.6 m/s,其中,频率偏多最大为东(E)风(12.3%),风速偏大最大为东东南(ESE)风(1.3 m/s);而南西南(SSW)~西(W)风频率平均偏少 3.9%,对应风速平均偏少 0.4 m/s,其中,夏季盛行风西南(SW)风频率偏少最大为 4.5%,风速偏低最大为西南(SW)风(0.7 m/s)。

以上分析表明,由于地理位置、海拔高度及观测环境等的差异,强、弱夏季风年四个高山站夏季风向频率及对应风速变化虽然存在一定差异,但是,强夏季风年,北及偏东风频率均偏多,对应风速偏强,而南及偏西南风频率均明显偏少,对应风速明显偏弱;弱夏季风年,则相反。

### 2.4.2.3　高山站夏季风场变化特征与大气环流的关系

为了进一步了解强、弱夏季风年四个高山站夏季风场变化特征与大气环流的对应关系,使用 NCEP/NCAR 2.5°×2.5°月平均 $u$、$v$ 风场数据集,对本节选定的 11 个强、弱夏季风年夏季 850 hPa 大气环流距平场(平均场为 1961—2014 年)进行对比。图 2.38 为强、弱夏季风年 850 hPa 流场的距平分布,其中:强季风年(图 2.38a)从孟加拉湾至南海地区(季风槽区:10°~

20°N)低层西风显著加强,在中国东南部 20°N 以北地区(梅雨锋区:25°～35°N)出现显著的偏东风或偏东北风异常,四个高山站处于气旋性距平环流的西北侧,偏东及偏东北气流异常;弱季风年(图 2.38b)东亚季风槽区呈东风距平,梅雨锋区呈明显的西南风距平,长江以南地区盛行西南气流,除九仙山站处于反气旋性距平环流的南侧,西北气流异常外,其他三个高山站处于反气旋性距平环流的西北侧,西南气流异常。

研究表明,东亚夏季风系统中热带季风槽强度加强(强季风),副热带梅雨锋强度减弱,夏季副高位置偏北,长江流域降水偏少;热带季风槽强度减弱(弱季风),副热带梅雨锋强度加强,夏季副高位置偏南,长江流域降水偏多(张庆云 等,1998)。四个高山站地处长江中下游的梅雨锋区,其夏季西南风强度与东亚夏季风强度指数在年际变化上的反位相关系,恰好反映了东亚夏季风强度和副热带辐合带(梅雨锋)强度变化的反相变化特征,因此,其夏季风场的变化特征,反映了夏季梅雨锋区低空风场的变化,对夏季副热带梅雨锋位置和强度的变化具有一定的指示作用。

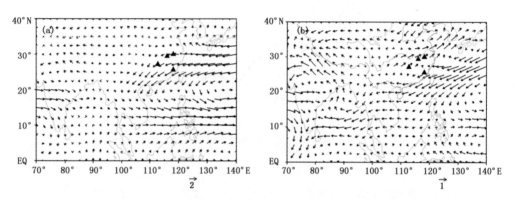

图 2.38　强(a)、弱(b)夏季风年夏季 850hPa 风场距平合成(单位 m/s)

(图中三角分别为四个高山站位置)

## 2.4.3　小结

(1)四个高山站逐候西南风变化的趋势几乎完全一致,夏季最显著的特征是受西南气流控制,并随着东亚夏季风两次明显的季节突变及季节内的变化,高山站西南风分别在 6 月初、8 月底—9 月初出现两次明显突变以及在 7 月初发生季节内弱～强交替变化。

(2)高山站西南风强弱与夏季风强弱变化呈反相关:即强夏季风年,西南风偏弱,其风场特征表现为南及偏西南风频率明显偏少,对应风速有不同程度的偏弱,而北及偏东风频率明显偏多,对应风速有不同程度的偏强;弱夏季风年,西南风偏强,其风场特征表现为西南气流异常。

(3)四个高山站夏季西南风强度与东亚夏季风强度指数在年际变化上为反位相关系,其夏季风场的变化特征,反映了夏季梅雨锋区低层风场的变化,对夏季副热带梅雨锋位置和强度的变化具有一定的指示作用。

# 第 3 章　复杂地形条件下的低层环流日变化特征

## 3.1　引言

边界层低空急流是触发暴雨过程的一个重要系统(朱乾根,1975;孙淑清,1979;Lin et al.,2001;何华 等,2004;Garvert et al.,2005;Liu et al.,2012;Mo et al.,2014),惯性振荡理论似乎是解释平原地区典型的边界层低空急流形成机制中最为可信的理论。它最早由 Blackadar (1957)提出,近年又被 Van de Wiel 等(2010)进一步完善。Holton (1967)强调了倾斜地形区域热力强迫效应对边界层风场日变化的作用,认为低空急流的本质就是对倾斜地形日循环加热的一种响应。Bonner and Paegle (1970)从物理学的角度将 Holton (1967)的理论简化并将其解释得更为清晰。日出(日落)以后,地势高处上方近地层的空气将比地势低处上方同等高度的空气温暖(冷)。这种水平温度梯度的日振荡可以导致热成风的反方向变化,因此增加或降低了边界层顶部的水平风速。最近,Du and Rotunno (2014)利用一个简单的一维模式证明了 Blackadar 和 Holton 的理论对于北美大平原地区低空急流的形成均具有重要的作用。

不同地形结构及地表特征的热力和动力强迫使得低空急流的形成过程更加复杂。通过削减 50% 地形高度的数值敏感性试验,Sun 等(1985)认为,青藏高原的存在是中国南方地区低空急流形成的主要原因。这一结果与洛基山脉对北美低空急流及东非高原对索马里急流的影响相似。然而,与南美洲和北美洲不同的是,东亚自西向东存在"三阶"地形特征:海拔高度 4000~5000 m 的青藏高原($25°$~$40°$N,$70°$~$105°$E),2000~2500 m 的云贵高原($20°$~$30°$N,$95°$~$115°$E),低于 1000 m 的东南丘陵及中国东部的平原($20°$~$30°$N,$105°$~$122°$E)(图 3.1)。以往的研究只是把大地形看作一个整体而并没有区分"三阶"地形结构对于环境气流的影响(刘晓东 等,2000)。事实上,这些复杂的地形特征势必会对低空急流及中尺度对流系统的演变产生非线性的影响(Zhao,2012)。因此,我们非常有必要来考察这种"三阶"地形对于中国南方地区低空急流形成发展所起的作用以及复杂地形条件下低空急流的日变化特征。

## 3.2　低空急流日变化特征及影响因子数值模拟研究

我们首先选择 2003 年 6 月 29 日 14 时—30 日 14 时(北京时,下同)发生在我国南方地区云贵高原东侧的一次最大风速超过 24 m/s 的低空急流事件作为研究对象(Liu et al.,2012)。这次低空急流事件发生在有利的大尺度天气条件下,即在低空急流的东南和西北两侧分别存在副高和低压系统,因此,它为检验不同因子在低空急流形成过程中的作用提供了一个典型个例。此外,强降水发生在低空急流出口区即急流核心区 400~500 km 以外的地方,这使得我们能够弱化非绝热加热对急流的影响。因此,本节研究的目的,一是考察云贵高原东侧倾斜地形区低空急流的三维结构和日变化特征;二是分别研究不同因子对低空急流发展所产生的影响,特别是通过一系列数值敏感性试验来检查天气尺度强迫、地形加热和地形对低空急流事件的影响。

本节*将首先介绍模式及模拟结果验证,同时分析观测和模拟结果中低空急流所处的大尺度环境场特征,进而利用高分辨率模式模拟结果揭示低空急流的日变化特征、地转和非地转分量的特征。低空急流的非平衡特征也将在我们所引入的低空急流坐标系中通过计算水平动量收支来展现。最后通过数值敏感性试验考察地表辐射加热、地形及非绝热加热对低空急流发展演变过程的影响。

### 3.2.1 模式简介

在本项研究工作中,我们采用了非静力 WRF 模式(Weather Research and Forecast,Skamarock *et al*.,2008)来模拟此次低空急流事件并分析其结构特征和演变过程。模式设计为双重嵌套、双向互动的网格结构,分辨率分别为 36 km、12 km。图 3.1 展示了嵌套区域的分布,其中最外层区域覆盖了东亚大部分地区及西北太平洋部分海域,而内层区域则包括中国南方地区复杂的"三阶"地形。模式在垂直方向共分 33 层,模式层顶设为 50 hPa。模式的主要物理过程方案包括:(1)Ferrier(new Eta)微物理方案(Rogers *et al*.,2001;Ferrier *et al*.,2002);(2)Kain-Fritsch 对流参数化方案(Kain,2004);(3)2.5 阶湍流动能边界层方案(Nakanishi *et al*.,2006);(4)快速辐射传输模式的长波辐射参数化方案及 Dudhia (1989)短波辐射参数化方案;(5)NOAH 陆面模式(Chen *et al*.,2001)。

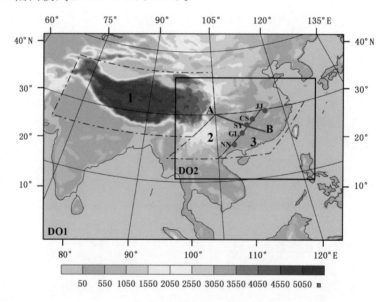

图 3.1 双重嵌套的模拟区域及模式地形

(阴影,间隔 500 m;字母"JJ"、"CS"、"SY"、"GL"和"NN"分别表示九江、长沙、邵阳、桂林和南宁;数字"1"、"2"和"3"则分别表示青藏高原、云贵高原和东南丘陵;线段 AB 表示图 3.4 中剖面所在位置)

WRF 模式的初始场及大气侧边界条件均为美国国家环境预报中心(NCEP)的全球分析

---

* 本节译自 He *at al*.,2016

资料,即 FNL 资料。FNL 资料水平分辨率为 $1.0° \times 1.0°$,时间间隔 6 h,700 hPa 以下有 9 层 (http://dss.ucar.edu/datasets/ds083.2/)。海表温度资料来自 $0.5° \times 0.5°$ 水平分辨率的全球实时逐日观测海温,在时(逐日至 6h)、空方向分别进行线性差值作为模式输入场(http://polar.ncep.noaa.gov/sst/rtg_low_res/)。为了捕捉此次低空急流事件及相关降水过程的结构和演变特征,所有的数值模拟试验均在 6 月 29 日 08 时开始积分,连续积分 30 h,其中前 6 h 作为模式调整时间。模式最外层的侧边界条件和海温每 6 h 更新一次,模拟结果则逐时输出以便分析低空急流的日变化特征。

需要指出的是,尽管每日两次的常规探空资料及 6 h 的 FNL 资料时空分辨率较粗,但其水平风场均在 30 日 08 时呈现出尾流状(jet-like)垂直结构。因此,在下一部分中将利用 FNL 分析资料验证模式模拟的流场结构。观测降水采用的是全国 706 个气象台站逐时降水资料,该资料经过了严格的质量控制,并且插值到 $0.5° \times 0.5°$ 水平网格。

## 3.2.2　低空急流大尺度特征及模拟结果验证

图 3.2a 展示了 FNL 分析资料在 6 月 30 日 02 时 850 hPa 等压面水平风场的分布,此时低空急流达到了最大强度,在湖南省的风速最大值超过 20 m/s。同时,中国南方的大部分地区风速都超过了 12 m/s,强劲的西南风一直由西南海岸向东北方向延伸至东海。低空急流的主体部分恰好紧贴云贵高原走向,即图 3.1 中区域 2 与 3 交界的地方。此外,根据 500 hPa 等压面上 588 dagpm 等位势高度线,低空急流同时处于副高的西北部。前期的分析显示,在 6 月 28—30 日,副高经历了向西北方向西伸加强的过程,即 588 dagpm 等位势高度线由我国台湾岛东部西伸至中国大陆东南沿海地区。副高的西北向移动增加了副高与四川盆地西南低涡之间西北方向的气压梯度力,因此为低空急流的形成提供了有利的背景条件,其具体内容将在随后几个小节中进行分析。西南风低空急流从热带洋面带来了充沛的水汽,其在 33°N 附近沿着一个狭窄的弱风速带辐合。这一弱风速带即梅雨锋所在区域,由于低空急流带来充沛的水汽供给,强降水便在气旋一侧(低空急流的出口区)形成。

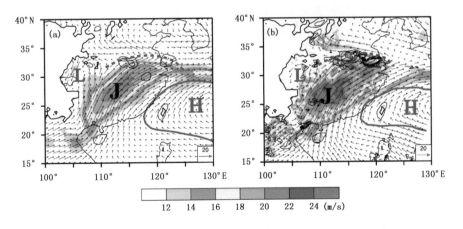

图 3.2　2003 年 6 月 30 日 02 时 850 hPa 水平风矢量及风速分布

(a)FNL 分析资料,(b)WRF 模拟结果(附加在其上的分别是 706 站观测和 WRF 模拟的 6 h 累计降水(等值线间隔 8 mm)(红色实线和虚线分别表示 500 hPa 等压面的 588 dagpm 等位势高度线及 850 hPa 的风切变线。字母"J"、"L"和"H"则分别表示低空急流核心区、西南低涡和副高中心区。图中西北部的空白区域表示地形高于 1500 m)

　　总体来看,WRF 模式在整个模拟时段内很好地模拟出了大尺度环流系统的水平分布和强度、低空急流过程以及下游的降水事件(图 3.2b)。不足之处是模式模拟的低空急流核心区位置较 FNL 分析资料偏西约 100 km。由于 100 km 的偏差正好与 FNL 分析资料的水平分辨率相近,因此,可以认为 WRF 模式对低空急流的水平结构和空间覆盖区域的模拟是令人满意的。模拟结果显示,低层的西南风在日落后强度和覆盖区域开始增大,急流的北部在华北地区并没有跟随地形走向(即太行山脉)而是向东转向东海。这一走向一方面可以认为是受到西南季风气流以及副高的影响,另一方面也可以认为是受到梅雨锋的分布及沿着梅雨锋的非绝热加热过程的影响。观测和模拟的低空急流宽度均在 700~800 km,而长度则超过了 1600 km。在急流核心区 400 km 的宽度范围内,水平风速经历了 8~10 m/s 的迅速下降(图 3.2)。

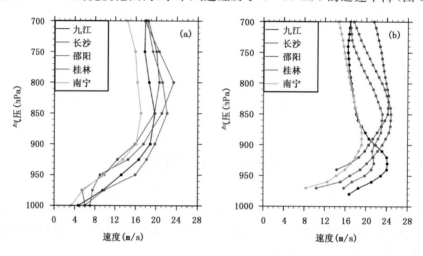

图 3.3　2003 年 6 月 30 日 02 时五站水平风速的垂直廓线
(a)FNL 分析资料,(b)WRF 模拟结果

　　在垂直方向上,FNL 分析资料及 WRF 模拟的风速超过 20 m/s 的低空急流核心区集中在 850~800 hPa 等压面高度,风速向上迅速递减(图 3.3 和图 3.4)。因此,它们属于典型的低空急流事件而非低空高速气流带(Stensrud,1996)。为了进一步揭示这些特征,沿低空急流轴选取了 5 个典型台站:南宁、桂林、邵阳、长沙和九江,它们的海拔高度分别是 72、162、249、45、32 m(具体位置见图 3.1),利用这 5 个台站的垂直风速廓线来分析低空急流的垂直结构。平均来看,FNL 分析资料最大风速出现的高度(风速向上递减率)较 WRF 模拟偏高(偏小)。其中,FNL 分析资料(WRF 模拟)中低空急流最大风速在南宁、桂林、邵阳、长沙和九江出现的高度分别为 850(900)、800(825)、800(850)、850(850)、850(925) hPa。尽管低空急流风速在最强时刻均超过了 17 m/s,但在这些站点,风速在核心区以上下降的幅度要远低于核心区以下部位。低空急流核心区以上水平风速大值的存在与大尺度平均气压形势也是一致的,其东南和西北方向分别存在的副高和西南低涡所构成了很强的水平气压梯度(图 3.2)。

　　图 3.4a 给出了 FNL 分析资料的水平风速在中国南方地区沿着 AB 线(图 3.1)的垂直剖面。显然,800 hPa 附近存在一个风速超过 22 m/s 的局地风速大值区,风速向上迅速递减。低空急流和云贵高原的相对位置与北美地区低空急流和洛基山脉的相对位置相类似(Weaver et al.,2008)。相比较而言,WRF 模式模拟的低空急流在高分辨率地形的强迫下呈现了更加细致的结构特征(图 3.4b)。低空急流发生在云贵高原东部的丘陵地带,它们的相对位置与

Zhang 等(2006)的研究中低空急流与阿巴拉起亚山脉的相对位置相似。WRF 模式不仅较好地捕捉到了分析资料中低空急流核心区的结构,同时将这种高风速带向下延伸至 900 hPa,因此产生了一个中心位于 850 hPa 体积庞大的高速气流带。考虑到低空急流核心高度对地形的敏感性以及 FNL 分析资料和 WRF 模式对地形高度表述的差异,上述结果表明 WRF 模式模拟的低空急流垂直结构是合理的。根据上述模式验证结果,可以认为 WRF 模式的模拟结果具备足够的可信度,能够开展后续的低空急流特征分析,而这些特征正是低时空分辨率的分析资料所无法揭示的。

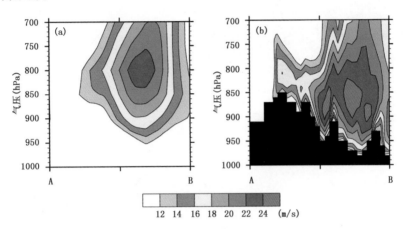

图 3.4　2003 年 6 月 30 日 02 时沿着 AB 线水平风速(阴影)的垂直剖面图
(a)FNL 分析资料,(b)WRF 模拟结果
(其中 AB 线垂直于低空急流轴线并穿过急流核心区,(b)中黑色阴影表示 WRF 模式地形的分布)

### 3.2.3　低空急流日变化特征

图 3.5a,c 给出了 WRF 模式模拟的低空急流核心区邵阳站水平风速逐时时间演变和 850 hPa 速矢端迹。可以看出,低层风场呈现出显著的日变化特征,其中低空急流在子夜以后形成。具体来说,850 hPa 以下的水平风速在日落前低于 16 m/s,由于白天湍流垂直混合作用,边界层内风速和风向垂直变化较小。日落后(18 时左右),随着湍流混合作用停止,边界层上层风速开始加速,并且这种加速在 950~800 hPa 层最为明显。与此同时,由于云贵高原夜间冷却造成的陆风效应,800 hPa 以下的风向也由日落前的南风逐渐转为入夜后的西南风(图 3.5c)。风速最终在后半夜 02 时达到极值,其中 850 hPa 最大风速超过了 24 m/s。低空急流的这种强风速一直维持到 6 月 30 日 06 时,随后强度迅速减弱直至午后新的循环再次重复。850 hPa 水平风速的时间演变及气旋式旋转可以从图 3.5c 的速矢端迹更清晰地展示出来:它包括了急流核心区水平风速的一个完整日循环及其加速和减速过程。如果没有新的天气系统影响,上述日循环现象在第二天将继续重复出现。

为了更好地量化不同影响因子对低空急流发展的相对贡献,并且展示其相关的时间演变特征,图 3.5b 引入一个低空急流坐标系。在这个坐标系内,s 轴定义为急流核心区 24h 平均的风向,n 轴则垂直于 s 轴并且指向右侧(图 3.5b),类似于旋转的笛卡尔坐标系。在低空急流坐标系,尽管速矢端迹呈椭圆状,急流核心区沿着($V_s$)和垂直于($V_n$)急流轴的水平风速分量日变化幅度均能达到 11 m/s($V_s$ 的变化在 14~25 m/s,$V_n$ 的变化在 −6~5 m/s)。这一现象与 Blackadar（1957）的惯性振荡理论是一致的。此外，我们还发现急流轴上其他的四个台站（九江、长沙、桂林、南京）水平风速的垂直廓线和速矢端迹与邵阳站均呈现相似的时间演变特征，尽管它们在极值风速的强度和出现时间、急流核所在高度、惯性振荡半径的大小方面存在差异（图略）。这些迹象表明虽然惯性振荡理论无法完全解释本次低空急流事件全部的演变特征，但仍然在这次急流的形成过程中起到很重要的作用。

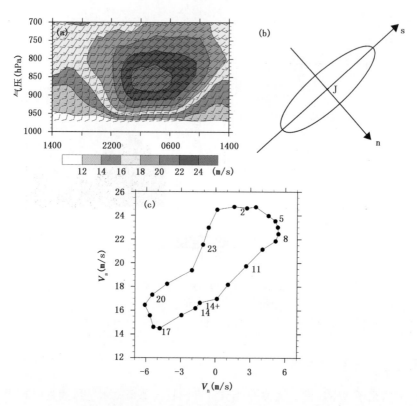

图 3.5　WRF 模式模拟的 2003 年 6 月 29 日 14 时—30 日 14 时邵阳站水平风速（阴影）
和风羽（一个完整的风向杆表示 10 m/s）的时间—高度剖面图（a）；
低空急流坐标系概念图（b）；邵阳站 850 hPa 逐时速矢端迹（c）

　　图 3.6 给出了低空急流日循环过程中 5 个重要的时刻（29 日 14 时和 20 时，30 日 02、08 时和 14 时）850 hPa 高度上相对于 24h 平均风场的偏差风矢量水平分布。中国东部低层偏差风矢量的顺时针旋转特征尤其显著。急流核心区偏差风矢量每 6h 几乎呈现近 90° 的偏转，在 29 日 14 时至 30 日 08 时从东北风演变为东南风、西南风和西北风（图 3.6a～d）。东北向和西南向的偏差风分别对应着 29 日 14 时和 30 日 02 时低空急流的最弱和最强时刻（对比图 3.5 和图 3.6a，c）。这种风速强弱的转换可分别地归因于天气尺度强迫场的变化以及与倾斜地形相关的日加热循环的变化。具体的解释将在下一小节给出。

　　鉴于本次低空急流事件存在显著的大尺度背景场气流，有必要计算大尺度运动和局地强迫因子对低空急流形成的不同贡献。因此，接下来将分离低空急流的地转和非地转分量以便明确大尺度流场的贡献，进一步通过计算水平动量收支来检查低空急流的非平衡特征。

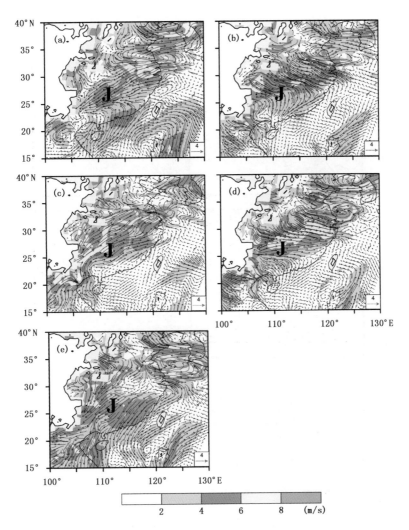

图 3.6　850 hPa 偏差风矢量和风速(相对于日平均风场)的水平分布,对应时刻分别为(a)2003 年 6 月 29 日
14 时,(b)29 日 20 时,(c)30 日 02 时,(d)30 日 08 时,(e)30 日 14 时
(偏差风速大于 2 m/s 以阴影给出,字母"J"表示低空急流核心区,图中西北部的
空白区域表示地形高于 1500 m)

### 3.2.4　低空急流的地转和非地转分量

图 3.7 和图 3.8 给出了每 6 h 一次的 850 hPa 水平风速地转($V_g$)和非地转($V_{ag}$)分量的水平分布。尽管由于受山脉起伏的影响,$V_g$ 和 $V_{ag}$ 呈现出类似波动的特征,西南向地转风主导着中国东部地区,其风速大值区域位于低空急流核心区以南 $1°\sim2°$(图 3.7a~c)。随着副高向西北方向的扩展,西北—东南向气压梯度力的增加使得地转风在 29 日 14 时—30 日 14 时也相应增加,但 24 h 内 $V_g$ 的方向变化较小。相比之下,非地转风场呈现了很不一样的特征。在夜间,局地非地转风速的最大值与低空急流核心区吻合,强度达到了 16 m/s(对比图 3.8b~d 和图 3.2)。同时,非地转风的主体在夜间是沿着低空急流轴线的西南风(图 3.8b,c),而在白天则是东北风(图 3.8a,e),在过渡期间则是西北风(图 3.8d)。非地转风的这种气旋式旋转(惯

性振荡)的日变化与图 3.6 中水平风场的偏差风矢量的变化是一致的。当然,非地转风的风速也在变化,极大值出现在 02 时和 08 时。

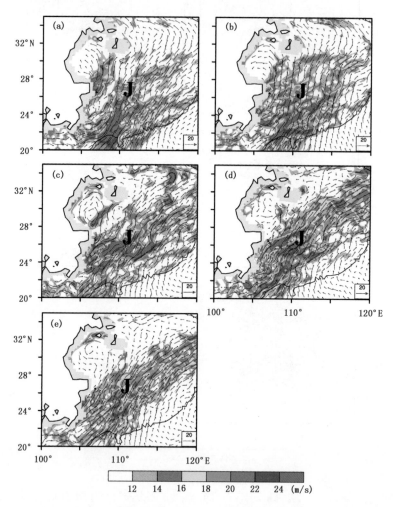

图 3.7　850 hPa 地转风矢量和风速的水平分布,对应时刻分别为(a)2003 年 6 月 29 日 14 时,(b)29 日 20 时,(c)30 日 02 时,(d)30 日 08 时,(e)30 日 14 时
(风速大于 12 m/s 以阴影给出,字母"J"表示低空急流核心区,图中西北部的空白区域表示地形高于 1500 m)

　　为更好地量化地转风和非地转风对低空急流形成的贡献,将这两个分量亦投影至低空急流坐标系。显然,沿着 s 轴的风速对低空急流的贡献是首要的。为此,图 3.9 给出了低空急流核心区(邵阳站)沿着 s 轴和 n 轴的地转风、非地转风分量的时间演变序列,图 3.10 则给出它们各自对应的速矢端迹。需要指出的是,图 3.9—图 3.11 应用了 6×6 格点的区域平均以便使得分析具有代表性。地转风沿着 s 轴的分量在 21 时至翌日 02 时迅速由 10.5 m/s 加速至 15.5 m/s,而在接下来的 12 h,风速在 15～17.5 m/s 范围内缓慢增加(图 3.9)。风速的迅速增加与图 3.7 和图 3.11a 所反映的现象相似,主要原因在于大尺度流场和云贵高原东侧温度梯度的反向变化的共同影响。$V_{sg}$ 随后的缓慢增加可以归因为副高的西北向扩展(增加了气压梯度)。尽管在一些时刻风速存在振荡现象,沿着 s 轴的地转风风速变化(变化范围在 9～20 m/s)总是大于沿着 n 轴风速分量的变化(变化范围在 −5～0 m/s)(图 3.10a)。

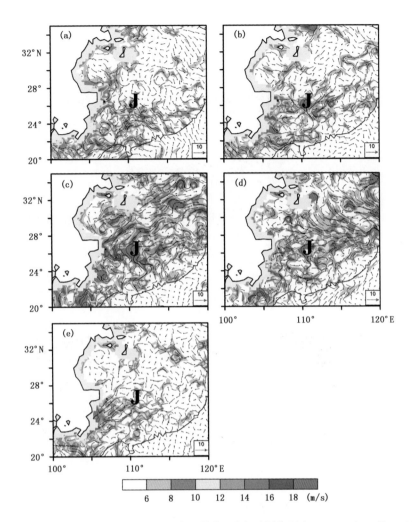

图 3.8　850 hPa 非地转风矢量和风速的水平分布,对应时刻分别为(a)2003 年 6 月 29 日 14 时,
(b)29 日 20 时,(c)30 日 02 时,(d)30 日 08 时,(e)30 日 14 时
(风速大于 6 m/s 以阴影给出,字母"J"表示低空急流核心区,图中西北部的空白区域表示地形高于 1500 m)

　　相比之下,非地转分量无论在速度变化幅度还是方向上都呈现显著的日变化特征,速矢端迹呈现出明显的气旋式旋转特征,惯性圆的半径约为 5.5 m/s(图 3.10b)。其中,沿着 s 轴的非地转分量从午后开始增强,至后半夜 01 时达到 9 m/s 的最大值。如果我们在低空急流最强时刻(02 时)对比沿着急流轴方向地转(约 15 m/s)和非地转分量(约 8 m/s)对低空急流极值的贡献,则前者达到了 65% 的比例。当然,由于云贵高原导致的日间加热循环的显著作用,并非所有的地转风都是来自于大尺度气压系统的强迫。然而,上述结果也意味着在没有昼夜加热循环的情况下,大尺度气压系统也能够使得低层西南气流达到低空急流的强度,这种强劲的西南风也可以被视为低空高速气流带。地转风的变化幅度和惯性振荡幅度随着高度的增加迅速减弱(图略)。

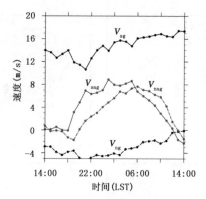

图 3.9 2003 年 6 月 29 日 14 时至 30 日 14 时邵阳站 850 hPa 等压面上沿 s 轴和 n 轴的地转风
($V_{sg}$黑色实线,$V_{ng}$黑色虚线)及非地转风($V_{sag}$红色实线,$V_{nag}$红色虚线)的时间演变序列。
计算结果基于 6×6 格点区域平均

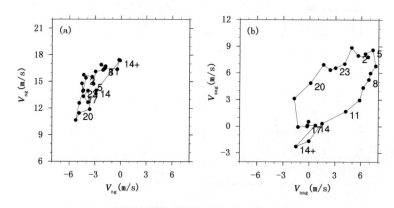

图 3.10 2003 年 6 月 29 日 14 时至 30 日 14 时邵阳站 850 hPa 等压面上(a)地转风,(b)非地转风的
速矢端迹。计算结果基于 6×6 格点区域平均

### 3.2.5 低空急流的非平衡特征

上一小节明确了 s 轴地转风和非地转风对低空急流的相对贡献,下面将利用低空急流坐标系中的水平动量方程来检验急流核心区的非平衡特征。

$$\frac{\partial V_n}{\partial t} = (-\boldsymbol{V} \cdot \nabla \boldsymbol{V})_n + f \cdot V_s - \frac{\partial \Phi}{\partial n} + \text{Residue} \tag{3.1}$$

$$\frac{\partial V_s}{\partial t} = (-\boldsymbol{V} \cdot \nabla \boldsymbol{V})_s - f \cdot V_n - \frac{\partial \Phi}{\partial s} + \text{Residue} \tag{3.2}$$

其中,$\frac{\partial V_n}{\partial t}$ 和 $\frac{\partial V_s}{\partial t}$ 分别表示沿着 n 轴和 s 轴水平风速的局地变化率,等式右边各项自左向右依次是水平平流、科氏力、水平气压梯度力和残余项。由于急流核心区离雨带较远,垂直平流项量值很小,残余项主要由摩擦力主导。

图 3.11 为方程(3.1)和(3.2)中每一项在邵阳站 850 hPa 高度的时间演变序列。对于 n 轴来说,平流项和残余项均小于其他两个强迫项,$V_n$ 的局地变化率主要是由科氏力和水平气压梯度力两者间的大项小差造成(图 3.11a)。正是这两者间的差值导致了惯性振荡的半径,

即 $f(V-V_g)$,因此,意味着这两者对低空急流的形成有重要贡献。由于气压梯度力随时间推移增加得较为缓慢(副高西伸导致),n 轴的非地转加速度与科氏力位相一致,即自 29 日 18 时开始增加,至 30 日 02 时达到极大值。这一极值超前于 n 轴的非地转分量 $V_{nag}$ 的极大值(06 时,图 3.10b),进一步揭示了非平衡强迫(即惯性振荡)对清晨产生较强 $V_{nag}$ 的重要作用。相比之下,沿着 s 轴的风速局地变化率在量值上与科氏力、气压梯度力以及平流和残余项相当,只是存在位相上的差异。这意味着沿着急流轴方向的风速主要受地转平衡的天气尺度流场控制,并且风速也因云贵高原昼夜加热循环而增强或减弱。

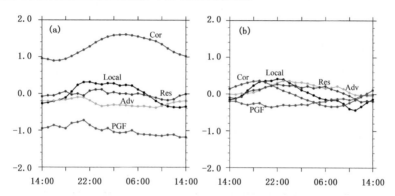

图 3.11　2003 年 6 月 29 日 14 时至 30 日 14 时邵阳站 850 hPa 等压面上 n 轴(a)、s 轴(b)水平风速的局地变化(黑色,Local),水平平流(黄色,Adv),科氏力(红色,Cor),水平气压梯度力(蓝色,PGF),残余项(棕色,Res)(纵坐标表示低空急流坐标系中水平动量方程各项随时间的演变,单位为 $10^{-3}$ m/s)。计算结果基于 6×6 格点区域平均

### 3.2.6　敏感性试验

#### 3.2.6.1　试验方案设计

前人的研究结果表明了太阳辐射、地表热通量、地形、潜热释放及海陆差异对低空急流形成的重要性(如 Zhang *et al.*,2006;Saulo *et al.*,2007)。然而,这些因子的相对影响有时是依赖于所选取的个例的,并且各影响因子的重要程度也存在差异。因此,在这一小节里,通过开展五个敏感性试验来检查上述因子在此次低空急流事件演变过程中的作用,并且以前面的数值模拟结果作为参照试验(CTL)。具体来讲,试验 NORAD、NOTP、NOYG、NOSM 和 NOLH 分别用来检验关闭太阳和长波辐射、削减青藏高原、云贵高原和东南丘陵部分地形,以及关闭潜热释放对此次低空急流形成过程的作用(详见表 3.1)。

表 3.1　WRF 试验设计方案

| 标号 | 试验名称 | 试验描述 |
| --- | --- | --- |
| 0 | CTL | 全物理过程,真实地形 |
| 1 | NORAD | 关闭长、短波辐射 |
| 2 | NOTP | 青藏高原所在地区地形削减至 1200 m |
| 3 | NOYG | 云贵高原所在地区地形削减至 50 m |
| 4 | NOSM | 东南丘陵所在地区地形消减至 50 m |
| 5 | NOLH | 关闭云微物理过程的凝结潜热和次网格积云参数化方案 |

这里,对于地形削减试验做一些补充说明。在试验 NOTP 中,由于云贵高原平均高度约为 1200 m,为了降低地形梯度产生的热力梯度,将青藏高原的地形削减至 1200 m,低于这一高度的则保持不动。类似的,由于中国东部平均地形高度在 50 m,在 NOYG 和 NOSM 试验中分别把这两个地区高于 50 m 的地形削减至 50 m。

### 3.2.6.2 关闭地表辐射的影响

由于模式积分的启动时间在早晨,地表温度较低,当关闭太阳和长波辐射后,尽管地表热通量依然存在,边界层在这种情况下接收到的热量非常少。没有辐射效应后,850 hPa 的西南风急剧减弱,而在 CTL 试验中这正是低空急流最强风速所在的高度。在 NORAD 试验中,水平风速的大值中心较 CTL 试验降低 4~6 m/s(图 3.12a),而在垂直方向上,五个台站均没有尾流状(jet-like)结构出现(图 3.12b)。这些现象均可以从图 3.12c 和图 3.12d 水平风场在邵阳站的时间—高度剖面图及速矢端迹图中反映出来,水平风场的垂直结构相对于模式初始场确实变化较小。因此,相对于参照试验,NORAD 试验中低空急流并没有形成(对比图 3.12c 和图 3.5a)。同时,水平风场的速矢端迹图也表明,在这个试验中并没有惯性振荡现象出现(对比图 3.12d 和图 3.5c)。

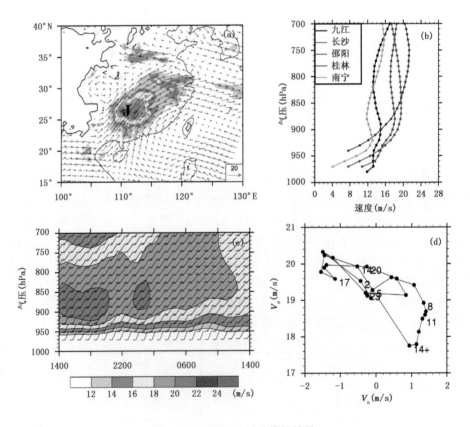

图 3.12 NORAD 试验模拟结果

(a) 2003 年 6 月 30 日 02 时 850 hPa 水平风矢量及风速分布;(b) 2003 年 6 月 30 日 02 时五站水平风速的垂直廓线;(c)邵阳站 2003 年 6 月 29 日 14 时—30 日 14 时水平风速(阴影)和风羽(一个完整的风向杆表示 10 m/s)的时间—高度剖面图;(d)邵阳站 2003 年 6 月 29 日 14 时—30 日 14 时 850 hPa 逐时速矢端迹

关闭地表辐射导致边界层白天湍流混合(即 Blackadar 机制)以及山区和谷区的热力对比(即 Holton 机制)消失。因此,NORAD 试验的结果与关闭地表热通量的试验非常相似。事实上,在紧贴着云贵高原东北部边缘的倾斜地形区 NORAD 试验中的西南风气流较 CTL 试验减弱了 6~12 m/s(图 3.13a)。这些试验结果与 Zhang 等(2006)的发现一致,并证明了 Blackadar(1957)和 Holton(1967)的理论,即地表加热对夜间低空急流的形成具有决定性的作用。

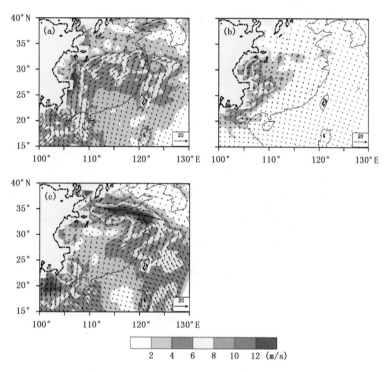

图 3.13　850 hPa 水平风矢量与风速差值

(a)CTL 与 NORAD 试验差值;(b) CTL 与 NOYG 试验差值;(c)CTL 与 NOLH 试验差值

### 3.2.6.3　削减地形高度的影响

相对于地表辐射加热的影响,试验 NOTP、NOYG 和 NOSM 中对青藏高原、云贵高原和东南丘陵三个地区高地形的削减对低空急流形成演变的影响要弱很多。也就是说,在这些试验中低空急流的主要特征依然存在,仅仅是急流的强度减弱了。在三个试验中,云贵高原高地形的削减对低空急流强度的影响最为显著。考虑到低空急流和云贵高原的相对位置,这一结果也不出意料。因此,这里将只给 NOYG 试验的结果。

与 NORAD 试验结果不同的是,CTL 与 NOYG 试验水平风场的差异主要出现在 115°E以西地区,急流核区风速较 CTL 试验减弱 6~10 m/s(图 3.13b)。同样可以发现,沿急流轴的垂直风速廓线与 CTL 试验也非常相似,只是风速略偏弱(对比图 3.14b 和图 3.3b)。低空急流在邵阳站的变化幅度也显著偏弱,并且维持时间缩短,但依然保持了显著的低空急流特征(图 3.14c)。需要注意的是低空急流的减弱主要发生在 s 轴方向,而在 n 轴方向其风速分量几乎没有变化(对比图 3.14d 和图 3.5c)。

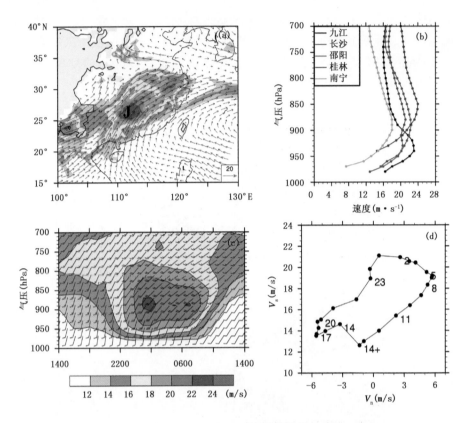

图 3.14  NOYG 试验模拟结果

(a) 2003 年 6 月 30 日 02 时 850 hPa 水平风矢量及风速分布;(b) 2003 年 6 月 30 日 02 时五站水平风速的垂直廓
线;(c)邵阳站 2003 年 6 月 29 日 14 时—30 日 14 时水平风速(阴影)和风羽(一个完整的风向杆表示 10 m/s)的时
间—高度剖面图;(d)邵阳站 2003 年 6 月 29 日 14 时—30 日 14 时 850 hPa 逐时速矢端迹

削减云贵高原导致昼夜热力强迫效应及地形动力阻挡效应同时减弱。也就是说,削减云贵高原使得东西向温度梯度的昼夜变化减弱,并且四川盆地气旋式涡旋的强度也减弱(图3.13b),相应地,$V_{sg}$也减弱。因此,$V_g$ 在 s 分量的降低包含了热力和动力强迫效果。基于这一敏感性试验结果,可以说明与云贵高原相关的昼夜加热循环及动力阻挡作用在此次低空急流事件的形成过程中扮演一个次要的角色,而青藏高原和东南丘陵的作用则更小。

### 3.2.6.4  关闭潜热释放的影响

在没有潜热释放的 NOLH 试验中,沿着梅雨锋(33°N)的气旋式风切变和风场辐合不再明显(对比图 3.15a 和图 3.2b,图 3.13c)。低空急流的覆盖范围(大于 12 m/s 的风速带)下降,急流核区的极值风速强度也下降(对比图 3.15 和图 3.2b,图 3.3b,和图 3.5a)。所有这些现象都意味着沿着梅雨锋的潜热释放能够增加低空急流的西南风分量。在一些临近梅雨锋的位置,西南风的风速降低了 8～10 m/s。然而,对于远离梅雨锋雨带的地方,沿着急流轴的风速相对于参照试验并没有多少改变,以急流核区为例,风速仅降低了 2～4 m/s(图 3.13c)。因此,尽管低空急流主要受大尺度气压系统控制,由于潜热释放导致的中尺度环流也能够增加低空急流的强度,特别是临近强降水的区域。这些结果与 Qian 等(2004)的发现也是一致的。

这种低空急流风速的增加可能是与对流层低层潜热释放导致辐合而产生的次级环流有关（Chen *et al.*，1994；Chen *et al.*，2006）。

与水平结构类似，梅雨锋附近站点（如九江）水平风速在没有潜热释放的情况下，其垂直方向的尾流状结构变得更加平坦一些，而其他站点处（如邵阳、桂林和南宁）风速的垂直结构则与参照试验类似（对比图 3.15b 和 3.3b）。低空急流核区即邵阳站的日变化在幅度和方向上较参照试验都没有那么显著（对比图 3.15c,d 和图 3.5a,c）。在急流核区，沿着和垂直于急流的风速分量（$V_s$ 和 $V_n$）日变化幅度分别为 6 m/s 和 5 m/s，而在参照试验中二者的变化均为 11 m/s（对比图 3.15d 和图 3.5c）。这意味着尽管梅雨锋距离低空急流 500～600 km，其潜热释放对于低空急流的强度仍有影响。

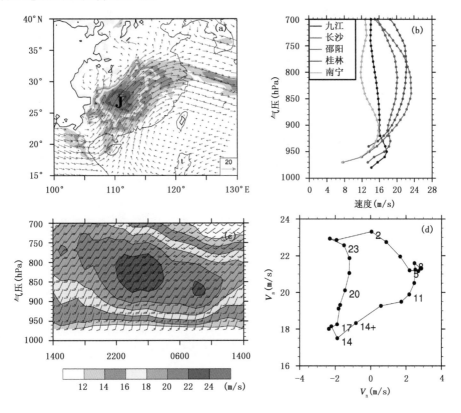

图 3.15　NOLH 试验模拟结果

(a) 2003 年 6 月 30 日 02 时 850 hPa 水平风矢量及风速分布；(b) 2003 年 6 月 30 日 02 时五站水平风速的垂直廓线；(c)邵阳站 2003 年 6 月 29 日 14 时—30 日 14 时水平风速（阴影）和风羽（一个完整的风向杆表示 10 m/s）的时间—高度剖面图；(d)邵阳站 2003 年 6 月 29 日 14 时—30 日 14 时 850 hPa 逐时速矢端迹

### 3.2.7　小结

在本节研究中，我们利用 FNL 分析资料和高分辨率 WRF 模式模拟结果分析了一次发生在云贵高原东侧的暖季低空急流事件日变化特征及影响因子。通过研究发现，对流层低层的风场具有显著的日变化特征，急流核区水平风速午夜后在垂直方向上呈现出尾流状结构，并且在 850 hPa 高度上风速达到 24 m/s 以上的极大值。与此同时，800 hPa 以下的风向也由日落前的南风转为夜间的西南风。在我们所引入的低空急流坐标系中,沿着和垂直于急流轴方向的水平风分量均在 24 h 内达到了 11 m/s 的日变化幅度,同时还存在气旋式旋转,这些现象与 Blackadar 的惯性振荡理论比较一致。

分析结果显示,沿着低空急流轴的地转风 $V_{sg}$ 主导着低空急流强度的分布,$V_{sg}$ 在 24 h 内风向变化较小,$V_{sg}$ 强度的日变化与副高西北向延伸所导致的大尺度气压梯度的增加密切相关。相比之下,非地转风导致了水平风的顺时针旋转,促成了低空急流在夜间的形成及在白天的减弱消失。经过计算,沿着急流轴方向的地转风和非地转风在 02 时对低空急流的极值强度分别做出了 65% 和 35% 的贡献。

一系列数值敏感性试验证实了地表辐射加热是决定夜间低空急流形成发展的关键因子。在没有太阳和长波辐射的情况下,低层西南风显著减弱并且垂直方向上也没有尾流状结构形成。当云贵高原被削减后,由于高原动力阻挡作用的消失,四川盆地的西南涡也减弱。由此而导致的气压梯度力及云贵高原与其东侧山丘(平原)间温度梯度的下降使得低空急流强度减弱。因此,云贵高原地形高度的削减、下游地区沿着梅雨锋的潜热释放在低空急流的形成中作用次之,而青藏高原和东南山区地形高度降低后对此次低空急流事件的影响最弱。

总的来说,当暖季来临并且西南季风气流存在时,云贵高原东侧的丘陵地区便成为一个有利于低空急流形成的区域,并且低空急流的发展演变具有显著的日变化特征,水平风速呈明显的顺时针旋转,风速在午夜—清晨达到最强,而午后最弱。需要指出的是,由于受到青藏高原、云贵高原和东南丘陵复杂地形的影响,边界层风场(包括低空急流)的演变远比本章节中所探讨的内容复杂。因此,在下一节中,我们将对弱斜压背景下复杂下垫面边界层风场的日循环特征进行分析,即排除天气系统和降水过程的影响,进一步揭示弱斜压背景下复杂下垫面边界层风场日循环特征。

## 3.3 弱斜压背景下复杂下垫面边界层风场日循环过程数值模拟分析

山脉、丘陵和高原,统称为复杂地形,其在全球地表覆盖面积的比例分别为 25%、21%。这种复杂地形区域的天气影响着地球上近一半的地表、人口和地表径流(Meybeck et al.,2001)。因此,对复杂地形区域天气和气候特征的研究具有重要的科学意义和现实意义。中国南方地区地形复杂,对天气和气候形态影响较大。在弱斜压(晴空)条件下,受地形的热力和动力强迫作用,山区上空边界层风场呈现显著日变化特征;当强斜压系统(如锋面)过境时,地形的阻挡和抬升等作用又会对降水的触发和降水强度产生显著影响(Chow et al.,2013;Whiteman,2000)。受观测资料限制,中国南方地区山脉气象研究开展的较少,认识有限,亟待进行广泛和深入的研究。

湖南、湖北两省地处青藏高原和云贵高原东侧,其东部和南部为丘陵地带,更远处则为西北太平洋。其特殊的地理位置,导致影响系统较多,天气复杂多变,极易受频发的灾害性天气影响。为了揭示复杂下垫面地区在典型弱斜压背景下热力驱动的边界层风场日变化特征,包括干环流及相关过程、山区风场辐合辐散特点,本节将选取典型个例,综合应用高山站、风廓线雷达等多源观测资料,重点研究影响湘鄂两省的边界层风场演变过程。

首先,我们来了解一下湘鄂两省的地形地貌特点。湖南总的地形特征是西、南、东三面山地围绕,中部丘岗起伏,东北部为平原和湖泊,整体呈西高东低、南高北低、朝东北开口的不对称马蹄形盆地。省内海拔大于 2000 m 高度的分布与地势总特点基本一致,集中分布在东、西、南三面的山地之中。整体而言,湖南省是以山丘为主的地貌格局,全省可划分为六个地貌区:湘西北山原山地区、湘西山地区、湘南山丘区、湘东山丘区、湘中丘陵区、湘北平原区(潘志祥 等,2015)。湖北省处于中国地势第二级阶梯向第三级阶梯过渡地带,全省西、北、东三面被山地环绕,中南部为江汉平原,地势呈三面高起、中间低平、向南敞开、北有缺口的不完整盆地。湖北省中部的江汉平原和湖南省东北部的洞庭湖平原构成了大范围地势低平的两湖平原,大部分海拔高度在 50 m 以下。

大尺度天气系统以及局地中尺度环流系统的存在会使得山地区域环流形势更为复杂,为了排除这些天气系统的影响,而重点关注局地地形条件对环流日变化的作用,我们选择 2013 年 6 月 13 日 14 时—15 日 08 时(北京时,下同)作为研究时段。该时段内长江以南地区正好为弱斜压形势(副高)控制,除东南沿海外,南方其他地区均无降水。

下面将分别介绍本节研究所用的观测资料、数值模式及其参数设置,并重点分析观测和模拟的边界层风场演变特征。

### 3.3.1 资料和模式

#### 3.3.1.1 资料

本节所用的地面观测资料包括地表 2 m 温度和 10 m 风速。选取的台站包括南岳、黄山、庐山三个高山站,海拔高度分别为 1265.9、1840.4、1164.5 m。此外,还包括衡阳、株洲、嘉禾、武冈四个观测站,海拔高度分别为 104.9、73.0、213.0、340.0 m。各个台站的详细信息见图 3.16 和表 3.2。

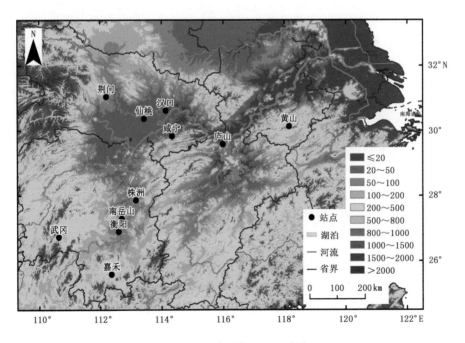

图 3.16　台站位置和地形图

表 3.2　台站位置、实际高度及对应模式点的地形高度(m)

| 台站名称 | 南岳 | 黄山 | 庐山 | 衡阳 | 株洲 | 嘉禾 | 武冈 | 汉口 | 荆门 | 咸宁 | 仙桃 |
|---|---|---|---|---|---|---|---|---|---|---|---|
| 位置 | 27°18′N 112°21′E | 30°08′N 118°09′E | 29°35′N 115°59′E | 26°54′N 112°36′E | 27°52′N 113°10′E | 25°35′N 112°22′E | 26°44′N 110°38′E | 30°21′N 114°18′E | 31°00′N 112°08′E | 29°30′N 114°13′E | 30°10′N 113°17′E |
| 实际高度 | 1265.9 | 1840.4 | 1164.5 | 104.9 | 73 | 213 | 340 | 23.6 | 184.8 | 98.8 | 24.0 |
| WRF 模式地形高度 | 866.3 | *1085.1* | *692.5* | 69.2 | 37 | 226 | 322 | *52.8* | 145.8 | *347.9* | *26.7* |

注:表中斜体表示地形数据源自第三模式层

由于本节研究重点关注边界层风场演变特征,常规探空资料在 700 hPa 高度下仅有 3 层 (1000、925、850 hPa),资料过于稀疏而无法满足分析需要。目前,在分析区域内,仅湖北省有风廓线雷达观测,即汉口、荆门、咸宁、仙桃四个测站,海拔高度分别为 23.6、184.8、98.8、24.0 m。风廓线雷达观测资料时间间隔为 5 分钟,为了与模式对比,我们采用的是逐时的实时风场观测资料,数据包括采样高度、水平风向、水平风速。综合考虑观测数据可信度及研究对象,汉口站选用了 22 层数据,最低层 28 m,最高层为 1680 m,其中 782 m 以下垂直间隔为 58 m,以上则为 116 m。荆门和仙桃站也选用了 22 层数据,最低层 86 m,最高层 1680 m,其中 898 m 以下垂直间隔为 58 m,以上则为 116 m。咸宁站垂直探空较密,共选用 56 层,最低层 43 m,最高层 1637 m,每层等间距 29 m。为了便于和模式资料对比,风廓线雷达资料的分析时段统一为 2013 年 6 月 13 日 14 时—15 日 08 时。有关湖北风廓线雷达资料的详细介绍参见§4.3 节。

3.3.1.2　WRF 模式参数设置

本节采用非静力 WRF 模式来模拟此次弱斜压天气过程,重点分析边界层风场空间结构特征和演变过程。模式设计为四重嵌套、双向互动的网格结构,格点分辨率分别为 36、12、4、1.33 km。图 3.17 展示了嵌套区域的分布,其中最外层区域覆盖了东亚大部分地区及西北太

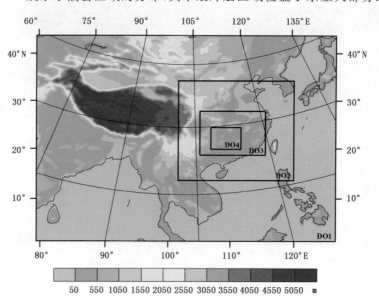

图 3.17　WRF 模式四重嵌套的模拟区域及模式地形

平洋部分海域,而最内层区域(DO4)则主要位于湖南省,即本节研究重点关注的复杂地形区。为了尽可能真实地刻画模式地形,在四个嵌套区域内对应的地形资料分辨率分别为 $10'$(即 19 km)、$5'$(即 9 km)、$30''$(即 0.9 km)、$30''$(即 0.9 km)。模式在垂直方向共分 35 个 $\eta$ 层(1、0.993、0.983、0.970、0.954、0.934、0.909、0.880、0.840、0.801、0.761、0.722、0.652、0.587、0.527、0.472、0.421、0.374、0.331、0.291、0.255、0.222、0.191、0.163、0.138、0.115、0.095、0.077、0.061、0.047、0.035、0.024、0.015、0.007、0),模式层顶设为 50 hPa。模式的主要物理过程方案包括:(1)WRF 单动量 3 阶方案,WSM3(Hong et al.,2004);(2)Kain-Fritsch 对流参数化方案(Kain,2004),此方案应用于第 1~3 重区域,在模式最内层不用;(3)YSU 行星边界层方案(Hong et al.,2006);(4)RRTM 快速辐射传输模式(Mlawer et al.,1997)及 Dudhia(1989)短波辐射参数化方案;(5)NOAH 陆面模式(Chen and Dudhia,2001)。

　　WRF 模式的初始场及大气侧边界条件均为 FNL 资料,其空间水平分辨率为 $1.0°\times1.0°$,时间间隔 6h,700 hPa 以下有 9 层。海表温度资料为 $0.5°$ 水平分辨率的全球实时逐日观测海温,通过线性插值至模式网格点,且由逐日资料线性插值为 6h 一次的资料。数值模拟试验由 2013 年 6 月 13 日 08 时开始积分,连续模拟 48h,在 15 日 08 时积分结束。模式最外层的侧边界条件和海温每 6 h 更新一次,模拟结果则逐时输出以便分析低层风场的日变化特征。

### 3.3.2　观测分析及模拟结果验证

#### 3.3.2.1　地面温度场

　　图 3.18 分别给出了三个高山站以及湖南省内四个低海拔台站观测和 WRF 模式模拟的地表 2 m 温度场逐时演变序列。对于三个高山站,模式能够再现温度的昼夜演变特征,不足之处是整个模拟时段内均呈现出显著的暖偏差,并且在 14 日庐山站、黄山站和南岳站观测的温度极大值分别出现在 09、11、14 时,而模式模拟的温度极大值则出现在 14—16 时。这种温度极大值位相差异所导致的 WRF 模式温度正偏差在 14 日白天表现得更为显著(图 3.18a)。相对而言,WRF 模式对四个低海拔台站地表 2 m 温度的模拟效果要明显好于高山站(图 3.18b)。在分析时段内,观测和模拟的地表 2 m 温度极大值均出现在下午 16 时左右,而极小值则都出现在清晨 06 时。在这四个台站,WRF 模式模拟的地表 2 m 温度较观测略偏低。

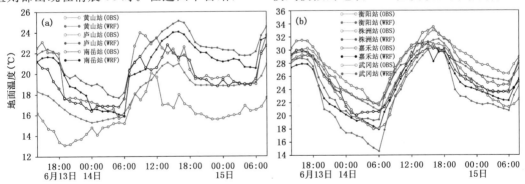

图 3.18　2013 年 6 月 13 日 14 时—15 日 08 时观测(空心线)和 WRF 模式模拟
(实心线)的地表 2 m 温度逐时演变
(a)三个高山站;(b)四个低海拔台站

为了进一步量化观测和模拟的温度偏差,图3.19分别给出了上述七个台站WRF模式模拟的地表2 m温度场与观测差值的逐时演变序列。总的来说,在高山站WRF模式模拟的温度偏高,在分析时段内,黄山站、庐山站、南岳站三站模拟的平均温度偏差分别为2.24℃、1.56℃、1.11℃。在这三个高山站,实际地形与模式地形的高度差值分别为755.3 m、472.0 m、399.6 m。显然,模式地形比实际地形偏低越多,所模拟的地表2 m温度较观测偏高得越多,温度的正偏差在白天较大,尤其以黄山站最为明显。相比之下,在低海拔测站WRF模式模拟的温度整体偏低,衡阳、株洲、嘉禾和武冈四站的温度偏差分别为-1.40℃、-1.93℃、-1.35℃、-1.72℃。由于在这四个台站WRF模式地形偏差较小(均低于40 m),这种冷偏差可以被视作模式的系统性偏差,且冷偏差在夜间较为突出。

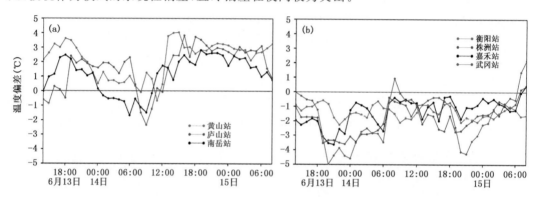

图3.19  2013年6月13日14时—15日08时WRF模式模拟与观测的地表2m温度差值的逐时演变
(a)三个高山站;(b)四个低海拔台站

综合考虑模式与各个观测台站地形高度的差异,以及晴空条件下日最高和最低温度可能出现的时间,认为WRF模式模拟的地表2 m温度场是比较合理的。

### 3.3.2.2  地表风场

三个高山站观测的风速在白天(06—18时)较弱,基本都在3 m/s以下,黄山和庐山站白天地表风速最大不超过2 m/s。然而,在18时以后,三个高山站风速却迅速增强,其中南岳站在14日23时风速达到10.2 m/s。尽管庐山站和黄山站的夜间风速相对较弱,但其均呈现出一致的演变特征,即强风速在夜间维持,并于第二天清晨06时迅速衰减(图3.20)。对比我们对这一地区低空急流演变特征的分析,可以发现三个高山站的风速日变化特征与低空急流的演变特征非常一致。

在三个高山站中,模式对庐山站和南岳站地表风场的演变具有很好的再现能力,而对黄山站风场的日变化特征模拟误差稍大一些。具体来讲,模式捕捉到了庐山和南岳两站风速的昼夜演变特征,不足之处是模拟的风速极大值较观测偏低2~3 m/s,并且在南岳站WRF模式模拟的夜间风速大值较观测超前2 h左右。在黄山站,模拟的风速整体偏大,且风速的日较差小,即白天地表的风速也较大。考虑到黄山站观测和模式地形高度差异,以及温度的模拟偏差,此站的对比参考意义相对较小。

与高山站的风速演变相比,四个低海拔台站地表风速整体偏弱(≤3 m/s)。由于受到边界层湍流运动的影响,风速呈现出"波动式"演变特征。此外,在白天边界层混合作用下,地表风速也在白天10—20时呈现出相对较高的风速(图3.21)。尽管WRF模式对这四个站的风

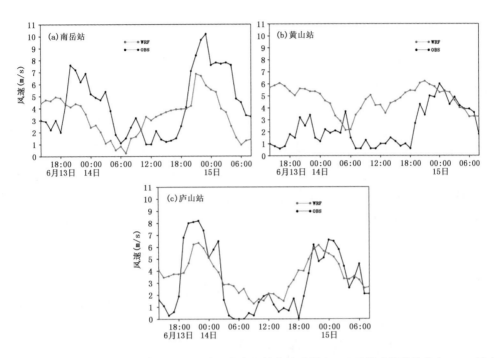

图 3.20　2013 年 6 月 13 日 14 时—15 日 08 时三个高山站台站观测和 WRF 模式模拟的地表 10 m 风速演变

(黑色实线:台站观测;红色实线:WRF 模式模拟结果)

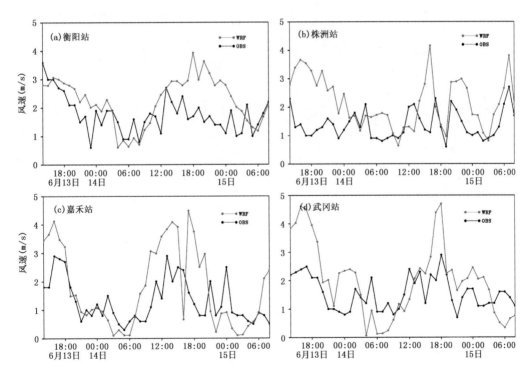

图 3.21　2013 年 6 月 13 日 14 时—15 日 08 时四个低海拔台站观测和 WRF 模式模拟的地表 10 m 风速演变

(黑色实线:台站观测;红色实线:WRF 模式模拟结果)

速有些高估,然而对于上述观测到的风速演变特征,模式还是具备非常好的刻画能力。因此,无论是高山站还是低海拔台站,WRF 模式对于这些台站的地表风场演变特征均有较为合理的模拟效果。

### 3.3.2.3 边界层风场

湖北省的四个风廓线雷达站分布比较集中,都位于低海拔地区,其中荆门站的海拔最高,也仅有 184.8 m,因此,这四个台站的风廓线雷达资料可以反映平原地区边界层风场的演变特征。四个风廓线雷达站风速的演变各有特点:在海拔 1600 m 以下,汉口、咸宁、仙桃三个测站的风速均存在两个风速极大值且有显著日变化;而荆门站的风速在整个分析高度层内均较强,日变化特征并不明显(图 3.22)。汉口和仙桃两站距离很近,风速的演变有类似特征:风速在傍晚(约 20 时)迅速增强并于子夜(00 时前后)达到最强(≥14 m/s),风速大值集中出现在地表以上 200~600 m。咸宁站的风速相对较弱(10~12 m/s),风速大值出现时间较汉口站偏早 3h 左右(21 时前后),高度偏低约 100 m(100~300 m)。上述三个台站的风场在 1200 m 以上也存在夜间加强、白天减弱的特征,由于 1600 m 以上观测资料的可信度相对较低,本节研究中将重点分析 1000 m 以下风速的演变特点。荆门站由于海拔相对较高,且受西部山区环流影响较大,因此,风场演变特征相对复杂,风速大值在 13 日 14 时—14 日 06 时集中分布在 400 m 以下及 1000~1200 m,14 日白天对流层低层风速较弱,而在日落后风速在整个分析层均显著增强。进一步对风向的分析发现,四个风廓线雷达站的风向均存在顺时针偏转特征(图略)。上述风场的演变与 Blackadar (1957)惯性振荡理论有非常好的一致性。

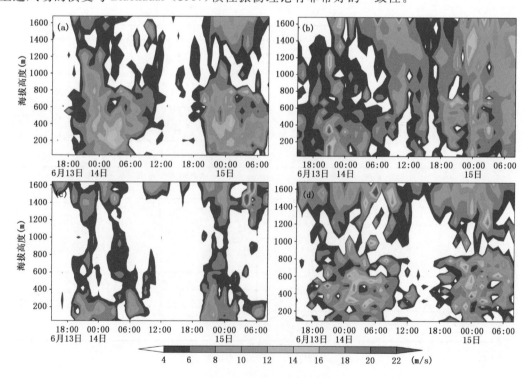

图 3.22　2013 年 6 月 13 日 14 时—15 日 08 时湖北省四个风廓线雷达站探空观测风速演变

(a)汉口、(b)荆门、(c)咸宁、(d)仙桃

　　我们试图将模式资料插值到与观测相同的等高面,然而由于咸宁站模式地形与观测的高度存在较大差异,很多值无法表示出来。经计算,模式第 9 个 η 层所处高度在 1600 m 附近,因此,这里给出了模式 1～9 层的模拟结果与观测对比。令人欣慰的是,WRF 模式对于上述四个风廓线雷达站观测到的对流层低层风场演变过程具有非常好的再现能力(图 3.23)。模式对于各测站对流层低层 1000 m 以下最强风速出现的时间、13—14 日以及 14—15 日夜间各测站风速的相对强度以及风速强度在这两个夜间的垂直分布都刻画得很好。以荆门站为例,模式模拟的风速在 13 日 21 时左右最强,而在 14—15 日夜间风速在 400 m 以上高度则相对较大,与观测结果非常吻合(对比图 3.22b 和图 3.23b)。模式模拟的不足之处是风速量值较观测略偏小,当然,这对随后的边界层风场演变特征的分析影响较小。

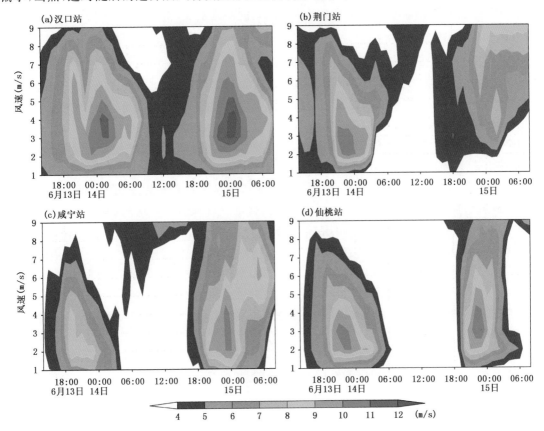

图 3.23　2013 年 6 月 13 日 14 时—15 日 08 时湖北省四个风廓线雷达站 WRF 模式模拟的风速演变
(a)汉口、(b)荆门、(c)咸宁、(d)仙桃

　　除上述四个测站外,我们对湖南省的衡阳、株洲、嘉禾及武冈四站对流层低层风场模拟结果也进行了分析,发现这四站的风场在分析时段内存在与上述四个风廓线雷达站类似的日变化特征,即风速大值集中出现在 18—00 时,并且在第 4～5 模式层(即 200～600 m)达到极大值,考虑到水平风速及其垂直切变,这些风速大值均可以视为夜间边界层低空急流。

　　经过上述检验,我们可以相信,WRF 模式的模拟结果对于描述此次弱斜压形势下的边界层风场的演变过程的个例具有非常高的可信度。因此,下面的分析将完全基于 WRF 模式模拟结果。由于没有新的天气系统影响,14—15 日风场的演变与 13—14 日非常相似,我们在下一小节的分析将限于 13 日 14 时—14 日 14 时这一个完整的日循环过程,研究区域限定在湖南省。

### 3.3.3 复杂下垫面边界层风场日循环特征

概括来讲,晴空条件下(即弱斜压背景下),山区上空热力驱动的风场自下而上可以分为三层:坡风、谷风、山脉—平原风系。大气低层白天加热、夜间冷却,因此,这三种风的风向每天会发生一次反转(Chow et al.,2013)。由于各个地区地形结构差异很大,低层的环流系统也会有显著的区域性特征。在我们所分析的时段内,湖南省受高压形势控制,没有移动性天气系统的影响,天气晴好,因此,白天入射的太阳短波辐射以及夜间地表向外长波辐射均可以达到极大值,对流层低层的环流主要为局地地形热力驱动的环流系统。

#### 3.3.3.1 坡风(约 28 m)

图 3.24 给出了 2013 年 6 月 13 日 14 时—14 日 11 时模式最底层(地面以上约 28 m)水平风场的演变过程。13 日 14 时,湖南省大部分地区为东北风,湘西北地区为东风—东南风,但在海拔较高的地区,如湖南西部的雪峰山和湘赣交界南部的万洋山,风场向山脊辐合。17 时,风场的总体形势不变,但上坡风强度继续增强,在山脊处风场辐合(棕色实线);同时湖南省东北部平原地区的东南风也显著加强。20 时,由于地表辐射冷却作用,在雪峰山西坡出现下坡风,东坡由于受背景风场作用,依然为东风,下坡风开始在雪峰山西侧谷区辐合(棕色虚线);在东部的万洋山以及湖南省南部南岭山脉,风场均由爬坡风转为下坡风,两临近山区的下坡风在谷区形成风场辐合。至 23 时,研究区域内山脉两侧的下坡风进一步增强,而谷区的辐合也显著加强,此时的风场主要受地形影响,在平原地区为东风—东北风。14 日 02 时,下坡风以及谷区风场辐合形势依然持续,特别在湖南省西部与贵州交界处的风场也不再维持偏东风,而是出现依地形分布的下坡风及谷区的辐合风场,此时湖南省东北部的平原地区风场转为南风—东南风。05 时,下坡风以及谷区的水平辐合显著减弱,平原地区的南风—东南风也减弱。08 时,各主要山区的上坡风开始发展,只是强度相对较弱;湖南省东北部的风场也转变为东南风。11 时,山区上坡风逐渐加强,其中该区域东部的万洋山比西部的山区发展得快,万洋山及其周边山脉的山脊处已经有显著的风场辐合,且整个东部地区的东风—东北风也显著加强,东北部平原地区东南气流也变强了。14 日 14 时,分析区域内的风场形势与 13 日 14 时非常相似,这里便不再给图分析。

综合来看,在 28 m 高度附近,风场受太阳短波辐射及地表长波辐射影响显著。风场在 20 时及 08 时发生下坡风和上坡风的转变,并且分别在 23 时至翌日 02 时及 14—17 时达到最强,风场的转换速度由东向西递减。在平原地区,风场在一个日间循环内呈现出显著的顺时针旋转特征,风速在清晨(05—08 时)达到最小值。

#### 3.3.3.2 谷风(约 190 m)

总的来说,谷风的分布与坡风存在着很大的相似性,然而因为高度的不同(第 3 模式层),风场的演变又存在着一些显著的差异(图 3.25)。13 日午后 14—17 时,190 m 高度与 28 m 高度附近的风向基本一致。两层的风场自 20 时开始出现差异,即 190 m 高度附近仍然维持非常一致的偏东气流,且风速较 17 时偏强。虽然此时山脊处的辐合没有 17 时显著,但分析区域内仍然没有大范围的下行山谷风。在 23 时,万洋山及湖南省南部山区山脊处风场辐散,下行山

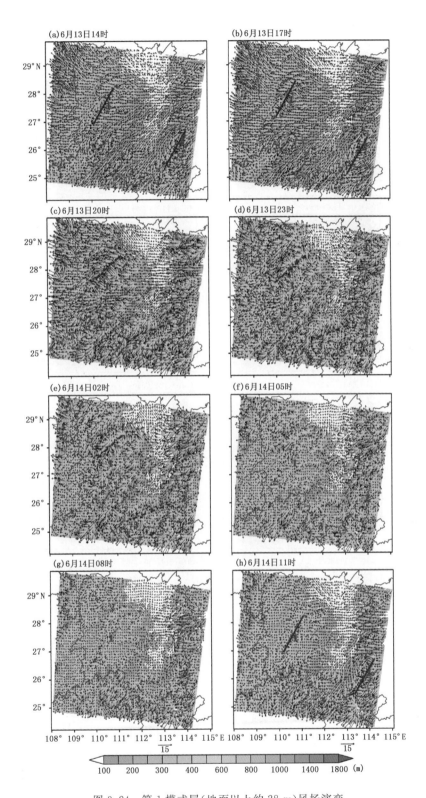

图 3.24 第 1 模式层(地面以上约 28 m)风场演变

(数字 1、2 和 3 分别指雪峰山、万洋山和南岭,棕色实线和虚线分别表示山脊和山谷处的风场辐合,阴影表示地形高度)

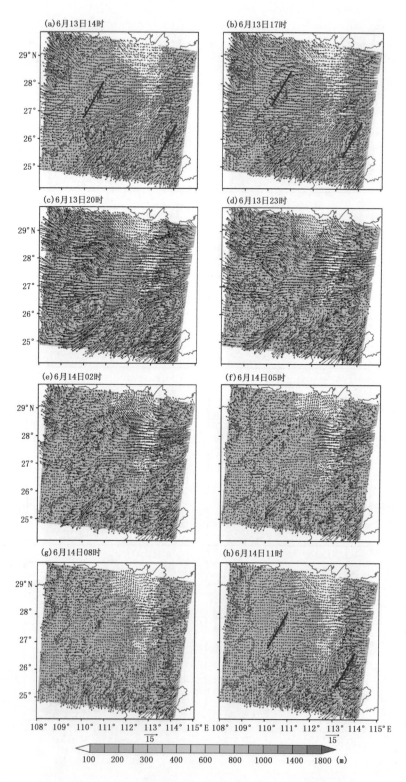

图 3.25　第 3 模式层（地面以上约 190 m）风场演变

（数字 1、2 和 3 分别指雪峰山、万洋山和南岭，棕色实线和虚线分别表示山脊和山谷处的风场辐合，阴影表示地形高度）

谷风明显,并且在地势较低的谷区风场辐合(棕色虚线);而在雪峰山一带也有下行山谷风出现。下行山谷风在 14 日夜间 02 时达到了最强,此时山脊和山谷处分别为辐散和辐合最强的地区,这种环流场在 05—08 时依然维持。11 时开始,风场形势开始转变,在东部的万洋山两侧出现显著的上行山谷风且在山脊处形成强烈辐合,雪峰山的上行山谷风及辐合相对较弱。14 时,上行山谷风在整个分析区域进一步加强,风场形势与 13 日 14 时类似(图略)。在山区风场演变的同时,湖南省东北部的风场也同时发生着顺时针旋转,风速在夜间(20 时至翌日 05 时)较大,而在白天(08—14 时)较小。

总的来说,谷风在 23 时和 11 时发生方向转变。相比较而言,谷风(即 190 m)较坡风(即 28 m)的演变存在 3 h 左右的滞后特征,并且在地势相对较低的地区,风速随高度的增加而增强。风场的这种演变特征,与 Chow 等(2013)的研究是非常一致的。

### 3.3.3.3　边界层高层风场

随着海拔高度的增加,边界层风场的演变受长、短波辐射的影响逐渐减弱。以第 6 模式层(高度约 590~700 m)为例,这一层的风速相对较低,午后(14—17 时)山脊处依然有风场辐合,尤其以东侧的万洋山更为明显(图 3.26a、b)。由于受到研究区域西部云贵高原及大巴山等大地形白天加热作用的影响,湖南省内在 23 时以前整体为偏东气流控制,并且偏东风在 20—23 时强度较强。在地势相对较低的湖南省中部和东北部地区,风场维持东南风,且其强度自午后 14 时逐渐增强,至夜间 23 时达到最强(6 m/s)。14 日 05—08 时,分析区域内风速显著减弱,由于风速较弱,山脊和谷区的辐散辐合场并不显著。在整个分析时段内,湖南省东南部始终维持较强的东北风,尽管如此,风场依然会受到局地地形的影响,特别是在白天,如 13 日 14、17 时,14 日 11 时,在万洋山一带呈现显著的风场辐合特征(图 3.26)。

在第 9 模式层(高度约 1380~1650 m),风场的演变受下垫面地形的影响更小,湖南省中部及东北部平原地区的风速明显降低。湘东南则为东风—东北风—东南风交替控制(图 3.27),这一层的风场可以被视作为环流背景场。

综合分析上述 4 个模式层的风场,可以发现,在晴空背景下,边界层风场受局地地形影响非常显著。在我们选取的 4 个模式层中,各个层次的风场演变特征都有较大差异,能够很好地反映出坡风、谷风、山脉—平原风系,以及环流背景场。

## 3.3.4　小结

本小节基于台站观测、风廓线雷达资料及高分辨率区域模式模拟结果研究了长江中游地区复杂地形条件下边界层风场的演变特征。通过研究发现,由于高山站海拔高度差异较大,台站间观测的地表温度变化幅度也较大,黄山海拔高度最高,庐山海拔高度最低,因此,观测的温度演变曲线分别为最低和最高,四个低海拔台站温度差异并不显著。一般来说,受边界层湍流动量传递作用的影响,地表的风速往往在午后达到最大值,这些特征在湖南省的四个低海拔台站有很好的体现。而高山站地表风速最大值分别出现于夜间 23 时至翌日 03 时,与大部分边界层急流的出现时间比较吻合。因此,这些台站观测的风场往往被预报员当作指示因子来预报其周边及下游的天气,关于高山站风场对下游区域降水的指示作用将在第五章作详细介绍。

总的来说,WRF 模式对台站观测的地表温度场的日变化特征具有很好的模拟能力。然而对于高大地形,模式中地表高度仍然与观测有一定差异,因而会导致其对地表温度的模拟存在系统性偏差,而风场的差异则更为显著。模式在高山站的地势偏低,因此模拟的温度较观测

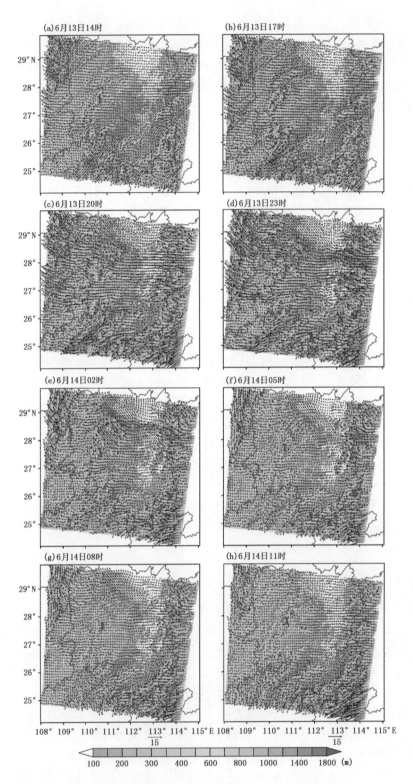

图 3.26 第 6 模式层(地面以上约 590～700 m)风场演变

(数字 1、2 和 3 分别指雪峰山、万洋山和南岭,棕色实线和虚线分别表示山脊和山谷处的风场辐合,阴影表示地形高度)

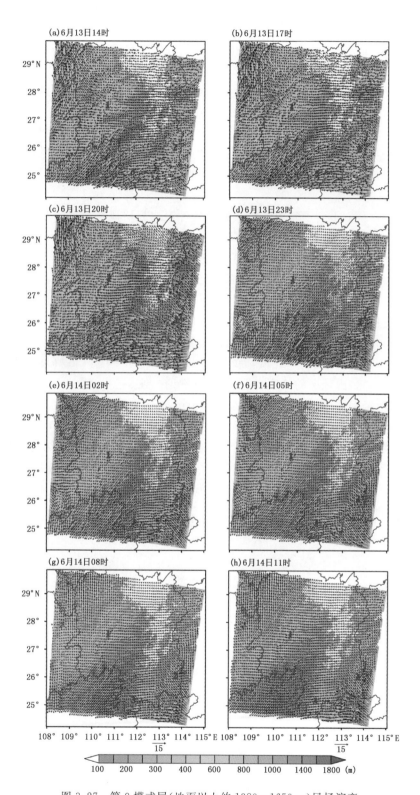

图 3.27　第 9 模式层(地面以上约 1380~1650 m)风场演变

(数字 1、2 和 3 分别指雪峰山、万洋山和南岭,棕色实线和虚线分别表示山脊和山谷处的风场辐合,阴影表示地形高度)

偏高,尽管在海拔较低地区与测站海拔高度相当,但模式依然存在系统性的冷偏差。WRF 模式对湖南省四个低海拔的台站地表风场模拟得较好,能够捕捉到地表午后风速的极大值;而在高山站,由于地表高度偏低,其风速大值的出现时间较观测偏早 3h 左右。

风廓线雷达资料进一步揭示,在地势比较平坦的湖北省南部地区,边界层风场呈现出明显的日变化特征,200~600 m 高度层的风速在午夜前后达到极大值,风速超过 12 m/s,且垂直切变较大,具备显著的边界层低空急流特征。WRF 模式很好地再现了四个台站风廓线雷达资料所揭示的边界层风场演变特征,甚至能够捕捉到四个台站观测的极大风速在夜间出现时间的相对差异。因此,模式对于这种边界层风场的演变是具备很好的再现能力,其结果合理可信。

通过分层分析,我们得到了湖南省复杂地形条件下边界层风场的水平环流特征。地面以上 28 m 左右,风场主要受太阳短波辐射和地表长波辐射控制,午后山脊风场辐合,山体两侧为上坡风,在 14—17 时达到最强。夜间山脊风场辐散,山体两侧为下坡风,风场在地势较低的谷区辐合,在 23 时至翌日 02 时最强;在地面以上 190 m 高度附近,水平风场的演变特征与低层相似,但是由于高度的增加,谷风的演变较低层的坡风滞后约 3 h。随着高度的进一步增加,风场的演变受地形影响逐渐减小,山脊处午后和夜间的辐合辐散变弱;在地面以上约 1380~1650 m 高度附近,高层与低层风向也发生了很大的改变,尤其以湖南省东南部地区最为明显,风场在 700 m 以下为一致的东北风,而在地面以上约 1380~1650 m 高度层则转变为东南风。这种风向的差异是由低层的气压场造成的,与理论一致。

目前的研究已经能够很好揭示湖南在弱斜压背景下热力驱动的边界层风场日变化特征,这种复杂地形区上空边界层风场的"层状"演变特征对于精细化降水预报和研究具有重要科学价值。后续工作将针对风场的三维结构进行研究,分析垂直方向上风切变结构及其演变特征,并且针对造成不同区域、不同层次风场演变的原因予以合理解释,以便我们更深入地了解复杂地形条件下低层环流日变化特征,为进一步探索低层环流对降水的影响机制和演变规律提供有益的理论依据和技术支持。

# 第 4 章　高山站风场对低层环流的代表性分析

高山站可以直接监测对流层低层的环流状况,相比于再分析资料或者台站探空,高山站的观测更为连续,具有其优越性。但高山站资料是否能够真实反映低层的环流状况,仍需要进一步的验证。本章将利用四套再分析资料、探空资料与风廓线雷达资料,考察高山站风场资料对低层环流的代表性。

## 4.1　再分析资料检验高山站风场的代表性

### 4.1.1　资料与方法

本节用到的台站资料包括 1979—2010 年南岳站、庐山站、黄山站和九仙山站的 6 h 风场数据,以及同时期的 CFSR (Climate Forecast System Reanalysis,Saha *et al.*,2010,http://cfs.ncep.noaa.gov/cfsr/)、ERAIM (ERA-Interim,Dee *et al.*,2011,http://www.ecmwf.int/en/research/climate — reanalysis/era — interim)、JRA25 (Japanese 25-year Reanalysis,Kobayashi *et al.*,2015,http://jra.kishou.go.jp/JRA — 25/index_en.html) 和 NCEP2 (NCEP/DOEAMIP-II Reanalysis,Kanamitsu *et al.*,2002,http://www.cpc.ncep.noaa.gov/products/wesley/reanalysis2/)等再分析产品中 850 hPa 风场,其空间分辨率分别为 0.5°、0.75°、1.25° 和 2.5°。计算高山站与再分析资料风场的均值及相关性时,再分析资料均取自于与高山站距离最近的格点数据。

### 4.1.2　年际变化代表性

图 4.1 给出多年平均的各站以及再分析资料低层 850 hPa 经向风和纬向风的空间分布。由图可见,尽管四套再分析资料的空间分辨率有差异(CFSR 采用跳点绘图),但不同资料间的空间一致性较好。我国东部 110°E 以东区域低层年平均的风场大致以长江流域为界,以南为西南风,以北为偏西风控制。110°E 以西主要为东南风控制。年平均而言,南岳、黄山和九仙山站均为西南风气流,其风向风速与再分析资料基本一致,而庐山站风速与再分析风场大致相当,但风向主要为偏东风,与再分析资料几乎相反。

图 4.2 进一步给出夏季低层 850 hPa 风场的分布。夏季我国中东部地区主要由西南季风气流控制,由南向北风速逐渐减弱,110°E 以西为东南风主导。与年平均情形类似,除庐山站外,其他高山站风场与再分析资料均有较好的一致性。由表 4.1 也可以看到,除庐山站外,其他高山站的经向风和纬向风与再分析产品均较为接近。总体来说,由于再分析模式的地形往往低于实际地形,受地表摩擦力的影响,高山站的风速较再分析资料略偏低。庐山站与再分析资料间的差异可能是由于该站观测环境所致,该站位于江西省庐山牯牛背山顶,东面和南面环

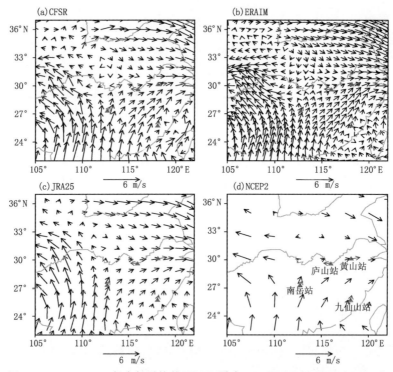

图 4.1  1979—2010 年多年平均的 CFSR(跳点,a)、ERAIM(b)、JRA25(c)和
NCEP2(d)的 850 hPa 风场以及高山站风场(蓝色箭头)

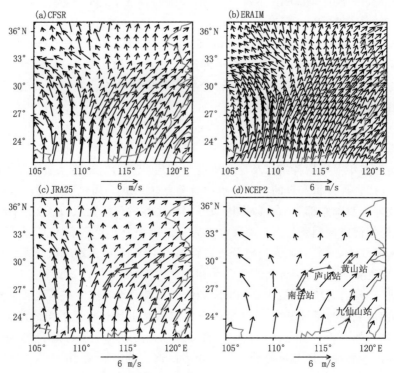

图 4.2  1979—2010 年夏季平均的 CFSR(跳点,a)、ERAIM(b)、JRA25(c)和
NCEP2(d)的 850 hPa 风场以及高山站风场(蓝色箭头)

山。东侧有大月山(海拔高度 1400 m),与庐山站相距不足 1 km;南面有汉阳峰(海拔高度 1300~1400 m),与观测站相距 7 km 左右。特别是观测站西侧有一个建于 20 世纪 30 年代的瞭望塔"钟亭",高 10 m,对观测环境影响大,从而影响了其资料代表性。考虑到庐山站风场资料对低层环流的代表性相对较差,故用再分析资料检验高山站资料代表性的后续分析中不包含庐山站。

表 4.1　1979—2010 年夏季平均的高山站和四套再分析资料 850 hPa 经向风和纬向风的风速(单位:m/s)

| 站名 | 南岳站 | | | | | 庐山站 | | | | |
|------|------|-------|------|------|------|------|-------|------|------|------|
| 再分析 | CFSR | ERAIM | JRA25 | NCEP2 | 台站 | CFSR | ERAIM | JRA25 | NCEP2 | 台站 |
| U | 1.63 | 1.65 | 1.46 | 1.41 | 1.44 | 1.50 | 1.44 | 1.91 | 1.31 | −0.81 |
| V | 3.22 | 3.43 | 2.61 | 3.12 | 3.10 | 2.32 | 2.55 | 1.87 | 1.90 | 1.72 |

| 站名 | 黄山站 | | | | | 九仙山站 | | | | |
|------|------|-------|------|------|------|------|-------|------|------|------|
| 再分析 | CFSR | ERAIM | JRA25 | NCEP2 | 台站 | CFSR | ERAIM | JRA25 | NCEP2 | 台站 |
| U | 1.95 | 1.58 | 2.13 | 1.47 | 1.37 | 1.14 | 1.20 | 0.95 | 1.81 | 0.69 |
| V | 2.58 | 2.48 | 1.82 | 2.02 | 1.63 | 2.67 | 2.41 | 2.27 | 2.83 | 2.83 |

图 4.3 给出南岳站全风速、纬向风与经向风与四套再分析资料 850 hPa 风的年际相关系数的空间分布。从全风速的相关系数分布可见,不同再分析资料给出了大致相当的相关系数分布,显著的正相关区主要位于南岳站下游西南风气流控制区,呈现与盛行风向一致的西南—东北走向(图 4.1),且相关系数均在 0.45 以上,表明南岳站风速可用于代表其周边及下游区域 850 hPa 风场的年际变化特征。在正相关区,ERAIM 的风速与南岳站风速的相关系数最高,大值区可达 0.60 以上。对比纬向风和经向风分量可见,南岳站纬向风与再分析资料中同纬度带的纬向风相关系数较全风速更大,且相关系数大值区主要呈现准东—西向分布,显著正相关区约 10 个纬度。不同再分析资料的纬向风的显著正相关区没有明显差异。与纬向风不同的是,经向风的相关系数小于全风速,且几套再分析数据之间存在一定差别。除 ERAIM 外,南岳站经向风与其他几套再分析资料的相关系数均不超过 0.60。CFSR 和 JRA25 中显著正相关区仅位于南岳站周边较小区域。

黄山站风场与四套再分析风场的相关系数大于南岳站风场,且四套再分析的风速与纬向风的相关系数均表现出类似的分布(图 4.4)。与南岳站不同的是,风速的显著正相关区在其上游呈西南—东北走向,而在下游主要呈现纬向分布,最大相关系数达 0.75 以上。纬向风显著相关系数呈位相分布,且相关系数与全风速基本相当,在四套再分析资料中均达 0.45 以上。与南岳站类似的是,经向风的相关系数亦较纬向风明显偏小,在 NCEP2 中未出现显著相关区。CFSR、ERAIM 和 JRA25 的经向风显著相关区主要位于黄山盛行风的上游区域,且 CF-SR 的显著正相关区域略大于其他两套再分析资料。

九仙山站风速与再分析资料年际高相关区呈现与南岳站类似的西南—东北走向,但相关系数较南岳站明显偏大,正相关大值区的相关系数在 0.75 以上(图 4.5)。与南岳和黄山站类似,九仙山站纬向风与再分析资料的显著正相关区也呈纬向分布,且相关系数较大达 0.75 以上。但不同的是,九仙山站经向风与再分析资料也存在显著的正相关,并且相关系数与纬向风基本相当,这可能与九仙山站位于西南气流显著影响区有关。经向风的显著正相关区呈与风速类似的西南—东北走向,CFSR 和 ERAIM 中显著正相关区的范围较其他两套再分析资料略大。

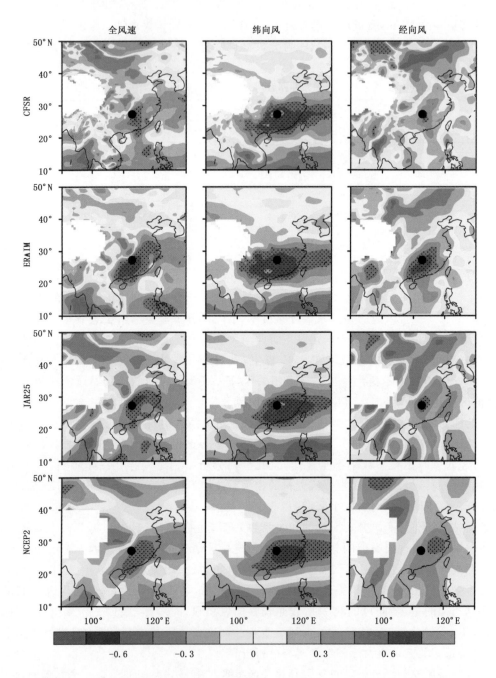

图 4.3  1979—2010 年平均的 CFSR(第一行)、ERAIM(第二行)、JRA25(第三行)和 NCEP2
(第四行)再分析资料中低层 850 hPa 全风速(第一列)、纬向风(第二列)和经向风(第三列)与
南岳站风的相关系数分布

(填色间隔为 0.15,图中黑色点标注通过 99% 显著性检验的区域,空白区为高于 1500 m 的地形,黑色实
心圆标注南岳站的位置)

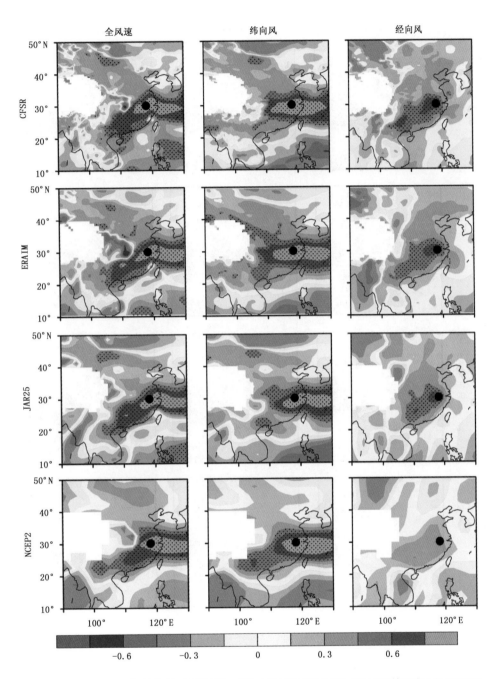

图 4.4　1979—2010 年平均的 CFSR(第一行)、ERAIM(第二行)、JRA25(第三行)和 NCEP2
(第四行)再分析资料中低层 850 hPa 全风速(第一列)、纬向风(第二列)和经向风(第三列)与
黄山站风的相关系数分布

(图中黑色点标注通过 99% 显著性检验的区域,空白区为高于 1500 m 的地形,黑色实心圆标注黄山站的位置)

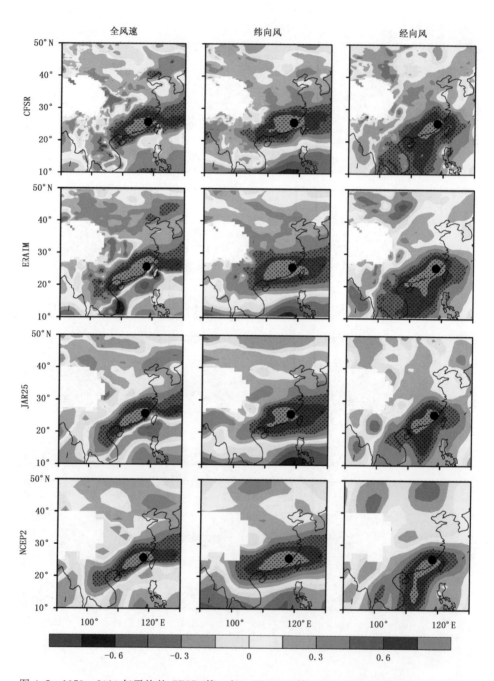

图 4.5　1979—2010 年平均的 CFSR(第一行)、ERAIM(第二行)、JRA25(第三行)和 NCEP2
(第四行)再分析资料中低层 850 hPa 全风速(第一列)、纬向风(第二列)和经向风(第三列)与
九仙山站风的相关系数分布

(图中黑色点标注通过 99% 显著性检验的区域,空白区为高于 1500 m 的地形,黑色实心圆标注九仙山站的位置)

图 4.6 给出南岳站年平均风速（a）、纬向风（b）和经向风（c）与四套再分析资料的逐年相关系数。对比不同再分析资料与南岳站的相关性可知，不同资料中三者相关系数的年际变化均非常一致，这说明不同再分析资料间风场数据的一致性。但不同资料的相关系数高低不同，且与资料的分辨率有关。总体来说，NCEP2 的相关系数最低，JRA25 次之，虽然 CFSR 的空间分辨率最高，但 ERAIM 与高山站的相关性更好。以纬向风为例，四套再分析资料与南岳站的多年平均相关系数分别为 0.67、0.68、0.65、0.63（分辨率从高到低）。

从三者分别来看，南岳站与四套再分析资料的纬向风的逐年相关的变化相对较大，最高值超过 0.75，但是 2001 年附近的低值仅在 0.50 左右。尽管如此，由于台站和再分析资料每年的风场数据接近 1460 时次，0.50 左右的相关系数仍然远超过 99.9% 的信度检验。经向风的相关性最好，所有年份的相关系数均在 0.72 以上，但 1990 年之前的相关性总体好于 1990 年之后。全风速的相关性介于经向风和纬向风之间。

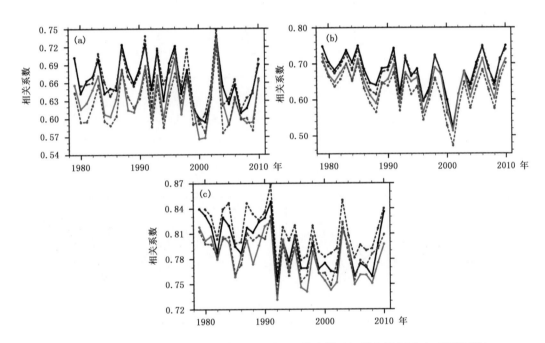

图 4.6　1979—2010 年南岳站观测的全风速（a）、纬向风（b）、经向风（c）和与 CFSR（黑）、
ERAIM（蓝）、JRA25（绿）和 NCEP2（红）的相关系数

对于黄山站（图 4.7），其经向风和纬向风的相关系数均较高，相关系数的最低值也在 0.7 左右，并且四套再分析资料间的一致性较好。纬向风和全风速的相关中 NCEP2 的相关系数最低，经向风中 JRA25 资料的相关性略低。此外，经向风的相关在 1995 年前后以及 2001 年相对较低，而纬向风和全风速的相关性大体呈现逐年降低的趋势，但在 2000 年后有所回升。

对于九仙山站（图 4.8），经向风和纬向风的相关性也均较高，经向风相关的最高值甚至接近 0.9，且 ERAIM 的相关性明显优于其他再分析数据，NCEP2 则较低，JRA25 和 CFSR 的相关性介于中间，且较为接近；经向风与纬向风均在 2000 年出现了一个相关系数的低值点，但近年来相关性呈上升趋势。

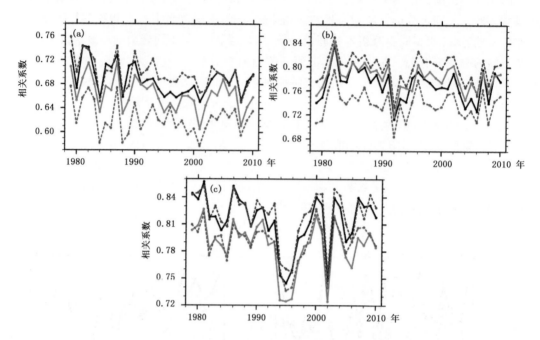

图 4.7　1979—2010 年黄山站观测的全风速(a)、纬向风(b)、经向风(c)与 CFSR(黑)、
ERAIM(蓝)、JRA25(绿)和 NCEP2(红)的相关系数

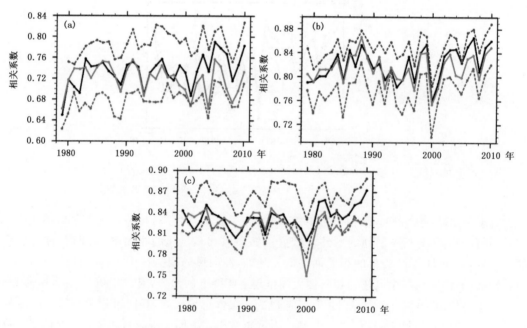

图 4.8　1979—2010 年九仙山站观测的全风速(a)、纬向风(b)、经向风(c)与 CFSR(黑)、
ERAIM(蓝)、JRA25(绿)和 NCEP2(红)的相关系数

### 4.1.3　季节变化代表性

上述结果表明,在每年将近 1460 个时次的观测中,南岳站、黄山站和九仙山站的风场与再分析资料均能达到 0.50 以上的相关性,在相关性较高的年份甚至可以接近 0.90 的相关系数,这说明高山站的风场在年际尺度可以较好地代表低层的环流状况。然而,一年四季的环流场存在较大差异,特别是在东亚季风区,冬季风和夏季风风向几乎相反,因此有必要考察高山站对四季低层环流的代表性。

图 4.9 给出南岳站与四套再分析产品在不同季节的相关系数,计算时先求得每年各个季节台站和再分析资料的相关系数,再给出 1979—2010 年的平均值。由图可见,南岳站风场与再分析产品的相关性存在明显季节变化,且经向风(图 4.9c)与全风速(图 4.9a)和纬向风(图 4.9b)不同。对于全风速,各套再分析产品均表现出夏季的相关性最好,而冬季相关性最差,冬季的相关系数比夏季低约 0.20。纬向风则是夏季相关性最好,秋季相关性最差,相关系数的差别也为 0.20 左右。而经向风的相关性却是在夏季最低、冬季最高,但最高和最低之间相差较小,约 0.10 左右。各个季节相关性的相对高低在四套再分析资料中较为一致,相关系数均以 ERAIM 略高。

鉴于高山站风场与 ERAIM 风场的相关系数高于其他几套再分析数据,下文给出高山站风场与 ERAIM 风场相关系数季节变化的空间分布。图 4.10 为南岳站全风速、纬向风与经向风与 ERAIM 相关系数的季节变化。由图可见,整体而言,南岳站全风速与 ERAIM 各季节的显著正相关区主要呈现与年平均类似的西南—东北走向,但相关系数存在显著季节变化。春季(3—5 月)我国中东部地区主要受西风带系统和西南暖湿气流影响,盛行偏西风,南岳站全风速与 ERAIM 低层风场风速的高相关区呈准东西向分布;夏季(6—8 月)东亚夏季风向北推进,我国中东部主要受西南季风控制,南岳站全风速与 ERAIM 再分析资料的高相关区范围扩大,呈准东北—西南向分布,该区域内两者的相关系数≥0.75,并通过 99% 显著性检验,该季节相关系数最大且显著正相关区的范围较广;秋季(9—11 月)我国中东部地区处于季节转换时期,同时受东北冷涡和西风带系统的交替影响,南岳站全风速与 ERAIM 再分析资料的高相关区范围较夏季明显缩小;冬季(12 月至翌年 2 月)我国大部分地区受东北冷涡背景下的偏北气流影响,两者高相关区的范围进一步减小,仅在台站北侧存在较小范围的显著正相关,其他区域的相关系数均较小。南岳站纬向风与经向风的显著正相关区的季节变化与全风速类似,总体而言,均为夏季相关系数最大,表明南岳站对夏季对流层低层年际变化的代表性要好于其他季节。与全风速不同的是,纬向风春季显著正相关区较秋季大,但经向风仍是秋季的显著正相关区更大,这与春季盛行偏西风、秋季盛行偏北风有关。另外注意到尽管冬季全风速的相关系数较小,但是经向风和纬向风在冬季均存在一定范围的显著正相关区。

黄山站(图 4.11)则与南岳站不同,纬向风、经向风和全风速均是在夏季达到相关的最高值,最低值则多出现在秋冬季节,但最高和最低的相关系数相差较小。与黄山站类似,九仙山站(图 4.12)的风场相关也是在夏季最高,而在秋冬季节偏低。各个季节相关性的相对高低在四套再分析资料中亦较为一致,相关系数均以 ERAIM 略高。

图 4.13 进一步给出黄山站年际相关系数的季节变化。由图可见,黄山站风速的相关系数空间分布也存在较大季节变化。夏季显著正相关区的相关系数和范围最大,但春季和冬季黄山站风速与 ERAIM 低层风速也存在较好的相关,秋季的显著正相关区域相对较小。黄山站

的纬向风在各个季节均与同纬度带的再分析风场有较好的相关,且显著正相关区域呈现较为一致的纬向分布,夏季显著区域的范围较其他季节略大。与之不同的是,夏季经向风的相关系数相对较小,而秋冬季节的相关系数和显著正相关区的范围更大。春季的显著正相关区与冬季类似,在中国中东部区域均为显著正相关,只是春季的相关系数略小。秋季的显著正相关区呈明显的西南—东北走向。

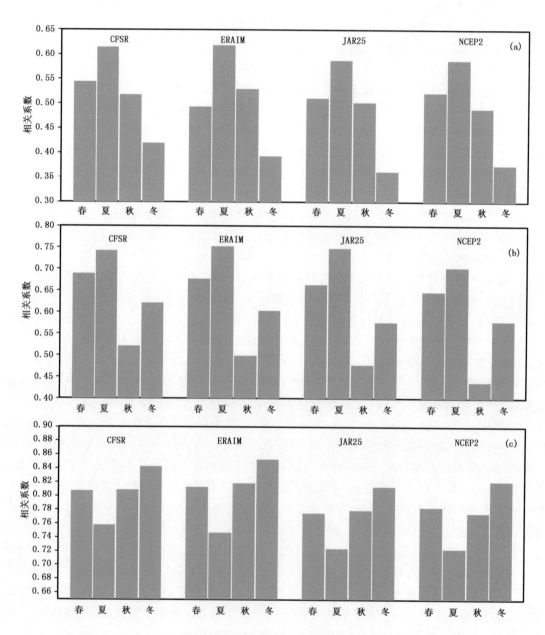

图 4.9　1979—2010 年平均的春夏秋冬四季南岳站的全风速(a)、纬向风(b)和
经向风(c)与四套再分析产品的相关系数

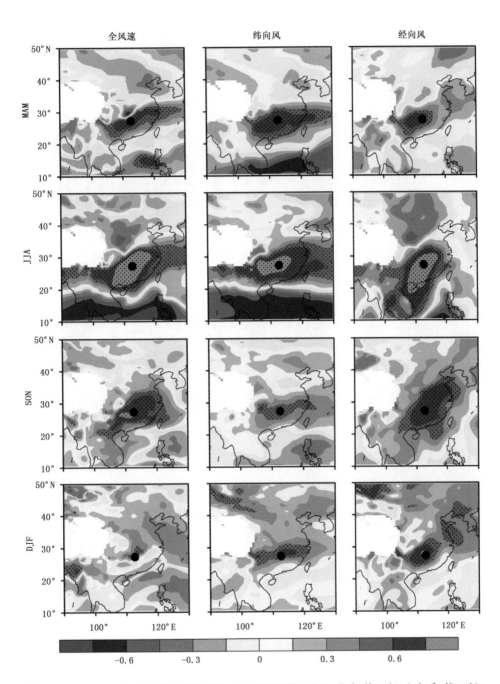

图 4.10　1979—2010 年平均的春季(第一行)、夏季(第二行)、秋季(第三行)和冬季(第四行)
南岳站的全风速(第一列)、纬向风(第二列)和经向风(第三列)与 ERAIM 再分析风的
相关系数空间分布

(图中黑色点标注通过 99% 显著性检验的区域,空白区为高于 1500 m 的地形,
黑色实心圆标注南岳站的位置)

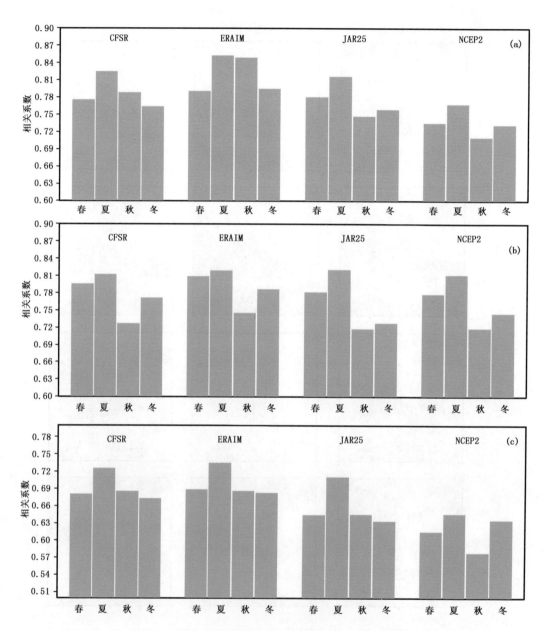

图 4.11  1979—2010 年平均的春夏秋冬四季(横坐标)黄山站的全风速(a)、纬向风(b)和
经向风(c)与四套再分析产品的相关系数

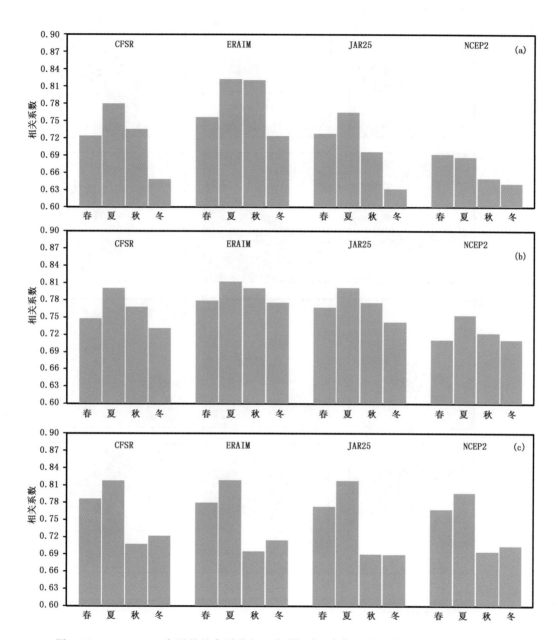

图 4.12　1979—2010 年平均的春夏秋冬四季(横坐标)九仙山站的全风速(a)、纬向风(b)和
经向风(c)与四套再分析产品的相关系数

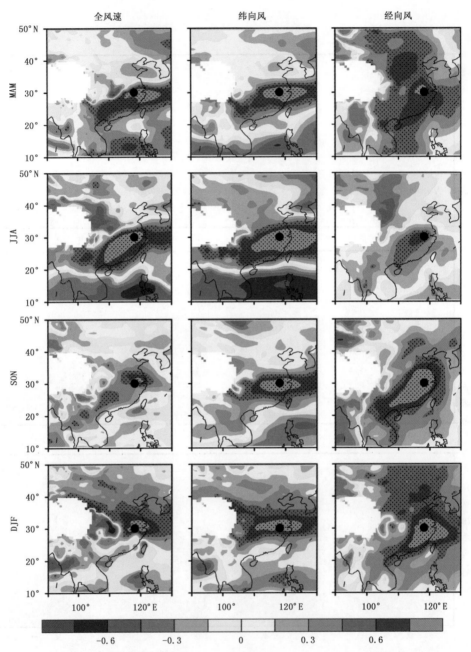

图 4.13　1979—2010 年平均的春季(第一行)、夏季(第二行)、秋季(第三行)和冬季(第四行)
黄山站的全风速(第一列)、纬向风(第二列)和经向风(第三列)与 ERAIM 再分析风的
相关系数空间分布

(图中黑色点标注通过 99％显著性检验的区域,空白区为高于 1500 m 的地形,
黑色实心圆标注黄山站的位置)

　　九仙山站风速的相关系数也存在季节差异(图 4.14)。与南岳和黄山站不同的是,九仙山站春季的显著正相关区最大,夏季和秋季的显著正相关区基本相当,其范围较春季略小,冬季风速的显著正相关区域主要位于 25°N 以南的陆地区域。九仙山站纬向风的相关系数季节变

化不明显,主要的显著正相关区均位于 30°N 以南,且呈纬向分布。冬季在盛行风向(东北风)下游区域的正相关区大于上游区域,而其他季节与同纬度带的相关系数均较大。九仙山站经向风的显著正相关区域在春季最大,秋季相对较小,在各个季节均呈现较为一致的西南—东北走向。

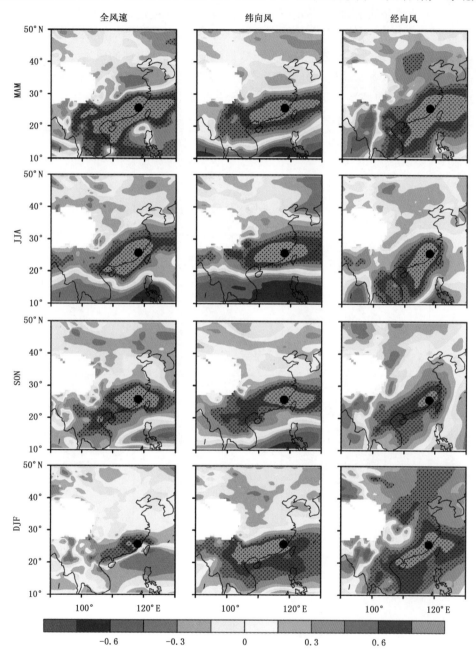

图 4.14　1979—2010 年平均的春季(第一行)、夏季(第二行)、秋季(第三行)和冬季(第四行)
九仙山站的全风速(第一列)、纬向风(第二列)和经向风(第三列)与 ERAIM 再分析风的
相关系数空间分布

(图中黑色点标注通过 99% 显著性检验的区域,空白区为高于 1500 m 的地形,
黑色实心圆标注九仙山站的位置)

为了进一步检验上述 3 个高山站的资料代表性,我们选取了 3 站与再分析相关系数较高的 2007 年夏季为例,图 4.15 给出该年夏季的全风速、纬向风和经向风与 ERAIM 数据对比。分析可知,高山站与再分析数据不仅平均值接近、相关系数较高,逐时次的对应关系表现的也十分突出。南岳站与九仙山站的全风速与再分析资料均较为接近,九仙山站的相关系数最高,可以达到 0.82,黄山站风速较再分析资料相对偏低。对纬向风而言,南岳站的纬向风与再分析资料相对接近,黄山站的东风分量较再分析数据略偏小,九仙山站的西风分量较再分析数据略偏大;对经向风而言,各站的南风分量与再分析资料有较好的对应关系,但黄山站存在南风分量相对较小的现象,南岳站的北风分量则较再分析资料偏小。

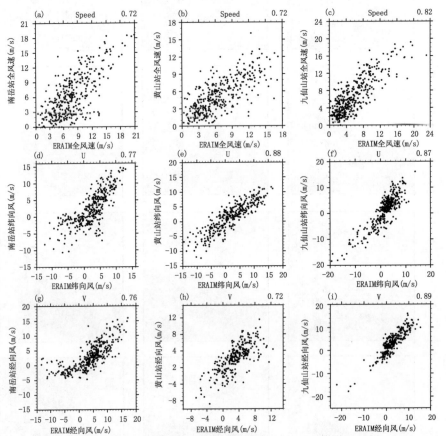

图 4.15  2007 年夏季南岳站(第一列)、黄山站(第二列)和九仙山站(第三列)与 ERAIM 中全风速(第一行)、纬向风(第二行)和经向风(第三行)的散点图

(横坐标为 ERAIM 数据,纵坐标表示台站数据,图中右上角为相关系数)

## 4.2  探空资料检验高山站气象要素的代表性

为了进一步分析南岳站、庐山站、黄山站和九仙山站气象资料对其邻近高度层次气象要素的代表性,利用 2005—2014 年 4—6 月高山站逐日风向、风速、温度、露点温度资料与高山站附近的常规探空站 850 hPa 相应气象要素资料进行相关性分析。四个高山站与周边探空站分布如图 4.16 所示。

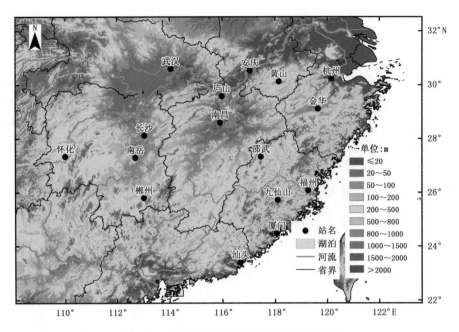

图 4.16　四个高山站与周边探空站分布图

（色斑为地形高度）

## 4.2.1　南岳站风场与探空资料的相关性

利用 2005—2014 年 4—6 月南岳站逐日风向、风速、温度、露点温度资料与长沙、怀化、郴州、南昌四个常规探空站 850 hPa 相应气象要素资料计算相关系数，得出表 4.2。

表 4.2　南岳站气象要素与长沙、怀化、郴州、南昌站 850 hPa 探空资料的相关系数

| 气象要素 | 站名 | 时次 | | |
|---|---|---|---|---|
| | | 08 时 | 20 时 | 平均 |
| 风向 | 长沙 | 0.78 | 0.74 | 0.76 |
| | 怀化 | 0.66 | 0.61 | 0.64 |
| | 郴州 | 0.57 | 0.57 | 0.57 |
| | 南昌 | 0.54 | 0.53 | 0.54 |
| 风速 | 长沙 | 0.55 | 0.66 | 0.61 |
| | 怀化 | 0.54 | 0.53 | 0.54 |
| | 郴州 | 0.52 | 0.56 | 0.54 |
| | 南昌 | 0.40 | 0.46 | 0.43 |
| 温度 | 长沙 | 0.94 | 0.94 | 0.94 |
| | 怀化 | 0.93 | 0.94 | 0.94 |
| | 郴州 | 0.88 | 0.88 | 0.88 |
| | 南昌 | 0.91 | 0.90 | 0.91 |
| 露点温度 | 长沙 | 0.72 | 0.77 | 0.75 |
| | 怀化 | 0.78 | 0.74 | 0.76 |
| | 郴州 | 0.78 | 0.72 | 0.75 |
| | 南昌 | 0.68 | 0.58 | 0.63 |

从表 4.2 可见,南岳站与四个探空站 850 hPa 的风向、风速、温度、露点温度均具有正相关关系,各相关系数均通过 0.01 的显著性检验。其中,高山站与探空站温度的相关性最好,其相关系数均在 0.88 以上,四站平均为 0.92;两者露点温度的相关性次之,其相关系数均在 0.58以上,四站平均为 0.72;两者风向的相关性再次之,四站相关系数平均为 0.63;两者风速的相关性最差,其相关系数均不足 0.60,四站平均仅为 0.53。另外,在四个探空站中,除露点温度外,其他气象要素均是长沙站与南岳站的相关性最好,而四个要素均是南昌站与南岳站的相关性最差。分析其原因,长沙站与南岳站的距离相对最近,而南昌站与南岳站的距离相对最远,说明与南岳站距离越近(远),其气象要素相关性越好(差),这也可以进一步说明南岳站气象要素对当地 850 hPa 相应气象要素具有良好的资料代表性。

### 4.2.2 庐山站风场与探空资料的相关性

利用 2005—2014 年 4—6 月庐山站逐日风向、风速、温度、露点温度资料与安庆、汉口、南昌、长沙四个常规探空站 850 hPa 相应气象要素资料计算相关系数,得出表 4.3。

从表 4.3 可见,庐山站与四个探空站 850 hPa 的风向、风速、温度、露点温度均具有正相关关系,各相关系数均通过 0.01 的显著性检验。其中,庐山站与探空站温度的相关性最好,其相关系数均在 0.84 以上,四站平均为 0.90;两者露点温度的相关性次之,其相关系数均在 0.65以上,四站平均为 0.71;两者风向的相关性再次之,四站相关系数平均为 0.50;两者风速的相关性最差,四站平均仅为 0.43。另外,在四个探空站中,四个气象要素均是安庆站与庐山站的相关性最好。以上分析表明,庐山站气象要素对当地附近 850 hPa 相应要素具有较好的资料

**表 4.3 庐山站气象要素与安庆、汉口、南昌、长沙站 850 hPa 探空资料的相关系数**

| 气象要素 | 站名 | 时次 | | |
| --- | --- | --- | --- | --- |
| | | 08 时 | 20 时 | 平均 |
| 风向 | 安庆 | 0.55 | 0.55 | 0.55 |
| | 汉口 | 0.51 | 0.52 | 0.52 |
| | 南昌 | 0.46 | 0.42 | 0.44 |
| | 长沙 | 0.46 | 0.51 | 0.49 |
| 风速 | 安庆 | 0.55 | 0.53 | 0.54 |
| | 汉口 | 0.40 | 0.41 | 0.41 |
| | 南昌 | 0.41 | 0.33 | 0.37 |
| | 长沙 | 0.43 | 0.35 | 0.39 |
| 温度 | 安庆 | 0.89 | 0.95 | 0.92 |
| | 汉口 | 0.89 | 0.91 | 0.90 |
| | 南昌 | 0.84 | 0.92 | 0.88 |
| | 长沙 | 0.87 | 0.92 | 0.90 |
| 露点温度 | 安庆 | 0.80 | 0.72 | 0.76 |
| | 汉口 | 0.71 | 0.69 | 0.70 |
| | 南昌 | 0.75 | 0.70 | 0.73 |
| | 长沙 | 0.68 | 0.65 | 0.67 |

代表性,尤其与安庆探空站相应要素的相关更好。但相较而言,由于受该站观测环境影响,对低层环流的资料代表性明显不及南岳站。利用探空资料来检验庐山站资料代表性的结果与 4.1 节中再分析资料检验结果基本一致。

## 4.2.3　黄山站气象要素与探空资料的相关性

利用 2005—2014 年 4—6 月黄山站逐日风向、风速、温度、露点温度资料与安庆、金华、杭州、南昌四个常规探空站 850 hPa 相应气象要素资料计算相关系数,得出表 4.4。

表 4.4　黄山站气象要素与安庆、金华、杭州、南昌站 850 hPa 探空资料的相关系数

| 气象要素 | 站名 | 时次 | | |
| --- | --- | --- | --- | --- |
| | | 08 时 | 20 时 | 平均 |
| 风向 | 安庆 | 0.48 | 0.56 | 0.52 |
| | 金华 | 0.51 | 0.52 | 0.52 |
| | 杭州 | 0.55 | 0.54 | 0.55 |
| | 南昌 | 0.53 | 0.44 | 0.49 |
| 风速 | 安庆 | 0.62 | 0.54 | 0.58 |
| | 金华 | 0.47 | 0.40 | 0.44 |
| | 杭州 | 0.58 | 0.55 | 0.57 |
| | 南昌 | 0.48 | 0.36 | 0.42 |
| 温度 | 安庆 | 0.92 | 0.93 | 0.93 |
| | 金华 | 0.89 | 0.93 | 0.91 |
| | 杭州 | 0.88 | 0.93 | 0.91 |
| | 南昌 | 0.88 | 0.92 | 0.90 |
| 露点温度 | 安庆 | 0.82 | 0.74 | 0.78 |
| | 金华 | 0.74 | 0.72 | 0.73 |
| | 杭州 | 0.72 | 0.70 | 0.71 |
| | 南昌 | 0.69 | 0.62 | 0.66 |

从表 4.4 可见,黄山站与四个探空站 850 hPa 的风向、风速、温度、露点温度均具有正相关关系,经统计表明,各相关系数均通过 0.01 的显著性检验。其中,黄山站与四个探空站温度的相关性最好,其 08 时和 20 时相关系数均在 0.88 以上,四站平均为 0.91;两者露点温度的相关性次之,其相关系数均在 0.62 以上,四站平均为 0.72;两者风向的相关性再次之,四站平均相关系数为 0.58;两者风速的相关性最差,其四站平均相关系数为 0.50。在四个探空站中,除风向外,其他 3 个要素均是安庆站与黄山站的相关性最好,其温度、露点温度和风速的相关系数分别是 0.93、0.78、0.58。而南昌站与黄山站的相关性最差。由此可见,安庆站与黄山站的距离相对最近,两者气象要素的相关性最好,而南昌站与黄山站的距离相对最远,两者气象要素的相关性最差。以上说明高山站与距离越近的探空站的气象要素其相关性越好,反之越差。这也进一步证实黄山站气象要素对当地或附近的 850 hPa 相应要素具有良好的代表性。

### 4.2.4　九仙山站气象要素与探空资料的相关性

利用 2005—2014 年 4—6 月九仙山站逐日风向、风速、温度、露点温度资料与福州、厦门、邵武、汕头四个常规探空站 850 hPa 相应气象要素资料计算相关系数,得出表 4.5。

**表 4.5　九仙山站气象要素与福州、厦门、邵武、汕头站 850 hPa 探空资料的相关系数**

| 气象要素 | 站名 | 时次 | | |
| --- | --- | --- | --- | --- |
| | | 08 时 | 20 时 | 平均 |
| 风向 | 福州 | 0.65 | 0.50 | 0.58 |
| | 厦门 | 0.56 | 0.56 | 0.56 |
| | 邵武 | 0.53 | 0.47 | 0.50 |
| | 汕头 | 0.41 | 0.44 | 0.43 |
| 风速 | 福州 | 0.70 | 0.64 | 0.67 |
| | 厦门 | 0.65 | 0.61 | 0.63 |
| | 邵武 | 0.52 | 0.52 | 0.52 |
| | 汕头 | 0.50 | 0.49 | 0.50 |
| 温度 | 福州 | 0.88 | 0.92 | 0.90 |
| | 厦门 | 0.87 | 0.92 | 0.90 |
| | 邵武 | 0.88 | 0.87 | 0.88 |
| | 汕头 | 0.81 | 0.87 | 0.84 |
| 露点温度 | 福州 | 0.81 | 0.76 | 0.79 |
| | 厦门 | 0.74 | 0.66 | 0.70 |
| | 邵武 | 0.77 | 0.78 | 0.78 |
| | 汕头 | 0.58 | 0.50 | 0.54 |

从表 4.5 可见,九仙山站与四个探空站 850 hPa 的风向、风速、温度、露点温度均具有正相关关系,各相关系数均通过 0.01 的显著性检验。其中,九仙山站与四个探空站温度的相关性最好,其 08 时和 20 时相关系数均在 0.81 以上,四站平均为 0.90;两者露点温度的相关性次之,其相关系数均在 0.50 以上,四站平均为 0.68;两者风速的相关性再次之,四站相关系数平均为 0.57;两者风向的相关性相对较差,其四站平均相关系数为 0.49。从表 4.5 还可见,在四个探空站中,4 个要素均是福州站与九仙山站的相关性最好,其温度、露点、风向和风速的相关系数分别是 0.90、0.79、0.58、0.57,而汕头站与九仙山站的相关性最差。由此可见,福州站与九仙山站的距离相对最近,两者气象要素的相关性最好,而汕头站与九仙山站的距离相对最远,两者气象要素的相关性最差。以上说明九仙山站与距离越近的探空站的气象要素其相关性越好,反之越差。这也可以说明九仙山站气象要素对当地或附近的 850 hPa 相应要素具有良好的代表性。

## 4.3　风廓线雷达资料检验高山站风场的代表性

风廓线雷达可用于探测大气风向、风速、大气折射率结构常数和温度垂直廓线,主要原理是通过发射无线电波,并接收因大气湍流影响和散射作用返回的波信号,对回波信号进行处理和分析,得到湍流强度、风向和风速随高度的分布即风廓线(万蓉 2014)。可分为移动方舱式风廓线雷达、固定边界层风廓线雷达和对流层风廓线雷达。移动方舱式风廓线雷达,最低探测高度 30～40 m,最大有效探测高度大于 1 km。固定边界层风廓线雷达最低探测高度 90 m,最大有效探测高度大于 2 km。对流层风廓线雷达最低探测高度 150 m,最大有效探测高度大于 12 km。

本节所用的高山站 2012—2014 年逐日 08 时风向度数和风速资料来自湖北省四个高山自动观测站,分别为:大老岭站(宜昌,海拔高度 1910 m)、绿葱坡站(恩施,海拔高度 1819 m)、神农顶站(神农架,海拔高度 2957 m)和武当山站(十堰,海拔高度 1020 m)。风廓线雷达数据来自于中国气象局武汉暴雨研究所的四部风廓线雷达(图 4.17)。其中三部为移动方舱式边界层风廓线雷达,分别安装于湖北省咸宁、汉口和仙桃气象站;一部为固定边界层风廓线雷达,安装于湖北省荆门气象站。风廓线雷达资料时间与高山自动观测站相同。本节用 2000 m 左右的风廓线雷达资料与大老岭站和绿葱坡站的风向、风速进行相关性分析,用 3000 m 左右的风廓线雷达资料与神农顶站的风向、风速进行相关性分析,用 1000 m 左右的风廓线雷达资料与武当山站进行相关性分析。

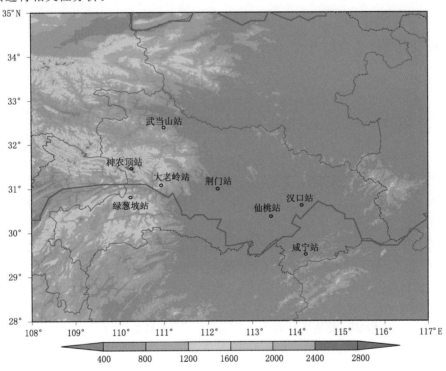

图 4.17　湖北省高山自动观测站及风廓线雷达站的地理位置(阴影:地形高度,单位:m)

### 4.3.1　大老岭站

表 4.6 是大老岭站与荆门、汉口、仙桃、咸宁风廓线雷达纬向风的相关系数表。大老岭站与荆门风廓线雷达纬向风相关系数在各个月份都为正值。相关系数在 0.50 以上的有 6 个月,分别为 3、5、7、9、10、11 月,其中 7 月份纬向风的相关性最强,相关系数达 0.60,相关系数最低

的是 12 月;大老岭站和汉口风廓线雷达纬向风相关系数除 4 月份外,其余月份都为正值。正相关最大值出现在 7 月(0.35),负相关出现在 4 月(-0.03);大老岭站和仙桃风廓线雷达纬向风相关系数在 4—8、10、12 月 7 个月为正值,其余月份为负值。正相关最大值出现在 7 月(0.30),负相关最大值出现在 2 月(-0.35);大老岭站和咸宁风廓线雷达纬向风相关系数在 1、6—11 月 7 个月为正值,其余月份为负值。正相关最大值出现在 9 月(0.29),负相关最大值出现在 5 月(-0.29)。夏季 6—8 月,大老岭站与四个风廓线雷达站纬向风相关系数都为正值,与荆门风廓线雷达站纬向风相关系数明显大于其他三个风廓线雷达站。因此,夏季大老岭站与荆门风廓线雷达站纬向风相关性最好。

表 4.6　大老岭站风场(纬向风)与荆门、汉口、仙桃、咸宁风廓线雷达风场相关系数

| 月份 | 荆门 | | 汉口 | | 仙桃 | | 咸宁 | |
|---|---|---|---|---|---|---|---|---|
| | 样本数 | 相关系数 | 样本数 | 相关系数 | 样本数 | 相关系数 | 样本数 | 相关系数 |
| 1 | 32 | 0.33 | 38 | 0.03 | 16 | -0.11 | 19 | 0.27 |
| 2 | 19 | 0.36 | 24 | 0.26 | 12 | -0.35 | 15 | -0.11 |
| 3 | 58 | 0.57 | 65 | 0.26 | 48 | -0.10 | 50 | -0.07 |
| 4 | 42 | 0.38 | 75 | -0.03 | 45 | 0.17 | 65 | -0.03 |
| 5 | 74 | 0.53 | 62 | 0.03 | 29 | 0.19 | 65 | -0.29 |
| 6 | 82 | 0.38 | 62 | 0.03 | 36 | 0.23 | 79 | 0.18 |
| 7 | 74 | 0.60 | 68 | 0.35 | 53 | 0.30 | 80 | 0.07 |
| 8 | 50 | 0.47 | 70 | 0.26 | 78 | 0.02 | 84 | 0.18 |
| 9 | 73 | 0.50 | 84 | 0.32 | 51 | -0.01 | 78 | 0.29 |
| 10 | 69 | 0.58 | 71 | 0.00 | 78 | 0.26 | 88 | 0.11 |
| 11 | 60 | 0.50 | 62 | 0.04 | 53 | -0.03 | 65 | 0.10 |
| 12 | 26 | 0.00 | 53 | 0.05 | 20 | 0.25 | 40 | -0.06 |

表 4.7 是大老岭站与荆门、汉口、仙桃、咸宁风廓线雷达经向风的相关系数表。大老岭站与荆门风廓线雷达经向风相关系数在各月份都为正值。相关系数在 0.50 以上的有 7 个月,分别为 3、4、5、7、10—12 月,其中 4 月份相关性最强,相关系数达到 0.73。相关性最差的是 2 月份,相关系数为 0.34;大老岭站和汉口风廓线雷达经向风相关系数除 7 月份外其余月份都为正值。相关系数最大值出现在 12 月(0.31),负相关出现在 7 月(-0.03);大老岭站和仙桃风廓线雷达经向风相关系数在 1、4—9、11 月 8 个月为正值,其余月份为负值。正相关最大值出现在 1 月(0.59),负相关最大值出现在 2 月(-0.69);大老岭站和咸宁风廓线雷达经向风相关系数在 2—4、6—9、11 和 12 月 9 个月为正值,其余月份为负值。正相关最大值出现在 12 月(0.16),负相关最大值出现在 1 月(-0.32)。夏季 6—8 月,大老岭站与四个风廓线雷达站经向风相关系数大多为正值,与荆门风廓线雷达站经向风相关系数明显大于其他三个风廓线雷达站。因此,夏季大老岭站与荆门风廓线雷达站经向风相关性亦是最好。

表 4.8 是大老岭站与荆门、汉口、仙桃、咸宁风廓线雷达全风速的相关系数表。大老岭站与荆门风廓线雷达全风速相关系数在各月份都为正值。相关系数在 0.50 以上的有 2 个月,分别为 4 月和 7 月,其中 4 月份相关性最强,相关系数达到 0.55。相关性最差的是 10 月份,相关系数为 0.04;大老岭站和汉口风廓线雷达全风速相关系数在 1—5、7、10 月 7 个月为正值。相

表 4.7　大老岭站风场(经向风)与荆门、汉口、仙桃、咸宁风廓线雷达风场相关系数

| 月份 | 荆门 | | 汉口 | | 仙桃 | | 咸宁 | |
|---|---|---|---|---|---|---|---|---|
| | 样本数 | 相关系数 | 样本数 | 相关系数 | 样本数 | 相关系数 | 样本数 | 相关系数 |
| 1 | 32 | 0.45 | 38 | 0.10 | 16 | 0.59 | 19 | −0.32 |
| 2 | 19 | 0.34 | 24 | 0.03 | 12 | −0.69 | 15 | 0.11 |
| 3 | 58 | 0.61 | 65 | 0.09 | 48 | −0.06 | 50 | 0.07 |
| 4 | 42 | 0.73 | 75 | 0.24 | 45 | 0.36 | 65 | 0.01 |
| 5 | 74 | 0.66 | 62 | 0.08 | 29 | 0.16 | 65 | −0.06 |
| 6 | 82 | 0.48 | 62 | 0.08 | 36 | 0.40 | 79 | 0.02 |
| 7 | 74 | 0.57 | 68 | −0.03 | 53 | 0.18 | 80 | 0.09 |
| 8 | 50 | 0.40 | 70 | 0.10 | 78 | 0.16 | 84 | 0.15 |
| 9 | 73 | 0.45 | 84 | 0.15 | 51 | 0.12 | 78 | 0.01 |
| 10 | 69 | 0.53 | 71 | 0.05 | 78 | −0.17 | 88 | −0.10 |
| 11 | 60 | 0.63 | 62 | 0.14 | 53 | 0.17 | 65 | 0.00 |
| 12 | 26 | 0.64 | 53 | 0.31 | 20 | −0.06 | 40 | 0.16 |

表 4.8　大老岭站风场(全风速)与荆门、汉口、仙桃、咸宁风廓线雷达风场相关系数

| 月份 | 荆门 | | 汉口 | | 仙桃 | | 咸宁 | |
|---|---|---|---|---|---|---|---|---|
| | 样本数 | 相关系数 | 样本数 | 相关系数 | 样本数 | 相关系数 | 样本数 | 相关系数 |
| 1 | 32 | 0.32 | 38 | 0.02 | 16 | −0.01 | 19 | 0.50 |
| 2 | 19 | 0.38 | 24 | 0.32 | 12 | 0.03 | 15 | 0.16 |
| 3 | 58 | 0.38 | 65 | 0.07 | 48 | 0.22 | 50 | 0.45 |
| 4 | 42 | 0.55 | 75 | 0.15 | 45 | 0.02 | 65 | 0.13 |
| 5 | 74 | 0.29 | 62 | 0.07 | 29 | −0.15 | 65 | 0.13 |
| 6 | 82 | 0.30 | 62 | −0.22 | 36 | 0.23 | 79 | −0.04 |
| 7 | 74 | 0.50 | 68 | 0.26 | 53 | 0.02 | 80 | 0.03 |
| 8 | 50 | 0.30 | 70 | −0.03 | 78 | 0.02 | 84 | −0.06 |
| 9 | 73 | 0.12 | 84 | −0.18 | 51 | −0.18 | 78 | −0.17 |
| 10 | 69 | 0.04 | 71 | 0.08 | 78 | −0.09 | 88 | −0.15 |
| 11 | 60 | 0.28 | 62 | −0.08 | 53 | 0.01 | 65 | −0.10 |
| 12 | 26 | 0.19 | 53 | −0.06 | 20 | 0.27 | 40 | 0.03 |

关系数最大值出现在 2 月(0.32),负相关最大值出现在 6 月(−0.22);大老岭站和仙桃风廓线雷达全风速相关系数在 2—4、6—8、11、12 月 8 个月为正值,其余月份为负值。正相关最大值出现在 12 月(0.27),负相关最大值出现在 9 月(−0.18);大老岭站和咸宁风廓线雷达全风速相关系数在 1—5、7 和 12 月 7 个月为正值,其余月份为负值。正相关最大值出现在 1 月(0.50),负相关最大值出现在 9 月(−0.17)。夏季 6—8 月,大老岭站与荆门、仙桃两个风廓线雷达站全风速相关系数为正值,与汉口、咸宁两个风廓线雷达站全风速相关系数多为负值,与荆门风廓线雷达站全风速相关系数明显大于其他三个风廓线雷达站。因此,夏季大老岭站与

荆门风廓线雷达站全风速相关性同样是最好。

### 4.3.2 绿葱坡站

表 4.9 是绿葱坡站与荆门、汉口、仙桃、咸宁风廓线雷达站纬向风的相关系数表。绿葱坡站与荆门风廓线雷达纬向风相关系数在 3、4、9、11 月 4 个月份为正值,其余月份为负值。其中 4 月份纬向风的相关性最强,相关系数达 0.48,负相关最大值出现在 1 月(-0.27);绿葱坡站和汉口风廓线雷达纬向风相关系数在 1、2、4、9、10、12 月 6 个月中为正值,其余月份为负值。正相关最大值出现在 9 月(0.18),负相关最大值出现在 8 月(-0.27);绿葱坡站和仙桃风廓线雷达纬向风相关系数在 5 月份无数值,在 1、9—12 月 5 个月为正值,其余月份为负值。正相关最大值出现在 9 月(0.32),负相关最大值出现在 2 月(-0.55);绿葱坡站和咸宁风廓线雷达纬向风相关系数在 2、7、10、11 月 4 个月为正值,其余月份为负值。正相关最大值出现在 11 月(0.12),负相关最大值出现在 1 月(-0.19)。夏季 6—8 月,绿葱坡站与四个风廓线雷达站纬向风相关系数大多为负值,且相关系数绝对值较小,在 0.27 以下。可见,夏季绿葱坡站与四个风廓线雷达站纬向风相关性都比较差。

表 4.9  绿葱坡站风场(纬向风)与荆门、汉口、仙桃、咸宁风廓线雷达风场相关系数("—"表示无数据)

| 月份 | 荆门 | | 汉口 | | 仙桃 | | 咸宁 | |
| --- | --- | --- | --- | --- | --- | --- | --- | --- |
| | 样本数 | 相关系数 | 样本数 | 相关系数 | 样本数 | 相关系数 | 样本数 | 相关系数 |
| 1 | 18 | -0.27 | 25 | 0.05 | 23 | 0.09 | 17 | -0.19 |
| 2 | 19 | -0.12 | 26 | 0.10 | 14 | -0.55 | 16 | 0.05 |
| 3 | 56 | 0.09 | 62 | -0.08 | 45 | -0.14 | 49 | -0.14 |
| 4 | 42 | 0.48 | 74 | 0.08 | 44 | -0.08 | 63 | -0.18 |
| 5 | 56 | -0.01 | 38 | -0.16 | 0 | — | 44 | -0.05 |
| 6 | 81 | -0.09 | 62 | -0.21 | 35 | -0.27 | 78 | -0.03 |
| 7 | 73 | -0.13 | 68 | -0.04 | 52 | -0.12 | 79 | 0.07 |
| 8 | 55 | -0.21 | 77 | -0.27 | 85 | -0.11 | 91 | -0.18 |
| 9 | 75 | 0.02 | 86 | 0.18 | 53 | 0.32 | 80 | -0.07 |
| 10 | 69 | -0.20 | 70 | 0.11 | 79 | 0.03 | 88 | 0.03 |
| 11 | 62 | 0.03 | 63 | -0.04 | 57 | 0.15 | 67 | 0.12 |
| 12 | 24 | -0.18 | 48 | 0.06 | 18 | 0.05 | 39 | -0.06 |

表 4.10 是绿葱坡站与荆门、汉口、仙桃、咸宁风廓线雷达站经向风的相关系数表。绿葱坡站与荆门风廓线雷达经向风相关系数在 3、6、10、12 月 4 个月份为正值,其余月份为 0 或负值。其中 12 月经向风的相关性最强,相关系数达 0.56,负相关最大值出现在 2 月(-0.33);绿葱坡站和汉口风廓线雷达经向风相关系数在 1、3、4、5、11 月 5 个月中为正值,其余月份为负值。正相关最大值出现在 3 月(0.23),负相关最大值出现在 10 月(-0.22);绿葱坡站和仙桃风廓线雷达经向风相关系数在 5 月无数值,在 2—4、6、9、12 月 6 个月中为正值,其余月份为负值。正相关最大值出现在 12 月(0.48),负相关最大值出现在 1 月(-0.31);绿葱坡站和咸宁风廓线雷达经向风相关系数在 1、4、5 月 3 个月中为正值,其余月份为负值。正相关最大值出现在 4 月(0.21),负相关最大值出现在 2 月(-0.46)。夏季 6—8 月,绿葱坡站与四个风廓线雷达

站经向风相关系数大多为负值,且相关系数绝对值较小,在 0.20 以下。可见,夏季绿葱坡站与四个风廓线雷达站经向风相关性都比较差。

表 4.10　绿葱坡站风场(经向风)与荆门、汉口、仙桃、咸宁风廓线雷达风场相关系数("—"表示无数据)

| 月份 | 荆门 | | 汉口 | | 仙桃 | | 咸宁 | |
|---|---|---|---|---|---|---|---|---|
| | 样本数 | 相关系数 | 样本数 | 相关系数 | 样本数 | 相关系数 | 样本数 | 相关系数 |
| 1 | 18 | −0.12 | 25 | 0.19 | 23 | −0.31 | 17 | 0.12 |
| 2 | 19 | −0.33 | 26 | −0.01 | 14 | 0.46 | 16 | −0.46 |
| 3 | 56 | 0.20 | 62 | 0.23 | 45 | 0.31 | 49 | −0.01 |
| 4 | 42 | −0.07 | 74 | 0.14 | 44 | 0.02 | 63 | 0.21 |
| 5 | 56 | 0.00 | 38 | 0.10 | 0 | — | 44 | 0.13 |
| 6 | 81 | 0.02 | 62 | −0.10 | 35 | 0.28 | 78 | −0.07 |
| 7 | 73 | −0.15 | 68 | −0.14 | 52 | −0.16 | 79 | −0.05 |
| 8 | 55 | −0.20 | 77 | −0.17 | 85 | −0.03 | 91 | −0.19 |
| 9 | 75 | −0.11 | 86 | −0.07 | 53 | 0.07 | 80 | −0.06 |
| 10 | 69 | 0.13 | 70 | −0.22 | 79 | −0.03 | 88 | −0.08 |
| 11 | 62 | −0.10 | 63 | 0.02 | 57 | −0.07 | 67 | −0.08 |
| 12 | 24 | 0.56 | 48 | −0.02 | 18 | 0.48 | 39 | −0.36 |

　　表 4.11 是绿葱坡站与荆门、汉口、仙桃、咸宁风廓线雷达站全风速的相关系数表。绿葱坡站与荆门风廓线雷达全风速相关系数在各月份均为正值。其中 12 月全风速的相关性最强,相关系数达 0.54,正相关最小值出现在 11 月(0.07)。绿葱坡站和汉口风廓线雷达站全风速相关系数在 1、2、7、8 月 4 个月中为正值,其余月份为负值。正相关最大值出现在 7 月(0.24),负相关最大值出现在 10 月(−0.16)。绿葱坡站和仙桃风廓线雷达全风速相关系数在 2—4、6、

表 4.11　绿葱坡站风场(全风速)与荆门、汉口、仙桃、咸宁风廓线雷达风场相关系数("—"表示无数据)

| 月份 | 荆门 | | 汉口 | | 仙桃 | | 咸宁 | |
|---|---|---|---|---|---|---|---|---|
| | 样本数 | 相关系数 | 样本数 | 相关系数 | 样本数 | 相关系数 | 样本数 | 相关系数 |
| 1 | 18 | 0.10 | 25 | 0.21 | 23 | −0.09 | 17 | −0.03 |
| 2 | 19 | 0.31 | 26 | 0.11 | 14 | 0.20 | 16 | 0.44 |
| 3 | 56 | 0.40 | 62 | −0.06 | 45 | 0.08 | 49 | 0.19 |
| 4 | 42 | 0.37 | 74 | −0.01 | 44 | 0.20 | 63 | 0.35 |
| 5 | 56 | 0.17 | 38 | −0.03 | 0 | — | 44 | −0.09 |
| 6 | 81 | 0.12 | 62 | −0.11 | 35 | 0.02 | 78 | 0.11 |
| 7 | 73 | 0.49 | 68 | 0.24 | 52 | −0.02 | 79 | 0.11 |
| 8 | 55 | 0.19 | 77 | 0.21 | 85 | 0.04 | 91 | 0.07 |
| 9 | 75 | 0.23 | 86 | −0.02 | 53 | 0.02 | 80 | −0.23 |
| 10 | 69 | 0.10 | 70 | −0.16 | 79 | −0.07 | 88 | −0.24 |
| 11 | 62 | 0.07 | 63 | −0.01 | 57 | −0.02 | 67 | −0.01 |
| 12 | 24 | 0.54 | 48 | −0.12 | 18 | 0.31 | 39 | 0.23 |

8、9、12月7个月中为正值,5月份无数据,其余月份为负值。正相关最大值出现在12月(0.31),负相关最大值出现在1月(−0.09)。绿葱坡站和咸宁风廓线雷达全风速相关系数在2—4、6—8、12月7个月中为正值,其余月份为负值。正相关最大值出现在2月(0.44),负相关最大值出现在10月(−0.24)。夏季6—8月,绿葱坡站与荆门、咸宁风廓线雷达站全风速相关系数都为正值,与其余两个风廓线雷达站全风速相关系数各有一个月为负值。相较而言,夏季绿葱坡站与荆门风廓线雷达站全风速相关性较好。

### 4.3.3 神农顶站

表4.12是神农顶站与荆门、汉口、仙桃、咸宁风廓线雷达站纬向风的相关系数表。神农顶站与荆门风廓线雷达纬向风相关系数在各月份均为正值。在0.50以上的有7个月,分别为2、3、4、5、6、8和11月。其中2、3月份纬向风的相关性最强,相关系数达0.60。相关性最差的为10月,相关系为0.35;神农顶站和汉口风廓线雷达纬向风相关系数在5—11月7个月中为正值,其余月份为0或负值。正相关最大值出现在11月(0.18),负相关最大值出现在2月(0.54);神农顶站和仙桃风廓线雷达纬向风相关系数除了1—3月和12月4个月,其余月份为正值。正相关最大值出现在10月(0.23),负相关最大值出现在1月(−0.44);神农顶站和咸宁风廓线雷达纬向风相关系数在各月均为正值。正相关最大值出现在2月(0.98),正相关最小值出现在1月(0)。夏季6—8月,神农顶站与四个风廓线雷达站纬向风相关系数都为正值,与荆门风廓线雷达站纬向风相关系数均在0.50左右,明显大于其他三个风廓线雷达站。夏季神农顶站与荆门风廓线雷达站纬向风相关性最好。

**表4.12 神农顶站风场(纬向风)与荆门、汉口、仙桃、咸宁风廓线雷达风场相关系数("—"表示无数据)**

| 月份 | 荆门 | | 汉口 | | 仙桃 | | 咸宁 | |
|---|---|---|---|---|---|---|---|---|
| | 样本数 | 相关系数 | 样本数 | 相关系数 | 样本数 | 相关系数 | 样本数 | 相关系数 |
| 1 | 33 | 0.45 | 34 | −0.01 | 9 | −0.44 | 19 | 0.00 |
| 2 | 9 | 0.60 | 4 | −0.54 | 1 | — | 5 | 0.98 |
| 3 | 22 | 0.60 | 27 | 0.00 | 14 | −0.01 | 25 | 0.31 |
| 4 | 16 | 0.56 | 36 | −0.08 | 20 | 0.22 | 32 | 0.28 |
| 5 | 69 | 0.51 | 56 | 0.04 | 29 | 0.15 | 56 | 0.24 |
| 6 | 76 | 0.52 | 31 | 0.16 | 34 | 0.07 | 68 | 0.00 |
| 7 | 51 | 0.46 | 47 | 0.15 | 45 | 0.02 | 62 | 0.05 |
| 8 | 48 | 0.50 | 60 | 0.08 | 67 | 0.06 | 76 | 0.24 |
| 9 | 75 | 0.45 | 76 | 0.01 | 48 | 0.21 | 75 | 0.24 |
| 10 | 62 | 0.35 | 62 | 0.08 | 66 | 0.23 | 80 | 0.14 |
| 11 | 44 | 0.56 | 47 | 0.18 | 38 | 0.09 | 60 | 0.03 |
| 12 | 18 | 0.44 | 32 | −0.03 | 16 | −0.15 | 27 | 0.14 |

表4.13是神农顶站与荆门、汉口、仙桃、咸宁风廓线雷达站经向风的相关系数表。神农顶站与荆门风廓线雷达经向风相关系数在各月均为正值,在0.5以上的有5个月,分别为2、3、4、7、12月,其中2月份经向风的相关性最强,相关系数达0.88。1、11月2个月经向风的相关系数最低,为0.31;神农顶站和汉口风廓线雷达经向风相关系数除4、7、9月3个月,其余月份

都为正值。正相关最大值出现在 2 月(0.76),负相关最大值出现在 7 月(−0.14);神农顶站和仙桃风廓线雷达经向风相关系数除 1、2、11 月 3 个月为负值,其余月份均为正值。正相关最大值出现在 4 月(0.45),负相关最大值出现在 1 月(−0.12);神农顶站和咸宁风廓线雷达经向风相关系数除了 2、6、12 月 3 个月为负值,其余月份为正值。正相关最大值出现在 4 月(0.18),负相关最大值出现在 2 月(−0.63)。夏季 6—8 月,神农顶站与荆门、仙桃风廓线雷达站经向风相关系数都为正值,与汉口、咸宁风廓线雷达站相关系数各有 1 个月为负值。与荆门风廓线雷达站经向风相关系数明显大于其他三个风廓线雷达站。夏季神农顶站与荆门风廓线雷达站经向风相关性最好。

表 4.13　神农顶站风场(经向风)与荆门、汉口、仙桃、咸宁风廓线雷达风场相关系数("—"表示无数据)

| 月份 | 荆门 | | 汉口 | | 仙桃 | | 咸宁 | |
|---|---|---|---|---|---|---|---|---|
| | 样本数 | 相关系数 | 样本数 | 相关系数 | 样本数 | 相关系数 | 样本数 | 相关系数 |
| 1 | 33 | 0.31 | 34 | 0.15 | 9 | −0.12 | 19 | 0.17 |
| 2 | 9 | 0.88 | 4 | 0.76 | 1 | — | 5 | −0.63 |
| 3 | 22 | 0.63 | 27 | 0.08 | 14 | 0.01 | 25 | 0.05 |
| 4 | 16 | 0.83 | 36 | −0.04 | 20 | 0.45 | 32 | 0.18 |
| 5 | 69 | 0.32 | 56 | 0.17 | 29 | 0.17 | 56 | 0.14 |
| 6 | 76 | 0.37 | 31 | 0.23 | 34 | 0.43 | 68 | −0.35 |
| 7 | 51 | 0.62 | 47 | −0.14 | 45 | 0.01 | 62 | 0.14 |
| 8 | 48 | 0.45 | 60 | 0.19 | 67 | 0.13 | 76 | 0.12 |
| 9 | 75 | 0.40 | 76 | −0.09 | 48 | 0.12 | 75 | 0.08 |
| 10 | 62 | 0.35 | 62 | 0.20 | 66 | 0.13 | 80 | 0.00 |
| 11 | 44 | 0.31 | 47 | 0.01 | 38 | −0.05 | 60 | 0.17 |
| 12 | 18 | 0.59 | 32 | 0.05 | 16 | 0.26 | 27 | −0.09 |

　　表 4.14 是神农顶站与荆门、汉口、仙桃、咸宁风廓线雷达站全风速的相关系数表。神农顶站与荆门风廓线雷达全风速相关系数除了 1、8、9 月 3 个月外,其余月份均为正值。其中 2 月份全风速的相关性最强,相关系数达 0.66。负相关最大值出现在 9 月(−0.08)。神农顶站和汉口风廓线雷达全风速相关系数在 1、2、4、5、9、11、12 月 7 个月中为正值,其余月份为负值。正相关最大值出现在 2 月(0.54)。负相关最大值出现在 3 月(−0.40)。神农顶站和仙桃风廓线雷达全风速相关系数在 1、9、10、12 月 4 个月为正值,2 月无数据,其余月份为负值。正相关最大值出现在 1 月(0.58),负相关最大值出现在 11 月(−0.24)。神农顶站和咸宁风廓线雷达全风速相关系数在 1—4、6、7、11 月 7 个月中为正值,其余月份为负值。正相关最大值出现在 2 月(0.56)。负相关最大值出现在 9 月(−0.17)。夏季 6—8 月,神农顶站与荆门、咸宁风廓线雷达站全风速相关系数在 6、7 月都为正值,8 月为负值,与汉口、仙桃两个风廓线雷达站相关系数均为负值。比较而言,夏季 6、7 月神农顶站与荆门风廓线雷达站全风速相关性较好。

**表 4.14　神农顶站风场(全风速)与荆门、汉口、仙桃、咸宁风廓线雷达风场相关系数("—"表示无数据)**

| 月份 | 荆门 | | 汉口 | | 仙桃 | | 咸宁 | |
| --- | --- | --- | --- | --- | --- | --- | --- | --- |
| | 样本数 | 相关系数 | 样本数 | 相关系数 | 样本数 | 相关系数 | 样本数 | 相关系数 |
| 1 | 33 | −0.03 | 34 | 0.03 | 9 | 0.58 | 19 | 0.47 |
| 2 | 9 | 0.66 | 4 | 0.54 | 1 | — | 5 | 0.56 |
| 3 | 22 | 0.55 | 27 | −0.40 | 14 | −0.09 | 25 | 0.07 |
| 4 | 16 | 0.50 | 36 | 0.06 | 20 | −0.02 | 32 | 0.00 |
| 5 | 69 | 0.27 | 56 | 0.13 | 29 | −0.17 | 56 | −0.08 |
| 6 | 76 | 0.22 | 31 | −0.20 | 34 | −0.13 | 68 | 0.15 |
| 7 | 51 | 0.52 | 47 | −0.01 | 45 | −0.10 | 62 | 0.02 |
| 8 | 48 | −0.05 | 60 | −0.07 | 67 | −0.13 | 76 | −0.07 |
| 9 | 75 | −0.08 | 76 | 0.01 | 48 | 0.09 | 75 | −0.17 |
| 10 | 62 | 0.01 | 62 | −0.10 | 66 | 0.02 | 80 | −0.03 |
| 11 | 44 | 0.02 | 47 | 0.08 | 38 | −0.24 | 60 | 0.03 |
| 12 | 18 | 0.38 | 32 | 0.14 | 16 | 0.20 | 27 | −0.10 |

### 4.3.4　武当山站

表 4.15 是武当山站与荆门、汉口、仙桃、咸宁风廓线雷达站纬向风的相关系数表。武当山站与荆门风廓线雷达纬向风相关系数除 2、12 月 2 个月为负值,其余月份均为正值。其中 8 月份纬向风的相关性最强,相关系数达 0.58。负相关最大值出现在 2 月(−0.32);武当山站和汉口风廓线雷达纬向风相关系数除了 1、5、7、11 月 4 个月中为 0 或负值外,其余月份均为正值。正相关最大值出现在 2 月(0.23),负相关最大值出现在 5 月(−0.16);武当山站和仙桃风

**表 4.15　武当山站风场(纬向风)与荆门、汉口、仙桃、咸宁风廓线雷达风场相关系数**

| 月份 | 荆门 | | 汉口 | | 仙桃 | | 咸宁 | |
| --- | --- | --- | --- | --- | --- | --- | --- | --- |
| | 样本数 | 相关系数 | 样本数 | 相关系数 | 样本数 | 相关系数 | 样本数 | 相关系数 |
| 1 | 28 | 0.02 | 37 | 0.00 | 17 | −0.43 | 26 | 0.37 |
| 2 | 16 | −0.32 | 21 | 0.23 | 18 | 0.06 | 19 | −0.13 |
| 3 | 41 | 0.47 | 45 | 0.03 | 38 | −0.17 | 49 | −0.25 |
| 4 | 35 | 0.39 | 58 | 0.15 | 38 | 0.02 | 57 | 0.23 |
| 5 | 54 | 0.06 | 46 | −0.16 | 20 | 0.18 | 56 | 0.03 |
| 6 | 52 | 0.39 | 25 | 0.01 | 27 | −0.11 | 53 | −0.02 |
| 7 | 42 | 0.05 | 42 | −0.01 | 32 | −0.20 | 46 | −0.16 |
| 8 | 29 | 0.58 | 46 | 0.04 | 46 | 0.29 | 51 | 0.39 |
| 9 | 40 | 0.15 | 52 | 0.11 | 34 | −0.22 | 49 | 0.14 |
| 10 | 32 | 0.21 | 44 | 0.15 | 48 | −0.16 | 52 | −0.01 |
| 11 | 25 | 0.48 | 47 | −0.12 | 37 | −0.23 | 52 | 0.28 |
| 12 | 17 | −0.26 | 52 | 0.07 | 29 | 0.00 | 39 | 0.28 |

廓线雷达纬向风相关系数在 2、4、5、8 月 4 个月为正值,其余月份为 0 或负值。正相关最大值出现在 8 月(0.29),负相关最大值出现在 1 月(−0.43);武当山站和咸宁风廓线雷达纬向风相关系数在 1、4、5、8、9、11、12 月 7 个月中为正值,其余月份为负值。正相关最大值出现在 8 月(0.39),负相关最大值出现在 3 月(−0.25)。夏季 6—8 月,武当山站与荆门风廓线雷达站纬向风相关系数为正值,与其余三站多为负值。比较而言,夏季 6、8 月,武当山站与荆门风廓线雷达站纬向风相关性较好。

表 4.16 是武当山站与荆门、汉口、仙桃、咸宁风廓线雷达站经向风的相关系数表。武当山站与荆门风廓线雷达经向风相关系数除了 4、8、10、11 月 4 个月,其余月份均为正值。其中 12 月份经向风的相关性最强,相关系数达 0.44。负相关最大值出现在 8 月(−0.11);武当山站和汉口风廓线雷达经向风相关系数除 7、8 月 2 个月,其余月份均为正值。正相关最大值出现在 6 月(0.42),负相关最大值出现在 8 月(−0.20);武当山站和仙桃风廓线雷达经向风相关系数除 1、5、8、12 月 4 个月为负值,其余月份均为正值。正相关最大值出现在 9 月(0.60),负相关最大值出现在 8 月(−0.23);武当山站和咸宁风廓线雷达经向风相关系数除了 2、5、8、12 月 4 个月为负值,其余月份均为正值。正相关最大值出现在 10 月(0.36),负相关最大值出现在 8 月(−0.24)。夏季 6—8 月,武当山站与荆门、仙桃、咸宁三个风廓线雷达站经向风相关系数在 6、7 月为正,8 月为负。与汉口风廓线雷达站 6 月为正,7、8 月为负。可见,夏季武当山站与四个风廓线雷达站经向风相关性都比较差。

**表 4.16　武当山站风场(经向风)与荆门、汉口、仙桃、咸宁风廓线雷达风场相关系数**

| 月份 | 荆门 | | 汉口 | | 仙桃 | | 咸宁 | |
|---|---|---|---|---|---|---|---|---|
| | 样本数 | 相关系数 | 样本数 | 相关系数 | 样本数 | 相关系数 | 样本数 | 相关系数 |
| 1 | 28 | 0.38 | 37 | 0.02 | 17 | −0.19 | 26 | 0.17 |
| 2 | 16 | 0.06 | 21 | 0.24 | 18 | 0.57 | 19 | −0.10 |
| 3 | 41 | 0.35 | 45 | 0.22 | 38 | 0.31 | 49 | 0.20 |
| 4 | 35 | −0.02 | 58 | 0.27 | 38 | 0.14 | 57 | 0.10 |
| 5 | 54 | 0.15 | 46 | 0.32 | 20 | −0.08 | 56 | −0.09 |
| 6 | 52 | 0.21 | 25 | 0.42 | 27 | 0.13 | 53 | 0.21 |
| 7 | 42 | 0.03 | 42 | −0.05 | 32 | 0.24 | 46 | 0.30 |
| 8 | 29 | −0.11 | 46 | −0.20 | 46 | −0.23 | 51 | −0.24 |
| 9 | 40 | 0.17 | 52 | 0.36 | 34 | 0.60 | 49 | 0.28 |
| 10 | 32 | −0.04 | 44 | 0.25 | 48 | 0.26 | 52 | 0.36 |
| 11 | 25 | −0.08 | 47 | 0.08 | 37 | 0.33 | 52 | 0.14 |
| 12 | 17 | 0.44 | 52 | 0.28 | 29 | −0.15 | 39 | −0.08 |

表 4.17 是武当山站与荆门、汉口、仙桃、咸宁风廓线雷达站全风速的相关系数表。武当山站与荆门风廓线雷达全风速相关系数除了 4、8 月 2 个月外,其余月份均为正值。其中 12 月份全风速的相关性最强,相关系数达 0.62。负相关最大值出现在 4 月,为 −0.11;武当山站和汉口风廓线雷达全风速相关系数在 1、2、5、8、9、11、12 月 7 个月为正值,其余月份为负值。正相关最大值出现在 5 月(0.53),负相关最大值出现在 10 月(−0.22);武当山站和仙桃风廓线雷达全风速相关系数除了 4、8、12 月 3 个月为负值,其余月份均为正值。正相关最大值出现在 1

月(0.62),负相关最大值出现在 8、12 月(−0.18);武当山站和咸宁风廓线雷达全风速相关系数除了 4、5、7、10 月 4 个月为负值,其余月份为正值。正相关最大值出现在 3 月(0.42),负相关最大值出现在 5 月(−0.19)。夏季 6—8 月,武当山站与四个风廓线雷达站全风速相关系数约一半为负值,且绝对值均小于 0.20。可见,夏季武当山站与四个风廓线雷达站全风速相关性也都比较差。

表 4.17　武当山站风场(全风速)与荆门、汉口、仙桃、咸宁风廓线雷达风场相关系数

| 月份 | 荆门 | | 汉口 | | 仙桃 | | 咸宁 | |
|---|---|---|---|---|---|---|---|---|
| | 样本数 | 相关系数 | 样本数 | 相关系数 | 样本数 | 相关系数 | 样本数 | 相关系数 |
| 1 | 28 | 0.04 | 37 | 0.07 | 17 | 0.62 | 26 | 0.26 |
| 2 | 16 | 0.26 | 21 | 0.02 | 18 | 0.48 | 19 | 0.15 |
| 3 | 41 | 0.48 | 45 | −0.11 | 38 | 0.20 | 49 | 0.42 |
| 4 | 35 | −0.11 | 58 | −0.02 | 38 | −0.16 | 57 | −0.10 |
| 5 | 54 | 0.02 | 46 | 0.53 | 20 | 0.25 | 56 | −0.19 |
| 6 | 52 | 0.05 | 25 | −0.02 | 27 | 0.12 | 53 | 0.17 |
| 7 | 42 | 0.02 | 42 | −0.03 | 32 | 0.01 | 46 | −0.02 |
| 8 | 29 | −0.03 | 46 | 0.02 | 46 | −0.18 | 51 | 0.00 |
| 9 | 40 | 0.29 | 52 | 0.20 | 34 | 0.54 | 49 | 0.21 |
| 10 | 32 | 0.02 | 44 | −0.22 | 48 | 0.11 | 52 | −0.01 |
| 11 | 25 | 0.13 | 47 | 0.20 | 37 | 0.16 | 52 | 0.16 |
| 12 | 17 | 0.62 | 52 | 0.05 | 29 | −0.18 | 39 | 0.11 |

## 4.4　本章总结

本章应用多种再分析资料以及探空资料,分析了四个高山气象站资料的代表性,并通过分析高山自动观测站风向、风速与风廓线雷达风向、风速的相关性,验证高山站资料对非常规探测资料的代表性。结果表明,除江西的庐山站,由于受观测环境影响较大,其气象要素对低层环流的代表性相对较差之外,其他三站资料代表性都较好,各站各时段高相关区主要位于盛行风的下风方或控制的区域,其气象要素能代表所在区域对流层低层自由大气的基本环流状况和关键特征,在年代际尺度、年际尺度、季节尺度和日变化等方面均具有良好的资料代表性。尤其以夏季相关性最好,其他季节各站略有差异。

高山站风场与风廓线雷达风场的相关性分析显示:夏季,大老岭站与荆门风廓线雷达风场相关性最好;绿葱坡站与四个风廓线雷达站风场相关性都比较差;神农顶站与荆门风廓线雷达站风场相关性较好;武当山站与四个风廓线雷达站风场相关性都比较差。总体而言,高山站风场与荆门风廓线雷达资料相关性较好,与汉口、仙桃、咸宁三个风廓线雷达资料相关性较差,可能是因为湖北境内高山站分布在鄂西,与荆门风廓线雷达距离较近,仙桃风廓线雷达位于江汉平原,咸宁、汉口风廓线雷达分布在鄂东,高山站与它们距离较远所致。可见,高山站与风廓线雷达距离的远近是影响两者资料相关性的重要因素之一。

# 第 5 章　高山站风场对降水的指示作用

## 5.1　高山站风场对下游区域持续性降水指示作用的统计分析

### 5.1.1　资料与方法

本节所用台站数据为 2005—2010 年中国大陆 317 个气象观测站 5—6 月的逐时气象资料,包括降水和风场。数据集来自国家气象信息中心,并经过数据质量控制,包括气候极值检验、单站极值检验和数据一致性检验。为考察南岳站气象资料的代表性,还用到了同期日本再分析数据集(简称 JRA25,Kobayashi *et al* .,2015),其时间分辨率为 6 h,空间分辨率为 1.25°×1.25°。

分析南岳站的气象要素与周边台站降水的相关性时,以降水事件为单位进行分析(Yu *et al*.,2009)。在定义降水事件时,以 3 h 为临界值,即连续 3 h 或以上累积降水量都为 0 mm,则认为此次降水事件终止。将持续时间超过 6 h 的降水事件定义为持续性降水。将一次降水事件中降水量达到最大的时刻定义为该降水事件的峰值时刻。以降水峰值为中心将降水过程分为峰值时刻前的降水时间及峰值时刻后的降水时间。在分析时对降水事件以峰值时刻为中心进行合成,将峰值时刻计为 0 时刻,峰值前(后)1 h 为 $-1(+1)$ 时刻,峰值前(后)2 h 为 $-2(+2)$ 时刻,以此类推。本节中将 2005—2010 年 5—6 月的各台站所有降水以及同时刻的南岳站的要素场按以上方法进行统计合成,主要对持续性的降水过程进行分析。由于降水开始时的降水量一般较小,相关性的时空分布不易显现,所以在计算相关系数时本节选择合成降水事件降水峰值时刻的降水量,即利用统计合成后与降水峰值时刻及其前 12 h 的南岳站的风场与相应降水事件峰值时刻的降水量求相关。

### 5.1.2　持续性降水与风场的关系

低空急流对我国长江流域及其降水有很大影响(朱乾根,1975;孙淑清 等,1980;董佩明 等,2004),高山站风场与低层 850 hPa 的风场基本一致(图 5.1a),可用来表征低空流场的关键特征。图 5.1b 给出低空急流最常出现的层次,这里低空急流的定义为风速超过 12 m/s 且为 700 hPa 以下最高值。由图可见,在图示的大部分地区,低空急流均多出现于 700 hPa;而在南岳山以西包括湖南、重庆和贵州等地,低空急流则常出现在 850 hPa。因此,海拔高度位于 850 hPa 左右的南岳站观测的风场可以很好地捕捉南岳站附近低空急流的出现。图 5.1c 给出在 JRA25 资料中 2005—2010 年 5—6 月 850 hPa 低空西南急流出现的频次。可以看出,低空西南急流出现频次有两个大值中心,分别位于 25°N、110°E 及 25°N、120°E。这两个大值中心的位置与南岳站及九仙山站的位置接近。前者位于南岳站西南方向,后者位于九仙山站东南方向。这表明两个高山站都处在低空西南急流活跃的地区,其风场能在一定程度上反映低空急流的关键特征(叶成志 等,2012;尹洁 等,2014)。下文将进一步细致考察高山站风场与区域持续性降水事件的关系。

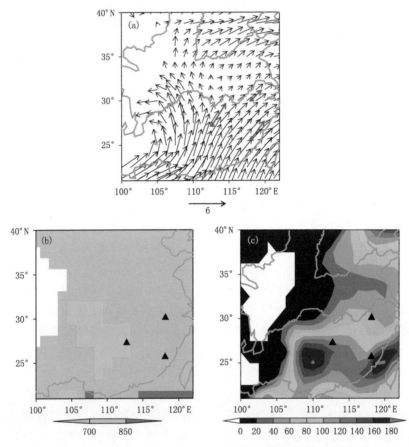

图 5.1　2005—2010 年 5—6 月平均的 JRA25 中(a)850 hPa 风场分布(红色箭头为同期高山站风场)、(b)急流最多发的层次及(c)850 hPa 西南急流出现的频次,黑色三角形为三个高山站位置

图 5.2 给出 2005—2010 年 5—6 月各站所有持续性降水事件(持续时间长于 6 h)峰值时刻降水量与峰值时或峰值前南岳站风场的相关系数。各站持续性降水事件数均大于 100 次,当相关系数大于 0.25 时,即为显著相关。从图中可以看出,无论纬向风、经向风和全风速,其与持续性降水的强正相关区域大多位于南岳站的北侧(下风向),且在降水事件峰值时、峰值前4 h 和 8 h 的相关均显著。这说明南岳站风场的增强可能会造成下游降水加强;同时,下游降水与南岳站风场的显著相关存在于降水峰值前 8 h,这说明南岳站风场对下游降水产生存在一定的指示作用。此外,高相关区域在南岳站北部分为东西两支,这与对流层低层风场在南岳站北部分为东西两支相对应。由图可见,降水与风场的高相关区域较为散乱,这可能与降水发生的随机性和局地性有关。35°N 以北地区也存在降水与南岳站的高相关区域,但是该区域风场位于中纬度西风带,而南岳站风场主要与副热带系统相联系。因此,35°N 以北地区的高相关地区可能是中纬度以及副热带环流的共同作用下产生的。

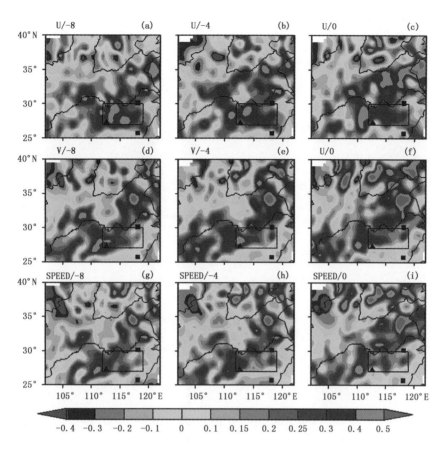

图 5.2　各站持续性降水事件峰值时刻降水量与 8 h 前、4 h 前以及同时刻的南岳站(三角形)
经向风(第一行)、纬向风(第二行)和全风速(第三行)的相关系数
(两实心矩形分别表示黄山站和九仙山站,黑色方框标示出后文中平均范围)

　　为了降低单站降水的随机性对分析造成的影响,选取一个相关性较高的区域(图 5.2 中方框),利用区域平均的降水进行下面的分析。由于南岳站东西两侧风场存在差异,此处仅取东侧区域进行分析。计算时,首先将各个时次区域内所有台站的降水进行平均,得到 8784 个时刻(2005—2010 年 5—6 月)的区域平均降水量,再根据此降水序列统计降水事件,并选出区域平均的 112 个持续性降水事件进行下面的分析。

　　图 5.3 给出 112 个区域平均的持续性降水事件峰值时的降水量以及同时刻的南岳站风场的散点图。总体来说,当纬向风、经向风和全风速越强时,峰值时的降水越大。对于纬向风,持续性降水事件多出现在南岳站为西风或弱东风时(图 5.3a);仅有两个持续性降水事件在强东风下(<4 m/s)达到降水峰值。当南岳站上空为北风控制时,南岳站下游的持续性降水的峰值强度通常较小,并且经向风与降水强度的关系并不明显(图 5.3b)。南岳站的强南风通常与中等强度至强降水相对应。风速与降水的相关性与纬向风较相似,这可能是由于纬向风速较大的缘故。诚然,图中一些风速很大的情况,并没有强降水对应出现,反之亦然。在 112 个持续性降水事件中,有 6 个降水事件的经向风速大于 5 m/s,但最大降水量却小于 10 mm/h。由于降水的生成条件不仅与风场有关,也与当时的环境温度和湿度等变量相关,这可能是造成降水与风场不完全对应的原因之一。但是对于纬向风来说,此类情况仅有 1 次,说明对于下游降水

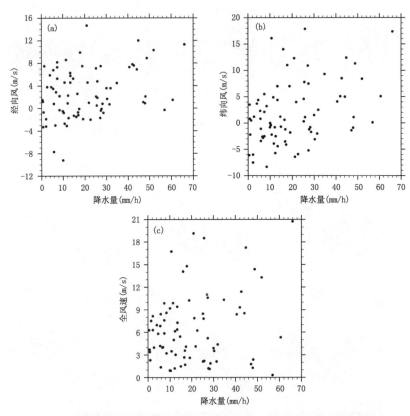

图 5.3　区域平均的持续性降水事件峰值时刻降水与同时刻南岳站经向风(a)、
纬向风(b)和全风速(c)的散点图

来说,强南风比强西风更为重要,这可能是因为南风可以携带更多的水汽。从图中也可以看出,在一些降水事件中,降水峰值时的南岳站风速并不能达到通常定义的急流的标准(12 m/s),这与风速在降水峰值前达到最高值有关。进一步的分析表明,2005—2010 年 5—6 月所有 112 个持续性降水事件的平均最大风速是大于 12 m/s 的。

从图 5.2 中可以看出,风场与降水相关的最大值并不总是出现在降水达到峰值的时刻。图 5.4 对比了持续性降水峰值前 0～12 h 风场与降水场的相关性的变化。由图可知,降水峰值前 5～8 h,经向风、纬向风和全风速与峰值时降水量的相关性均较高,并且纬向风和全风速与峰值降水的相关性较经向风更高。对于经向风来说,相关性从降水峰值前 12 h 开始逐步增长,降水峰值前 5～8 h 的相关系数均维持在较高水平,后逐渐减小,最高相关值出现在峰值前 7 h。对于纬向风,降水与风场的相关性逐步增强,并在降水峰值前 8 h 达到最大,随后逐步减小;风速与降水相关性的变化与经向风较相似,但在峰值前 7 h 达到最高。对于 112 个持续性降水事件,风速与降水峰值的相关系数在峰值前可以达到 0.6。对于纬向风、经向风和全风速,其与降水的相关性在降水峰值前 0～2 h 又有所增大。南岳站风场与周边降水在峰值前的显著相关也说明南岳站风场可以作为周边降水预报中的参考因子。

同时,将南岳站纬向风对应的水汽输送与周边台站峰值时刻降水量的相关系数空间分布图中相关系数相对较大的区域,即 27°～33°N 范围内的相关系数进行平均,给出该范围内相关系数的经度—时间剖面图(图 5.5)。从图中可以看出,高相关区域主要位于南岳站(112°42′E)的

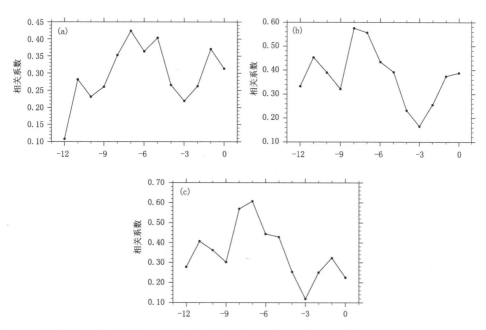

图 5.4　区域平均的持续性降水事件峰值时降水量与峰值时至降水峰值前 12 h 南岳站的经向风(a)、
纬向风(b)和全风速(c)的相关系数

（横坐标为降水峰值时刻前 1~12 h,峰值时刻前 1 h 为−1 时刻,峰值时刻前 2 h 为−2 时刻,以此类推）

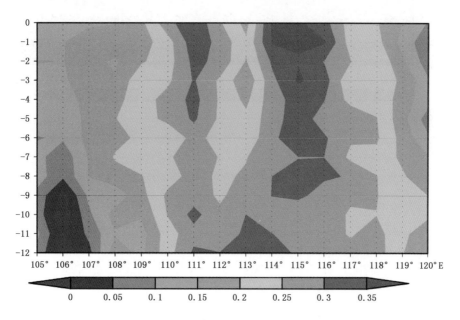

图 5.5　2005—2010 年夏季(5—6 月)南岳站纬向风与比湿的乘积与周边台站持续性降水的峰值时刻
降水量之间的相关系数,在 27°~33°N 范围内进行平均的剖面图

（横坐标为经度,纵坐标为降水峰值时刻前 1~12 h,峰值时刻前 1 h 为−1 时刻,峰值时刻前 2 h 为−2 时刻,以此类推）

东侧 115°~117°E 的范围内,相关系数一直处于较高的水平,大部分时刻该区域的相关系数大
于 0.3,在峰值时刻前 1 h 超过 0.35。而该区域东西两侧的相关系数均有一定程度下降。这
是由于夏季我国对流层低层盛行西南风,南岳站以东的相关系数的大值区是位于南岳站西风

的下游方向。从时间演变上来看,自峰值前 9 h 开始,水汽输送与峰值时降水的相关系数逐渐上升,在峰值时刻前 1 h 达到最大。

与分析纬向风场类似,将南岳站经向风对应的水汽输送与周边台站峰值时刻降水量的相关系数空间分布图中相关系数相对较大的区域,即 110°～115°E 范围内的相关系数进行平均,给出该范围内相关系数的时间—纬度剖面图(图 5.6)。从图中可以看出,经向水汽输送有着较纬向水汽输送更为明显的时间演变。峰值时刻前 5 h,相关系数开始增大,在峰值时刻前 2 h 相关系数达到最大,在峰值时刻前 1 h 下降。从空间分布来看,在 28°～31°N 之间较大。南岳站纬度为 27°18′N,故相关系数的大值区同样出现在南风的下游,即南岳站的北部。可以看出,在这个区域内从峰值时刻前 5 h 开始,相关系数达到 0.35 以上。

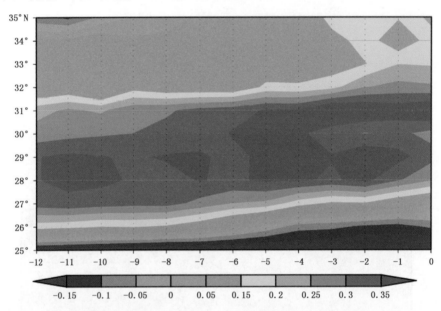

图 5.6　2005—2010 年夏季(5—6 月)南岳站经向风与比湿的乘积与周边台站持续性降水的峰值时刻降水量之间的相关系数,在 110°～115°E 范围内进行平均的剖面图
(纵坐标为纬度,横坐标为降水峰值时刻前 1～12 h,峰值时刻前 1 h 为 −1 时刻,峰值时刻前 2 h 为 −2 时刻,以此类推)

高山站的风场不仅可以给出对流层低层风场的方向和速度,同时也可以提供低层环流的散度信息。黄山站位于南岳站的下游(北侧),两站经向风之差可以部分体现这两站之间的散度情况。另外,与九仙山站一起,三个站可以拟合一个平面,并计算该平面上的散度代表三站间对流层低层的散度状况。对于 2005—2010 年 5—6 月中三站均有观测的 5774 个时次,三站计算的散度与黄山站和南岳站的经向风速差之间的相关系数可以达到 −0.32,说明了两种计算散度方法的一致性。通过对比高山站计算的对流层低层散度与 JRA25 再分析资料中散度可知,超过 75% 的时刻高山站与再分析资料散度符号一致,二者的相关系数达到 0.26。因此,认为三个高山站计算得到的低层散度是可信的。

图 5.7(a～b)给出经向风速差与高山站计算散度在降水峰值时至峰值前 12 h 的变化。从降水峰值前 12 h 至 3 h,经向风速差始终大于 1.53 m/s(气候平均态)。相应地,三个高山站之间被辐合气流控制。经向风速差在降水峰值前 6 h 达到最大,而散度在降水峰值前 7 h 达到最小值。风速差与峰值时降水的相关性则在降水峰值前 8 h 达到最大(图 5.7c),并且相关系

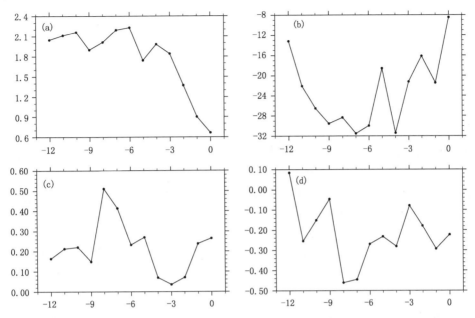

图 5.7 （a)区域平均的持续性降水事件峰值时至峰值前 12 h 的黄山站与南岳站经向风速差(单位:m/s)。
(b)同(a),但为南岳站、黄山站和九仙山站风场计算的散度(单位:$10^{-6}\,s^{-1}$)。(c)和(d)为区域平均的持续性
降水事件峰值时降水与峰值时至峰值前 12 h 的经向风速差和散度的相关系数

数大于 0.5,随后相关系数逐渐减小。与风场相似的是,在峰值前几小时,风速差与降水的相
关又有升高,但只到达 0.3 左右。高山站计算的散度与降水峰值的相关性与风速差相似,也在
降水峰值前 8 h 达到最强(图 5.7d)。

上述结果表明,南岳站风场与下游降水显著相关,相关关系在降水峰值出现前若干小时达
到最大。此外,利用多个高山站的风场数据可以估计对流层低层的散度状况,且散度与降水的
最高相关也出现在降水峰值前。

### 5.1.3 小结

本节利用台站降水资料及 JRA25 再分析资料,以降水时间为单位,对南岳站风场与持续
型降水的关系进行了分析。

结果表明,南岳站位于低空急流活跃的地区,其风场能在一定程度上代表低层风场的情
况。降水方面,南岳站与其下游的降水峰值时刻降水量有着较好的超前相关。当纬向风、经向
风及全风速越强时,峰值降水越大。在峰值前 5~8 h,纬向风、经向风及全风速与峰值时刻降
水量相关性较好。此外,利用多个高山站的风场计算低层散度也与降水在峰值前有很好相关。
由此可见,高山站的风场数据对下游降水预报有一定的指示作用。

## 5.2 江南春雨期我国中东部两个高山站风速变化特征及其指示作用

每年春季位于长江中下游以南的江南春雨是东亚独特的天气气候现象。在此期间,江南
的东亚副热带季风雨带在 3—5 月持续稳定,并在南海夏季风建立前降水范围向华南扩展,形

成华南前汛期前期降水;在南海夏季风建立后,随着东亚副热带季风从华南向北推进,并依次形成华南前汛期后期降水、江淮梅雨及华北雨季(高由禧 等,1962)。江南春雨期通常持续低温阴雨天气,对该区域春耕春播、交通易造成不利影响,这是除了初夏在长江中下游地区出现的梅雨之外另一个多雨时段。20 世纪中叶以来,我国很多气象工作者对江南春季连阴雨进行了广泛的研究(李麦村,1977;吴宝俊,1996;He et al.,2003;Ding et al.,2004;吕俊梅 等,2006)。包澄澜(1980)将 3—4 月我国华南地区的多雨时段称为汛期雨季;Tian 等(1998)提出春季持续降水的概念;万日金等(2006,2008)认为从第 13—27 候发生于 30°N 以南、110°E 以东、雷州半岛以北的我国中东部地区的持续性降水为江南春雨;王遵娅等(2008)通过分析我国雨季的气候学特征将第 21—27 候划分为江南春雨期;刘宣飞等(2013)将南海季风爆发前(第 28 候)出现在长江以南、南岭以北地区的降水统称为江南春雨,并将第 10—15 候、第 16—27 候分为江南春雨期的两个阶段;吴贤云等(2015)采用候降水超过 30 mm 的连续时段作为雨季的标准,将 4 月第 2 候至 7 月第 1 候定义为江南西部雨季。

江南春雨的建立是发生在冬春季大气环流的缓变过程中,是冬季雨型向夏季雨型的过渡(李超,2009),缺乏标志性环流形势的调整,给江南春雨建立时间的确定带来一定的困难。位于长江以南的南岳站和庐山站实行一天 24 个时次自动逐时观测,可对其所在高度代表的对流层低层环流进行连续监测,同时它们又位于东亚季风显著影响区域,其风场要素时变特征,对季风雨带生消移动有重要指示作用。本节将对江南春雨的演变特征及江南春雨期两站风的变化以及这两站标准化西南风指数在江南春雨建立前后的变化情况进行分析,旨在探讨这两个高山站风场演变特征对江南春雨的指示作用,为江南春雨的预报预测业务提供一些有意义的参考。

### 5.2.1　资料与方法

本节采用国家气候中心整理的全国 740 站逐日降水资料,分析我国中东部(35°N 以南、110°E 以东区域)江南春雨期降水的变化特征,采用南岳站和庐山站 1961—2013 年逐日 4 次 2 分钟平均(定时)风等资料分析两个高山站江南春雨期风的变化特征,采用两个高山站标准化西南风指数对江南春雨期降水进行相关性分析。高山站西南风指数的定义方法同 § 2.4 节(2.13)式。

此外,本节采用一元线性回归分析了江南春雨、两个高山站风速的长期变化趋势,降水与两个高山站标准化西南风指数的空间相关;并采用 Mann-Kendall 突变、Morlet 小波、经验正交函数(EOF)(魏凤英,1999)、集合经验模态分解方法(EEMD)(李慧群 等,2015)等方法分析江南春雨时间变化及季节内振荡。

### 5.2.2　江南春雨的变化特征

图 5.8 为第 13—27 候中国东部地区多年平均(1961—2013 年)降水量图。分析可知,在该时段江南地区存在降水大值区,大值区呈东北—西南走向,位于长江中下游以南(22°~30°N、110°~120°E),中心强度为 5~7 mm/d,即为江南春雨(Spring Persistent Rains,简称 SPR),南岳和庐山高山站位于江南春雨区中心附近。

分析我国中东部第 1—72 候经向平均纬度时间剖面图(图 5.9)可以发现,江南春雨区中心轴线在 1 月就已经存在,但强度较弱(≤3 mm/d);在 3 月初达到 4 mm/d,第 13—27 候前后

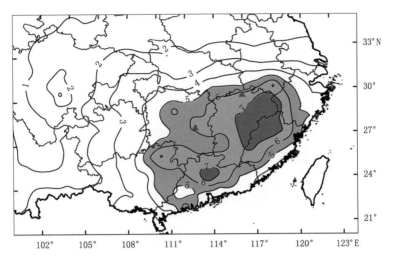

图 5.8　1961—2013 年第 13—27 候平均降水量(单位:mm/d)(红色三角形所示分别为南岳站和庐山站位置)

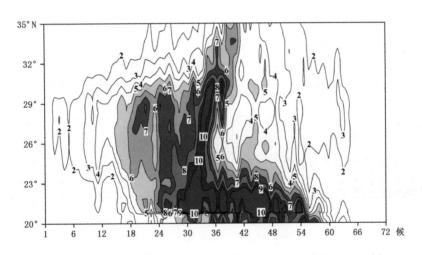

图 5.9　110°～120°E 经度平均纬度时间候平均降水量(单位:mm/d)剖面

达到最强,位置少动;第 28—29 候前后南海夏季风爆发,雨带中心南移,华南地区进入主汛期;6 月下旬至 7 月上旬雨带北跳至长江流域,第 37—38 候前后雨带继续北跳至华北;另外有一条雨带位于华南,并维持至第 53—54 候前后,之后在江南地区建立并维持一个弱的降水中心,与高由禧 等(1962)研究一致。可以发现在第 13—27 候雨带主要位于江南地区,雨带的轴线大概在 28°N 附近,江南丘陵地区进入多雨时段,第 13 候达到 4 mm/d,第 15 候增加到 5 mm/d,第 19—27 候为最强时段,雨带中心轴线北跳至 28°N 附近具有较好的指示意义,即江南春雨建立。

　　进一步分析江南春雨区区域平均雨量的年际变化曲线(图 5.10a)可知,多年平均降水量为 5.7 mm/d,雨量的时间变化可以分为两个时段,在 20 世纪 80 年代初以前雨量呈显著增加趋势,1983 年以前线性倾向趋势为 0.9 (mm/d)/10a,1984—2011 年雨量呈显著减少趋势,线性倾向趋势为 −0.4 (mm/d)/10a (均通过 0.05 显著性检验)。7 年滑动平均曲线表明,20 世纪 70 年代初以前、90 年代末以后雨量偏少,70 年代初至 90 年代末雨量偏多。可以发现 20 世纪 80 年代初以后降水明显减少的趋势为突变现象,具体发生年份为 2002 年(图 5.10b)。

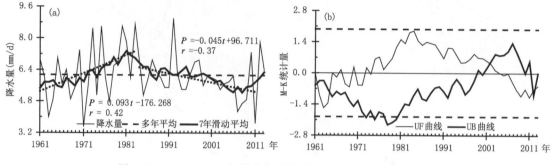

图 5.10　1961—2013 年江南春雨的时间变化(a)及突变分析(b)

图 5.11 给出江南春雨 1961—2013 年的 Morlet 小波及小波功率谱结果。可以看到,江南春雨存在 2~4 年、5~7 年和 14~17 年左右的振荡周期(图 5.11a),其中 2~4 年振荡在 53 年中始终存在,且振荡周期稳定;在 5~7 年时间尺度上,由 20 世纪 60 年代初的 5 年振荡周期逐渐过渡到 21 世纪初的 7 年振荡周期;14~17 年左右的振荡周期在 53 年中经历了 6 次雨量偏大和偏小的转变。江南春雨 Morlet 小波功率谱分析发现(图 5.11b),2~4 年振荡周期在 20 世纪 60 年代初至 90 年代中期、2007 年以后较显著。

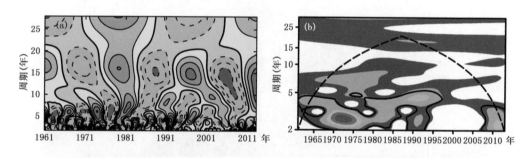

图 5.11　江南春雨的 Morlet 小波分析(a)及小波功率谱分析图(b)
(b 图中黑实线表示通过 0.05 水平显著性检验,虚线以下区域表示去除边界效应后的周期尺度)

为了了解江南春雨区降水出现的集中时段,下面将对 1961—2013 年江南春雨区的降水进行 EOF 分析。考虑到降水延续性,选取时段为第 13—27 候(3 月 1 日至 5 月 15 日)。其前四个模态见图 5.12,前 4 个方差相差不大,方差贡献百分率分别占到了总方差的 15.1%、12.8%、9.9% 与 8.0%,说明在实际降水序列中,前四个模态出现的概率都相差不大。

第一模态表明,江南春雨区整体表现为多雨(少雨)—少雨(多雨)—多雨(少雨),主要集中时段为第 13—15 候、第 20—27 候;第二模态为江南春雨区以多雨(少雨)为主;第三模态为整个春雨期多雨与少雨相间出现;第四模态无明显春雨集中期,但候际变率较大,表明春雨期降水变率比较大,多以强降水(干旱)为主。

对江南春雨区前两个主模态(第 13—15 候、第 20—27 候 2 个多雨时段,春雨期均为多雨时段)时间系数(图 5.13)分析发现,2 个多雨时段呈现明显的波动变化,在 20 世纪 70 年代初至 80 年代初、2008 年以后这种模态更加明显;春雨期均为多雨时段该模态在 20 世纪 80 年代初至 90 年代中期表现明显,之后有明显减弱趋势。

由于降水演变具有非线性非平稳特征,适合采用 EEMD 提取江南春雨区降水在不同时间

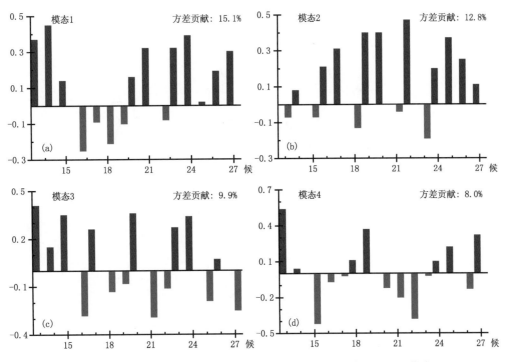

图 5.12　江南春雨区逐候降水序列 EOF 分析(a～d 分别为前 1～4 模态)

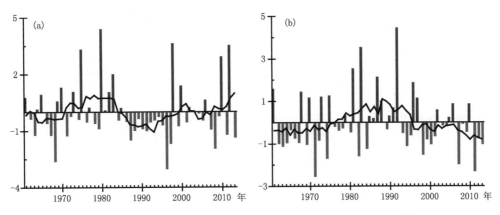

图 5.13　江南春雨期降水序列 EOF 分析的前二个模态时间系数

(柱状为时间系数;黑色实线为 7 年滑动平均)

尺度上的变化分量,进而分析其季节内振荡。主要考虑其气候特征,采用 1961—2013 年作为气候值,选取 3 月 1 日至 5 月 15 日的逐日降水资料作为原始资料,图 5.14 是日降水的集合经验模态分解结果。其中图 5.14a 为原始降水序列,表明江南春雨区降水呈波动上升趋势,图 5.14f 为降水序列的趋势项,表明降水从 3 月初至 5 月中旬逐渐增多。

图 5.14(b～e)分别表征集合经验模态分解的前 4 个本征函数项,表征了江南春雨期降水的不同时间周期振荡分量。分析 1～4 模态本征函数,可以看出江南春雨日降水分别存在的 3 d、7 d(单周)、15 d(准双周,或 10～20 d)、40 d(30～60 天)周期振荡。10～20 d 周期振荡江南春雨期可出现 5 个完整的波动,波峰分别对应于 3 月 3 日、3 月 23 日、4 月 6 日,4 月 20 日和 5 月 5 日,与降水序列对比,其中第 1～2、4～5 个波峰对应于逐日降水的 4 个局部"峰";30～60

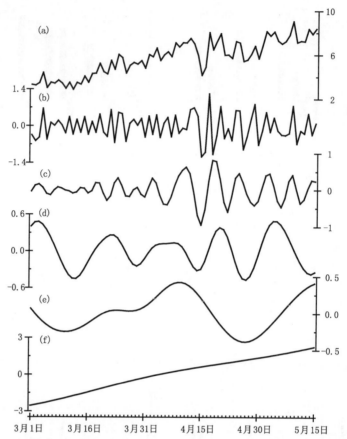

图 5.14　江南春雨区多年平均 3 月 1 日—5 月 15 日逐日降水集合经验模态分解

(a 为原始序列,b~e 为第 1~4 模态,f 为趋势项,单位:mm)

天周期低频振荡,江南春雨期共出现 3 个波动,其波峰分别对应于 3 月 1 日、3 月 23 日和 4 月 9 日,与降水序列对比能够较好对应于逐日降水量的 3 个局部"峰"。可以看出,江南春雨降水的 10~20 d、30~60 d 的低频振荡为主要季节内振荡成分。

### 5.2.3　江南春雨期高山站风场的变化特征

通过上一小节的分析,我们对江南春雨的气候变化特征有了一定的了解,那么位于东亚季风关键影响区域的南岳、庐山两站风的变化特征与江南春雨有何相关性呢?我们在这一小节中将作重点分析。

从图 5.15a 分析可知,1961—2013 年南岳站江南春雨期平均风速在 5.2 (1996、2000、2001 年)~8.7 m/s (1973 年)之间,平均风速呈明显减小趋势,线性趋势为－0.35 (m/s)/10a(通过 0.01 显著性检验)。7 年滑动平均曲线表明,20 世纪 80 年代中后期之前年平均风速偏大,80 年代中后期以后年平均风速偏小。

庐山站江南春雨期平均风速在 3.2(2001 年)~6.8 m/s (1961 年)之间,平均风速呈显著减小趋势(图 5.15),线性趋势为－0.49 (m/s)/10a (通过 0.01 显著性检验)。7 年滑动平均表明,20 世纪 80 年代末之前年平均风速偏大,80 年代末以后年平均风速偏小,1990 年之前的 32 年中只有 2 年为负距平(1986、1989 年),1991 年之后 24 年风速均为负距平。

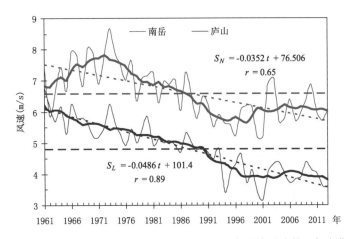

图 5.15 1961—2013 年江南春雨期南岳站、庐山站风速的逐年变化

(图中细实线表示风速的逐年变化,粗实线表示 7 年滑动平均曲线,短虚线表示趋势线,长虚线表示多年平均线)

分析可知,南岳站江南春雨期多年平均风速(6.6 m/s)明显大于庐山站江南春雨期多年平均风速(4.8 m/s),两者相差 1.6 m/s。两站江南春雨期平均风速年代际变化特征非常相似,1961—2013 年庐山与南岳的相关系数为 0.74,通过 0.01 显著性检验;在 20 世纪 60 年代末期之前南岳站风速明显增加,而庐山站风速明显减小。通过对比两站平均风速的时间变化与我国地面平均风速时间变化可以发现,二者时间变化比较一致(王遵娅 等,2004;中国气象局气候变化中心,2014),均呈显著减小趋势,在 60 年代至 80 年代中期为正距平,之后转为负距平,90 年代中期之后减小趋势变缓,但南岳站、庐山站风速减小速率更大。这种地面风速减弱趋势在北半球大部分地区均可观测到。有研究认为,我国风速减小的实质是亚洲冬、夏季风的减弱,也可能与全球变暖导致近 30 年大尺度海陆热力差异减小有关(Vautard R,2010)。

通过对 1961—2013 年南岳站和庐山站江南春雨期每日 02、08、14 和 20 时风向风速做统计,分别得到两站江南春雨期的平均风向和风速玫瑰图(图 5.16),可以发现两站主导风均为偏南风,次主导风为偏北风。

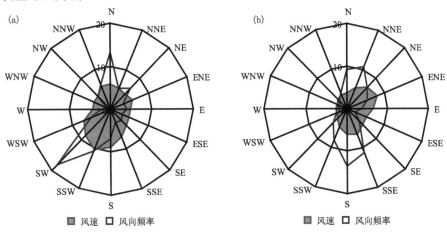

图 5.16 1961—2013 年江南春雨期南岳站(a),庐山站(b)风向频率、风速玫瑰图

(图中蓝色粗实线为风向频率,面积为风速)

南岳站江南春雨期的主导风向为西南风（SW），占 18.4％，风速为 8.5 m/s；北风（N）次之，占 13.2％，风速为 5.8 m/s。风向频率超过 10.0％的还有南西南风（SSW），为 10.6％。南西南风（SSW）风速最大，为 10.3 m/s；南风（S）次之，为 8.9 m/s。

庐山站的主导风向为南风（S），占 13.5％，风速为 6.1 m/s；南东南风（SSE）次之，占 11.3％，风速为 6.6 m/s。风向频率超过 8.0％的还有北东北风（NNE）、北风（N）、南西南风（SSW），分别为 10.6％、9.1％、8.1％。东东北风（ENE）风速最大，为 7.9 m/s；东北风（NE）次之，为 7.0 m/s。

分析发现，南岳站和庐山站江南春雨期盛行风向均以偏南风为主，但是由于地理位置、观测环境等差异，两个高山站风具有各自的变化特征，其中南岳站为西南风（SW）和北风（N）的转换，庐山站为南风（S）和北东北风（NNE）的转换，南岳站主导风的频率、风速均明显大于庐山站。

两个高山站江南春雨期平均风速的 M-K 检验（图 5.17a）可以发现，南岳站江南春雨期平均风速在 20 世纪 80 年代初之后呈下降趋势，在 80 年代末至 90 年代初以后下降趋势超过了 0.05 临界线，其至超过了 0.01 显著性水平（$\mu_{0.01} = -2.56$），表明南岳站江南春雨期平均风速下降趋势十分显著。根据 UF 和 UB 曲线的交点位置，确定 80 年代初之后下降趋势是一突变现象，具体开始年份为 1985 年。

庐山站江南春雨期平均风速在统计时段内均呈下降趋势，在 20 世纪 70 年代中期以后下降趋势超过了 0.05 临界线甚至超过了 0.01 显著性水平（$\mu_{0.01} = -2.56$），表明庐山站江南春雨期平均风速下降趋势十分显著。根据 UF 和 UB 曲线的交点位置，确定风速下降趋势是一突变现象，具体开始年份为 1986 年（图 5.17b）。与一些在 20 世纪 60 年代中期开始的有关东亚夏季风有年代际减弱趋势的研究成果一致（Wang，2001；Xue，2001；宋燕 等，2001），且于 20 世纪 70 年代中期开始出现转折，并能够清楚地在大气风场的变化上表现出来（Wang，2002）。

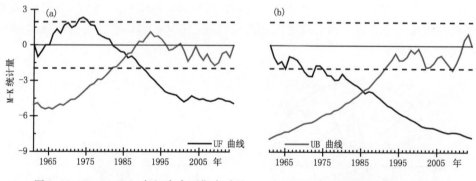

图 5.17　1961—2013 年江南春雨期南岳站(a)、庐山站(b)风速 Mann-Kendall 突变

图 5.18 给出两个高山站 1961—2013 年江南春雨期平均风速的 Morlet 小波结果。可以看出，南岳站年平均风速存在 2～3 年、4～7 年和 14～18 年左右的振荡周期（图 5.18a），其中 2～3 年振荡在 53 年中始终存在，且振荡周期稳定；在 4～7 年时间尺度上，20 世纪 80 年代中期以前和 90 年代中后期以后比较明显；15～17 年左右的振荡周期在 53 年中经历了 6 次风速偏大和偏小转换。其中，2～3 年振荡周期在 20 世纪 70 年代中期以前、80 年代中后期、90 年代末至 2007 年以后较显著（图略）。

　　庐山站江南春雨期平均风速存在 2～3 年、5～6 年、13～15 年和 21～25 年左右的振荡周期(图 5.18b)。2～3 年和 5～6 年时间尺度上，在 53 年中始终存在，且振荡周期稳定。13～14 年左右的振荡周期在 20 世纪 90 年代中期以后较明显。21～25 年左右的振荡周期在 53 年经历了 4 次风速偏大和偏小转换。其中，2～3 年振荡周期在 20 世纪 70 年代初较显著(图略)。

　　由此可知，两个高山站风速的周期变化与东亚季风周期变化比较一致(徐建军 等，1997；李建平 等，2005)，其 2～3 年的周期变化与东亚季风准 2 年(Quasi-biennial Oscillation)的年际振荡一致，4～7 年的周期变化与东亚季风 3～6 年(Low-frequency Oscillation)的年际振荡一致，13～18 年的周期变化与东亚季风 16～18 年(Interdecadal Oscillation)的年代际振荡和长期变化趋势一致。

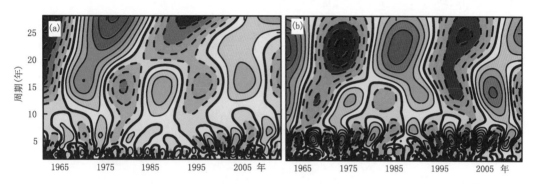

图 5.18　1961—2013 年江南春雨期南岳站(a)、庐山站(b)风速 Morlet 小波分析图

## 5.2.4　西南风指数与江南春雨的相关

　　分别计算 1961—2013 年第 12—26 候逐候南岳站、庐山站标准化西南风指数与我国中东部 1961—2013 年第 13—27 候逐候雨量的相关系数，其结果见图 5.19。可以发现两个高山站标准化西南风指数与我国中东部雨量的高相关区主要位于 23°N 以北区域，南岳站标准化西南风指数与雨量相关系数≥0.2 的区域主要位于 107°E 以东、26°N 以北的区域，庐山站标准化西南风指数与雨量相关系数≥0.2 的区域主要位于 107°E 以东、28°N 以北的区域，可以发

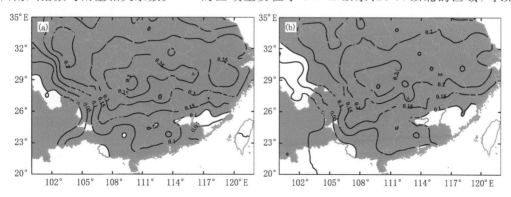

图 5.19　1961—2013 年第 12—26 候南岳站(a)、庐山站(b)标准化西南风指数与我国中东部 1961—2013 年
第 13—27 候降雨的相关图
(图中灰色表示通过 0.01 显著性检验区域，红色三角形分别为南岳站、庐山站)

现相关系数≥0.2的区域主要位于两个高山站主导风的下风向区域,因此,可以认为两个高山站的标准化西南风指数对江南春雨具有较好的指示作用。

　　为了分析江南春雨建立前及发生期间南岳站、庐山站标准化西南风指数的变化情况,对江南春雨降水量与两个高山站标准化西南风指数第1—72逐候演变(图5.20)分析发现,雨量与两个高山站标准化西南风指数的演变非常一致,降水量与两个高山站标准化西南风指数相关系数达到0.68和0.96(均通过0.01显著性检验)。在江南春雨建立(第13候)之前,南岳站标准化西南风指数第8候由负转向正,第9候迅速增大,之后有所减弱,第11—13候稳定维持在0.6 m/s以上。在江南春雨最强时段(第19—27候)之前,南岳站的标准化西南风指数又有迅速增大时期(第15—16候),之后有所回落(第17候),第18—21候稳定维持在1.6 m/s以上。在江南春雨期(第13—27候)雨量和标准化西南风指数均为波动增加趋势。

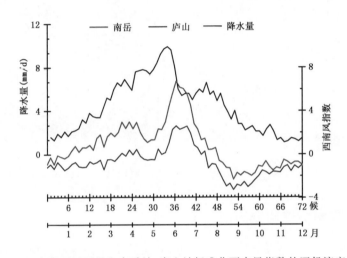

图5.20　江南春雨区雨量和南岳站、庐山站标准化西南风指数的逐候演变曲线

### 5.2.5　强、弱江南春雨年高山站风的特征

　　由图5.10a中的江南春雨的时间变化确定8个强(+1.5δ)江南春雨年(1970、1973、1975、1980、1981、1983、1992、2012年)和6个弱(−1.5δ)江南春雨年(1963、1971、1977、2007、2008、2011年),分别统计两个高山站江南春雨期16个方位风向频率及对应风速的变化。图5.21为强、弱江南春雨年两个高山站江南春雨期风向频率及对应风速的差值,可以发现强江南春雨年,南岳站 NE、SE、S、SW、WSW 风的频率均偏少,对应风速均偏大,其中 SW 风的频率偏少5.3%,对应风速偏大1.1 m/s;其余风向的频率均偏大。庐山站 NE、E、S、SSW、SW、WSW 风的频率均偏少,其中 SSW 风的频率偏少4.8%,对应风速偏小0.1m/s;其余风向的频率均偏大。

　　以上分析表明,由于地理位置的差异,强、弱江南春雨年两个高山站江南春雨期的风向频率及风速的变化虽然存在一定的差异,但是,强江南春雨年偏北风频率均偏多,偏南风频率明显偏少,风速以偏大为主;弱江南春雨年则反之。

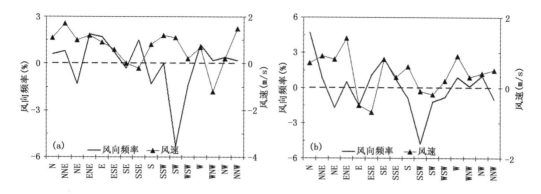

图 5.21　南岳站(a)和庐山站(b)强、弱江南春雨年同时段的风向频率及对应风速的差值

## 5.2.6　小结

(1)在第 13—27 候雨带主要位于长江中下游以南、南岭以北的地区,雨带的轴线大概在 28°N附近,南岳站、庐山站位于江南春雨区中心附近。1961—2013 年江南春雨的时间变化可以分为两个时段,在 20 世纪 80 年代初以前雨量呈明显增加趋势,1984—2011 年呈明显减少趋势,且减少趋势在 2002 年发生了突变;江南春雨存在 2～4 年、5～7 年和 14～17 年准周期变化。

(2)江南春雨期,2 个多雨时段和春雨期均为多雨期是其季节内降水的两个主要模态。2 个多雨时段主要出现在第 13—15 候、第 20—27 候,这个模态在 20 世纪 70 年代初至 80 年代初、2008 年以后较明显;春雨期均为多雨时段这个模态在 20 世纪 80 年代初至 90 年代中期较明显。江南春雨降水的 10～20 d、30～60d 的低频振荡为主要季节内振荡成分。准双周振荡在整个雨季中表现为 5 个波动,30～60d 振荡表现为 3 个波动,波峰分别出现在 3 月上旬初、3 月下旬初、4 月上旬末。

(3)1961—2013 年江南春雨期南岳、庐山两站的平均风速均呈显著减小趋势,在 20 世纪 80 年代前年平均风速偏大,之后风速偏小,且风速减小趋势在 20 世纪 80 年代中期发生了突变。这种风速减小的实质是亚洲季风的减弱,也可能与全球变暖导致近 30 年大尺度海陆热力差异减小有关。两个高山站风速的周期变化与东亚季风周期变化比较一致,东亚季风准 2 年的年际振荡与两个高山站 2～3 年的周期变化一致,3～6 年的年际振荡与两个高山站 4～7 年的周期变化一致,16～18 年的年代际振荡和长期变化趋势与两个高山站 13～18 年的周期变化一致。

(4)江南春雨期两个高山站盛行风向以偏南风为主,由于地理位置等的差异,两个高山站风具有各自的变化特征,其中南岳站为西南风(SW)和北风(N)的转换,庐山站为南风(S)和北东北风(NNE)的转换。

(5)两个高山站的标准化西南风指数对江南春雨具有较好的指示作用,空间高相关区主要位于两站主导风的下风向区;江南春雨区平均降水量与两个高山站西南风指数的年内相关系数达到 0.68 和 0.96,在江南春雨建立之前,南岳站西南风指数明显增大,之后稳定维持在一定风速,预示江南春雨的建立,在江南春雨期(第 13—27 候)雨量和标准化西南指数为一致的波动增加趋势。强江南春雨年、偏北风频率均偏多,偏南风频率明显偏少,风速则偏大;弱江南春雨年则反之。

## 5.3　南岳站风向风速演变对湖南强降雨天气过程的指示作用

### 5.3.1　湖南暴雨天气形势主客观分型

暴雨是不同天气尺度系统相互作用造成的,其落区、强度及分布特点的差异在很大程度上取决于天气系统的不同配置(Houze,2004;Mukhopadhyay *et al*.,2009;赵玉春 等,2011;Shepherd *et al*.,2011;吴乃庚 等,2012;孙建华 等,2013),故天气形势分型对暴雨预报尤为重要。陶诗言先生(1980)曾经指出,在我国东部地区的汛期暴雨预报中,副高位置和强度变化是第一重要的依据,其次,西风带环流型的划分也是不可忽视的依据,据此他对我国暴雨环流形势特征及雨带分布作了精辟描述。在湖南的暴雨预报中,老一辈预报员在日常预报中将湖南西风带暴雨形势分为低槽类、切变类、南支小槽类、静止锋类及副高边缘类等5类(程庚福 等,1987),并基于主观分型提炼了各自的预报着眼点和预报指标。这些研究成果在当时的暴雨预报实际业务中起到了至关重要的作用。

随着现代天气业务快速发展和计算机应用能力显著提高,气象工作者能够获得的常规、非常规观测资料以及模式预报产品越来越丰富,使主观预报手段逐步走向客观化和定量化成为必然。20 世纪 90 年代,我国一些气象科研人员在天气形势的客观分型方面做了一些有益的尝试(臧建华,1992;罗兴宏,1995;汤桂生 等,1996),客观分型在降水预报中的应用也常见于国外研究中(Romero *et al*.,1999;Marzban *et al*.,2006;Fragoso *et al*.,2007;Gocic *et al*.,2013)。

但由于客观天气分型方法较多,得出的分型结果差别很大,难以在实际业务中加以应用。近年来一些气象学者(陈明璐 等,2012;周慧 等,2013;常煜 等,2014;许爱华 等,2014)针对暴雨和强对流环流形势仍然沿用了主观分型方法。主观分型虽是以天气学理论为指导,系专业知识和预报经验的结晶,对业务预报有较好的参考作用,但多源于预报经验基础上的总结,仍不可避免存在主观片面性和不确定性,也难以在实际预报中业务化应用。

本节依据湖南暴雨预报经验和技术方法,对 2006—2014 年湖南汛期强降雨天气过程进行主观分型,在此基础上,利用 K-均值动态聚类法,进行暴雨日的天气型划分和关键特征研究,以期得到与主观分型结果相匹配、且能反映强降雨特征的最优暴雨日天气形势场客观分型结果,从而有效开展基于环流客观分型的暴雨相似个例检索技术研究,提高其客观化、自动化程度。

#### 5.3.1.1　资料说明

本节采用的资料包括 2006—2014 年汛期(4—9 月)强降雨天气过程期间高空、地面观测资料及同时段 NCEP $1°\times1°$ 分析场资料。

湖南汛期暴雨日的统计标准:前一日 08 时至次日 08 时的降雨量至少有 5 站次出现暴雨(≥50 mm)或 1 站次出现大暴雨(≥100 mm);强降雨天气过程的统计标准是降雨过程持续 2 d 以上(含 2 d),且过程期间至少出现 1 个符合上述标准统计的暴雨日(陈静静 等,2016)。按照这一标准,2006—2014 年湖南汛期共出现 222 个暴雨日和 117 次强降雨过程。

#### 5.3.1.2　强降雨过程的主观分型

依据湖南省汛期强降雨天气过程的预报经验和方法,对 117 次强降雨过程的主要影响系统及降雨特点、出现时段进行分析,共得到 6 类主观分型的天气型(表 5.1)。

**表 5.1　湖南 2006—2014 年汛期 6 类强降雨天气类型及出现时间、次数**

| 天气型 | 低涡冷槽型 | 地面暖倒槽锋生型 | 副高边缘型 | 梅雨锋切变型 | 华南准静止锋型 | 台风型 |
| --- | --- | --- | --- | --- | --- | --- |
| 月份 | 5—8 月 | 4—6 月 | 7—9 月 | 6—7 月 | 4—6 月 | 6—9 月 |
| 次数 | 45 | 28 | 19 | 9 | 6 | 10 |

(1)低涡冷槽型

低涡冷槽型强降雨天气过程在上述 6 类天气型中所占比例最大(占 38.5%),共 45 次。该类过程通常发生在 5—8 月,副高季节性北跳,呈带状分布,脊线位于 21°~24°N,在其西侧的我国西南地区东部有热低压、低槽或切变线发展东移;亚洲中高纬度为两脊一槽型或一槽一脊型,冷空气沿乌拉尔山高压脊前的西北气流南下,影响长江以南大部分地区。同时,亚洲东北部阻塞高压的加深,形成东高西低的有利环流形势。这样,亚洲中纬度分离的冷空气与南支槽前西南气流携带的暖湿空气交绥于湖南境内,造成湖南夏季暴雨天气过程(图 5.22a)。此类过程降雨范围广、局地降雨强度大、强降雨区多呈移动性特点并常伴有强对流天气。

(2)地面暖倒槽锋生型

地面暖倒槽锋生型强降雨天气过程共出现 28 次,占强降雨天气过程总数的 23.9%,仅次于低涡冷槽型。该类强降雨天气过程通常发生在春末夏初(4—6 月),江南地面有暖脊发展,湖南境内有东北—西南向的地面中尺度辐合线,700 hPa 和 850 hPa 江南到华南有西南急流和低槽切变线系统影响,槽前暖平流和正涡度平流的作用,使地面暖倒槽发展。当冷空气南下侵入地面倒槽,导致倒槽锋生,易形成"两湖波动"或强对流天气(图 5.22b)。此类过程期间强降雨通常自北向南发展,且具有降雨分布不均匀、局地雨强大、雨区移动快并伴有对流性降雨等特点。

(3)副高边缘型

副高边缘型强降雨天气过程共出现 19 次,占强降雨天气过程总数的 16.2%。该类强降雨天气过程通常发生在盛夏(7—9 月),副高发展强盛,已完成第二次季节性北跳,脊线位于 30°N 附近,控制江南大部。当副高东退南落或西进北抬时,特别是在其西北侧有西风带冷槽和切变线活动时,低槽与副高之间的强锋区附近常有暴雨或大暴雨发生(图 5.22c)。强降雨区主要位于湘西北和湘北,降雨强度大、强降雨区呈带状分布且稳定少动,常伴有强对流天气发生发展。

(4)梅雨锋切变型

梅雨锋切变型强降雨天气过程共出现 9 次,占强降雨过程总数的 7.7%。该类强降雨过程通常发生在 6 月中旬到 7 月中旬,副高出现第一次北跳,呈带状控制华南地区,脊线位于 22°~24°N,长江中下游地区通常位于副高西北侧西南暖湿气流或西南侧的东南急流中;中高纬度西风带环流以长波系统或阻塞系统为主,鄂霍茨克海阻高常与乌拉尔山阻高或贝加尔湖大槽同时建立,构成稳定纬向型的暴雨环流形势;河套地区有低槽东移,引导西南低涡沿江淮切变线东出;冷暖空气交绥于湘北,长江中下游地区有准东—西向梅雨锋雨带形成(图 5.22d)。强降雨区主要位于湘中以北,以稳定性或混合性降水为主,具有持续时间长、累计降雨量大、强降雨区呈带状分布且稳定少动等特点。

(5)华南准静止锋型

华南准静止锋型强降雨过程共出现 6 次,在上述 6 类天气型中所占比例最少,仅为

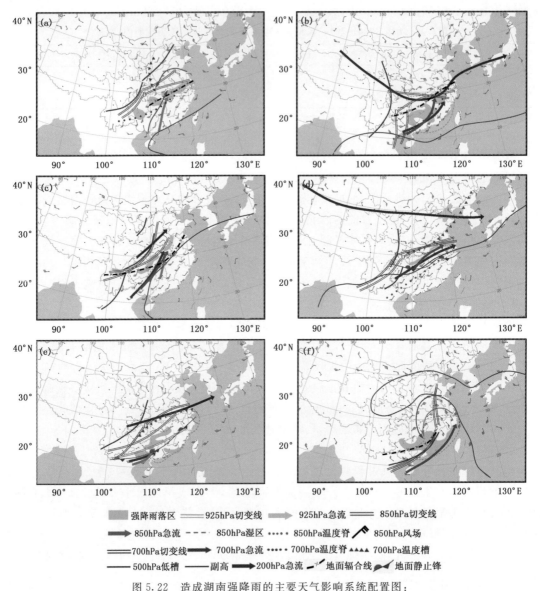

图 5.22 造成湖南强降雨的主要天气影响系统配置图:
(a)2011 年 6 月 9 日 20 时;(b) 2013 年 5 月 15 日 08 时;(c)2007 年 7 月 24 日 08 时;
(d)2010 年 7 月 11 日 20 时;(e)2007 年 6 月 12 日 20 时;(f)2006 年 7 月 15 日 08 时。

5.1%。该类强降雨过程通常发生在 4—6 月,副高脊线平均位置为 20°N,相对偏南,强度较强且稳定少动,华南地区位于 500 hPa 上 584 dagpm 线边缘;高空环流平直,高原东部多短波槽东移;850 hPa 切变线位于湘南;地面有弱冷空气从东路不断补充南下,受南岭山脉的阻挡,形成华南准静止锋(图 5.22e)。此类天气过程的降雨特点为降雨范围较小、强度偏弱、持续时间较长且雨带少动,强降雨区主要位于湘南。

(6)台风型

影响湖南的台风型强降雨过程共出现 10 次,占强降雨过程总数的 8.5%。影响湖南的台风主要分为西北行路径、南海北上路径和西行路径(潘志祥 等,1992)。其中西北行路径台风是三种路径中对湖南造成影响最大的一种类型,一般发生在 7—9 月,西北太平洋有台风生成并登陆福建或粤闽交界;中高纬环流平直,冷空气势力较弱、位置偏北;副高西伸加强,与大陆高压打通,在西行台风北侧形成一个高压坝,减弱后的台风低压环流受其阻挡,以西行为主;如遇南海北部西南季风发展强盛,来自南海北部与副高西南侧的西南风急流和台风低压环流西北侧的东北风急流所产生的两支主要水汽通道将在台风低压外围长时间交汇,形成深厚的湿层和强水汽辐合,常造成极端强降雨天气过程(图 5.22f)(叶成志 等,2011a)。此类天气过程的降雨特点为持续时间长、雨强大、致灾性强,强降雨区主要位于湘东南。若台风低压环流或倒槽在西行过程中与西风带低槽结合,也常造成全省性的暴雨或大暴雨天气过程。

南海北上型台风一般于 6—8 月影响湖南,若此期间南海有台风生成,或西太平洋台风西行穿过菲律宾中部进入南海后北翘,在广东沿海登陆,台风倒槽位于湘赣交界;或南海有热带低值系统活动,东风波扰动影响湖南东部偏南地区。此类降雨过程强降雨范围小、影响位置偏南、持续时间较短,强降雨区一般位于湘东南。若台风低压环流与南海季风涌结合,形成持续而充沛的水汽输送,或台风本身强度很强,则亦常造成湖南地区大范围的强降雨过程,例如,2013 年 11 号超强台风"尤特"。

上述 10 次台风型强降雨过程中,仅 1 次为西行台风影响,即 2010 年 11 号台风"凡亚比"。该台风于 9 月 21—22 日影响湖南,其路径北侧也存在高压坝,台风在粤闽交界沿海登陆后西行至广东境内填塞,台风倒槽仅于 21 日在湘西北和湘西南造成了局地强降雨。

### 5.3.1.3 暴雨日天气形势的客观分型

(1)方法说明

暴雨落区相似的前提是环流背景场相似,关键影响区域内的环流场值相似是对暴雨天气形势进行客观分型的基本思路。聚类分析是在难以确定一批样品中每个样品的类别时,把样品特征作为分类依据,利用相似性度量法将特征相同或相近样本归为一类的方法,包括层次聚类法、动态聚类法等。动态聚类法是将样品按聚类准则进行初始分类、通过反复修改分类来达到最满意分类结果的一种迭代算法,具有计算工作量小、占用计算机内存少、方法简便等优点。

K-均值动态聚类分析方法作为动态聚类方法的一种,其原理是:给定一个数据库以及要生成的类数 $k$,先把数据库中的所有样本随机分配到 $k$ 个类数,计算出 $k$ 个初始聚类中心,然后计算各个样本与 $k$ 个聚类中心的距离,找出最小距离并把该样本归入最近聚类中心所在类,对调整后的新类使用平均值法计算新的聚类中心,再计算各样本到这 $k$ 个聚类中心的距离,重新归类并修改新的聚类中心,依此进行迭代循环、直到相邻两次聚类中心相同时即认为分类成功。每次迭代都要考察每个样本的分类是否正确,若不正确则调整。在全部样本调整完成后,再修改聚类中心,进入下一次迭代。如果在一次迭代计算过程中所有样本都被正确分类,则聚类中心就不再改变(MacQueen,1967;王同兴 等,2010)。

本节利用 K-均值聚类方法,以 2006—2014 年湖南汛期 222 个暴雨日天气形势作为分类对象样本,以每个暴雨日当天 08 时 500hPa 位势高度场和 850hPa 的经向风场为参数,进行暴雨日的天气型划分和关键特征研究。由于主观分型将湖南的强降雨天气过程分为 6 类,暴雨日天气形势的类型也应当符合主观分型的形势场特征,故给定聚类个数 $k$ 为 6 个。通过将所有样本随机分配到 $k$ 个聚类中心来选取 $k$ 个初始聚类中心,按照 $20°\sim35°N$、$105°\sim120°E$ 范围内相同格点上 $500\ hPa$ 位势高度场和 $850\ hPa$ 的经向风场的值相似准则进行初始分类,并通过反复迭代循环及与主观分型结果、降雨特征的对比分析,最终获得客观分型结果(图

5.23），第1类到第6类分型结果分别代表6类不同的暴雨日天气型。

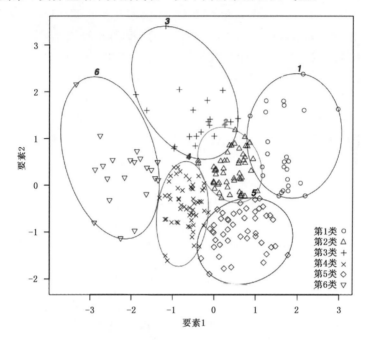

图5.23　2006—2014年湖南省222个暴雨日当天08时500 hPa位势高度场(要素1)
和850 hPa经向风(要素2)K-均值聚类结果

(2)客观分型结果分析

得到6类暴雨日天气形势客观分型结果后，将聚为一类的暴雨日当天08时10°～60°N、60°～140°E范围内500hPa位势高度场和850hPa的风场分别做平均处理(图5.24)。扩大平均场显示范围的目的是使得各类暴雨日的环流背景场更为直观。另外，绘制222个暴雨日的日降雨量图，以便分析降雨落区和强度的分布特征，但受篇幅所限，所有日降雨量图略。

①第1类暴雨日天气型及降雨特点

第1类天气型的暴雨日共25个，其中20个暴雨日出现在7—9月，并有15个出现在台风型强降雨过程期间(占60%)。从25个暴雨日平均场的分布来看(图5.24a)，副高位于西北太平洋上，呈块状分布；我国东南沿海为大片的低值区，且有东北风和西南风形成的气旋式辐合切变；高纬度以经向环流为主，我国南方地区基本无冷空气影响。从25个暴雨日降雨落区和强度的分布来看(图略)，其中16个暴雨日(占64%)最强降雨中心位于湘东南。故该类暴雨日客观分型的天气型较符合湖南台风型强降雨的天气形势和降雨特征。

②第2类暴雨日天气型及降雨特点

第2类天气型的暴雨日共53个，其中43个暴雨日出现在5—7月，并有32个出现在低涡冷槽型强降雨过程期间（占60.4%）。从53个暴雨日平均场的分布来看（图5.24b），584dagpm线位于湘中偏南地区，孟加拉湾为深厚槽区，不断分裂短波槽东移，850 hPa西南地区有低涡存在，北方有弱冷空气影响长江以南地区。该类暴雨日出现的时间具有连续性，且强降雨落区具有移动性的特点。以上平均场和降雨落区的特点说明该类暴雨日天气型较符合湖南汛期低涡冷槽型强降雨的天气形势特征。

③第 3 类暴雨日天气型及降雨特点

第 3 类天气型的暴雨日共 20 个,全部出现在 4—6 月,其中的 9 个(45%)、6 个(30%)和 5 个(25%)暴雨日分别出现在地面暖倒槽锋生、华南准静止锋、低涡冷槽型强降雨过程期间。从天气形势平均场上看(图 5.24c),青藏高原有下滑槽影响湖南,584 dagpm 线位于华南地区,中低纬环流平直,乌拉尔山有明显的脊区,其东侧有较强冷空气南下影响华南,由此可见第 3 类暴雨日天气形势配置的春季特征较明显。另外,从 20 个暴雨日的强降雨落区来看,虽有 13 个出现在湘中以南,但降雨强度不强。结合以上特点,并反查 20 个暴雨日的天气形势场发现,该类暴雨日 500 hPa 和 850 hPa 的形势场与华南准静止锋型降雨的天气形势场特征最为吻合,而与地面暖倒槽锋生和低涡冷槽型强降雨过程南压减弱阶段的天气形势场也较为类似。

④第 4 类暴雨日天气型及降雨特点

第 4 类天气型的暴雨日共 57 个,其中 55 个暴雨日出现在 5—7 月,出现在低涡冷槽(23 个,40.4%)、地面暖倒槽锋生(18 个,31.6%)、梅雨锋切变型(10 个,17.5%)强降雨过程期间的暴雨日共 51 个。从天气形势平均场上可见(图 5.24d),青藏高原上不断有短波槽东移影响湖南,584 dagpm 线位于湘中偏南地区,中低层南支急流发展较为旺盛,与北支系统在长江中下游地区交汇。57 个暴雨日中 42 个暴雨日(占 73.7%)的强降雨落区呈带状位于湘中以北地区,强降雨持续时间长。以上特点与梅雨锋切变型强降雨的特征最相符,并也可能出现在低涡冷槽和地面暖倒槽锋生型强降雨的初始阶段。

⑤第 5 类暴雨日天气型及降雨特点

第 5 类天气型的暴雨日共 46 个,其中 34 个暴雨日出现在 7—9 月,36 个暴雨日(占 78.3%)强降雨落区位于湘北,并有 18 个(39.1%)暴雨日出现在副高边缘型强降雨过程期间,15 个(32.6%)暴雨日出现在梅雨锋切变型强降雨过程期间。其天气形势平均场上(图 5.24e),584 dagpm 线控制湖南全省,湘北位于 586 dagpm 线边缘,西南地区有低槽东移,中低层切变位于湘北,低空西南急流建立。故该天气形势及降雨特点符合典型的副高边缘型强降雨特征,并与部分梅雨锋切变型强降雨的特征相似。

⑥第 6 类暴雨日天气型及降雨特点

第 6 类天气型的暴雨日共 21 个,其中 20 个暴雨日出现在 4—5 月,并有 17 个出现在地面暖倒槽锋生强降雨过程期间(占 81%)。从天气形势平均场分布来看(图 5.24f),584dagpm 线位于华南沿海,青藏高原东部有低槽东移影响湖南,西南地区有低涡切变,中低层急流发展旺盛,急流轴位于广西北部至湖南南部一线;乌拉尔山上空为高压脊控制,冷空气沿脊前的西北气流不断南下影响湖南,侵入倒槽,触发锋生。从降雨特点来看,雨区的移动性及局地性较为明显。结合以上特点,该类暴雨日具有典型的湖南春夏之交地面暖倒槽锋生型强降雨特征。

5.3.1.4　小结

(1)根据湖南汛期强降雨过程和暴雨日的普查标准,共普查得到 2006—2014 年汛期强降雨天气过程 117 例及暴雨日 222 个。依据湖南省汛期强降雨的预报经验及天气形势主观分析方法,将此 117 次强降雨天气过程分为低涡冷槽、地面暖倒槽锋生、副高边缘、台风、梅雨锋切变和华南准静止锋等 6 类天气型。

(2)采用 K-均值聚类法通过反复迭代及与主观分型结果、降雨特征的对比分析,最终得到以 500 hPa 位势高度场和 850 hPa 经向风为参数的 6 类暴雨日天气型客观分型结果。6 类聚类结果较为客观地反映了湖南汛期暴雨的天气形势和降雨特征,第 1、2、6 类暴雨日天气形势

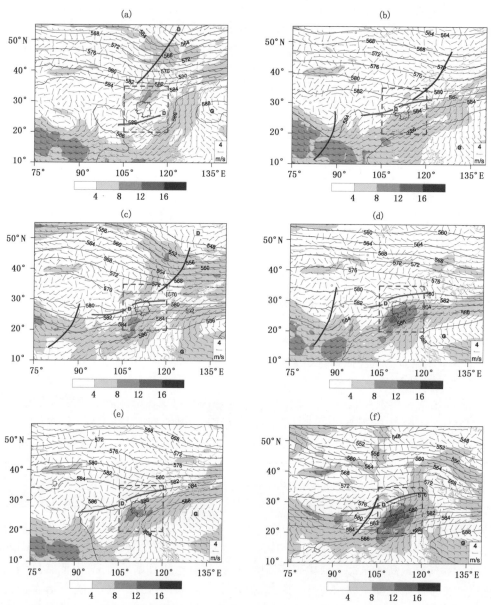

图 5.24　湖南省各类(a.第 1 类,b. 第 2 类,c.第 3 类,d.第 4 类,e. 第 5 类,f.第 6 类)暴雨日 500 hPa 平均位势高度场(等值线,单位:dagpm)与 850 hPa 平均风场(风向杆,单位:m/s,阴影区风速超过 12 m/s)的叠加图
(红色虚线框表示直接影响湖南的天气系统出现的主要区域)

场特征和强降雨落区分别有 60% 以上与台风型、低涡冷槽型、地面暖倒槽锋生型强降雨过程的特征吻合。第 3、4、5 类暴雨日分别出现在 2 种或以上强降雨天气过程期间,其天气形势场和强降雨特点对应了强降雨过程的不同阶段。说明依据此聚类方法进行客观分型具有较好的合理性,可作为湖南汛期暴雨预报客观分型的重要依据。

(3)本节的研究是对湖南汛期暴雨过程环流客观分型的有益探索,且分型结果对应的天气形势和强降雨特征具有较明显的规律性,为在实际预报工作中实现历史相似个例客观检索和暴雨预报产品订正等功能奠定了业务化的基础。

## 5.3.2　五类南岳站风向风速演变特征对湖南不同天气型强降雨的指示作用

本书§4.1、§4.2 及§5.1 节已阐明,南岳高山气象站观测资料能反映所在区域对流层低层风场的关键特征,对其主导风向下游地区的强降水发生发展具有重要的指示意义。目前对该高山站气象资料与天气预报业务相结合所进行的研究多基于个例,定量分析和系统性研究尚且薄弱,对其中规律性的认识仍相当匮乏。因此,在充分认识南岳站气象资料代表性的基础上,定量化、系统性地研究该资料对其下游地区强降水的指示作用,必将具有很好的业务应用价值。本节选取§5.3.1 节中普查得到的 2006—2014 年湖南汛期(4—9 月)117 例强降水天气过程,利用同期南岳站逐时观测资料,分析不同时变特征的南岳站风场对强降水落区和强度的指示作用,并定量诊断分析该风场资料对湖南不同天气型强降水发生、发展、消亡的响应阈值和预报时效,以期建立以高山站风场时变特征为客观判据的区域暴雨预警预报指标体系。

### 5.3.2.1　资料说明

使用的资料包括 2006—2014 年 4—9 月高空、地面观测资料以及同期南岳站逐时风场资料和湖南全省 96 个国家级地面气象站逐时雨量资料。对所用到的降水资料的处理,采用如下方法:按照湖南省气候分区(湘西北、湘北、湘中、湘西南和湘东南)情况(图 5.25),将上述 96 个国家级地面气象站逐时雨量资料处理为分区逐时平均雨量,即相应气候区所有国家气象观测站某 1 h 内降水量的平均值。

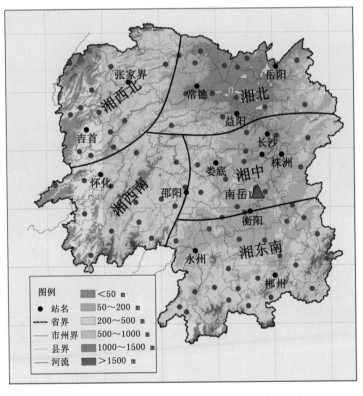

图 5.25　湖南省气候分区图(▲所示为南岳站所在位置)

5.3.2.2　强降水过程中南岳站风场的表现形式

经分析发现，南岳站风场在 117 次汛期强降水过程期间的变化特征可归纳为 5 类，即南风转北风型、持续南风型、持续北风型、南北风交替型和北风转南风型。表 5.1 中给出的湖南汛期 6 种强降水过程天气形势主观分型的结果与南岳站 5 类风场型的对应统计关系如表 5.2 所示。

表 5.2　2006—2014 年 4—9 月南岳站 5 类风场型与湖南省 6 种强降水天气分型的对应统计关系

| 风场类型 | 天气分型 | 频次 | 出现时段 |
| --- | --- | --- | --- |
| 南风转北风型（Ⅰ） | 地面暖倒槽锋生型（Ⅰ1） | 24 | 4—6 月 |
| | 低涡冷槽型（Ⅰ2） | 28 | 5—7 月 |
| | 副高边缘型（Ⅰ3） | 8 | 8—9 月 |
| | 梅雨锋切变型（Ⅰ4） | 2 | 6 月 |
| 持续南风型（Ⅱ） | 低涡冷槽型（Ⅱ1） | 13 | 5—7 月 |
| | 副高边缘型（Ⅱ2） | 11 | 7—9 月 |
| | 梅雨锋切变型（Ⅱ3） | 7 | 6—7 月 |
| | 地面暖倒槽锋生型（Ⅱ4） | 4 | 4—6 月 |
| 持续北风型（Ⅲ） | 华南准静止锋型（Ⅲ1） | 6 | 4—6 月 |
| | 台风型（Ⅲ2） | 1 | 6 月 |
| 南北风交替型（Ⅳ） | 台风型（Ⅳ1） | 5 | 7—9 月 |
| | 低涡冷槽型（Ⅳ2） | 3 | 6—8 月 |
| 北风转南风型（Ⅴ） | 台风型（Ⅴ1） | 4 | 7—9 月 |
| | 低涡冷槽型（Ⅴ2） | 1 | 4 月 |

5.3.2.3　南岳站风场对不同天气型降水的指示作用

上述每一类南岳站风场表现型分别对应了 1 种以上天气型的强降水天气过程。本节将分析南岳站 5 类风场型对出现频次较多且影响系统较典型的强降水过程的指示作用。

（1）南风转北风型（Ⅰ型）

地面暖倒槽锋生、低涡冷槽、副高边缘、梅雨锋切变这 4 种天气型强降水过程中，南岳站均可能出现南风转北风的风场型（Ⅰ型）。该风场型对应的强降水天气过程出现频次占上述 5 类风场型强降水天气过程总频次的比例最大，共 62 例（占 53.0%）。下面将分别以 2013 年 5 月 14—15 日、2011 年 6 月 14—16 日、2008 年 8 月 29—30 日、2010 年 6 月 18—20 日强降雨天气过程为例，分析Ⅰ型南岳站风场型对过程期间强降雨发生、发展的指示作用。

①Ⅰ1 型（地面暖倒槽锋生型）强降水天气过程共 24 例。以 2013 年 5 月 14—15 日强降水天气过程为例（图 5.22b），分析此型南岳站风场对Ⅰ1 型强降水的指示作用。此次强降水天气过程中，南岳站由西南风转为西北风，雨带呈自北向南移动的态势，湘西北、湘北和湘中的降水几乎同时达到峰值，湘西南降水较弱，湘东南降水在湘中及以北地区降水减弱或停止后开始发展（图 5.26a）。

实况显示，5 月 13 日 18 时，南岳站南风风速为 5.2 m/s，此后 6 h 该风速持续增大，14 日 01 时增至 10.1 m/s，14 日 01—06 时该风速维持在 8.5～10.1 m/s 之间，未达到低空急流的标准，当日 07 时（南岳站风速超过 10 m/s 之后的 6 h）湘西北降水开始发展并逐渐加强；08—

10 时,南岳站西南风速在 8.7~9.7 m/s 之间,湘北和湘中地区降水在 12 时前后开始发展加强。14 日 17 时该站西南风速由 16 时的 9.0 m/s 加大到 10.2 m/s,18 时则达到 12.8 m/s,超过低空急流标准,18—21 时该风速维持在 10.6~13.6 m/s 之间,20 时前后湘西北、湘北和湘中降水均达到最强,即南岳站风速达到低空急流标准的时刻较三个区域降水达到最强的时刻提前 2 h。14 日 22 时该站西南风速由 21 时的 13.6 m/s 剧减至 5.4 m/s,23 时则又转成弱北风,湘中和湘北强降水在随后 4~6 h 后明显减弱,湘东南从 15 日 01 时开始出现较强降水(即南岳站风速剧减后的 3 h,或转为弱北风后 2 h),并持续到 16 日 07 时左右。由于该站在 15 日01—10 时以偏西风为主,故该时段内强降水落区主要在湘东南,湘西南降水不明显。

　　从对本例强降水天气过程的上述分析可知,南岳站南风超过 10 m/s 的时刻较湘西北强降水开始发展有 6 h 左右的提前指示作用;该站南风达到低空急流标准的时刻较湘西北、湘北和湘中区域降水达到最强提前 2 h;南岳站南风风速剧减和南风转为北风的时刻较湘东南地区降水加强也有 2~3 h 预报提前量。

　　②Ⅰ2 型(低涡冷槽型)强降水天气过程共 28 例。以 2011 年 6 月 14—16 日强降水天气过程为例,分析此型南岳站风场对Ⅰ2 型强降水的指示作用。在本次强降雨天气过程中,南岳站由强劲的西南风转为弱西北风。除湘东南雨强较弱外,强降水在其他各区域分布较均匀,雨区自北向南发展。

　　分析过程期间湖南各区域逐时平均雨量和南岳站逐时风场的对应关系发现(图 5.26b),13 日 22 时南岳站西南风速加大到 12 m/s,13 日 22 时—14 日 02 时该站风速维持在 11.9~13.1 m/s 之间,14 日 03 时即南岳站风速达到急流标准后 5 h,湘西北和湘北的降水同时开始加强。14 日 03 时之后,西南风速持续增大,07 时西南风速达到 18.3 m/s,10 时湘西北和湘北的降水同时明显减弱。14 日 21 时,西南风速由 20 时的 11.2 m/s 剧减到 5.4 m/s,湘中和湘西南地区的降水 3 h 后(即 15 日 00 时)同时开始加强。15 日 05 时,南岳站西南风转为弱西北风,弱冷空气前锋压过湘中,湘中和湘西南地区的降水在 15 日 08 时左右开始明显减弱,此时省内雨带进一步南压,湘东南降水增强。由以上分析可知,在此次强降水过程中,南岳站风场变化对各区域降水加强和雨区自北向南移动有 5 h 左右的提前指示作用,西南风转为西北风的时刻较雨区南压提前 3 h。

　　③Ⅰ3 型(副高边缘型)强降水天气过程共 8 例。以 2008 年 8 月 29—30 日强降水天气过程为例,分析此型南岳站风场对Ⅰ3 型强降水的指示作用。本次强降雨天气过程中,南岳站由强弱交替出现的西南风转为西北风。较强降雨主要在湘西北和湘北,湘东南降雨较弱,湘中和湘西南均未出现明显降雨(图 5.26c)。

　　29 日 10 时,南岳站南风由 7 m/s 开始加强,并在 5.0~10.9 m/s 之间维持了 10 h(10—19 时),20 时该站南风风速加大到 13.1 m/s,随后的 15 h(29 日 20 时—30 日 10 时),该站南风风速均在 10.9~16.4 m/s 之间,其中有 4 个不连续的时次风速超过 14 m/s。22 时(南岳站南风风速达到急流标准之后的 2 h),湘西北的强降雨开始发展,湘北的降雨自 30 日 06 时开始加强。11 时,南岳站南风由 10 时的 11.6 m/s 剧减至 6.6 m/s,3 h 后(14 时),湘西北和湘北的强降雨同时明显减弱。18 时该站转为 3.3 m/s 的北风,随后的时次北风风速均在 5 m/s 以上,仅湘东南地区在 23 时之后出现了弱降雨。由上述分析可知,在此次强降水过程中,南岳站南风加强,达到急流标准,对湘西北地区降水发展有 2~4 h 的提前指示作用,对湘北地区降水发展有 6~10 h 的提前指示作用,且在湘西北、湘北维持较长时间;当南岳站南风减弱较明显或转北风后,降水南压并不明显,这是副高边缘型区别于其他型的一个主要特征。

④Ⅰ4型(梅雨锋切变型)强降水天气过程共2例。以2010年6月18—20日强降水天气过程为例,分析此型南岳站风场对Ⅰ4型强降水的指示作用。本次强降雨天气过程期间,南岳站由强劲的西南风转为弱西北风,雨带呈自北向南移动的态势,湘西北、湘北和湘中的降水几乎同时达到峰值,各区域均有较明显的降雨(图5.26d)。

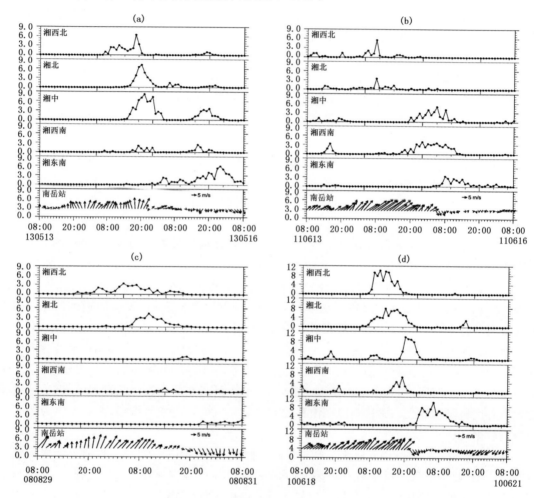

图5.26　湖南不同气候区逐时雨量(单位:mm)和南岳站风矢量(单位:m/s)演变

(a)2013年5月13日08时—16日08时、(b)2011年6月13日08时—16日08时、

(c)2008年8月29日08时—31日08时、(d)2010年6月18日08时—21日08时

6月18日18—19时,南岳站西南风风速由8.9 m/s迅速加大到14.4 m/s,19时—19日04时的10 h内,该站风速始终维持在10.8～15.3 m/s之间,19日05时湘西北和湘北的降雨同时开始加强。11时,西南风的南风分量由9.83 m/s剧减至0.11 m/s,主导风向由西南风转为西南偏西风,6 h后,即19日17时,湘西北的降雨有所减弱,但湘北的降雨却达到最强,湘西南和湘中地区的降雨也开始加强,并于20时前后达到最强。19日20时,南岳站14.3 m/s的西南偏西风剧减至3.9 m/s,21时则转为7.9 m/s的偏北风,22时湘西北和湘北的强降雨明显减弱直至停止。20日01时,湘西南和湘中的降雨维持6 h后明显减弱,湘东南的降雨03时

开始加强并维持到 20 日上午。由上述分析可知,在此次强降水过程中,南岳站南风加大对湘西北、湘北降水加强有 10 h 左右的提前指示作用,该站南风明显减小或转北风,雨区自北向南移动,转为西北风的时刻较湘东南降水加强提前 6 h 左右。

　　(2)持续南风型(Ⅱ型)

　　低涡冷槽、副高边缘、梅雨锋切变、地面暖倒槽锋生这 4 种天气型强降水过程中,南岳站均可能出现持续南风的风场型(Ⅱ型)。该风场型对应的强降水天气过程共出现 35 例(占 29.9%)。分别将以 2011 年 6 月 9—11 日、2013 年 7 月 5—6 日、2014 年 7 月 14—16 日强降雨天气过程为例,分析 Ⅱ 型南岳站风场型对过程期间强降雨发生、发展的指示作用。

　　①Ⅱ1 型(低涡冷槽型)强降水天气过程共 13 例。以 2011 年 6 月 9—11 日强降水天气过程为例(图 5.22a),分析此型南岳站风场对 Ⅱ1 型强降水的指示作用。此次强降水天气过程中,南岳站为持续的西南风,强降水主要发生在湘中及以北地区,其中又以湘东北和湘中雨强最大,湖南西部(湘西北和湘西南)降水较弱,湘东南基本无降水,雨带以东移为主,其南压后快速减弱(图 5.27a)。

　　6 月 9 日 19 时南岳站西南风速加大到 12 m/s,19—23 时该站风速维持在 12.0～14.7 m/s 之间。9 日 23 时以前,湘北无明显降水,10 日 00 时该区域小时雨量达到 8.3 mm,即南岳站西南风速达到急流标准的时刻(9 日 19 时)较湘北降水加大的时刻(10 日 00 时)提前 5 h。10 日 04—05 时,南岳站西南风速由 12.1 m/s 迅速增大到 19 m/s,强降水区北抬至长江以北地区。05—06 时,该站西南风速由 19 m/s 迅速减小到 14 m/s,随后继续减小至低空急流标准以下,湖南省内强降水在 10 日 07 时后南落至湘中和湘西南一带,08 时该区域降水明显加强。10 日 15 时,南岳站西南风速降至 8 m/s 以下,湘中和湘西南地区降水明显减弱,并在 20 时趋于结束。

　　此次暴雨过程中,低层持续的西南风使强降水区位置偏东、偏北。南岳站风速逐小时变化特征较好地指示了雨带的移动和强度变化,西南风速达到低空急流标准的时刻较湘北强降水开始时刻提前 5 h,西南风降至低空急流标准以下和 8 m/s 以下的时刻分别较湘中和湘西南地区降水加强、减弱提前 2 h 左右。另外,通过对此型强降水个例的普查分析发现,当南岳站主导风为南风且风速在 12～14 m/s 时,湘西北和湘北的降水强度最大,但当其超过 14 m/s 时主雨区则北抬至长江以北。

　　②Ⅱ2 型(副高边缘型)强降水天气过程共 11 例。以 2013 年 7 月 5—6 日强降水天气过程为例,分析此型南岳站风场对 Ⅱ2 型强降水的指示作用。本次降雨过程期间,南岳站为持续的西南风,湘西北、湘北降雨较强,且湘北的强降雨经历了两个时段(6 日 06—13 时、6 日 18 时—7 日 07 时),其他区域未出现降雨(图 5.27b)。

　　南岳站 5 日 08 时开始出现 12 m/s 以上的强劲西南风,11 时西南风速有所减弱,11—17 时在 8.4～11.1 m/s 之间;18 时(湘西北强降雨出现之前的 6 h)该站西南风再度达到急流标准以上。本次强降雨天气过程从 7 月 6 日 00 时自湘西北开始发展,即强降雨开始前,南岳站的强西南风速持续了 16 h,为强降雨的出现提供了充沛的水汽输送条件。该站西南风速第二次达到急流标准的时刻较湘西北强降雨的出现有 6 h 的预报提前量。6 日 02 时,南岳站的西风分量开始小于南风分量,强降雨区随之东扩至湘北地区,06 时湘北强降雨开始发展(西风分量小于南风分量后的 4 h)。6 日 11 时,南岳站西南风速由 10 时的 16.7 m/s 剧减至 5.6 m/s,在 21 时再度加强到急流标准以上(13.6 m/s),湘北强降雨在该站南风剧减后的 2 h 迅速减弱

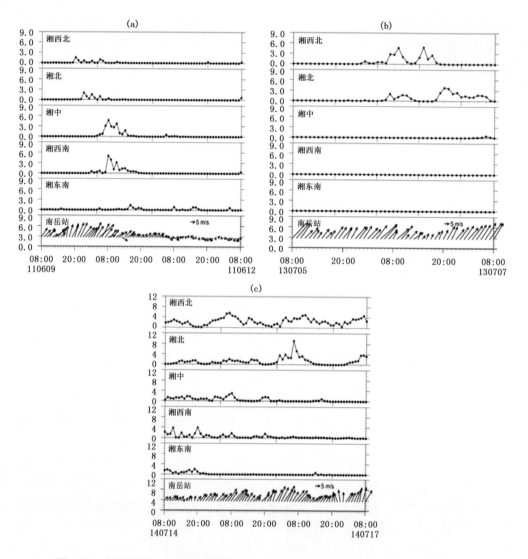

图 5.27 湖南不同气候区逐时雨量(单位:mm)和南岳站风矢量(单位:m/s)演变

(a)2011 年 6 月 9 日 08 时—12 日 08 时、(b)2013 年 7 月 5 日 08 时—7 日 08 时、

(c)2014 年 7 月 14 日 08 时—17 日 08 时

(13 时),并在 18 时再度发展,21 时达到最强。之后南岳站西南风持续增强至 14 m/s 以上,雨区北抬至长江以北,湘北降水随之减弱。

此次强降雨过程期间,西南风速达到急流标准的时刻较湘西北强降雨的出现提前 6 h,南风分量明显大于西风分量的时刻较雨区的东移提前 4 h,南风剧减的时刻较湘北降雨的减弱提前 2 h。在湘北的强降雨再度发展并达到最强的时间段内,南岳站始终维持着 12 m/s 左右的西南风。

③Ⅱ3 型(梅雨锋切变型)强降水天气过程共 7 例。以 2014 年 7 月 14—16 日强降水天气过程为例,分析此型南岳站风场对Ⅱ3 型强降水的指示作用。此次强降水天气过程中,随着南岳站的西南风逐步增强,湖南强降水区自南向北发展。湘东南的强降雨出现在 14 日 20 时之前,湘中和湘西南的降雨主要出现在 15 日 20 时之前,且强度较弱;湘西北和湘北有持续性降

雨发生,且在 16 日 06 时前后湘北地区出现了一个明显的降雨峰值(图 5.27c)。

　　14 日 20 时之前,南岳站西南风均在 5 m/s 以下,全省均有降水发生。随后,该站西南风速有所增大,湘东南地区的降雨停止,雨区北抬。14 日 21 时—15 日 20 时,南岳站风速一直维持在 6~10 m/s,湘中及湘西南地区降水有所发展,但强度不强。15 日 21 时以后,该站风速加大到 10 m/s 以上,雨区进一步北抬,湘中和湘西南地区的降雨均停止,湘西北和湘北降雨持续且有所加强,并一直持续到 17 日 08 时前后。16 日 01 时,该站的西南风速由 00 时的 10.3 m/s 加大到 13.2 m/s,达到急流标准,5 h 后(16 日 06 时),湘北的降雨达到峰值。

　　此次强降雨过程期间,南岳站的西南风速在 5 m/s 以下时,湖南境内降水开始发展;超过 6 m/s 时,湘东南的降雨停止,湘中及湘西南地区的降水有所发展;超过 10 m/s 时,湘中和湘西南降雨停止,雨区逐步北推;当该站西南风速达到急流标准的时刻,较湘北的降雨峰值提前 5 h。

　　④Ⅱ4 型(地面暖倒槽锋生型)强降水天气过程共 4 例。因出现次数较少,指示作用分析的代表性不强,故本节不做分析。

　　(3)持续北风型(Ⅲ型)

　　华南准静止锋、台风型这 2 种天气型强降水过程中,南岳站均可能出现持续北风的风场型(Ⅲ型)。该风场型对应的强降水天气过程共出现 7 例,占 5 类风场型强降水天气过程总频次的 6.0%。

　　①Ⅲ1 型(华南准静止锋)强降水天气过程共 6 例。以 2007 年 6 月 12—13 日强降水天气过程为例(图 5.22e),分析此型南岳站风场对Ⅲ1 型强降水的指示作用。此次强降水天气过程中,南岳站为持续的弱北风,强降水主要发生在湘中及其以南地区,其中又以湘中最强,湘西北和湘北无明显降水(图 5.28)。

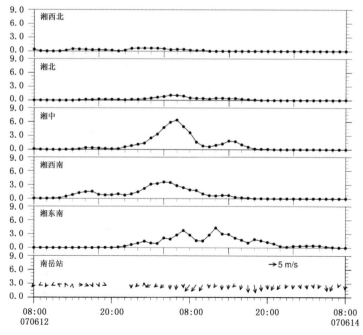

图 5.28　2007 年 6 月 12 日 08 时—14 日 08 时湖南不同气候区逐时雨量(单位:mm)和南岳站风矢量(单位:m/s)演变

实况显示,6月12日23时—13日07时,南岳站出现1.4~3.6 m/s的持续偏北风,该时段内全省均有降水发生,但湘中和湘西南降水较强;13日08时,偏北风风速由07时的1.9 m/s增大到5.2 m/s,湘中和湘西南降水明显减弱并逐渐停止。由此可见,湘中和湘西南较强降水是在3.6 m/s以下偏北风条件下得以维持8 h。13日01—02时南岳站北风风速从1.4 m/s增大到3.6 m/s,湘东南较强降水从04时开始明显加强;13日04—20时是湘东南降水的主要时段,期间降水增大发生在偏北风增大后的2 h左右。经分析不难发现,本次强降雨天气过程期间,当南岳站主导风为北风,且风速在1~3 m/s时,湘中及湘西南降水较强;其风速在3~5 m/s时,湘中及以南地区均有降水;当其超过5 m/s时,湘中和湘西南降水明显减弱或停止,湘东南降水也逐步减弱。

②Ⅲ2型(台风型)强降水天气过程仅1例。因出现次数较少,指示作用分析的代表性不强,故本节不做分析。

(4)南北风交替型(Ⅳ型)和北风转南风型(Ⅴ型)

考虑到Ⅳ型和Ⅴ型强降水天气过程多为台风型强降水(9例),而其他是并不典型的低涡冷槽型强降水(仅4例),因此,将这两类天气型强降水过程一起分析。统计结果表明,Ⅳ型和Ⅴ型强降水天气过程共出现13例(其中Ⅳ型8例,Ⅴ型5例),占上述5型强降水天气过程总频次的11.1%。以2006年7月14—16日强热带风暴"碧利斯"引发的湖南暴雨过程为例(图5.22f),分析此型南岳站风场对强降水的指示作用。此次强降水主要时段内,南岳站风场呈现南北风无规律交替出现,强降水落区主要在湘东南,而湘中和湘西南降水较弱,湘北和湘西北则基本无降水发生(图5.29)。

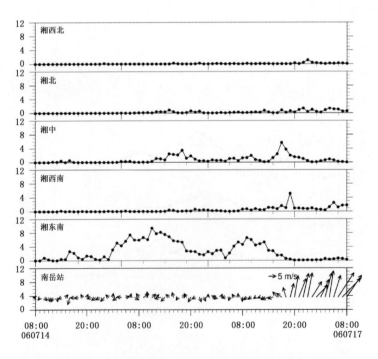

图5.29 2006年7月14日08时—17日08时湖南不同气候区逐时雨量(单位:mm)和
南岳站风矢量(单位:m/s)演变

实况显示,强热带风暴"碧利斯"从 7 月 14 日 16 时左右开始影响湖南并引起湘东南强降水,强降水持续到 16 日 08 时左右。该时段内,南岳站风速始终维持在 1~5 m/s 之间,偏南风和偏北风无规律交替出现,强降水主要发生在湘东南,湘中受台风外围云系影响仅出现数小时降水。16 日 09—15 时,南岳山风向转为一致东北风,此时湘东南降水开始减弱;16 日 16 时,南岳站转为持续的偏南风,且风速迅速加大,雨区随之北推,"碧利斯"影响湖南的暴雨过程结束。

通过对南岳站出现南北风交替型风场的其他几例西北行台风型强降水过程的分析发现,与"碧利斯"引发的暴雨过程相似,在台风造成的强降水时段内,南岳站出现不规律的南北风交替,且风速一般不超过 5 m/s,这可能与台风低压环流影响湖南时,与之相联的南北两支水汽通道较长时间交汇有关,亦与湘东南多山体分布且向北开口的喇叭口特殊地形影响有关(叶成志 等,2011b)。

南岳站风场出现北风转南风型的强降水过程有 4 例西北行台风暴雨个例,在本研究中尚未发现过程期间南岳站风场对强降水发展和移动的指示作用有规律性,故在此不作赘述。

### 5.3.2.4　南岳站风与湖南强降雨发生发展的定量关系

为进一步定量化验证南岳站风向、风速与湖南省内强降雨发生发展的关系及指示作用,在对部分强降雨过程个例进行分析研究并得出初步指示作用规律的基础上,设定八个判断条件,并分别对达到各个条件的开始时次后 2h、4h、6h、8h 全省 97 个常规观测站 2006—2014 年汛期 3 h 累计降雨量≥20 mm 的频次进行统计。

八个判断条件为:①南风风速(连续 3 h)>14 m/s;②12 m/s<南风风速(连续 3h)≤14 m/s;③8 m/s<南风风速(连续 3 h)≤12 m/s;④南风风速(连续 3 h)≤8 m/s;⑤由南风转为北风的时刻(南岳站前 1 h 为南风,后 2 h 为北风);⑥北风风速(连续 3 h)≤3 m/s;⑦3 m/s<北风风速(连续 3 h)≤5 m/s;⑧北风风速(连续 3 h)>5 m/s。统计结果分析如下:

当满足条件①时,出现 3 h 累计降雨量≥20 mm 的区域范围和频次均较有限,高频区范围主要出现在湘西北,高频区最大值中心出现在满足条件后 2 h(≥20 次,图 5.30a)。即南岳站南风风速连续 3 h 超过 14 m/s 时,仅在满足该条件后的 2 h 在湘西北地区出现频次最高,但高频范围仅限于张家界及常德北部,说明该条件下,主雨带并非出现在湖南境内。

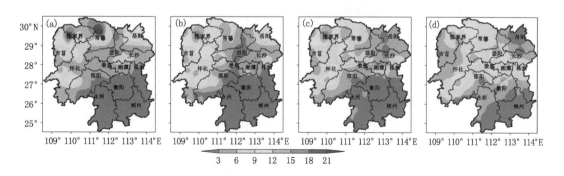

图 5.30　南岳站南风风速(连续 3 h)>14 m/s 的开始时次后 2 h(a)、4 h(b)、6 h(c)、8 h(d)
各站 3 h 累计降雨量≥20 mm 的频次分布图

当满足条件②时,出现 3 h 累计降雨量≥20 mm 的高频区范围及频次较满足条件①时明显增大,湘西北、湘北均出现了高频区(图 5.31),且以满足条件后的 2~6 h 高频中心范围较大,中心最大值在 30 次以上。该结果说明,当南岳站的南风风速达到急流标准(未超过 14 m/s 时)后的 2～6 h,湘西北、湘北将出现强降雨,亦即满足该条件的时刻对湘西北、湘北的强降雨发生有 2～6 h 的提前指示作用。

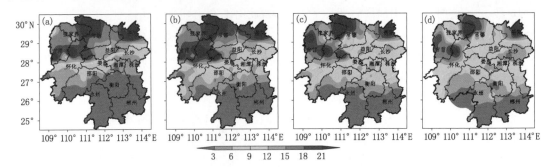

图 5.31　满足 12 m/s<南岳站南风风速(连续 3 h)≤14 m/s 条件开始时次后 2 h(a)、4 h(b)、
6 h(c)、8 h(d)各站 3 h 累计降雨量≥20 mm 的频次分布图

当满足条件③时,出现 3 h 累计降雨量≥20 mm 的高频区范围较条件②时进一步扩大(图 5.32),湘中以北大部分地区的频次在 20 以上,满足条件③后的 6～8 h 高频中心值最大,局地达到 40 次以上。说明当南岳站的南风风速低于急流标准,但仍在 8 m/s 以上时,湘中以北地区均可能出现强降雨,达到标准的时刻通常较强降雨的出现有 2～8 h 的指示作用。

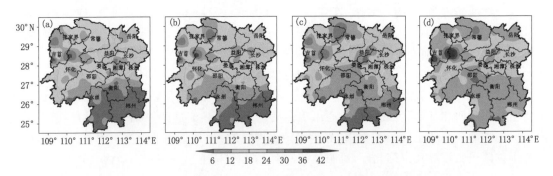

图 5.32　满足 8 m/s<南岳站南风风速(连续 3 h)≤12 m/s 条件开始时次后 2 h(a)、4 h(b)、
6 h(c)、8 h(d)各站 3 h 累计降雨量≥20 mm 的频次分布图

当满足条件④时,全省大部分地区出现 3 h 累计降雨量≥20 mm 的频次在 25 次以上,由各站出现 100 次以上 3 h 累计降雨量≥20 mm 的频次分布来看,湘西北、湘中、湘东南均为高频区,频次最大值中心超过 200 次,出现在满足条件④后 6～8 h 的湘东南地区(图 5.33c～d)。由此说明当南岳站南风风速低于 8 m/s 时,湖南省内强降雨区较该站风速≥8 m/s 时呈现东移南压的趋势,该趋势在满足条件后的 4 h 开始表现的较为明显(图 5.33a),并在 6～8 h 后达到最大。

当满足条件⑤时,3 h 累计降雨量≥20 mm 的高频区移至湘中以南地区,其中以满足条件后 2 h 的高频区范围最大,高频中心最大值也最大,达 20 次以上(图 5.34a)。4～8 h 的高频区出现在湘东南,较 2 h 的高频区范围呈逐步缩小的态势。由此说明南岳站由南风转为北风后的 2 h 内,省内强降雨区开始南移,并随着北风的维持南移至湘东南地区。

当满足条件⑥后的 2～8 h,全省大部分地区出现 3 h 累计降雨量≥20 mm 的频次均小于

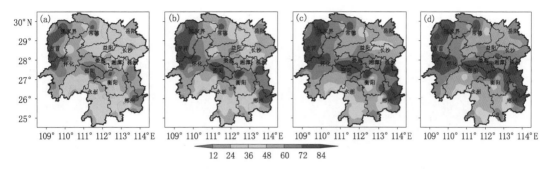

图 5.33　南岳站南风风速(连续 3 h)≤8 m/s 的开始时次后 2 h(a)、4 h(b)、6 h(c)、8 h(d)
各站 3 h 累计降雨量≥20 mm 的频次分布图

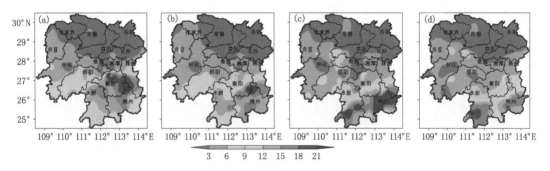

图 5.34　南岳站由南风转为北风的开始时刻后 2 h(a)、4 h(b)、6 h(c)、8 h(d)
各站 3 h 累计降雨量≥20 mm 的频次分布图

20 次,相对高频的区域范围主要在湘东南局部地区,且随着时间推移范围逐渐减小(图 5.35)。由此说明当南岳站北风风速较弱时,即冷空气势力较弱的情况下,省内强降雨区南移后 2~8 h 内有明显减弱的趋势。

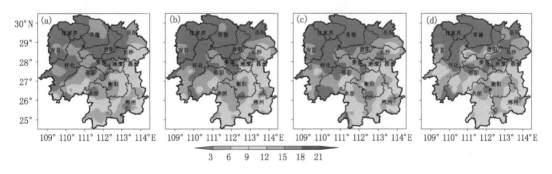

图 5.35　南岳站北风风速(连续 3 h)≤3 m/s 的开始时刻后 2 h(a)、4 h(b)、6 h(c)、8 h(d)
各站 3 h 累计降雨量≥20 mm 的频次分布图

当满足条件⑦后,湘东南成为 3 h 累计降雨量≥20 mm 的高频区,高频区范围和中心最大值均较满足条件⑥之后的 4~8 h 增大(图 5.36),且 4~8 h 的高频区中心值较 2 h 大。说明当南岳站出现 3~5 m/s 风速后的 4~8 h,湘东南地区将成为湖南省内的强降雨区。

当满足条件⑧后的 2~8 h,湖南省内出现 3 h 累计降雨量≥20 mm 的高频区范围较有限,

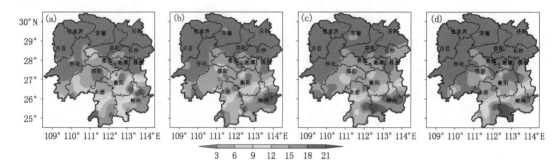

图 5.36　满足 3 m/s<南岳站北风风速（连续 3 h）≤5 m/s 条件开始时次后 2 h(a)、4 h(b)、
6 h(c)、8 h(d)各站 3h 累计降雨量≥20 mm 的频次分布图

2～4 h 主要出现在永州南部及郴州东南部的部分地区（图 5.37a～b），6～8 h 的高频区范围则
进一步缩小，主要出现在永州西南部（图 5.37c～d）。说明当南岳站北风风速超过 5 m/s 时，
强降雨区将逐渐移出湖南。

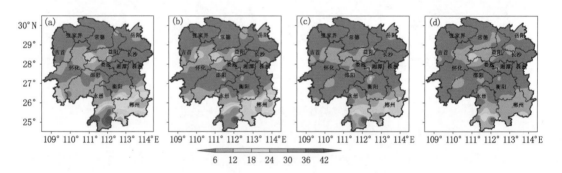

图 5.37　南岳站北风风速（连续 3 h）>5 m/s 的开始时刻后 2 h(a)、4 h(b)、6 h(c)、8 h(d)
各站 3 h 累计降雨量≥20 mm 的频次分布图

### 5.3.2.5　小结

（1）南岳站的风向、风速资料对湖南强降水落区和强度的短时预报有较好的指标意义，其
5 类风场时变特征中有 4 类对湖南不同天气型强降水过程有较好的指示作用，在目前探空站
资料时空分辨率不足以满足精细化预报的要求时，该站资料是重要的补充。

（2）南岳站南风超过 10 m/s 的时刻较湘北和湘西北地区开始出现强降雨通常有 2～6 h
的预报提前量，达到急流标准（≥12 m/s）的时刻较湘中以北地区降雨达到最强提前 2～5 h，
南风剧减至 8 m/s 以下或转为北风的时刻较湘南地区降雨加强有 2～4 h 左右的预报提前量。

（3）当南岳站主导风为南风，且风速大小在 12～14 m/s 之间时，湘西北和湘北的降雨强度
最大，但南风超过 14 m/s 时，主雨带将北抬至长江以北，仅湘西北为强降雨高频次区；当南岳
高山站主导风为北风，且风速大小在 1～3 m/s 之间时，湘中和湘西南地区的降雨较强；在 3～
5 m/s 之间时，湘中、湘西南和湘东南地区均有降雨；超过 5 m/s，则湘中和湘西南地区的降雨
明显减弱或停止，湘东南地区降雨也逐步减弱。在湖南境内台风暴雨期间，当南岳站出现明显
南北风交替且该站风速基本在 5 m/s 以下时，强降水区一般位于湘东南。当该站风转为持续
强劲南风时，湖南省内强降水则明显减弱或停止。

## 5.4　南岳站风场对赣北暴雨的指示作用

以往研究表明,我国南方暴雨与对流层中低层西南风演变密切相关。西南风气流增强形成风速辐合及正涡度平流是暴雨的主要动力触发因子。本节利用 2006—2014 年 4—6 月南岳站观测的逐时风资料、江西逐日 08—08 时降水资料、NCEP 全球再分析资料(分辨率 2.5°×2.5°)和江西省自动站逐小时雨量资料,针对岳站风场演变对赣北暴雨的指示作用进行分析探讨。考虑到 850 hPa 西南急流与其左前方或下游地区的强降水关系密切,而江西北部正处于南岳站西南风的左前方和下风方,因此,本节主要分析南岳站西南风演变与赣北暴雨的关系。

### 5.4.1　南岳站西南风对赣北有无暴雨的指示作用

利用南岳站 2006—2014 年 4—6 月 819 d 的共 19656 个逐小时风向风速样本资料,对南岳站风的气候特征进行分析发现,南岳站西南风总次数为 8914 次,占比 45.4%,非西南风为10742 次,占比 54.6%。再将 8914 次西南风按风速大小分级统计可见(图 5.38),南岳站西南风速主要集中在 2.0~10.9 m/s,占总数的 79.6%,其中每个风速级别占百分比在 7.0%~8.9%之间。而其他西南风速级别的次数和占百分比较低,分别在 0.6%~5.2%之间。

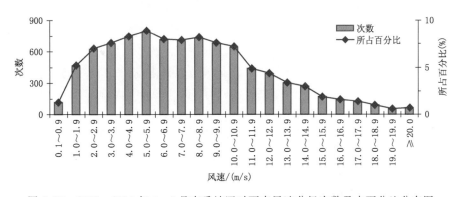

图 5.38　2006—2014 年 4—6 月南岳站逐时西南风速分级次数及占百分比分布图

为了寻找赣北暴雨预报指标,我们关心的是,赣北暴雨发生前 12 h 南岳站西南风速最低临界值为多少? 分析发现,在 2006—2014 年 4—6 月 728 d 样本中,赣北有 116 d 暴雨日,116 d 暴雨日的前 12 h(20 时至次日 08 时)南岳站逐小时西南风速最大值大多数在 8~18 m/s 之间,少部分在 3.7~7.0 m/s,其中 3.7~6.3 m/s 的有 6 次,6.4~6.8 m/s 的有 5 次。若将西南风最低临界值定在最低下限 3.7 m/s,则会出现空报较多现象。为尽量减少空报和漏报,确定赣北有暴雨前 12 h 南岳站西南风速最低临界值为 6.4 m/s。

据以上分析,将南岳站西南风日定义为:(1)某日 20 时至次日 08 时,南岳站逐小时风全部为西南风,且其中最大西南风速≥6.4 m/s;(2)某日 20 时至 08 时,南岳站由东南风转为西南风(转折时间不限),且其中最大西南风速≥6.4 m/s。当满足上述两条中的任一条时,就统计为 1 个南岳站西南风日(简称"西南风指标")。依据此标准,728 d 样本中有 271 d 为西南风日,即满足"西南风指标"。

其次,确定赣北 850 hPa 有切变线的统计标准。鉴于 850 hPa 切变线(其必须到达相应的位置)是汛期我国南方暴雨的重要影响系统之一,统计赣北暴雨日 850 hPa 切变线位置。2006—2014 年 4—6 月 08 时至次日 08 时赣北出现 3 站(国家级地面气象站,下同)或以上的暴雨日共计 116 d,这 116 d 中切变线基本上位于 27°48′~31°42′N 之间。因此,定义赣北 850 hPa 有切变线的条件是:(1) 08 时 850 hPa 在 27°48′~31°42′N 之间有切变线,且切变线东端到达 116°E 以东,或 08 时 850 hPa 在湖北中东部有低槽东移,且槽底到达 30°N 以南,同时当日 20 时低槽移至赣北 27°48′~31°42′N 之间;(2) 08 时 500 hPa 115°E 处副高脊线在 25°N 以南,且南昌站位势高度小于 588 dagpm。当上述 2 个条件同时满足时,统计赣北 850 hPa 有切变线(简称“切变线指标”)。依据此标准,上述 271 d 西南风日中,有 110 d 赣北 850 hPa 有切变线,即满足“切变线指标”。在此,将同时满足“西南风指标”和“切变线指标”的情况,统计为满足“南岳站西南风+切变指标”。

第三,指标对未来 24 h 赣北出现局部或区域暴雨的指示意义。由统计结果可知,在满足“南岳站西南风+切变指标”的 110 d 样本中,赣北有 66 d 出现区域性暴雨(08 时至次日 08 时 5 站或以上降水达到暴雨量级),区域性暴雨日占统计样本数的 60.0%;有 31 d 出现局部暴雨(08 时至次日 08 时 1~4 站降水达到暴雨量级),局部暴雨日占 28.2%;有 13 d 未出现暴雨(08 时至次日 08 时无一站降水达到暴雨量级),占 11.8%。可见,一旦满足“南岳站西南风+切变指标”,未来 24 h 赣北出现局部或区域暴雨的概率就较高,达 88.2%。

将上述指标应用到 2014 年 4—6 月(供试样本 91 d)赣北暴雨过程预报中,其结果如下:所有供试样本中,满足“西南风指标”的有 28 d,其中同时满足“切变线指标”的有 18d(在实际预报业务中,是否满足“切变线指标”,可利用数值预报产品如 EC 或 T639 模式预报场判断);在同时满足两项指标的 18 d 中,赣北有 12 d 出现区域性暴雨,有 2 d 出现局部暴雨,即赣北有 14 d 出现 2 站或 2 站以上暴雨;有 4 d 空报(其中有 2d 出现局部大雨)。上述指标应用表明,满足“南岳站西南风+切变指标”时,预报赣北 08 时至次日 08 时出现 2 站或 2 站以上暴雨的概率为 77.8%(14/18),出现 5 站或 5 站以上区域暴雨的概率为 66.7%(12/18)。此外,不满足“南岳站西南风+切变指标”时,赣北有 3 d 出现 5 站以上暴雨,这 3 d 分别是 5 月 16 日(9 站暴雨)、5 月 21 日(7 站暴雨)和 6 月 22 日(5 站暴雨),即漏报 3 次;其中,5 月 16 日是南岳站不满足西南风指标(西南风仅 5.7 m/s),5 月 21 日是 850 hPa 无切变,6 月 22 日是 850 hPa 为偏北风。由此可知,在 2014 年 4—6 月使用“南岳站西南风+切变指标”预报赣北出现 2 站或 2 站以上暴雨的准确率为 66.7% [14/(18+3)],这表明“南岳站西南风+切变指标”对预报赣北汛期有无暴雨有较好的应用效果和指示作用。

## 5.4.2 南岳站风对赣北暴雨过程开始和南压的指示作用

南岳站位于赣北的西南方向,上节分析证明南岳站西南风的建立和加强与赣北产生暴雨关系较大。那么,南岳站西南风建立和加强后,需要多长时间赣北暴雨过程开始发生? 赣北已出现暴雨时,当南岳站由较强西南风转为偏北风后,赣北暴雨将如何变化? 对此分析如下。

### 5.4.2.1 南岳站西南风建立和加强对赣北暴雨过程开始的指示作用

统计 2009—2014 年 4—6 月同时满足 3 个条件的 19 次暴雨过程,即:(1) 满足“南岳站西南风+切变指标”;(2) 赣北 08 时至次日 08 时出现 5 站或 5 站以上暴雨;(3) 暴雨日前 12 h 即 20 时至次日 08 时内南岳站由非西南风(一般是东南风)转为西南风或由弱西南风(风速小于 6 m/s)转为较强西南风(风速大于 8 m/s)的样本日,共 19 d 同时满足上述 3 个条件。经对上述 19 个样本的分析发现,20 时至次日 08 时南岳站由非西南风转为西南风或由弱西南风转为较强西南风的时刻到赣北开始出现暴雨(10 个或以上自动站小时雨量为 4～10 mm)的间隔为 4～18 h,平均 10.3 h。由此归纳出如下指标(简称"南岳站转西南风指标"):汛期某日满足"南岳站西南风+切变指标",在 20 时至次日 08 时南岳站由非西南风转为西南风或由弱西南风(<6 m/s)转为较强西南风(>8 m/s)时,即可预报未来 4～18 h(平均 10 h 左右)赣北将发生暴雨。

下面以 2013 年 6 月 6 日赣北一次暴雨过程为例,详细分析南岳站转西南风指标对赣北暴雨何时开始的指示作用。2013 年 6 月 6 日 08 时—6 月 7 日 08 时,赣北出现 5 站暴雨、7 站大暴雨的区域性暴雨过程,其中,上述 24 h 累积雨量有 142 个区域自动站为 50～99.9 mm,有 112 站≥100 mm,最大为 232 mm,出现在九江市上十岭乡。图 5.39 给出这次过程前不同时次对流层中低层影响系统配置。

5 日 20 时 500 hPa 河套地区南部为低槽东移形势(图 5.39a);700 hPa 河套南部也有低槽东移,四川东部有一弱的低涡;850 hPa 四川东部有一南北向切变,江西中北部和湖南中北部为东南风。6 日 08 时,500 hPa 和 700 hPa 低槽东移至鄂西到贵州北部(图 5.39b),700 hPa 低槽转为切变低涡形势;850 hPa 湘赣中南部转为西南风,且风速加大到 12～18 m/s,6 日 08 时—7 日 08 时,切变线东伸,低涡沿切变线东移。可见,该过程是一次典型的由 500 hPa 低槽东移、低层低涡沿切变线东移、西南风加强而造成的暴雨过程。

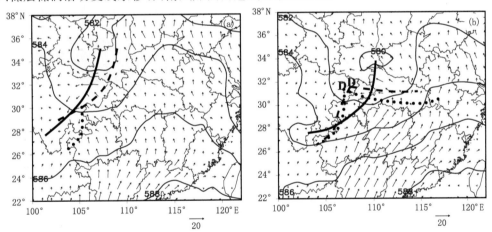

图 5.39　2013 年 6 月 5 日 20 时(a)、6 日 08 时(b)影响系统配置图
(其中细实线为 500 hPa 高度场(单位:dagpm);粗实线为 500 hPa 槽线;虚线为 700 hPa 切变线;
点线为 850 hPa 切变线;箭头矢量为 850 hPa 风场(单位:m/s);"D"为 700 hPa 或 850 hPa 低涡中心)

由 6 月 5—7 日南岳站逐时风演变可知(图 5.40a),5 日 23 时前,南岳站均为东南风或弱的西南风,在 6 日 00 时转为 10 m/s 的西南风,之后西南风继续逐渐加大,到 6 日 06 时加大到 14.9 m/s,因此其符合"西南风指标"。另从 850 hPa 切变线位置变化看,EC 和 T639 模式预报 6 日 08 时—7 日 02 时其位置在 29°30′～30°48′N 之间(图略),因此,"切变线指标"也满足。依据"南岳站西南风+切变指标"可判断 6 日 08 时—7 日 08 时赣北将出现暴雨,进而依据南岳站 6 日 00 时转西南风和"南岳站转西南风"指标判断这一过程可能将于 6 日 04—18 时之间开始,且当日 10 时左右开始的可能性较大。实况是,6 日 08 时赣西北开始出现强降水(图 5.40b、c、d),直到晚上赣北强降雨仍持续,并出现区域性暴雨或大暴雨(图 5.40e)。

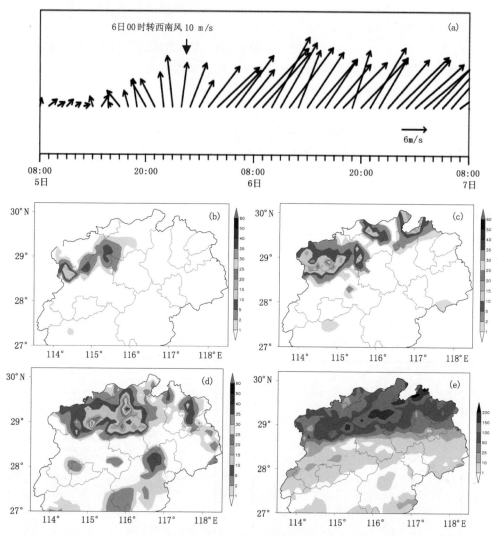

图 5.40  2013 年 6 月 5—7 日南岳站逐时风演变(a,单位：m/s)以及 6 日 08 时 1 h (b)、09—11 时 3 h (c)、12—14 时 3 h (d)和 6 日 08 时—7 日 08 时 24 h (e)累积雨量分布(单位：mm)

由上可见，相对于一日两次的常规探空资料，逐小时南岳山站风资料可为赣北暴雨何时开始提供较好的预报参考依据。

### 5.4.2.2  南岳站西南风转偏北风对赣北暴雨的指示作用

在赣北已出现暴雨时，当南岳站由较强西南风转为偏北风后，赣北暴雨又将如何变化？对此分析如下：

统计 2009—2014 年 4—6 月赣北出现区域性暴雨后南岳站由持续西南风转为偏北风的样本天数，共 17 d。经对这 17 个样本的分析发现，在赣北出现暴雨后，当南岳站由持续西南风转为偏北风后，赣北暴雨区均出现南压东移趋势，且是在该站转为偏北风后 1～3 h (平均 1.8 h)强降水区开始逐步南压东移，在 6～17 h (平均 10.5 h)后强降水区南压或东移出赣北。由于南岳站风基本能反映当地 850 hPa 风场变化，其风向由西南风转为偏北风即表征 850 hPa 切变线开始南压,而切变线南压则预示赣北暴雨区随之南压或东移。由此归纳出如下指标(简称"南岳站转北风指标"):在赣北出现暴雨后,南岳站由持续西南风转为偏北风后,赣北暴雨区将南压东移,且南岳站转为偏北风后 1~3 h 强降水区开始逐步南压东移,在 6~17 h(平均 10.8 h)后强降水区南压或东移出赣北。由于常规探空站资料的间隔为 12 h,预报员不易判断切变线这 12 h 中是否南压及何时南压,而南岳站逐小时风监测资料可弥补此不足,增加预报参考信息,有助于判断切变线位置变化,且南岳站转北风指标对赣北暴雨区南压东移有 6~17 h 的提前量。

下面以 2012 年 5 月 12 日赣北一次暴雨过程为例,详细分析南岳站由西南风转偏北风指标对赣北暴雨南压的指示作用。2012 年 5 月 12 日 08 时—13 日 08 时江西出现区域性暴雨,降水实况显示,有 29 个国家站 24 h 累积雨量≥50 mm,有 10 个国家站≥100 mm,其中,日雨量≥50 mm 和≥100 mm 的区域自动站分别有 354 个和 115 个,南昌市城南村最大为 178 mm。图 5.41 给出该过程不同时次对流层中低层影响系统配置。

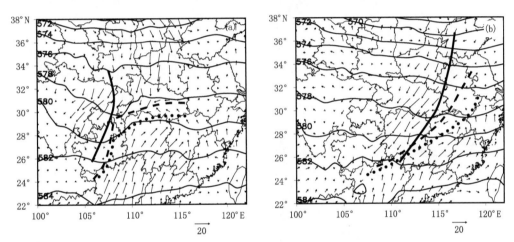

图 5.41　2012 年 5 月 12 日 08 时(a)、20 时(b)影响系统配置图

(其中细实线为 500 hPa 高度场(单位:dagpm);粗实线为 500 hPa 槽线;虚线为 700 hPa 切变线;点线为 850 hPa 切变线;箭头矢量为 850 hPa 风场(单位:m/s);"D"为 700 hPa 或 850 hPa 低涡中心)

12 日 08 时(图 5.41a),500 hPa 四川东部有低槽东移;700 hPa 鄂中到重庆有一冷式切变线,重庆东南部有一弱低涡;850 hPa 切变线位于鄂东南、湘北到贵州东部,切变线以南西南气流发展强盛,为 12~16 m/s。可见,12 日江西暴雨是一次低槽冷切变型暴雨过程。12 日 20 时(图 5.41b),500 hPa 低槽东移,700 hPa 和 850 hPa 切变线东移南压,700 hPa 切变线南压至 28°18′N 附近,850 hPa 切变线南压至 28°N 附近;湖南北部、中部转为偏北风。由于 500 hPa 低槽东移和低层切变线南压,12 日江西暴雨是先在北部出现,后逐渐南压至赣中和赣南,是一次自北向南发生的暴雨过程。

由 5 月 11—13 日南岳站逐时风演变可知(图 5.42a),5 月 11 日下午到晚上西南风逐渐加大,11 日 19 时西南风加大到 8 m/s,到 12 日 02 时西南风继续加大到 12.3 m/s。另从 850 hPa 切变线位置变化看,EC 模式预报 850 hPa 切变线 12 日 08 时位于 31.4°N 附近,20 时位于 28°50′N 附近(图略),因此,符合"南岳站西南风+切变指标",据此可判断 12 日 08 时—13 日 08 时赣北将出现暴雨。实况是,12 日 04 时—13 日 00 时赣北出现区域性暴雨和大暴雨。12

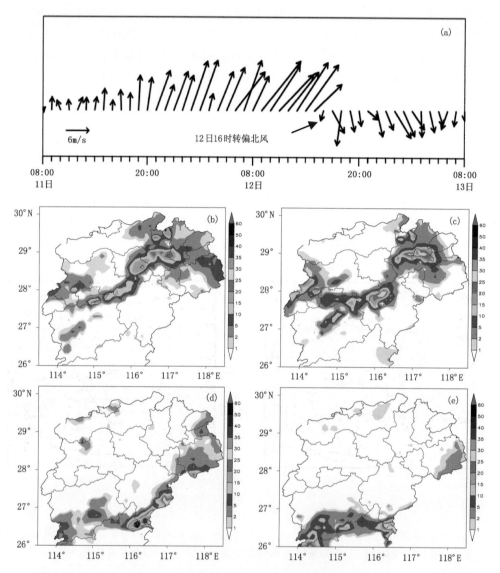

图 5.42  2012 年 5 月 11—13 日南岳站逐时风演变(a,单位：m/s)以及 12 日 16 时(b)、
17 时(c)、23 时(d)和 13 日 00 时(e)1 h 降水量分布(单位：mm)

日 16 时，南岳站由偏南风开始转为偏北风(图 5.42a)，此时赣北强雨区位于上饶市西部、南昌市东部到宜春市东南部(图 5.42b)，17 时强降水区南压东移到景德镇市南部、上饶市中部、抚州市西北部到吉安市东北部(图 5.42c)。12 日 23 时强降水区已南压到上饶市东南部到抚州市东南部(图 5.42d)，到 13 日 00 时强降水区基本移出赣北(图 5.42e)。这说明 12 日 16 时南岳站转偏北风后 1 h，赣北强降水区开始逐渐南压，8 h 后强降雨区全部移出赣北。

以上个例分析表明，在实际预报中，当 12 日白天赣北暴雨开始后，其暴雨区是否南压、何时南压，显然无法依靠间隔 12 h 的常规探空资料来判断；而逐小时南岳站风的变化信息可为判断 850 hPa 切变线是否南压提供参考，从而判断其暴雨区未来多长时间(10.8 h 左右)南压东移出赣北。

### 5.4.3　小结

(1)当满足"南岳站西南风＋切变指标"时,未来 24 h 赣北出现局部或区域暴雨的概率高达 88.2%。

(2)汛期当满足"南岳站西南风＋切变指标"时,且当日 20 时至次日 08 时南岳站由非西南风转为西南风或由弱西南风转为较强西南风后,可预报未来 4～18 h(平均 10 h)赣北开始产生暴雨;在赣北出现暴雨后,当南岳站由持续西南风转为偏北风后 1～3 h 赣北强降水区开始逐步南压东移,6～17 h(平均 10.8 h)后强降水区南压或东移出赣北。前一指标对赣北暴雨何时开始、后一指标对判断赣北暴雨区何时南压东移以及何时移出赣北的短期或短时预报可提供一定的参考依据。

## 5.5　南岳站、庐山站风场对长江流域梅雨锋暴雨的指示作用

每年 6 月中下旬到 7 月中旬,长江流域常发生梅雨锋暴雨,该类型降雨具有多发性、突发性、区域性以及物理机制复杂等特点,常导致多种气象灾害及次生灾害(斯公望,1994)。例如 1991 年江淮梅雨洪涝灾害造成江苏、安徽、湖北、河南、湖南、上海、浙江 7 省市 1 亿以上人口受灾,直接经济损失高达 700 亿元左右。1998 年的长江流域滂沱大雨引发长江出现八次洪峰,导致了 1000 多的人员伤亡和 3000 亿元的经济损失。2003 年、2007 年淮河流域又遭遇了极为严重的暴雨洪涝灾害。可见,梅雨锋暴雨灾害次数之多、危害之大,因此,加强对梅雨锋暴雨天气的监测、研究与预报是广大气象工作者的一项迫切任务,是气象研究、预报领域中的一个需持续高度关注的难题(赵娴婷 2009)。

低空急流是长江流域梅雨锋暴雨预报的一个重要指示因子。诸多文献都指出,副热带高空急流和与西南季风相联系的低空急流常与梅雨锋相伴出现,低空急流提供了充足的水汽,南亚高压北侧的高空急流提供了降水区的高空辐散(斯公望 等,1982;魏建苏 等,1993;赵思雄 等,2004;曹春燕 等,2006;金巍 等,2007;韩桂荣 等,2008;周玉淑 等,2010)。Qian 等(2004)利用 MM5 中尺度模式对 1998 年 6 月 11—17 日一次地形降水个例进行了研究,结果表明:青藏高原东南侧外围的西南低空急流将水汽源源不断地由孟加拉湾地区向江淮地区输送,尽管低空急流主要受到大尺度天气系统的强迫作用,但梅雨带凝结潜热释放所诱发的中尺度环流系统对低空急流的最大风速强度起到了显著的加强作用,而加速后的低空急流又进一步促进了水汽的输送,从而形成显著的正反馈机制并使得梅雨降水系统得以维持。位于长江以南的南岳、庐山 2 个高山气象站,其风场资料在一定程度上能反映对流层低层风场的关键特征,有经验的预报员经常将其作为暴雨预报的指标站,在实际工作中取得良好的预报效果。下文中将在统计分析的基础上,定量分析南岳、庐山高山站风场对长江流域梅雨锋暴雨指示作用,提炼相关预报指标,旨在为梅雨锋暴雨预报提供新的预报思路和着眼点。

### 5.5.1　长江流域梅雨锋暴雨的环流形势

长江流域梅雨锋暴雨常常是低纬和中高纬环流相互作用的产物,经常发生在中纬度环流出现明显调整的时期(陶诗言,1965;丁一汇 等,2009),即大尺度环流形势从纬向流型转换至经向流型,或者从经向流型转换至纬向流型的时期。此外,还与低纬环流有密切关系。造成长

江流域梅雨锋暴雨的大尺度环流影响系统包括三个纬度带:①中高纬度西风带环流以长波系统或阻塞系统为主,这类系统移动缓慢,变化比较小,使得中高纬的环流形势在一定时期内保持相对稳定,致使引起暴雨的天气尺度系统会在同一地区多次出现、或者出现天气尺度系统在同一地区停滞。②副热带系统与长江流域暴雨关系最密切,尤其是副高的进退、维持和强度的变化。暴雨一般出现在副高的西北侧。6月中旬—7月上旬副高出现第一次北跳,脊线位于22°~25°N,雨带移到江淮流域,这时长江流域梅雨开始,这段时间是长江流域梅雨锋暴雨发生的主要时段。这是因为副高的位置决定了从海上来的水汽通道,长江流域暴雨区的水汽常常是沿着副高西侧的南风或副高西南侧的东南风输送过来的。③热带环流系统是暴雨的主要水汽来源,大陆上的大暴雨过程频频出现在热带系统或季风气流向北推进的时期。

　　进入梅雨期,副高稳定缓慢北移,西风带环流亦有显著的变化,由初夏以移动性系统为主转为多阻塞性系统,500hPa亚欧上空常出现两高一低形势(图5.43),即乌拉尔山东侧和我国东北至俄国滨海边疆区为稳定的高压脊,两高之间在贝加尔湖以西为低压槽区;副高脊线在20°N附近,控制我国东南沿海。乌拉尔山长波高压脊的建立,对整个下游形势的稳定起着十分重要的作用。乌拉尔山阻塞高压脊前常有冷空气南下,使其东侧低槽加深,在贝加尔湖地区形成大低槽区,中纬度为平直西风气流,有利于稳定纬向型暴雨的形成。由于贝加尔湖大槽底部西风气流平直,在其上不断有小槽活动,造成降水,当它稳定存在时,易形成长江中下游持续性暴雨。鄂霍茨克海高压是梅雨期亚洲东岸高纬度上空持久性的阻塞高压,其稳定少变及对西风带的分支作用,可导致我国长江流域梅雨带稳定,出现大范围洪涝。鄂霍茨克海阻高常与乌拉尔山阻高或贝加尔湖大槽同时建立,构成稳定纬向型暴雨的典型环流背景场。由于鄂霍茨克海阻高稳定少变,使其上游环流形势也稳定无大变化,同时西风急流分为两支,一支从其北缘绕过,另一支从它的南缘绕过,其上不断有小槽东移,引导冷空气南下与南方暖湿空气交

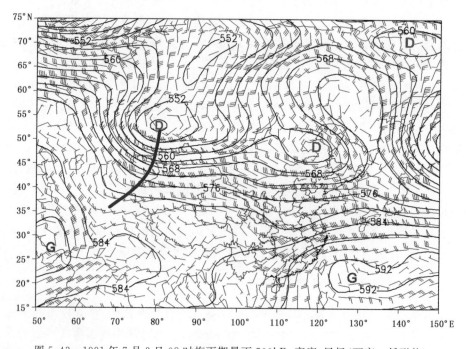

图5.43　1991年7月3日08时梅雨期暴雨500hPa高度、风场(两高一低形势)

汇于江淮地区。在此种情况下,副高呈东西带状,副热带流型多呈纬向型,形成东西向的暴雨带。

长江流域梅雨锋暴雨主要有两种天气形势类型:第一种类型是在 500hPa 亚洲中高纬度带(40°~60°N)呈西高东低(图 5.43),即在贝加尔湖以东为亚洲低槽,以西是高压脊。槽脊位置有时偏西,有时偏东,但东西振荡不超过 5 个经度,槽底不太深,30°N 附近基本是西风气流,冷空气可到达长江中下游地区。700hPa 在 30°N 有切变线,低涡沿切变线东移。切变线南侧有较强的西风急流,暴雨发生在低涡切变线附近,其强度与低空急流强弱对应,急流强则暴雨强,反之亦然,1991 年长江中下游梅雨期暴雨就是这种形势。第二种类型是中高纬度带(40°~60°N)内多波动,在亚洲 40°~60°N 内,可见 2~3 个低槽东移(图 5.44),经我国西北东部和华北上空时,冷空气沿槽后西北气流南下到长江流域与暖湿空气相遇造成暴雨,其在700hPa 上与第一类相似,2010 年长江中下游梅雨期暴雨就是这种形势。一般而言,这两类暴雨发生时,副高脊线的平均位置在 22°~25°N 附近,控制长江以南地区。

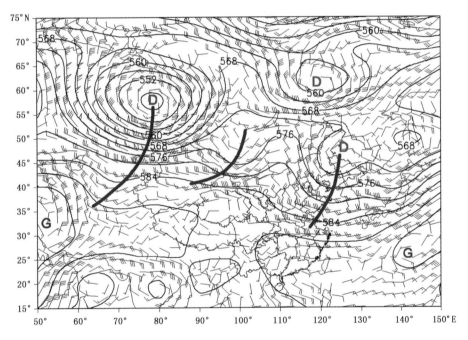

图 5.44　2010 年 7 月 8 日 08 时梅雨期暴雨 500hPa 高度、风场(多波动)

## 5.5.2　长江流域梅雨锋暴雨的重要天气系统

长江流域梅雨锋暴雨是在有利的大尺度环流形势下,天气尺度和中小尺度天气系统共同作用下形成发生的(翟国庆 等,1995;王建捷 等,2002;隆霄 等,2004;徐双柱 等,2008;赵玉春等,2011)。以下天气系统在长江流域梅雨锋暴雨形成过程中起到极其重要的作用。

### 5.5.2.1　西南低涡

西南低涡是在青藏高原东南缘特殊地形和一定环流条件下,出现在我国西南地区 700hPa或 850hPa 等压面上的、浅薄的中尺度气旋性环流或有闭合等高线的涡旋(何光碧,2012)。西南低涡的成因很复杂,地形作用、急流的汇合、高原南缘的西风切变、不同来源的气流辐合、温度的不均匀分布、高空低槽和低层环流型等等,无一不参与作用,这些可视作西南低涡形成的基本条件。

西南低涡的形成与源地的特殊地形有密切关系,高原地形动力效应有:①青藏高原东南缘为横断山脉,山脉的走向为北西北—南东南方向。春季南支西风由高原向东沿横断山脉的谷地向北流去,由于地形作用,使气流不断产生气旋性涡旋;5月以后,西风带北移,高原南部盛行西南季风,其西南气流沿高原南缘并通过横断山脉河谷时,也同样会产生气旋性涡旋。②当低层的西南气流进入横断山脉时,由于左侧为青藏高原的主体部位,地势比右侧高,且地势自西北向东南倾斜,加上边界层内的摩擦作用,使得右边的风速比左边大,呈现气旋性切变,有利于低涡的形成。③当高原南缘为西或西南气流时,位于高原东侧的四川盆地风速较小,而西南气流较强,由于绕流作用,继而产生气旋性切变,有利于低涡的形成。此外,随着西南暖湿气流的加强,形成低空急流,带来大量的水汽,一般在低涡的东南方,水汽比较充沛,由于潜热的作用,会使气旋性环流更加显著(图5.45)。

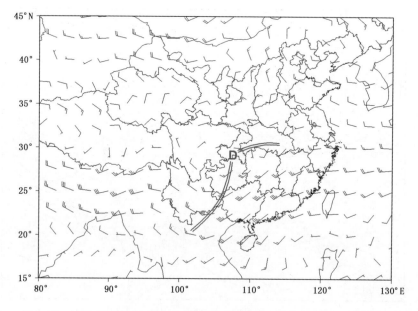

图 5.45　1998 年 7 月 22 日 08 时梅雨期暴雨 700hPa 风场(D 为西南低涡)

西南低涡源地主要集中在两个地区:第一个是九龙、巴塘、康定、德钦一带,即 28°~32°N、99°~102°E,占 79%;第二个地区在四川盆地,约 14%;此外,还有 7% 的低涡零星分布在上述主要地区附近。

西南低涡在源地产生后,每天移动距离≥2 个纬距的称为移动性低涡;每天移动距离≤2 个纬距的称为不移动性低涡。据统计,移动性低涡占 60% 左右,不移动性低涡占 40% 左右。其中移动性低涡能移出源地的低涡占移动性低涡的一半。西南低涡在源地附近移动速度较小,移出源地后移速增大。统计中还发现,移向和移速有一定的关系。一般向东北和东移动的低涡,移速较快,最大移速达到 14~15 个纬距/d;向东南移动次之,向南或向北移动的速度为最小。

4—9 月西南低涡移动路径主要是三条:①偏东路径。西南低涡通过四川盆地,经长江中游,基本上沿江淮流域东移,最后在黄海南部至长江口出海。取这条路径的,占移出西南低涡的 63%;②东北路径。西南低涡通过四川盆地,经黄河中、下游,到达华北及东北,有的移至渤海,穿过朝鲜向日本移出,这条路径占 25%;③东南路径。西南低涡由源地移出后,经川南、滇东北、贵州(有时影响两广)沿 25°~28°N 地区东移,在闽中—浙南消失或入海,或南移入北部湾,这条路径只占 12%左右。

西南低涡的移动基本上遵循引导原理,它受高层(200~300 hPa 急流或 500 hPa 槽前)强气流牵引,并沿低空切变线或辐合线向东或东北方向移动,在适当条件下,也向东南方向移动。西南低涡的移动和发展是紧密联系在一起的,在源地一般无大发展,只有在外移过程中才会发展。西南低涡的移动方向与大气环流主要成员的南退与北进具有密切关系,在一般情况下,如副高较弱或正常状态时,低涡多向偏东方向移动;若东亚大槽发展,副高偏南,低涡多向东南方向移动;如低涡之东无东亚大槽,副高较强,且乌拉尔山高压较弱,低涡多向东北方向移动。

在有利的大尺度环流背景下,西南低涡沿江淮切变线东移影响长江流域,给该地区带来暴雨,长江流域梅雨锋暴雨常常是西南低涡沿江淮切变线东移造成的。

### 5.5.2.2　江淮切变线

江淮切变线是指在对流层低层副高与东移的华北反气旋之间形成的一条气旋性切变线,往往能维持几天,造成长江流域连续性暴雨。长江流域梅雨锋暴雨过程中有 80% 以上在江淮地区上空 700 hPa、850 hPa 存在切变线。850 hPa 切变线范围一般在 25°~35°N 之间,700 hPa 切变线一般较 850 hPa 切变线偏北 2~4 个纬距(图 5.46)。一般切变线南北摆动,雨带也随之南北摆动。据统计,在 6 月份,我国东部 20°~40°N 范围内有 73% 的图次(700 hPa)有完整清晰的切变线,其中有 80% 位于 25°~33°N 范围内,即在青藏高原主体的下游(崔讲学 等,2011)。

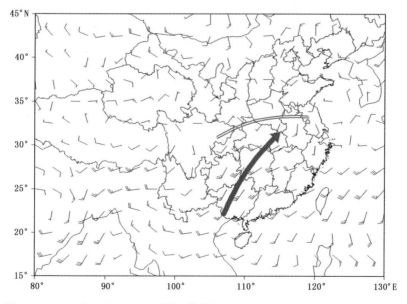

图 5.46　2010 年 7 月 8 日 08 时梅雨期暴雨 850 hPa 风场(棕色线为江淮切变线)

江淮切变线是副高与华北小高压之间狭窄的正涡度带。副高之所以在这个地区断裂成西伸脊型,并构成经常性的中、低对流层西南气流,华北小高压之所以频繁产生并鱼贯东移,一般都认为这与青藏高原热力、动力作用有密切关系,但仅仅根据两个反气旋系统的对峙,并不能说明它们之间一定能经常维持一条强而狭窄的气旋性切变带。事实表明,这两个反气旋系统在某些情况下相互靠近时可以合并,但绝大多数情况下它们并不在我国东部大陆上合并,其中必有原因。分析表明,这是由于高原东麓经常有扰动东传并结合潜热反馈继续维持低层辐合和气旋性切变流场。

### 5.5.2.3 低空急流

低空急流是引起长江梅雨锋的主要天气系统之一。在日常业务工作中,常把 850 hPa 或 700 hPa 等压面上,风速≥12 m/s 的极大风速带称为低空急流,一般为西南风低空急流。当有台风影响时,还可以出现东风或者南风低空急流。低空急流被认为是对中纬度暴雨、强对流提供热力条件和动力条件的重要气流特征。低空急流的活动区域也常常是暴雨和强对流天气经常发生的地区,两者相关率很高。据统计,江淮梅雨期有 70% 以上的天数出现低空急流,其中 79% 的低空急流伴有暴雨,反之,83% 的暴雨伴有低空急流。

陶诗言先生(1965)首先提出了与暴雨有关的中尺度(其长度一般为几百千米)低空急流的天气概念,通过研究低空急流与暴雨的关系,指出暴雨发生在急流的左前端,距急流 2～3 个纬距。这类急流主要发生在行星边界层内,其最大风速的高度有时可低至 600 m 左右,且具有很大的垂直风切变,使边界层处于极不稳定的状态。因此,这种急流对强对流天气的发生、发展影响极大。在急流中心的北侧是辐合区,有强的上升气流,在急流高度上,上升运动可达到 10 m/s 以上;在其南侧为下沉区,可构成一个湿上升、干下沉的垂直环流圈。

边界层低空急流是一种重要的天气系统,有时与自由大气中的低空急流相互配合对暴雨有一定影响。在判定边界层急流的存在时,通常都要求在垂直方向上边界层内有完整的大风速中心,且该中心强度应超过 11～12 m/s。徐海明等(2001)在分析梅雨期江淮地区 1983—1991 年 8 次区域性暴雨过程后,发现 6 次有边界层急流存在,并且存在一些共性:江淮地区边界层急流的走向与其上方低空急流的走向的配置大体为,边界层急流水平轴的偏南成份多些,低空急流水平轴的偏西成份多些;边界层急流比较活跃,其出现的时刻有 08 时的,也有 20 时的,其出现的高度在 600～1000 m 之间不等,有时边界层急流的水平轴线高度有向北爬升倾斜现象。此外,边界层急流的水平尺度也有差异,有的大到近千千米,有的仅有 500～600 km。

李延香等(2001)在总结 1998 年长江流域梅雨暴雨过程后提出低空急流有以下四个特点:

(1)多尺度特征,以天气尺度为主,主要位于华南到江南南部一线,其上还镶嵌着中尺度的急流或急流核。就天气尺度急流而言,其生成先于暴雨,但其加强却往往与暴雨同步或稍晚一些,这反映出暴雨潜热的反馈作用。总体看来,急流最强时段与大暴雨和特大暴雨集中出现的时段基本一致,850 hPa 上 16 m/s 以上的大范围的西南风急流集中出现在 106°～115°E 的暴雨区南侧、主要出现在暴雨的加强和持续阶段。

(2)分支和双急流轴特征,暴雨来临时,低空急流轴开始北抬(由华南北抬到江南中南部到贵州南部一带)且轴向逆转(由 ENE—WSW 转为 NNE—SSW)。在大暴雨持续阶段,其轴向进一步逆转,急流风向与切变线呈正交。急流轴从华南西部以北地区有明显的分支和双急流轴现象,西边一支偏南的分量较大,从广西西部经贵州东部和湖南西部北上,正好在强降水区上空,而东边一支偏东的分量较大,经湖南和江西两省中南部向东北方伸展。

(3)明显的日变化和脉动现象,低空急流风速呈夜间增强、午后减弱的明显日变化和脉动现象,脉动值达 6～8 m/s。

（4）显著的超地转特征，它的两侧有较强的风速水平切变。

### 5.5.3　南岳、庐山高山站风场对长江流域梅汛期暴雨的指示作用

有研究表明（斯公望，1994），形成长江流域梅雨锋暴雨的水汽主要是由低空急流或高风速带输送。850 hPa 西南急流是水汽和动量的集中带，对急流左前方强降水发生发展具有重要作用。倪允琪等（2004）研究指出，西南季风为梅雨锋暴雨提供水汽输送及西南急流对形成梅雨锋起重要作用。国内在高山站风变化与暴雨关系方面有过不少研究（详见 §1.3.3 节），如林中鹏等（2011）研究指出，九仙山高山站风速的急增与辐合辐散同下游地区强降水的发生和强度变化有一定对应关系；董佩明等（2004）通过对黄山高山站风资料的分析，认为低空西南急流和其上大风速中心与中尺度低压扰动及暴雨发生演变有密切关系。为进一步定量化验证南岳、庐山站风向、风速与长江流域梅雨锋暴雨发生发展的关系及指示作用，在对部分强降雨过程个例进行分析研究并得出初步指示作用规律的基础上，设定以下六个判断条件，并分别对达到各个条件的开始时次后 2 h、4 h、6 h、8 h 湖北、湖南、江西、安徽四省 350 个国家级地面气象观测站 2006—2014 年 6 月 10 日—7 月 20 日梅汛期 3h 累计降雨量≥20 mm 的短时暴雨频次进行统计。

六个判断条件为：①18 m/s<南风风速（连续 3 h）≤24 m/s；②14 m/s<南风风速（连续 3 h）≤18 m/s；③12 m/s<南风风速（连续 3 h）≤14 m/s；④10 m/s<南风风速（连续 3 h）≤12 m/s；⑤8 m/s<南风风速（连续 3 h）≤10 m/s；⑥由南风转为北风的时刻（南岳站前 1 h 为南风，后 2 h 为北风）。统计结果分析如下：

#### 5.5.3.1　南岳站风与长江流域梅汛期暴雨发生发展的定量关系

当南岳站南风风速出现连续 3 h 在 18～24 m/s 后的 2～8 h（条件①），短时暴雨高频次区范围主要出现在湖北东南部、安徽南部及赣皖交界处（如图 5.46），呈现近东西向分布，集中在 30°N 附近的沿江一带。而当南岳站南风如此强劲时，湖南出现短时暴雨的概率很小，尤其是 2 h、4 h 后，基本无暴雨发生。6 h、8 h 后虽出现了一定频次的短时暴雨，这也许是南风先加强之后有所减弱所致，由此可见，南岳山南风连续 3 h 超过 18 m/s 以上，可作为湖南有无区域性暴雨发生的阈值，这与 §5.3.2.4 节中南岳站风与湖南强降雨发生发展的定量关系的结论相一致。此外，当该站南风风速满足条件①达 2 h 后，短时暴雨的高频次中心出现在鄂东南；8 h 后则出现在江西东北部与安徽南部交界处，中心最大值均超过了 10 站次。

当南岳站南风风速出现连续 3 h 在 14～18 m/s 后的 2～8 h（条件②），短时暴雨高频次区范围主要出现在湖南东北部、湖北东北部及安徽北部（如图 5.48），呈现东北—西南向分布。此外，在湖北西南部还有一个高频次中心。整体而言，高频次区范围较该站南风风速满足条件①时明显扩大，高频次中心值也增大，尤其是达到该条件 8 h 后，安徽北部出现了 18 站以上的高频次中心。值得关注的是，江西始终为一低值区，说明当南岳站南风风速满足条件②时，江西出现区域性暴雨的概率较小。

当南岳站南风风速出现连续 3 h 在 12～14 m/s 后的 2～8 h（条件③），短时暴雨高频次区范围主要出现在湖南西北部、湖北东部及安徽中南部（如图 5.49），呈现东北—西南向分布。尤其是湖北东部出现大范围短时暴雨的概率大，中心值达到 9 站次以上，但江西仍为一低值区。

当南岳站南风风速出现连续 3 h 在 10～12 m/s 后的 2～8 h（条件④），短时暴雨高频次区

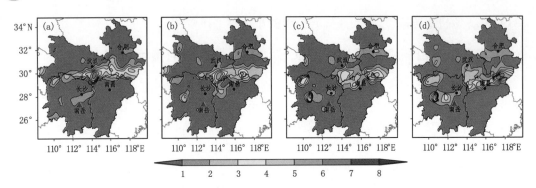

图 5.47 满足 18 m/s＜南岳站南风风速（连续 3 h）≤24 m/s 条件开始时次后 2 h(a)、4 h(b)、
6 h(c)、8 h(d)各站 3 h 累计降雨量≥20 mm 的频次分布图（单位：站次）

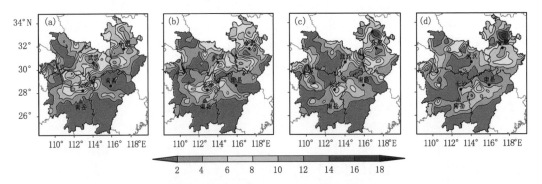

图 5.48 满足 14 m/s＜南岳站南风风速（连续 3 h）≤18 m/s 条件开始时次后 2 h(a)、4 h(b)、
6 h(c)、8 h(d)各站 3 h 累计降雨量≥20 mm 的频次分布图（单位：站次）

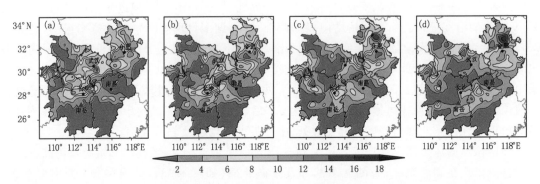

图 5.49 满足 12 m/s＜南岳站南风风速（连续 3 h）≤14 m/s 条件开始时次后 2 h(a)、4 h(b)、
6 h(c)、8 h(d)各站 3 h 累计降雨量≥20 mm 的频次分布图（单位：站次）

范围明显缩小（如图 5.50）。只是达到条件④的 6 h、8 h 之后，江西北部、湖北东北部及安徽南部出现了一定范围的短时暴雨高频次中心，中心值达到 9 站次以上。值得关注的是，当南岳站南风风速没达到低空急流标准时，湖南出现梅汛期区域性短时暴雨的概率较小，不足 4 站次。

当南岳站南风风速出现连续 3 h 在 8～10 m/s 后的 2～8 h（条件⑤），短时暴雨高频次区范围主要出现在湖南中部至江西北部一线（如图 5.51），呈现准东西向分布。尤其是 6 h、8 h后江西北部出现大范围短时暴雨的概率大，中心值达到 10 站次以上，该结果与§5.4 节中南

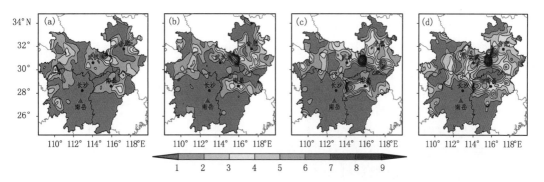

图 5.50　满足 10 m/s＜南岳站南风风速(连续 3 h)≤12 m/s 条件开始时次后 2 h(a)、4 h(b)、
6 h(c)、8 h(d)各站 3 h 累计降雨量≥20 mm 的频次分布图(单位:站次)

岳站风场对赣北暴雨的指示作用结论一致。但随着南岳站风的减小,沿江及长江以北地区出现短时暴雨的概率明显减小。

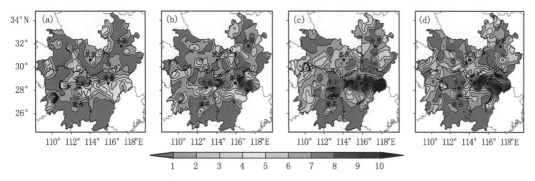

图 5.51　满足 8 m/s＜南岳站南风风速(连续 3 h)≤10 m/s 条件开始时次后 2 h(a)、4 h(b)、
6 h(c)、8 h(d)各站 3 h 累计降雨量≥20 mm 的频次分布图(单位:站次)

当南岳站由南风转为北风后的 2～8 h(条件⑥),短时暴雨高频次区范围主要出现在湖南东南部至江西中南部一线(如图 5.52),呈现东北—西南向分布。说明当南岳站风转为北风,表明切变线东移南压或冷空气南下,出现短时暴雨的区域也随之东移南压,频次整体上有所减小,中心值仅 8 站次左右。

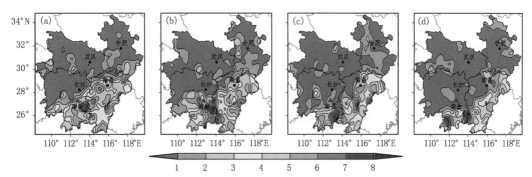

图 5.52　南岳站由南风转为北风(前 1 h 为南风,后 2 h 为北风)的开始时刻后 2 h(a)、4 h(b)、6 h(c)、8h(d)
各站 3 h 累计降雨量≥20 mm 的频次分布图(单位:站次)

### 5.5.3.2 庐山站风与长江流域梅汛期暴雨发生发展的定量关系

同样按照上述六个条件,统计分析庐山站风与长江流域梅汛期暴雨发生发展的定量关系,结果表明:仅当庐山站南风风速出现连续 3 h 在 10～12 m/s(条件④)及 8～10 m/s 后的 2～8 h(条件⑤),长江流域才出现短时暴雨高频次区,满足其他的条件时,长江流域出现短时暴雨的频次都较小,这可能与该站资料代表性不及南岳站有关。当满足条件④时,短时暴雨高频次区范围主要出现在湖南北部、湖北东部及安徽南部(如图 5.53),呈现东北—西南向分布。尤其是湖北东部及鄂皖交界处出现大范围短时暴雨的概率大,中心值达到 8 站次以上,江西为一低值区;当满足条件⑤时,短时暴雨高频次区范围明显增大,频次数增多,高频次区主要位于湖北东部及安徽南部,中心值可达 50 站次以上。此外,湖南西北部及湖北西南部也有个小范围的高频次中心(如图 5.54)。

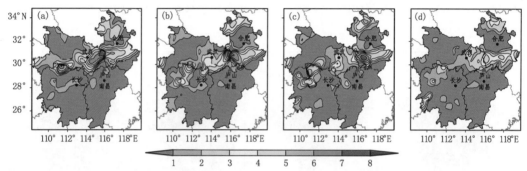

图 5.53　庐山南风风速连续 3 h 在 10～12 m/s 后 2 h(a)、4 h(b)、6 h(c)、8 h(d)
各站 3 h 累计降雨量≥20 mm 的频次分布图(单位:站次)

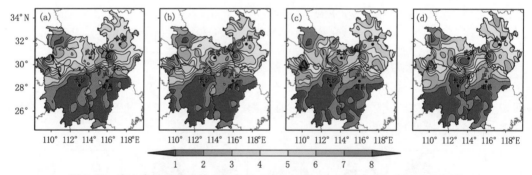

图 5.54　庐山南风风速连续 3 h 在 8～10 m/s 后 2 h(a)、4 h(b)、6 h(c)、8 h(d)
各站 3 h 累计降雨量≥20 mm 的频次分布图(单位:站次)

当庐山站由南风转为北风后的 2～8 h(条件6),短时暴雨高频次区范围主要出现在湖南东南部至江西东南部一线(如图 5.55),概率整体上有所减小,中心值仅 12 站次左右。

综上所述,南岳山、庐山逐小时风观测资料可以反映低空南风急流的演变特征,并且与梅雨锋暴雨雨带生消发展有较好对应关系。当南岳山西南风显著增大到 12 m/s 以上、庐山南风显著增大到 8 m/s 以上,长江流域一般将出现区域性梅雨锋暴雨过程,其风向风速与梅雨锋雨带的分布和走向相关,并且有 2～8 h 的预报提前量,可为预报员进行梅汛期暴雨落区预报提供很好的参考依据。

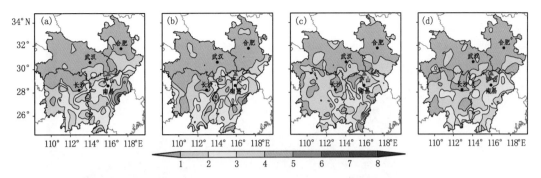

图 5.55　庐山站由南风转为北风(前 1 h 为南风,后 2 h 为北风)的开始时刻后 2 h(a)、
4 h(b)、6 h(c)、8 h(d)各站 3 h 累计降雨量≥20 mm 的频次分布图(单位:站次)

#### 5.5.3.3　高山站风场对梅雨锋暴雨指示作用的典型个例分析

2010 年 7 月 7—15 日,长江流域出现大范围梅雨锋强降雨过程,长江中下游大部分地区累计降水量达 100～200 mm,其中湖南西北部、湖北东部、安徽南部、江西北部等地达 200～400 mm,局部地区超过 500 mm。与常年同期相比,长江中下游大部降水量偏多 1～2 倍,湖北东南部、湖南北部、安徽南部及江西北部等地偏多 2 倍以上。湖北英山(287.2 mm)、湖南临湘(209.7 mm)、江西婺源(268.7 mm)及江苏姜堰(228.5 mm)、泰州(194.9 mm)、海安(199.3 mm)等地日降雨量突破历史极值。由于暴雨范围广、持续时间长、累计雨量大、局地降雨强,导致江河湖库水位迅猛上涨,长江干流上游寸滩江段发生超保证水位洪水,中下游部分河段先后发生超警戒水位洪水。长江中下游、四川盆地等地的部分地区发生暴雨洪涝及滑坡、泥石流等地质灾害,其中湖北、湖南、江西、重庆、四川等省(市)的部分地区受灾严重。

在此期间,湖北省出现连续性集中强降水过程。2010 年 7 月 7 日 20 时—15 日 08 时,湖北省 84 个国家气象观测站中,累计雨量有 2 站超过 500 mm(江夏 596.6 mm、洪湖 561.5 mm),5 站为 400～500 mm,5 站为 300～400 mm,17 站为 200～300 mm,25 站为 100～200 mm(图 5.56)。因集中暴雨持续时间长、降水强度大,造成鄂东严重洪涝、鄂西南严重渍涝、湖北省东西部山区山洪及滑坡等地质灾害、武汉等城区严重渍涝。经统计,此次集中暴雨洪涝灾害造成湖北省直接经济损失 47.4 亿元。

通过 2010 年 7 月 8 日 08 时—14 日 08 时 500 hPa 平均高度场(图略)分析可知,中纬度地区(30°～40°N)环流平直,副高脊线稳定维持在 23°N 附近。这样的高空形势对长江中下游暴雨的形成较为有利。逐日的形势分析表明(图 5.57),500 hPa 在 30°～50°N 不断有低槽从河套东移南下影响长江中下游地区,副高脊线前期 8—12 日稳定维持在 23°N 附近,后期 13—14 日副高脊线略有北移到 24°N 附近。低层 850 hPa 在江淮地区比较稳定维持一条准东西向切变线,位置南北略有摆动,在切变线南侧长江以南地区存在强大的西南气流,急流轴上的风速都在 12 m/s 以上,急流轴的位置也随切变线南北略有摆动。7 月 8—14 日 700 hPa 天气图上在 28°～33°N 同样有典型的江淮切变线和江南西南急流存在(图略)。在卫星云图上也可清晰看到在长江中下游地区存在梅雨锋云带(图 5.58)。北方弱冷空气和西南暖湿气流在长江中下游地区持久交汇,导致长江中下游形成一条比较稳定的雨带,形成长江中下游地区连续暴雨过程。

根据该集中暴雨的降水性质和特点,可将其划分为降水的五个阶段:第一阶段从 7 日 20

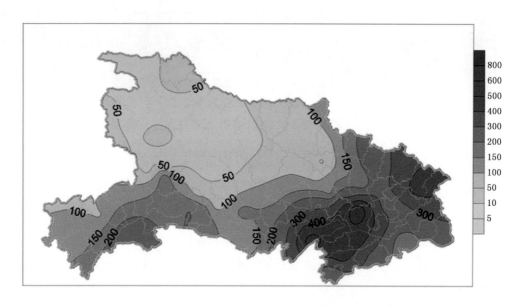

图 5.56　2010 年 7 月 7 日 20 时—15 日 08 时湖北省梅雨期过程总雨量(单位:mm)

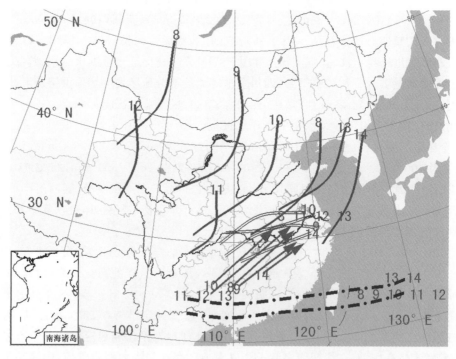

图 5.57　2010 年 7 月 8—14 日 08 时 500 hPa 低槽(实线)、副高脊线(点线)、
850 hPa 切变线(双线)和西南急流轴(箭头)

时—8 日 14 时,受 500 hPa 河套东部低槽、低层 850 hPa 长江中游暖切变线和地面河套东部冷锋共同影响,以对流性为主,鄂东北出现短时强降水,其中英山站 8 日 08—11 时 3 h 降水量达 150 mm,08—14 时 6 h 降水 266 mm(图 5.58a);第二阶段从 8 日 14 时—9 日 20 时,受中低层 700、850 hPa 江淮切变线和地面长江中游静止锋共同影响,鄂东北、江汉平原、鄂西南出现区

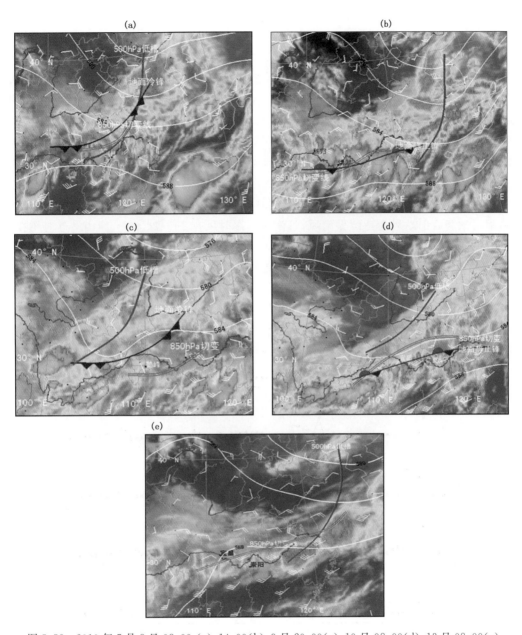

图 5.58　2010 年 7 月 8 日 08:00 (a)、14:00(b)、9 日 20:00(c)、10 日 08:00(d)、13 日 08:00(e)
FY-2C 红外云图与 500hPa 高度、850hPa 风场和天气系统图

域暴雨带,位于鄂西南降水中心的秭归和位于江汉平原降水中心的洪湖,8 日 14 时—9 日 02
时 12 h 降水量超过 150 mm(图 5.58b);第三阶段从 9 日 20 时—10 日 08 时,受 500 hPa 河套
南部低槽、低层 850 hPa 长江中游暖切变线和地面河套南部冷锋共同影响,鄂西南出现短时强
降水,鄂西南鹤峰走马镇 10 日 02—05 时 3 h 降水量 108 mm,9 日 20 时—10 日 08 时 12 h 降
水量 203 mm(图 5.58c);第四阶段从 10 日 08 时—13 日 08 时,受中低层 700、850 hPa 江淮切
变线和地面长江中游静止锋共同影响,鄂东北、鄂东南、江汉平原、鄂西南连续三天出现区域暴
雨带,降水中心位于鄂东南的江夏,10 日 08 时—13 日 08 时连续三天出现暴雨,72 h 累积降水

量达 374 mm(图 5.58d);第五阶段从 13 日 08 时—15 日 08 时,受中低层 700、850 hPa 江淮切变线影响,鄂东南、江汉平原南部连续两天出现较强降水,降水中心出现在鄂东南的金沙站,该站 48 h 累积降水量达 178 mm(图 5.58e)。

通过对比分析 2010 年 7 月 8—14 日南岳、庐山站逐时风场观测资料与湖北分区逐时雨量发现(图 5.59),从 7 月 8 日 08 时开始到 14 日 08 时,南岳站西南风持续维持,其中 7 月 8 日 08 时到 9 日 20 时持续维持在 15 m/s 以上,在 7 月 9 日 20 时到 12 日 08 时增大到 20 m/s 以上,庐山站偏南风也增大到 10 m/s 以上,在此期间鄂东南的降水明显增大,对应着第四阶段降水的加强,鄂东南的江夏为特大暴雨中心;此后这两个高山站风速虽有所减弱,但一直维持偏南风,鄂东南和江汉平原强降水仍持续,鄂东南的金沙站出现了大暴雨。由此可见,在长江流域梅雨期(6 月 10 日—7 月 20 日),当副高控制江南、华南大部,副高脊线的平均位置在 22°~25°N,南岳站和庐山站风为持续偏南风,且南岳站逐时风在 14~24 m/s、庐山站逐时风在 8~12 m/s 时,如遇有利的环流背景,梅雨锋雨带往往会形成于长江流域,尤其是鄂西南、鄂东南及江汉平原为强降水主要区域。一般要待副高东撤、梅雨锋南压,庐山站和南岳站风先后转为偏北风时,强降雨带才会东移南压至江南、华南一带,一轮梅雨锋暴雨过程才得以阶段性结束。

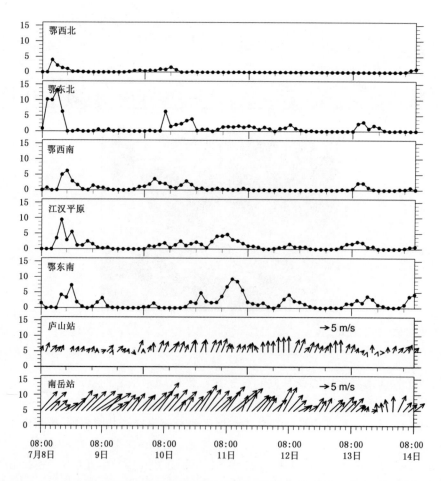

图 5.59  2010 年 7 月 8—14 日逐小时南岳站、庐山站风场(单位:m/s)与湖北分区暴雨(单位:mm)关系

# 第 6 章　高山站资料应用暴雨预报系统介绍

为强化具有本地特色的暴雨定量预报业务核心技术支撑,改变预报员单纯依赖数值预报模式的倾向,努力提升暴雨定量预报水平、科技内涵和精细化服务水平,湖南省气象台充分依靠科技进步和现有的技术手段,依托国家科技部行业专项科研成果和业务合作成果,注重多源观测资料在灾害性天气预测预报中的应用,逐个攻破关键方向的技术难题,不断凝炼并量化预报员在抗击各类灾害性天气实战中积累的宝贵预报经验,历时四年,自主研制开发了高山站资料应用暴雨预报系统。该系统基于国省统一、高效集约的全国综合气象信息共享平台(CIMISS),采用气象数据统一服务接口(MUSIC),经不断优化和完善,目前已发展到 3.0 版本,系统主界面如图 6.1 所示。2013 年汛期在湖南省气象台、湖北省武汉中心气象台、江西省气象台开展了该系统的业务试验,2014—2015 年投入业务运行,并研制开发了该系统的网页版(图 6.2),已在湖南各市(州)、县(区)气象局推广应用。

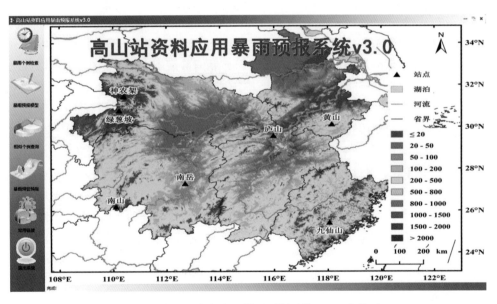

图 6.1　高山站资料应用暴雨预报系统 V3.0 主界面

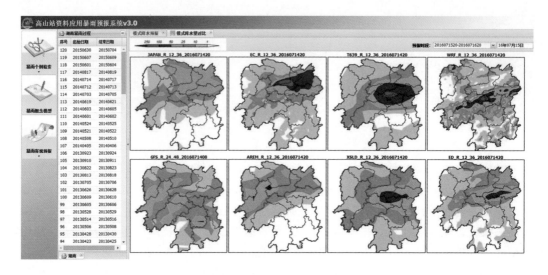

图 6.2 高山站资料应用暴雨预报系统网页版

## 6.1 系统功能及技术实现

### 6.1.1 系统功能

高山站资料应用暴雨预报系统共有 5 个主要功能模块,分别是:暴雨个例检索、暴雨预报模型、相似个例查询、暴雨预警预报和常用链接。可提供暴雨历史个例检索,包括 2006—2015 年 135 例湖南暴雨过程及 60 例区域暴雨过程降雨实况、逐时卫星 TBB 演变、各层次形势场及过程灾情、相关研究文献等查询,以便预报员了解暴雨环流背景及演变特征,也可供预报竞赛时历史个例的赛前集训使用;并基于模糊对比等六种相似计算方法,实现 EC 细网格模式格点预报场与历史个例天气形势场的自动检索,及基于 EC 细网格模式格点预报场的天气系统自动识别,且提炼了典型暴雨过程主要影响系统概念模型,为预报员提供降水强度与落区预报的客观依据。另基于 K-均值动态聚类法,实现了大气环流形势场客观分型,为预报员提供降水强度与落区预报的客观依据,很大程度上改变了预报员单纯依赖数值模式产品的倾向。此外,该系统开发的高山站气象要素时序图,可以获取任意查询时刻前 24 h 高山站气象要素逐时实况和后 48 h 逐 3 h 预报场,有效弥补了探空资料时空分布的不足。同时,该系统还可提供 8 种暴雨预警预报客观产品,其中基于高山站逐时风场预警指标制作的 2～12 h 时效内逐 3 h 湖南短时暴雨预警产品,实现了该时效内短时临近预报预警新的技术支撑。

#### 6.1.1.1 暴雨个例检索

统计了 2006—2015 年汛期的 135 次湖南暴雨过程、60 次区域暴雨过程,可检索每次过程的各层天气形势、逐时 TBB 演变、过程降雨实况、灾情影响和灾情图片、过程的天气型和南岳站风场型、相关研究文献等。

#### 6.1.1.2 暴雨预报模型

在对 2006—2015 年汛期 135 次湖南暴雨天气过程进行天气影响系统分型(6 种)的基础

上,提出 5 类高山站风场型对湖南不同天气型强降水预报的定量化指标。可检索 135 次暴雨过程的分区降雨量逐时演变、影响系统概念模型、天气型及南岳站风场型,也可增加新个例的相关信息。影响系统概念模型分析规范详见附录 D。

### 6.1.1.3　相似个例查询

包括历史个例相似检索、暴雨过程环流客观分型和天气系统自动识别三部分。

(1)历史个例相似检索:基于均方根距离、Pearson 相关系数、非距平相关系数、Hodgkin-Richards 指数、Petke 指数、Wang-Bovik 指数等六种相似计算方法(附录 E),实现 EC 细网格模式 500 hPa 高度场、850 hPa 风场与历史天气形势场相关要素的相似度计算,并实现最优相似结果的排序和显示,为暴雨落区、强度预报提供重要参考。

(2)暴雨过程环流客观分型:基于所选择预报时次 EC 细网格模式的 500 hPa 高度场、850 hPa 风场,使用 K-均值聚类法将对应时次的大气环流形势场进行聚类分型(详见§5.3.1.3节),以图形方式展现在相似个例查询表格的下方,客观分型结果则在图上以提示框的方式弹出;也可查询历史暴雨个例的客观分型结果,如在图上移动鼠标时还可以看到各聚类过程对应的日期信息。由于该功能实现是针对暴雨过程,因此将对应时间段的 EC 雨量预报或降雨实况作为启动条件,创新性地解决了虚警率偏高的问题。

(3)天气系统自动识别:基于所选预报时次 EC 细网格模式 200 hPa、500 hPa、700 hPa 和 850 hPa 的格点要素预报,依据自动识别方法将槽线、切变线、显著湿区和低空急流等天气系统在各层次自动叠加显示出来,同时给出可选择的图层显示项,可根据预报需要对特定的天气系统进行单独或叠加显示,并可通过点击右侧图层的方式在各层系统配置图之间相互切换。

### 6.1.1.4　暴雨预警预报

包括模式降水预报、高山站时序图及短时暴雨预警三部分。

(1)模式降雨预报集成了 EC 细网格、T639、GFS、JAPAN 四个全球模式和 WRF、HNWRF、AREM-RUC 快速更新循环同化产品、XSLD 多模式动态权重集成定量降水预报产品(附录 6)。可选择单个模式短期预报、短时临近预警和任意时次累加的降水预报产品,或用邮票图的方式显示多模式对比产品,还可显示不同起报时次各模式降水预报的稳定性对比产品。降水量预报有色斑、等值线、站点预报三种方式显示,显示范围可选择华中区域、湖南、江西、湖北及湘鄂赣三省各地市。

(2)高山站时序图可显示高山站气象要素的时间演变,能有效监测、预报强雨带生消移动。包括高山站气象要素时序图,可查询任意时刻前 24 h 各高山站气象要素(风向、风速、气温、露点温度)逐时实况、后 48 h 逐 3 h 相应要素预报,在时序图中移动鼠标会显示当前时刻某高山站的温度、露点温度和风向、风速要素值;高山站风场对比时序图,可查询庐山/南岳、绿葱坡/南岳、九仙山/庐山、黄山/庐山逐时风场实况和预报图,帮助预报员了解低层切变位置和演变趋势,在时序图中移动鼠标可显示当前时刻两个高山站的风向、风速值。

(3)在 V3.0 版本中添加了短时暴雨预警模块,当达到短时暴雨预警条件时,工具栏将出现【预警条件(N)】按钮(N 代表达到第 N 类预警条件),点击该按钮可以查看高山站逐时风场达到预警条件之后 2 h、4 h、6 h、8 h、10 h 的湖南短时暴雨预警区域。该功能提供了以高山站风场时变特征为客观判据的湖南 2~12 h 时效短时暴雨预警产品,实现了该时效内短时临近预报预警新技术支撑。

#### 6.1.1.5 常用链接

链接了多个国内常用的气象、水文等网站,可自定义,方便预报员快速查询相关气象、水文等信息。

### 6.1.2 系统功能技术实现

高山站资料应用暴雨预报系统采用 Microsoft Visual C♯. NET2008 编制,基于 MI-CROSOFT . NET FRAME WORK2.0 框架,引入并定制了 SharpMap 地理信息组件、Source-Grid2 表格组件、WeifengLuo 框架管理组件等优秀开源组件。WeifenLuo 是一种多窗口管理框架,可以很方便地管理各种窗口,实现页面式窗口停靠、浮动等各类动态操作,SharpMap 是一种开源 GIS 平台,具有一般 GIS 的地图缩放、图层管理等基本功能,图层支持多种数据源,SourceGrid2 是一款数据表格组件,主要用于以表格方式显示各类数据。该系统实现了多种格点场相似、离散点插值、格点场插值、等值线追踪与填色、多目录多文件搜索排序等算法,集成了 GZIP 解压缩、GRIB 解码等算法,成为湖南及周边省份暴雨预报业务工作中方便快捷的参考工具。

该暴雨预报系统采用客户端/服务器(Client/Server,简称 C/S)体系结构。系统运行所需的数据包括 Micaps 格式数据、中尺度模式预报产品、区域自动气象站资料和历史暴雨个例数据(包括暴雨个例的 Micaps 资料、卫星 TBB 资料、灾情资料、暴雨个例的系统配置图及过程相关的 PDF 文献)。因此,系统需要访问本地 Micaps 数据服务器、中尺度模式预报产品数据库(在湖南省气象台,通过局域网共享方式访问)、区域自动气象站数据库等,历史暴雨个例数据保存在个例数据库中,由系统直接调用。

程序界面处理采用 WeifenLuo 组件管理多窗口的同时,增加了主窗口标题栏自绘制函数和大图标工具栏,定义了基于 SharpMap 图层的可扩展地图集,设计了气象要素时序图、风场对比时序图、多模式对比、相似查询四分屏等多种自定义 C♯ 组件,使得整个界面更加美观紧凑,设计自定义带日期文件名掩码算法和内存网格管理算法,有效地提高了系统运行速度。

## 6.2 系统操作手册

系统启动后主界面如图 6.1 所示,包括顶部的标题栏、底部的状态栏、左侧的工具栏和中间的窗口显示区。其中工具栏包括了该系统的 5 个主要功能模块和 1 个退出按钮。

### 6.2.1 暴雨个例检索

#### 6.2.1.1 湖南暴雨过程

点击工具栏【暴雨个例检索】按钮,在弹出菜单中选择【湖南暴雨过程】后出现湖南暴雨过程窗口(图 6.3),该窗口可设置为自动隐藏方式、停靠方式或浮动方式显示。窗口上端设置三个按钮,分别为:各层次的形势场、逐时 TBB 演变和全省降雨实况。按钮下方以表格方式列出了 2006—2015 年的 135 次湖南暴雨过程,默认出现时间最晚的暴雨过程排在表格最顶端。

鼠标单击选择表中的某次过程后,分别点击窗口上方【各层次的形势场】、【逐时 TBB 演变】、【全省降雨实况】按钮可以查看本次过程相应的内容。

点击【各层次的形势场】按钮后,在窗口显示区默认显示该次过程的开始时间 500 hPa 形势场(图 6.4),可在窗口上方选择不同层次的高空和地面形势,并可通过时间的前后翻页按钮,实现不同时次各层次的高空图及地面图的查看。

地图缩放和漫游操作:在地图上滚动鼠标滚轮可以实现地图的缩放,鼠标左键点击地图进行拖动可以实现地图漫游。

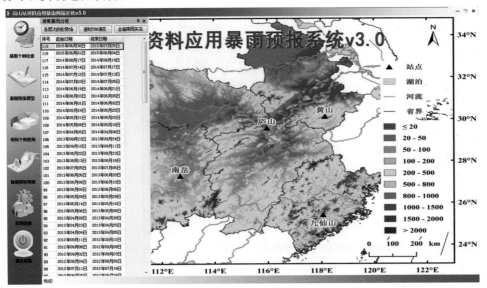

图 6.3　湖南暴雨过程查询

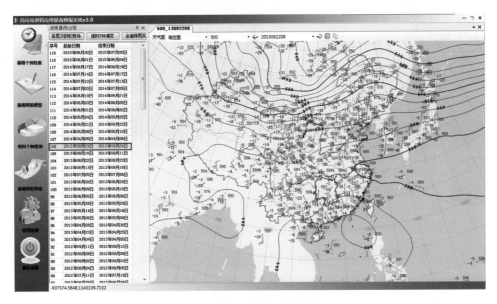

图 6.4　暴雨过程各层形势场

点击【逐时 TBB 演变】按钮后,在窗口显示区默认显示本次暴雨过程开始的第 1 个时次 TBB 的分布(图 6.5),并可在窗口上方选择不同时次和不同范围(湖南或区域)TBB 的演变,通过时间前后翻页按钮可实现前后时次 TBB 分布图的显示。也可将当前图形保存为图形文件,或将当前图形复制到剪贴板中,用于制作 PPT 等的素材。

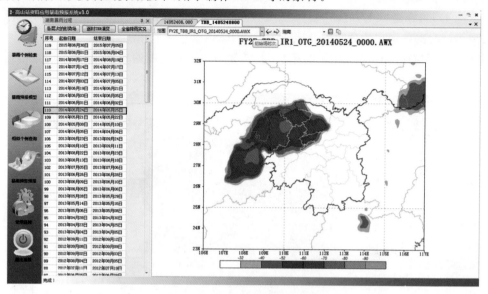

图 6.5　暴雨过程逐时 TBB 演变

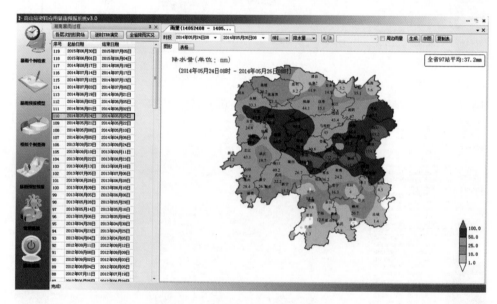

图 6.6　湖南暴雨过程降雨量实况

　　点击【全省降雨实况】按钮后,在全省降雨实况窗口(图 6.6)中显示此次过程的累积降雨量图,可在窗口上方选择不同的起止时间进行统计,通过选择可以分析全省对应时段的降水量、最高气温、最低气温、平均气温的色斑图和实况表格(图 6.7),同时也支持时次的前翻和后翻,当个例资料中有相应时刻 Micaps 雨量文件时,【周边雨量】复选框可勾选,勾选后可同时查看湖南周边省份的雨量实况图(图 6.8)。

　　双击暴雨过程列表中任一次过程,可弹出该过程的描述对话框(图 6.9)。过程描述对话框列出了该过程的起止时间,过程所属天气型和南岳站风场型,过程的灾情影响、过程雨量实

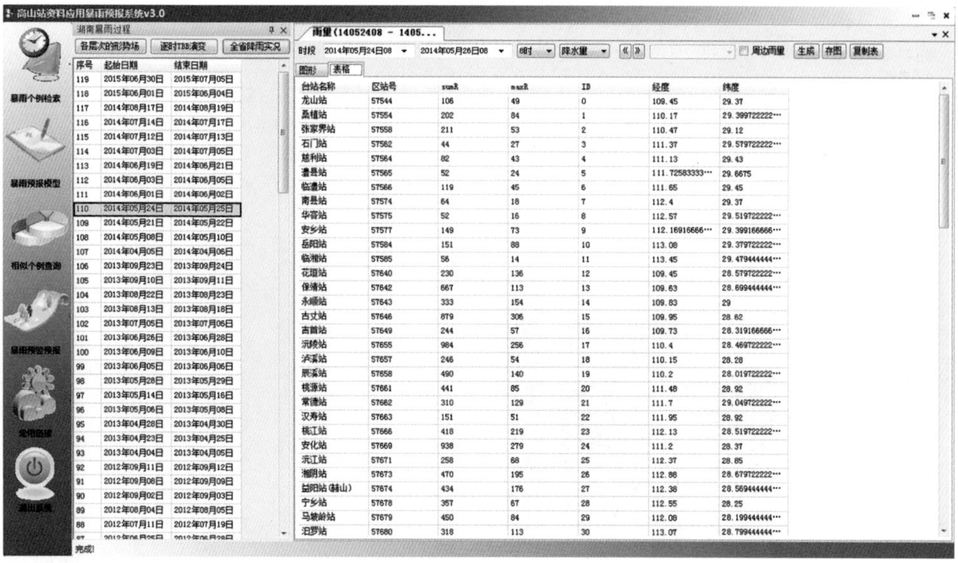

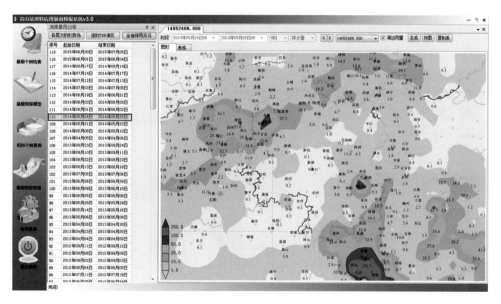

图 6.7 湖南暴雨过程降雨量实况表格

图 6.8 暴雨过程期间湖南周边雨量查询

况、灾情图片及与本次暴雨过程相关的文献。鼠标移动至灾情影响下列表和相关文献下列表框中会出现相关操作提示,根据提示操作可以新增或查看灾情图片和相关文献,修改过程的灾情影响描述等等,点击【确定】保存并结束过程编辑。

### 6.2.1.2 区域暴雨过程

点击工具栏【暴雨个例检索】按钮,在弹出菜单中选择【区域暴雨过程】后出现区域暴雨过程窗口(图 6.10),下拉表格列出 2006—2015 年影响湖南、湖北、江西等省的 60 次区域暴雨过程,默认出现时间最晚的暴雨过程排在表格最顶端。与【湖南暴雨过程】类似,也可查看每次过程的各层次形势场、逐时 TBB 演变和区域降雨实况,相关操作可参考 6.2.1.1 节。略有不同的是区域

图 6.9  暴雨过程描述对话框

暴雨过程降雨量实况的查看方式,在单击某一次区域暴雨过程,并点击【区域降雨实况】按钮时,会在窗口显示区的下半部列出过程期间逐 24 h 降雨量实况,依次点击可实现逐日区域降雨量实况图的前翻和后翻。双击区域降雨量实况图,可以实现原雨量图的放大和还原。

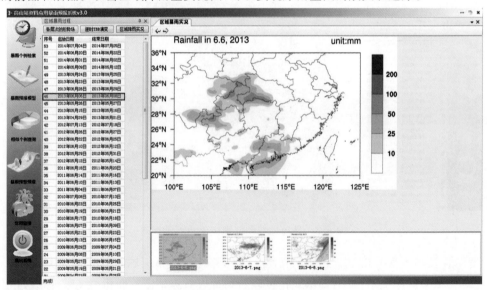

图 6.10  区域暴雨过程降雨量实况图

## 6.2.2  暴雨预报模型

点击工具栏【暴雨预报模型】按钮,会默认在窗口左侧的表格中列出 2006—2015 年的 135 次湖南暴雨过程,可通过窗口上方的类型复选下拉框筛选不同类型的暴雨过程(图 6.11)。根据南岳站风场的变化,将湖南暴雨过程分为北风转南风型、持续北风型、持续南风型、南北风交替型和南风转北风型 5 种南岳站风场型。通过类型复选下拉框选择不同的南岳站风场型,点击【查询】后进行筛选查看。

点击【追加】按钮弹出过程追加对话框,设置过程的起止时间,过程所属天气型和南岳站风场型,过程的灾情影响描述、灾情图片和有关本次过程的分析文献,可以增加最新的暴雨过程,操作与过程描述对话框类似,点击【确定】过程追加完成。

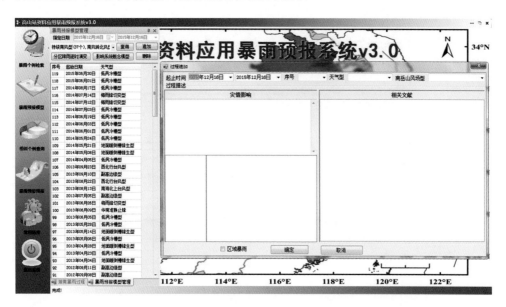

图 6.11　暴雨过程天气型、南岳站风场型查询及暴雨过程追加对话框

在左侧的表格中选中某次暴雨过程后,并点击【分区降雨逐时演变】按钮可以显示分区降雨逐时演变图(图 6.12)。根据湖南的天气气候特征,将湖南全省分为湘西北(NW)、湘北(N)、湘中(M)、湘西南(SW)和湘东南(SE)五个区域,分区降雨逐时演变图上,上部分是湖南五个区域各站点平均降雨量的逐时演变图,下部分是同时间段庐山站(LuShan)、南岳站(NanYue)风向风速的逐时演变图。通过分析分区逐时面雨量和庐山、南岳站风场演变的对比分析,可反映高山站风场演变对湖南各区域强降雨发生发展的指示作用。

在左侧的表格中选中某次暴雨过程后,点击【影响系统概念模型】按钮,可以查看所选过程的主要影响系统配置图(图 6.13),配置图分析规范见附录 D。

## 6.2.3　相似个例查询

点击工具栏【相似个例查询】按钮,弹出【暴雨相似个例】窗口(图 6.14),选择相似计算方法、预报时次和时效后,点击【查询】,程序将基于所选择预报时次 EC 细网格模式的 500 hPa 高度场、850 hPa 风场,用六种方法与历史 FNL 资料数据库中的相应要素进行相似性运算(系统默认 WB 相似系数法,如选择其他相似方法,无需再次运算),运算结束后将结果展现在左边的表格中,表格中分别列出高度场(GH)、U 风、V 风以及 3 个要素综合的 5 个最优相似计算结果,同时右侧弹出【相似检索】和【天气系统自动识别】两个并列窗口,其中默认为【天气系统自动识别】(图 6.14)。【天气系统自动识别】窗口默认显示所选预报时次 EC 细网格模式采样(1°×1°)的 850 hPa 风场图,依据自动识别方法将槽线、切变线、显著湿区和低空急流等天

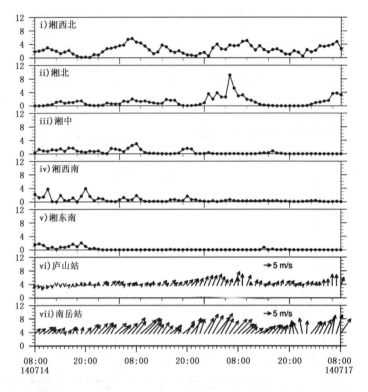

图 6.12　暴雨过程期间分区逐时面雨量(单位:mm)和庐山站、南岳站风场逐时演变

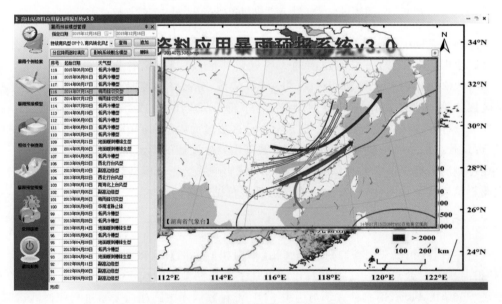

图 6.13　暴雨过程主要影响系统配置图

气系统自动叠加显示出来,同时窗口下半部分给出可选择的图层显示项,可根据预报需要对特定的天气系统进行单独或叠加显示,并可通过点击右侧图层的方式在 200 hPa、500 hPa、700 hPa 和 850 hPa 系统配置图之间相互切换。【相似检索】窗口默认将该预报时次的高度场、风场(左上),历史 FNL 资料库中相似度综合排名第一的某时次高度场、风场叠加(右上)及该时

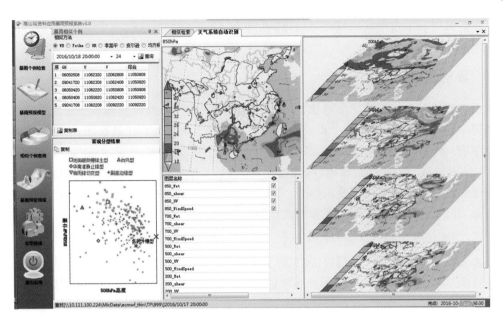

图 6.14　天气系统自动识别分层显示

次各层次形势场(左下)、该时次后 24 h 全省雨量实况图(右下)以四分屏的方式显示在窗口区
(图 6.15)。窗口中右上和左下所显示的图形为历史相似个例相同时次的天气形势,不同之处
在于右上的图形为基于 FNL 绘制的 500 hPa 高度场和 850 hPa 风场叠加图,左下的图形为基
于 Micaps 资料的各层实况观测资料。在表格中移动鼠标可以显示该过程的相似系数,双击单
元格,可以调出对应时次的四分屏图。双击小窗格右上角按钮,则可将该图最大化(单屏显
示),以便预报员通过上、下翻动选项查询该时次各层次形势场。此外,相似个例查询表格下方
为对应时次的大气环流形势场动态聚类客观分型结果。

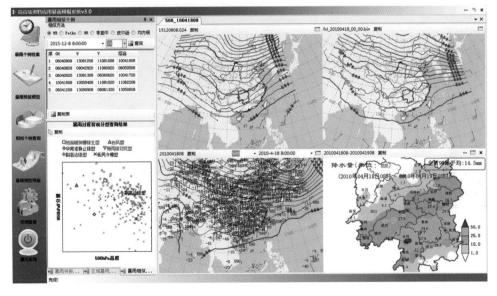

图 6.15　暴雨相似个例查询四分屏显示

点击四分屏右上角最大化或还原按钮,可对单一窗口进行最大化或还原操作,所有窗口均提供了图片复制功能。

### 6.2.4　暴雨预警预报

暴雨客观预报功能包括三个模块:一是模式降水预报产品,暴雨预报系统集成了四个全球模式和四个区域模式,可显示每个模式的降雨预报以及多模式的对比邮票图;二是高山站气象要素时序图,可显示南岳站、庐山站、黄山站、九仙山站、绿葱坡站、神龙顶站、泰山站和华山站8个高山站的气温、露点温度、风向、风速等逐时资料;三是短时暴雨预警产品,当高山站风场时序演变达到某类短时暴雨预警条件时,可实时输出定量化、图形化、可视化的湖南短时暴雨预警产品,并以语音报警、图标闪烁等方式作预警提示。

#### 6.2.4.1　模式降水预报产品

点击工具栏【暴雨预警预报】按钮,在弹出菜单中选择【模式降水预报】—【模式产品】后,默认在窗口区显示 XLSD 模式降水预报产品色斑图(图 6.16)。显示区上方的工具栏可以选择八个降水模式、预报预警类型、起报场时次、预报时效间隔、预报时段、预报区域等参数以及时效前翻和后翻功能键。在模式选择下拉框中可选择 EC 细网格、T639、GFS、JAPAN 四个全球模式和 WRF、HNWRF、AREM-RUC 快速更新循环同化产品、XSLD 多模式动态权重集成定量降水预报产品四个中尺度模式;显示方式分短期预报(24 h(08—08 时)、24 h(20—20 时)和12 h)、短临预警(3 h 间隔和 6 h 间隔)以及任意统计三种类型;预报范围可选择湖南区域以及以湖南为中心的周边区域(100°～125°E,18°～38°N)。

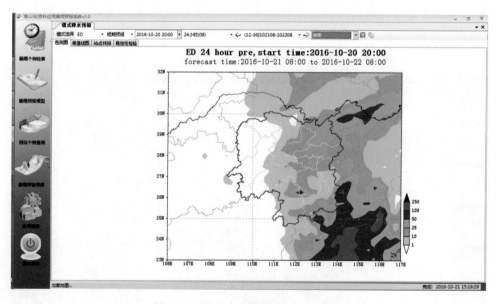

图 6.16　模式降水预报产品(色斑图)

除了以色斑图方式显示以外,可以分别选择等值线方式(图 6.17)和站点方式(图 6.18)显示模式降雨预报。其中站点方式显示是将模式预报的格点场插值到湖南省的 97 个国家级气象观测站上,在站点预报图移动鼠标时,状态栏会动态提示当前鼠标所处位置(具体到市州名

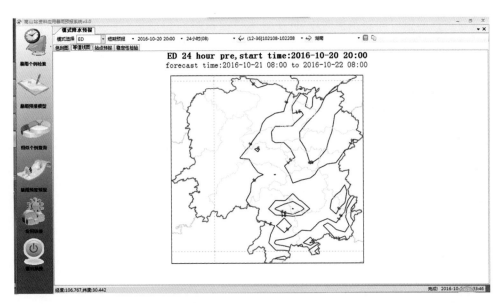

图 6.17　模式降水预报产品(等值线图)

图 6.18　模式降水预报产品(站点预报)

称),在当前位置双击鼠标左键,可以切换至该市州界显示状态(图 6.19),此时的等值线图和色斑图也同时已切换到市州界剪裁状态。如要返回到全省显示状态,则在站点预报窗口中用鼠标右键双击目前所处的市州界显示区,就可以返回到未剪裁前的全省显示状态。

该模块还实现了模式降水量预报产品的稳定性检验功能,即实现所选模式最新起报时次 12~36 h 的降水量预报及前 3 个起报时次对同时段降水量预报产品(分别为 36~60 h、60~84 h、84~96 h 的预报)的对比显示和稳定性检验(图 6.20)。系统默认为模式最新起报时次

12～36 h 的降水量预报及前 3 个起报时次对相同时段湖南省降水量的预报对比图,通过在导航栏里重新选择起报时间和预报时段,同步显示该起报时间和预报时段的湖南省降水量预报对比图。

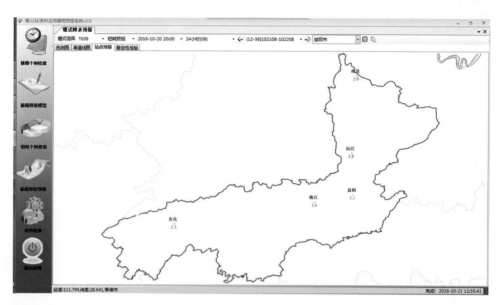

图 6.19　模式降水预报产品(市州界显示,以湖南益阳市为例)

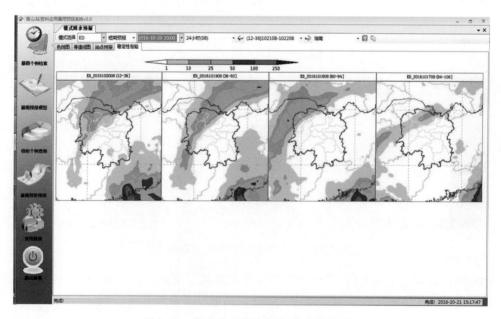

图 6.20　模式降水预报产品(稳定性检验)

通过显示区上方的工具栏按钮,色斑、等值线和站点预报三种方式显示的图形均可保存成图形文件,或将当前图形复制到剪贴板中。

### 6.2.4.2　模式降水预报产品模块在湖北、江西的应用

针对该系统在武汉中心气象台和江西省气象台推广应用的业务化需求(图 6.21、图 6.22、图 6.23、图 6.24),设计实况数据库读取程序,建立基于地市级区域的地图剪裁文件(通用的 shp 文件格式),设计实况地图集、模式预报地图集和地图参数等配置参数,定义了主程序运行参数,使得程序可以根据不同配置文件进行启动,达到本地化目的,具体配置参见§6.3.2 节。

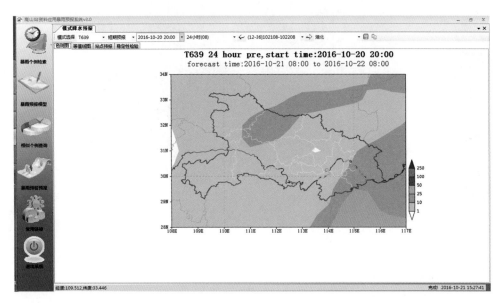

图 6.21　模式降水预报产品色斑图(湖北)

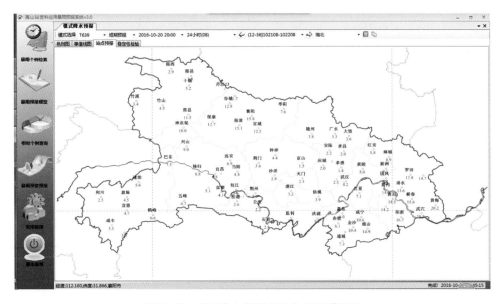

图 6.22　模式降水预报产品站点图(湖北)

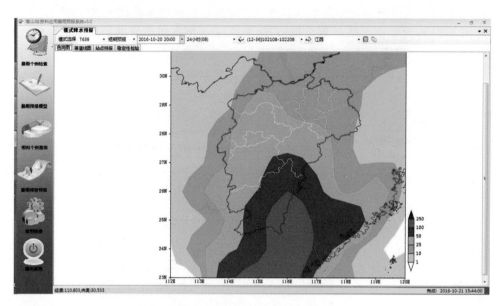

图 6.23　模式降水预报产品色斑图(江西)

图 6.24　模式降水预报产品站点图(江西)

### 6.2.4.3　模式降水产品对比

　　点击工具栏【暴雨预警预报】按钮,在弹出菜单中选择【模式降水预报】—【模式对比】后出现 4 个全球模式和 4 个区域模式的降水预报产品对比邮票图(图 6.25),该模块在湖北省和江西省的应用界面实现如图 6.26 和图 6.27 所示。显示区上方的工具栏提供预报时效间隔和预报时段等参数的调整以及复制和存图功能。双击单个模式产品窗口,可以打开对应的模式降水预报产品窗口,单击模式产品小窗口右上角的关闭按钮可以关闭单个产品。

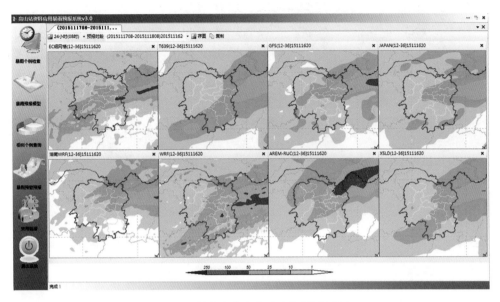

图 6.25　模式降水产品对比邮票图(湖南)

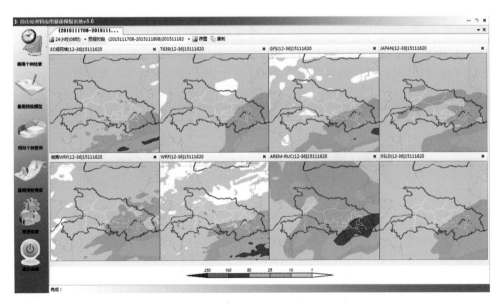

图 6.26　模式降水产品对比邮票图(湖北)

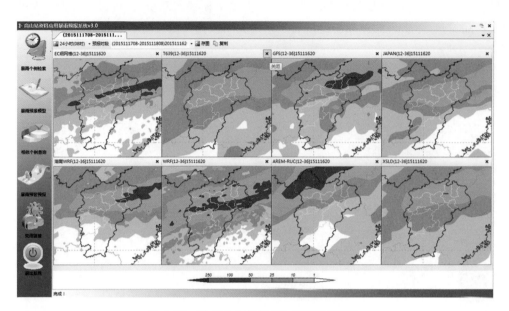

图 6.27　模式降水产品对比邮票图（江西）

#### 6.2.4.4　高山站气象要素时序图

点击工具栏【暴雨预警预报】按钮,在弹出菜单中选择【高山站时序图】—【高山站气象要素时序图】后出现高山站气象要素时序图,显示区分上下两部分,上部分是以色斑方式显示任意查询时刻湖南省(图 6.28)或湖北省(图 6.29)或江西省(图 6.30)过去 12 h 和过去 24 h 的累积降雨量,下部分是高山站要素的时序图,显示的要素包括温度、露点温度和风向风速,时间段是过去 24 h 逐时气象要素实况(用红色表示)和未来 48 h 逐 3 h 气象要素预报(用蓝色表示),

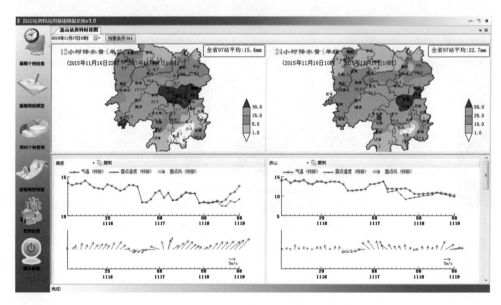

图 6.28　高山站气象要素时序图（湖南）

高山站点包括南岳、庐山、黄山、九仙山、绿葱坡、神龙顶、泰山和华山站。在时序图中移动鼠标将显示当前查询时刻高山站的温度、露点温度、风向角度和风速值。

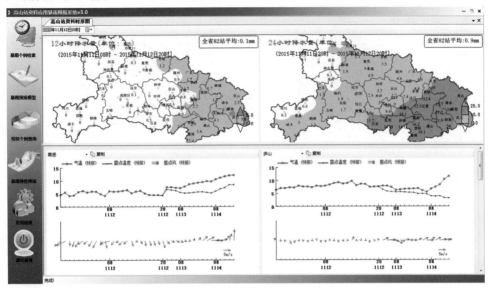

图 6.29　高山站气象要素时序图(湖北)

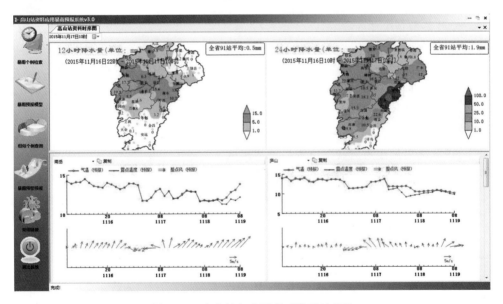

图 6.30　高山站气象要素时序图(江西)

### 6.2.4.5　高山站风场对比时序图

点击工具栏【暴雨预警预报】按钮,在弹出菜单中选择【高山站时序图】—【高山站风场对比时序图】后出现高山站风场对比时序图(图 6.31),与【高山站气象要素时序图】显示相同,显示区也分上下两部分,上部分是以色斑方式显示任意查询时刻湖南省(或湖北省、江西省,图略)过去 12 h 和过去 24 h 的累积降雨量,下部分是高山站风向风速的对比时序图。显示的时间段同样是过去 24 h 逐时气象要素实况(用红色表示)和未来 48 h 逐 3 h 气象要素预报(用蓝色表示)。下部分则是高山站风场的对比时序图,采用庐山/南岳、绿葱坡/南岳、九仙山/庐山、黄山/庐山两两对比的方式。在时序图中移动鼠标可显示当前时间点两个高山站的风向角度和风速值。

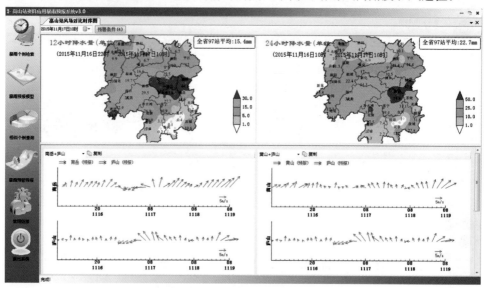

图 6.31　高山站风场对比时序图

### 6.2.4.6　短时暴雨预警产品

在高山站风场时序图上,当实况达到湖南短时暴雨发生的某类预警指标时,满足条件的时次高山站风向杆会变成绿色,窗口工具栏上将出现【预警条件(N)】的红色按钮(N 为满足第 N 类风场变化条件),同时 Windows 系统通知栏上出现图标闪烁,并且有报警声音提醒,点击【预警条件(N)】,会出现湖南短时暴雨预警产品(图 6.32),上面的窗口分别为高山站逐时风场达到 N 类预警条件前 0～3 h 和 3～6 h 的累计降水量,下面的窗口为达到 N 类预警条件的 2 h、4 h、6 h、8 h、10 h 之后湖南短时暴雨出现的预警区域。

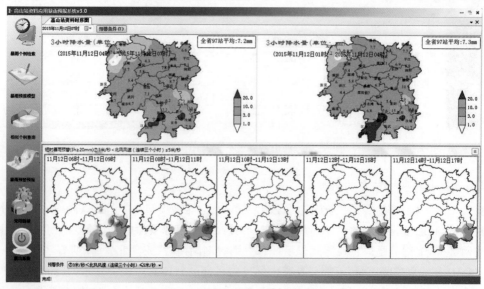

图 6.32　湖南短时暴雨预警产品

### 6.2.5　常用链接

点击工具栏【常用链接】按钮,可选择系统配置文件中自定义的业务常用链接选项,单击某个链接可在窗口区实现显示(图6.33)。

图6.33　常用链接(以中央气象台业务内网为例)

### 6.2.6　退出系统

单击【退出系统】按钮或标题栏的关闭按钮退出系统即可。

## 6.3　系统的安装与配置

### 6.3.1　安装

系统环境和软件要求:32位或64位Windows操作系统,MICROSOFT . NET FRAME-WORK3.5及以上。根据使用的操作系统选择合适的版本,将程序文件直接复制到相应数据的安装目录即可完成安装,下面说明均为在Windows7 32位简体中文版操作系统的操作,其他版本部分显示和弹出窗口可能与手册中图片不一致,不影响整个系统的功能。

### 6.3.2　快速配置

暴雨预报系统安装后,需修改两个配置文件rainstorm. ini和高山站信息. ini的内容来实现本地化,这两个文件均位于安装目录下。

本地化配置:系统执行程序可以增加启动参数以适应湖北和江西等省份的应用需求;

运行参数格式为:rainstorm. exe 主配置文件。

6.3.2.1 主配置文件 rainstorm.ini

主要内容及意义如下：

[COMMON]　　　　　　　　　　　　　　　　　　　　——通用参数节点

PDFreader＝C:\Program Files\Foxit Software\Foxit Reader\Foxit Reader.exe

　　　　　　　　　　　　　　　　　　　　　　　　——pdf 阅读器路径

ProcPath＝\10.111.100.118\data_main\过程相关文献和图片

　　　　　　　　　　　　　　　　　　　——灾情图片及相关文献路径

MapID＝3　　　　　　　　　　　　　　　　——模式预报地图集

MapLayer＝湖南　　　　　　　　　　　——模式预报初始区域图层名

MapArea＝map\shijie.shp:Name　　　　——模式预报地图区域文件和字段名

MapClip＝map\hunan.shp　　　　　　　　——区域雨量剪裁文件

WindINI＝高山站信息 HH.ini　　　　　　——高山站资料配置文件

NODATA＝无产品　　　　　　　　　　　　——无资料字符

Mode＝EC　　　　　　　　　——模式预报产品启动时显示的模式

MapParam＝12,116,27.1　　　　——模式预报地图放大系数和中心经纬度

DataRange＝105，20，125，40　　　　　　——资料截取范围

MapRange＝112,23,120,31　　　　　　　　——地图显示范围

ModeCompParam＝8,116,27　　　——模式对比产品地图放大系数和中心经纬度

AWSMapParam＝9,116,27.4　　　　——实况地图放大系数和中心经纬度

[MapID]

降水量＝1　　　　　　　　　　　　　　　——实况雨量地图集

[MapArea]　　　　　　　　　　　　　——地图区域参数节点

　　——区域名称＝区站号,区域简称

怀化市＝57749,怀化

张家界市＝57558,张家界

湘西土家族苗族自治州＝57649,自治州

常德市＝57662,常德

娄底市＝57763,娄底

湘潭市＝57773,湘潭

岳阳市＝57584,岳阳

益阳市＝57674,益阳

邵阳市＝57766,邵阳

长沙市＝57679,长沙

株洲市＝57780,株洲

衡阳市＝57872,衡阳

永州市＝57886,永州

郴州市＝57972,郴州

[MODE]　　　　　　　——模式名称＝节点名称（:类型:是否为世界时:是否为

GRIB:操作符)类型:GLOBAL 为全球模式,UTC 为世界时,GRIB 表示为 GRIB,＋表示为分段累计量,缺省为总累计量,缺省为区域模式

EC 细网格＝EC:GLOBAL

T639＝T639:GLOBAL

ED＝ED:GLOBAL

JAPAN＝JAPAN:GLOBAL

GFS＝GFS:GLOBAL:UTC:＋

华南 GRAPES＝GRAPES:UTC:GRIB

湖南 WRF＝HNWRF:UTC

区域 WRF＝WRF:UTC

XSLD＝XSLD:＋

华东 NWP＝WARMS:UTC:GRIB


［HistoryDatabase］　　　　　　　　　　　　　　　　——历史数据库节点

Host＝10.111.100.74　　　　　　　　　　　　　　——主机 IP

UserName＝sa　　　　　　　　　　　　　　　　——用户名

Password＝qxt123　　　　　　　　　　　　　　　——密码

Database＝MountainWind　　　　　　　　　　　——数据库名称


［MapParam］　　　　　　　　　　　　　　　　　——地图参数节点

邮票图＝10,111.5,26　　　　　　　——邮票图放大系数,中心经度,中心纬度

稳定度＝8,111.5,27.1　　　　　　　——稳定度图放大系数,中心经度,中心纬度


［邮票图］　　　　　　　　　　　　　　　　　　——邮票图参数节点

多模式对比＝3,400,400　　　　　——多模式对比单行图片张数,图片宽度,图片高度

稳定度＝4,320,320　　　　　　　——稳定度单行图片张数,图片宽度,图片高度

Mode＝EC,T639,GFS,JAPAN,HNWRF,WRF,AREM,XSLD,GRAPES

　　　　　　　　　　　　　　　　　　——多模式对比模式列表


［WARMS］　　　　　　　　　　　　　　　　　——华东区域模式节点

CTLFILE＝CTL\shnwp_sfc.ctl　　　　　　　　　——ctl 文件

PATH＝\10.111.100.118\data_main\shnwp\warms9km\　　——资料主目录

FILENAME＝2016\10\08\12\Z_NAFP_C_BCSH_20161008120000_P_surface－warms－f00.BIN:yyyy,MM|5,dd|8,HH|11,yyyyMMddHH|28:－6,2

　　——带日期文件名掩码,格式为:文件名:日期格式字符串 1［|偏移量 1,日期格式字符串 2|偏移量 2:预报时效偏移量,预报时效长度］


FILTER＝Z_NAFP_C_BCSH_＊_P_surface－warms－f＊.BIN　　　——文件名掩码

YbHourInfo＝H1,0,72　　　　　　——预报时效间隔,H 间隔小时,最小时效,最大时效

RAIN＝APCP       ——降水产品要素名称

YbTime＝8,20|4       ——预报初始场时间|搜索天数

RANGE＝湖南       ——范围节点

［RANGE］

      ——范围名称＝起始经度,起始纬度,经距,起始纬度,终止纬度,纬距

区域＝100,125,5,18,38,5

湖南＝106,117,1,23,32,1

［XSLD］       ——XSLD 预报模式节点

RANGE＝湖南       ——默认范围

PATH＝\10.111.100.118\data_main\AREM－RUC\XSLD       ——文件存放路径

CTLFILE＝\10.111.100.118\Public\RainStorm0723\CTL\pr_xsld.ctl   ——CTL 文件

RAIN＝pr       ——降水要素

FILTER－ ＊.dat       ——文件掩码

［GFS］       ——GFS 模式节点(grib2 格式)

RANGE＝湖南

PATH＝\10.111.100.200\TechnicalSupport\NWP\GFS_APCP\

FILTER＝gfs.＊.f???

［HNWRF］       ——湖南 WRF 节点

RANGE＝湖南

PATH＝\10.111.118.17\modelpostdata\dat2ctl\wrfV3.4.1gradsdata\GFS_bkgd

CTLFILE＝CTL\HNwrf.CTL

RAIN＝RAINC＋RAINNC

FILTER＝W＊.dat

［WRF］       ——WRF 节点

RANGE＝湖南

PATH＝\10.110.172.5\ftpdata\NAFP\WRF3D

CTLFILE＝CTL\wrfvar02.ctl

RAIN＝RAINC＋RAINNC

FILTER＝Z_NAFP_C_BCWH_P_WRF_D02_＊.gz

［TBB］       ——TBB 节点

RANGE＝湖南

PATH＝\10.111.100.118\data_main\TBB 资料备份\

RAIN＝tbb

CTLFILE＝CTL\awx.ctl

［EC］ ——EC 模式节点（Micaps 文件格式）
PATH＝\10.115.144.45\micaps\ecmwf_thin\TP\999\ ——文件存放路径
FILTER＝????????.??? ——文件掩码

［T639］ ——T639 粗网格模式节点（Micaps 文件格式）
PATH＝\10.115.144.45\micaps\T639\RAIN_4\
FILTER＝????????.???

［T639_thin］ ——T639 细网格模式节点（Micaps 文件格式）
PATH＝\10.115.144.45\micaps\T639_thin\APCP\999\
FILTER＝????????.???

［JAPAN］ ——日本细网格模式节点（Micaps 文件格式）
PATH＝\10.115.144.45\micaps\japan_thin\APCP\0\
FILTER＝????????.???

［MicapsData］ ——Micaps 个例资料节点
PATH＝\10.111.100.118\data_main\Micaps 资料备份\Micaps 个例资料\

［AREM］ ——AREM 模式节点
PATH＝\10.111.100.118\data_main\AREM－RUC\AREM－RUC\
CTLFILE＝CTL\ht.ctl
RAIN＝pr
FILTER＝H＊.dat

［SKDATABASE］ ——实况资料 AWS 数据库节点
Host＝10.110.172.91 ——服务器地址
UserName＝user ——用户名
Password＝user ——密码
Database＝AWS％yyyy％ ——数据库名称
Area＝jiangxi ——实况资料区域
Rain＝hRain ——雨量字段
StationFile＝江西站点信息.txt ——站点信息文件

［RainContourParam］ ——降水色斑参数节点
——名称＝等级 1,等级 2,等级 3,...;颜色 1,颜色 2,颜色 3,颜色 4,.....
RR＝1,10,25,50,100,250;00FFFFFF,D0A6F28F,D03DBA3D,D061B8FF,D00000FF,
D0FA00FA,D0800040

RR1＝1,1.6,7,15,40,50;00FFFFFF,FFA6F28F,FF3DBA3D,FF61B8FF,FF0000FF,
FFFA00FA,FF800040

RR3＝1,3,10,20,50,70;00FFFFFF,FFA6F28F,FF3DBA3D,FF61B8FF,FF0000FF,
FFFA00FA,FF800040

RR6＝1,4,13,30,60,120;00FFFFFF,FFA6F28F,FF3DBA3D,FF61B8FF,FF0000FF,
FFFA00FA,FF800040

RR12＝1,5,15,30,70,140;00FFFFFF,FFA6F28F,FF3DBA3D,FF61B8FF,FF0000FF,
FFFA00FA,FF800040

RR24＝1,10,25,50,100,250;00FFFFFF,FFA6F28F,FF3DBA3D,FF61B8FF,FF0000FF,
FFFA00FA,FF800040


［WEB］　　　　　　　　　　　　　　　　　　　　　　——相关链接节点
中央气象台内网＝http://10.1.64.146/npt/　　　　　　　——网站名称＝网站IP
江苏气象信息共享平台＝http://218.94.36.198:10000/index.jsp
上海区域数值模式＝http://10.228.2.53/index.php? controller＝home&pid＝85


［Similar］　　　　　　　　　　　　　　　　　　　　　——相似计算节点
BOUND_UV＝105,18,125,35　　　　　　　　　　　　　　——风场统计范围
BOUND_GH＝73,18,135,54　　　　　　　　　　　　　　——高度场统计范围
GH＝\10.111.100.224\MicData\ecmwf_thin\GH\500\　　　　——高度场路径
UV＝\10.111.100.224\MicData\ecmwf_thin\uv\850\　　　　——uv 风场路径
U＝\10.111.100.224\MicData\ecmwf_thin\u\850\　　　　　——u 分量路径
V＝\10.111.100.224\MicData\ecmwf_thin\v\850\　　　　　——v 分量路径
Wind＝\10.111.100.224\MicData\ecmwf_thin\wind\850\　　——风场路径
History＝D:\getSimilar\data\fnl_bin_data\　　　　　　　——fnl 历史场路径
UVType＝UV
　　　　——风场类型(UV 使用 UV 路径;Wind 使用 Wind 路径;其他分开使用 U 和 V)
ZONGHE＝(HHH＋UUU＋VVV)/3　　　　　　　　　——综合指数计算公式
DateCount＝-1

6.3.2.2 高山站资料配置文件高山站信息.ini

［stations］　　　　　　　　　　　　　　　　　　　　——站点信息节点

| ——区站号＝名称 | 省份 | 类型 | 纬度 | 经度 | 高度(m) | 起始年 | 终止年 |
|---|---|---|---|---|---|---|---|
| 57776＝南岳 | 湖南 | 基本站 | 27°18′ | 112°41′ | 1265.9 | 1952 | 9999 |
| 58506＝庐山 | 江西 | 基本站 | 29°34′ | 115°59′ | 1164.5 | 1954 | 9999 |
| 58437＝黄山 | 安徽 | 基本站 | 30°08′ | 118°09′ | 1840.4 | 1956 | 9999 |
| 58931＝九仙山 | 福建 | 基本站 | 25°43′ | 118°06′ | 1653.5 | 1955 | 9999 |
| 57451＝绿葱坡 | 湖北 | 基本站 | 30°49′ | 110°15′ | 1819.3 | 1957 | 9999 |
| 57354＝神农架 | 湖北 | 基本站 | 31°45′ | 110°40′ | 935.2 | 1975 | 9999 |
| 54826＝泰山 | 山东 | 基本站 | 36°15′ | 117°06′ | 1533.7 | 1954 | 9999 |

57046＝华山　　　　　陕西　基本站　34°29′　110°05′　2064.9　　　　1953　　　　9999

（注：9999 表示至今，绿葱坡 19980101－20080917 停止观测）

〔WIND_COMBINE〕　　　　　　　　　　　　　　　　　　　——风场组合节点

　　　　　　　　　　　　　　　　　　　　　　　——序号＝站点 1＋站名 2

1＝南岳＋庐山

2＝黄山＋庐山

3＝庐山＋九仙山

4＝绿葱坡＋南岳


〔Forecast〕　　　　　　　　　　　　　　　　　　　　——预报场节点

——要素＝路径

UV＝\10.111.100.224\MicData\ecmwf_thin\uv\850\　　　　——uv 风场路径

T＝\10.111.100.224\MicData\ecmwf_thin\T\850\　　　　　——温度场路径

RH＝\10.111.100.224\MicData\ecmwf_thin\R\850\　　　　　——湿度场路径


〔Rain〕　　　　　　　　　　　　　　　　　　　　　——降水节点

RANGE＝101,21,119,34,120,120


〔DMDB〕　　　　　　　　　　　　——高山站实况资料数据库信息节点

Host＝10.115.144.69　　　　　　　　　　　　　　——服务器地址

UserName＝sa　　　　　　　　　　　　　　　　　　——用户名

Password＝123456　　　　　　　　　　　　　　　　——密码

Database＝DMDB　　　　　　　　　　　　　　——数据库名称

Table＝HourTable　　　　　　　　　　　　　　　　——表名


〔STATION〕　　　　　　　　　　　　　　——绘图雨量站信息节点

Database＝map\stations.mdb　　　　　　　　　　——数据库名称

　　　　　　　　　　　　　　　　　　　　——站点查询语句

StationSQL ＝ SELECT IIiii，Name，Latitude/100.0 AS lat，Longitude/100 AS lon FROM 国内站点 WHERE　Latitude＞＝2000 AND Latitude＜＝3500 AND Longitude＞＝10000 AND Longitude＜＝12000

## 6.3.3　自定义地图集

暴雨预报系统安装后，可以修改 mapset.xml 内容来实现地图集的自定义，该文件位于安装目录下。主要内容及意义如下：

＜mapset id＝"0" path＝"map" centerLon＝"110.0" centerLat＝"27.45"＞

其中 id 为地图集名称，path 为地图文件目录，centerLon、centerLat 为默认地图中心。

＜layer type＝"terrain" visible＝"true" name＝"湖南地形" file＝"hn250.ter" /＞

＜layer type＝"vector" visible＝"true"　clip＝"true"　name＝"hunan" file＝"hunan.

```
shp" linecolor="#FF404040" outline="#FF404040" linewidth="2" maxZoom="4.8"
/>
```

```
<layer type="vector" visible="true" name="diquJie" file="hunanShi_region. shp"
outline="#FF404040" linecolor="#FFE0E0E0" maxZoom="4.8" />
```

```
<layer type="mdbpoint" name="station" file="stations. mdb" tablename="station-
inf" oidcol="id" xcol="lon" ycol="lat" symbol="1" scale="1" maxZoom="2.4" to-
plevel="true"/>
```

```
<layer type="label" name="stationlabel" vectorlayer="station" labelcol="name"
color="#FF2020A0" align="center" valign="bottom" maxZoom="2.0" toplevel="
true"/>
```

其中 type 为图层类型（vector 表为 shp 图层，terrain 表为地形图层，mdbpoint 表示 Ac-cess 表中的站点，label 表示站点标签图层），不同的 type 会有不同的属性，基本属性如下：visi-ble 为是否可见，name 为名称，file 为文件，color 为基本色，linecolor 为线条色，outline 为边框色，maxZoom 为最大可视缩放系数。

mdbpoint 类型图层的属性如下：tabname 为表名，oidcol 为标志字段，xcol 为经度字段，ycol 为纬度字段，symbol 为站点符号，scale 为符号尺寸，filter 为过滤条件。

label 类型图层的属性如下：vectorlayer 为站点图层名，labelcol 为标签字段，align 为水平对齐方式，valign 为垂直对齐方式。

```
</mapset>
```

通过修改或新增 mapset 节点内容及修改主配置文件中地图集名称可以定制自己的地图集。

# 参考文献

包澄澜.1980.热带天气学.北京:科技出版社,130-132.

曹爱丽,张浩.2008.上海近50年气温变化与城市化发展的关系.地球物理学报,51(6):1663-1669.

曹春燕,江崟,孙向明.2006.一次大暴雨过程低空急流脉动与强降水关系分析.气象,32(6):102-106.

曹丽娟,鞠晓慧,刘小宁.2010.PMFT方法对我国年平均风速的均一性检验.气象,36(10):52-56.

常煜,张艳娟,邵志明.2014.呼伦贝尔市暴雨分型研究.中国农学通报,30(14):276-282.

陈城,谷德高,卢洋.2015.1960－2009年武汉城区与郊区气候季节的变化.气象与环境学报,31(1):96-100.

陈德桥,戴泽军,叶成志,等.2012.南岳高山站1953—2010年风的气候特征分析.气象,38(8):977-984.

陈德桥,戴泽军,叶成志,等.2014.我国中东部两个高山气象站风的气候特征及对夏季风的响应.热带气象学报,31(1):
　　137-144.

陈昊明.2009.风场日循环对长江流域降水日变化的影响.中国科学院研究生院博士学位论文.

陈桦,丁一汇,何金海.2006.亚洲夏季风指数的重新评估与季风的长期变化.气象学报,64(12):770-779.

陈静静,叶成志,陈红专,等.2011."10·6"湖南大暴雨过程MCS的环境流场特征及动力分析.暴雨灾害,30(4):313-320.

陈静静,叶成志,吴贤云.2016.湖南汛期暴雨天气过程环流客观分型技术研究.暴雨灾害,35(2):119-125.

陈静静,叶成志,傅承浩,等.2015.5类南岳高山气象站风场对湖南不同天气型强降水的指示作用.暴雨灾害,34(2):68-74.

陈明璐,胡勇林,林宝亭,等.2012.近10年5—8月桂东南区域持续性暴雨分型及模型建立.气象研究与应用,33(增刊1):
　　95-96.

陈乾,陈添宇,张逸轩,等.2011.祁连山区能量场特征与降水分布的关系分析.冰川冻土,33(5):1046-1054.

陈少平,孙士型,居志刚.2006.神农架南坡山前气流涌升效应对一次强风暴的触发和维持作用.气象,32(5):52-56.

陈世训,林应河,等.1983.华南地形对台风暴雨的增幅作用.台风会议文集.上海:上海科学技术出版社.

陈受钧.1989.梅雨末期暴雨过程中高低空急流的耦合——数值试验.气象学报,47(1):8-15.

陈涛,叶成志,陈德桥,等.2013.近58年南岳高山气温变化特征及与低海拔地区对比.气象科技,41(4):713-719.

陈晓燕,尚可政,王式功,等.2010.近50年中国不同强度降水日数时空变化特征.干旱区研究,27(5):766-772.

陈忠明,何光碧,崔春光,等.2007.对流、湿度锋与低空急流的耦合——持续性暴雨维持的一种可能机制.热带气象学报,23
　　(3):246-252.

陈忠明.2005.对流云团与低空急流耦合相互作用研究——云团再生和维持的一种机制.大气科学,29(3):496-502.

程纯枢.1956.泰山日观峰日射观测结果的分析.气象学报,27(3):181-194.

程根伟.1996.贡嘎山极高山区的降水分布特征探讨.山地研究,14(3):177-182.

程庚福,曾申江,张伯熙,等.1987.湖南天气及其预报.北京:气象出版社,212-216.

崔讲学.2011.湖北省天气预报手册——暴雨预报.北京:气象出版社,14-40.

戴进,余兴,徐小红.2008.秦岭地区气溶胶对地形云降水的抑制作用.大气科学,32(6):1319-1331.

邓自旺,林振山.1999.子波气候诊断技术的研究.北京:气象出版社.

丁仁海,王学龙.2009.九华山暴雨地形增幅作用的观测分析.暴雨灾害,28(4):377-381.

丁一汇,张建云,等.2009.暴雨洪涝.北京:气象出版社.

丁一汇.1991.高等天气学.北京:气象出版社,573-586.

丁治英,刘彩虹,沈新勇.2011.2005－2008年5、6月华南暖区暴雨与高、低空急流和南亚高压关系的统计分析.热带气象学
　　报,27(3):307-316.

董家斌,斯公望.1998.梅雨锋低空急流发展过程中非地转风特征的合成分析.科技通报,14(6):413-418.

董佩明,赵思雄.2004.引发梅雨锋暴雨的频发型中尺度低压(扰动)的诊断研究.大气科学,28(6):876-891.

杜川利.2012.关中东部地区云量变化分析.陕西气象,1:5-9.

段长春,孙绩华.2006.太阳活动异常与降水和地面气温的关系.气象科技,34(4):381-386.

段春锋,缪启龙,曹雯,等.2012.以高山站为背景研究城市化对气温变化趋势的影响.大气科学,36(4):811-822.

傅抱璞.1962.坡地方位对小气候的影响.气象学报,**32**(1):71-86.

傅抱璞.1983.山地气候.北京:科学出版社.

高守亭,孙淑清.1984.次天气系统低空急流的形成.大气科学,**8**(2):178-188.

高由禧,徐淑英,郭其蕴,等.1962.中国的季风区域和区域气候东亚季风的若干问题.北京:科学出版杜,49-63.

龚道溢,王绍武.2002.全球气候变暖研究中的不确定性.地学前缘,**9**(2):371-376.

顾震潮,叶笃正.1955.关于我国天气过程大地形影响的几个事实和计算.气象学报,**26**(3):167-179.

韩桂荣,何金海,梅伟.2008.2003年江淮梅雨期一次特大暴雨的研究-中尺度对流和水汽条件分析.气象科学,**28**(6):649-654.

韩荣青,陈丽娟,李维京,等.2009.2-5月我国低温连阴雨和南方冷害的时空分布特征.应用气象学报,**20**(3):312-320.

何光碧.2012.西南低涡研究综述.气象,**38**(2):155-163.

何华,孙绩华.2004.高低空急流在云南大范围暴雨过程中的作用及共同特征.高原气象,**23**(5):629-634.

侯伟芬,王谦谦.2004.江南地区近50年地面气温的变化特征.高原气象,**23**(3):400-406.

黄良美,邓超冰,黎宁.2011.城市热岛效应热点问题研究进展.气象与环境学报,**27**(4):54-58.

黄荣辉,顾雷,陈际龙,等.2008.东亚季风系统的时空变化及其对我国气候异常影响的最近研究进展.大气科学,**32**(4):691-719.

贾建颖,孙照渤,刘向文等.2009.中国东部夏季降水准两年周期振荡的长期演变.大气科学,**33**(2):397-407.

金巍,曲岩,姚秀萍,等.2007.一次大暴雨过程中低空急流演变与强降水的关系.气象,**33**(12):31-38.

琚建华,钱诚,曹杰.2005.东亚夏季风的季节内振荡研究.大气科学,**29**(3):187-194.

蓝永超,吴素芬,钟英君,等.2007.近50年来新疆天山山区水循环要素的变化特征与趋势.山地学报,**25**(2):177-183.

李超.2009.江南春雨气候特征及形成机制的研究.南京信息工程大学大气科学学院硕士学位论文.

李慧群,付遵涛.2015.基于EEMD的中国地区1956—2005年日照变化的趋势分析.北京大学学报(自然科学版),**48**(3):393-398.

李建平,曾庆存.2005.一个新的季风指数及其年际变化和与雨量的关系.气候与环境研究,**10**(3):351-365.

李炬,舒文军.2008.北京夏季夜间低空急流特征观测分析.地球物理学报,**51**(2):360-368.

李庆祥,刘小宁,张洪政.2003.定点观测气候资料序列的均一性研究.气象科技,**31**(1):3-10.

李延香,刘震中,马学款.2001.高低空急流与"98.7"长江流域大暴雨.1998年长江嫩江流域特大暴雨成因及预报应用研究.北京:气象出版社,112-121.

李岩瑛,张强,许霞.2010.祁连山及周边地区降水与地形的关系.冰川冻土,**32**(1):52-61.

李易芝,罗伯良,周碧.2015.城市化进程对湖南长株潭地区气温变化的影响.干旱气象,**33**(2):257-262.

李麦村,潘菊芳,田生春,等.1977.春季连续低温阴雨天气的预报方法.北京:科学出版社.

梁建茵,吴尚森,游积平.1999.南海夏季风的建立及强度变化.热带气象学报,**15**(2):97-105.

梁中耀,刘永,盛虎,等.2014.滇池水质时间序列变化趋势识别及特征分析.环境科学学报,**34**(2):754-762.

林长城,肖辉,赵卫红,等.2006.福建高山、重点城市春季TSP对降水酸度的影响.热带气象学报,**22**(4):405-410.

林永辉,廖清海,王鹏云.2003.低空急流形成发展的一种可能机制——重力波的惯性不稳定.气象学报,**61**(3):374-378.

林中鹏,童华华,陈晞,等.2011.高山自动站西南大风与强降水关系初步分析.福建气象,(2):12-15.

刘长友,陈爱丽,巴图,等.2008.从IPCC第四次评估报告看全球气候变化及防灾减灾对策.防灾科技学院学报,**10**(4):140-141.

刘鸿波,何明洋,王斌,等.2014.低空急流的研究进展与展望.气象学报,**2**:191-206.

刘淑媛,郑永光,陶祖钰.2003.利用风廓线雷达资料分析低空急流脉动与暴雨的关系.热带气象学报,**19**(3):285-290.

刘小宁.2000.我国40年年平均风速的均一性检验.应用气象学报,**11**(1):27-34.

刘晓东,焦彦军.2000.东亚季风气候对青藏高原隆升的敏感性研究.大气科学,**24**(5):593-607.

刘增基,林新彬,王世德,等.1997.闽南地区汛期短历时降水气候特征.气象,**23**(8):50-54.

刘宣飞,袁旭.2013.江南春雨的各阶段及其降水的性质.热带气象学报,**29**(1):99-105.

柳艳菊,丁一汇.2007.亚洲夏季风爆发的基本气候特征分析.气象学报,**65**(8):511-526.

隆霄,程麟生.2004."99·6"梅雨锋暴雨低涡切变线的数值模拟和分析.大气科学,**28**(3):342-356.

吕炯.1943.西藏高原上各地气压之年变化.气象学报,**17**(1-4):32-40.

吕俊梅,任菊章,琚建华.2004.东亚夏季风的年代际变化对中国降水的影响.热带气象学报,**20**(2):74-80.

吕俊梅,陶诗言,张庆云,等.2006.气候平均状况下亚洲夏季风的季节内演变过程.高原气象,**25**(10):814-823.

吕俊梅,张庆云,陶诗言,等.2006.亚洲夏季风的爆发及推进特征.科学通报,**51**(3):332-338.

吕心艳,张秀芝,陈锦年.2011.东亚夏季风南北进退的年代际变化对我国区域降水的影响.热带气象学报,**27**(6):860-868.

罗兴宏.1995.那曲冬季雪灾天气的500hPa形势场的客观分型.气象,**21**(1):40-43.

苗爱梅,武捷,赵海英.2010.低空急流与山西大暴雨的统计关系及流型配置.高原气象,**29**(4):939-946.

倪允琪,周秀骥,张人禾,等.2006.我国南方暴雨的试验与研究.应用气象学报,**17**(6):690-704.

倪允琪,周秀骥.2004.中国长江中下游梅雨锋暴雨形成机理以及监测与预测理论和方法研究.气象学报,**62**(5):647-662.

潘志祥,何逸,高继林.1992.湖南台风暴雨的特征及其预报.气象,**18**(1):39-43.

潘志祥,黎祖贤,叶成志,等.2015.湖南天气预报手册.北京:气象出版社,539pp.

彭嘉栋,廖玉芳,谭萍.2010.湖南省气候变化代表站的选取.气候变化研究进展,**6**(5):383-385.

彭少麟,周凯,叶有华,等.2005.城市热岛效应研究进展.生态环境,**14**(4):574-579.

濮梅娟,张雪蓉,夏瑛.2010.江苏一次大暴雨高低空急流的数值研究.气象科学,**30**(5):631-638.

任玉玉,任国玉,张爱英,等.2010.城市化对地面气温变化趋势影响研究综述.地理科学进展,**29**(11):1301-1310.

赛瀚,苗峻峰.2012.中国地区低空急流研究进展.气象科技,**40**(5):766-771.

盛春岩.2010.一次北京大暴雨过程低空东南风气流形成机制的数值研究.地球物理学报,**53**(6):1284-1294.

施能,陈绿文,封国林,等.2004.1920—2000年全球陆地降水气候特征与变化.高原气象,**23**(4):435-443.

施能,朱乾根,吴彬贵.1996.近40年东亚夏季风及我国夏季大尺度天气气候异常.大气科学,**20**(9):575-583.

斯公望,俞樟孝,李法然.1982.一次梅雨锋低空急流形成的分析.大气科学,**6**(2):162-170.

斯公望.1989.论东亚梅雨锋的大尺度环流及其次天气尺度扰动.气象学报,**47**(3):312-323.

斯公望.1994.东亚梅雨锋暴雨研究进展.地球科学进展,**9**(2):11-17.

宋燕,季劲钧.2001.60年代亚非夏季风十年尺度的突变.大气科学,**25**(2):200-208.

苏同华,薛峰.2010.东亚夏季风环流和雨带的季节内变化.大气科学,**34**(5):612-627.

孙继松.2005.北京地区夏季边界层急流的基本特征及形成机理研究.大气科学,**29**(3):445-452.

孙建华,赵思雄,傅慎明,等.2013.2012年7月21日北京特大暴雨的多尺度特征.大气科学,**37**(3):705-718.

孙淑清,翟国庆.1980.低空急流的不稳定性及其对暴雨的触发作用.大气科学,**4**(4):327-337.

孙淑清.1979.关于低空急流对暴雨触发作用的一种机制.气象,**5**(4):8-9.

孙淑清.1986.华南前汛期暴雨.广州:广东科技出版社,77-100.

汤桂生,杨克明,王淑静,等.1996.聚类分析在暴雨预报和环流形势分型中的应用.气象,**22**(8):33-38.

汤懋苍.1963.祁连山区的气压系统.气象学报,**33**(2):175-188.

唐国利,任国玉,周江兴,等.2008.西南地区城市热岛强度变化对地面气温序列影响.应用气象学报,**19**(6):722-730.

陶诗言,赵煜佳,陈晓敏.1958.东亚的梅雨期与亚洲上空大气环流季节变化的关系.气象学报,**29**(2):119-134.

陶诗言.1965.长江中上游暴雨短期预报研究.中国夏季副热带天气系统若干问题的研究,北京:气象出版社,59-67.

陶诗言.1980.中国之暴雨.北京:科学出版社,35-36、43-64.

涂长望,许鉴明.1936.峨眉山之雨量.气象学报,**12**(10):560-573.

万日金,吴国雄.2006.江南春雨的气候成因机制研究.中国科学D辑地球科学,**36**(10):936-950.

万日金,吴国雄.2008.江南春雨的时空分布.气象学报,**66**(3):310-319.

万蓉.2014.我国暴雨研究中新型探测资料反演技术及其应用.气象科技进展,**4**(2):24-35.

王宏,林长城,蔡义勇,等.2008.福州市空气质量状况时空变化及其与天气系统关系.气象科技,**36**(4):480-484.

王建捷,李泽椿.2002.1998年一次梅雨锋暴雨中尺度对流系统的模拟与诊断分析.气象学报,**60**(2):147-155.

王娟,姜丹芳,穆振侠,等.2011.高寒山区气温垂直分布的估测方法研究—以玛纳斯河为例.水资源与水工程学报,**22**(3):44-47.

王蕾,张文龙,周军.2003.中国西南低空急流活动的统计分析.南京气象学院学报,**26**(6):797-805.

王启,丁一汇,江滢.1998.亚洲季风活动及其与中国大陆降水关系.应用气象学报,**9**(8):84-89.

王同兴,郭俊杰,王强.2010.基于K均值动态聚类分析的土样识别.建筑科学,**26**(7):52-56.

王文,张薇,蔡晓军,等.2009.近50a来北京市气温和降水的变化.干旱气象,**27**(4):350-353.

王显镒.1978.乌蒙山对威宁气候的影响.气象,**4**(2):19-20.

王毅荣,张存杰.2006.河西走廊风速变化及风能资源研究.高原气象,**25**(6):1196-1202.

王遵娅,丁一汇,何金海,等.2004.近50年来我国气候变化特征的再分析.气象学报,**62**(2):228-236.

王遵娅,丁一汇.2008.中国雨季的气候学特征.大气科学,**32**(1):1-13.

魏凤英.1999.现代气候统计诊断与预测技术.北京:气象出版社.

魏建苏,张欣,徐抗英,等.1993.1991年江淮地区持续性大暴雨中急流的分析.气象科学,**13**(3):337-343.

文迁,谭国良,罗嗣林.1997.降水分布受地形影响的分析.水文,增刊:63-65.

吴乃庚,林良勋,曾沁,等.2012.广东高空槽后暴雨的多尺度天气特征及概念模型.热带气象学报,**28**(4):506-516.

吴贤云,丁一汇,叶成志,等.2015.江南西部雨季降水区域特征及其受热带海洋海表温度异常的影响分析.气象,**41**(3):286-295.

吴宝俊,彭治班.1996.江南岭北春季连阴雨研究进展.科技通报,**12**(2):65-70.

谢世俊.1975.长白高压与东沟天气.气象,**1**(12):17-18.

徐海明,何金海,周兵.2001.夏季长江中游大暴雨过程中天气系统的共同特征.应用气象学报,**12**(3):317-326.

徐建军,朱乾根,施能.1997.近百年东亚季风长期变化中主周期振荡的奇异谱分析.气象学报,**55**(5):620-627.

徐娟,陈勇明.2013.浙北梅雨季低空急流特征及其与暴雨的关系.气象科技,**41**(2):314-319.

徐双柱,邹立维,刘火胜,毛以伟.2008.湖北梅雨期暴雨的中尺度系统及其模拟分析.高原气象,**27**(3):567-575.

许爱华,孙继松,许东蓓,等.2014.中国中东部强对流天气的大气形势分类和基本要素配置特征.气象,**40**(4):400-411.

严华生,李艳,曹杰等.2001.近百年中国汛期雨带类型气候变化.热带气象学报,**17**(4):462-468.

严振飞.1935.国际极年崂山测候报告.气象学报,**11**(5):242-245.

杨鉴初,罗四维.1957.从西藏高原地面观测结果探讨高原上的环流系统和热力问题.气象学报,**28**(4):264-273.

叶成志,陈静静,傅承浩.2012.南岳高山站风场对湖南2011年6月两例暴雨过程的指示作用.暴雨灾害,**31**(3):242-247.

叶成志,李昀英.2011a.热带气旋"碧利斯"与南海季风相互作用的强水汽特征数值研究.气象学报,**69**(3):496-506.

叶成志,李昀英.2011.湘东南地形对"碧利斯"台风暴雨增幅作用的数值模拟分析.暴雨灾害,**30**(3):122-129.

叶笃正.1952.西藏高原对大气环流影响的季节变化.气象学报,**23**(1):33-47.

殷志有,王俊,孙军鹏.2004.秦岭山地暴雨与地形关系分析研究.陕西气象,**8**:8-10.

尹洁,毛亮,张剑明,等.2014.南岳高山站风对赣北暴雨的指示作用.暴雨灾害,**33**(4):363-371.

臧建华.1992.几种天气图分型方法的比较.气象.**18**(3):56-57.

翟国庆,丁华君,孙淑清.1999.与低空急流相伴的暴雨天气诊断研究.大气科学,**23**(1):112-118.

翟国庆,高坤,俞樟孝,等.1995.暴雨过程中中尺度地形作用的数值试验.大气科学,**19**(4):475-480.

翟亮.2008.北京奥运期间一次暴雨过程风廓线资料特征.气象,**34**(专刊):26-31.

张爱英,任国玉,郭军,等.2009.近30年我国高空风速变化趋势分析.高原气象,**28**(3):680-687.

张桎桎,胡明宝,邓少格.2011.利用风廓线雷达资料对暴雨与低空急流关系的分析.气象水文海洋仪器,**28**(1):32-35.

张剑明,叶成志,莫如平.2016.我国中东部三个高山观测站气象要素变化特征的对比分析.高原气象,**35**(6).

张雷,任国玉,刘江等.2011.城市化对北京气象站极端气温指数趋势变化的影响.地球物理学报,**54**(5):1150-1169.

张立波,景元书,娄伟平,等.2013.近50a华东地区雨日数及降水量的变化特征.大气科学学报,**36**(4):426-433.

张琪,李跃清.2014.近48年西南地区降水量和雨日的气候变化特征.高原气象,**33**(2):372-383.

张庆云,陶诗言,陈烈庭.2003.东亚夏季风指数的年际变化与东亚大气环流.气象学报,**61**(8):559-568.

张庆云,陶诗言.1998.夏季东亚热带和副热带季风与中国东部汛期降水.应用气象学报,**9**(增刊):16-23.

张万诚,万云霞,肖子牛,等.2006.中国西南纵向岭谷区近百年降水的时空变化特征.自然资源学报,**21**(5):802-809.

张维桓,董佩明,沈桐立.2000.一次大暴雨过程中急流次级环流的激发及作用.大气科学,**24**(1):47-57.

张文龙,董剑希,王昂生,等.2007.中国西南低空急流和西南低层大风对比分析.气候与环境研究,**12**(2):199-210.

张文龙,周军.2003.惯性稳定性在伴有高低空急流的暴雨中的作用.南京气象学院学报,**26**(4):474-480.

张霞,张福林,周建新,等.2006.神农架林区降水酸度特征及气候背景分析.湖北气象,(3):27-29.

张艳,鲍文杰,余琦,等.2012.超大城市热岛效应的季节变化特征及其年际差异.地球物理学报,**55**(4):1121-1128.

章淹.1983.地形对降水的作用.气象,**9**(2):9-13.

章淹.1991.我国暴雨研究与应用的进展.水科学进展,**2**(2):137-144.

赵成义,施枫芝,盛钰,等.2011.近50a来新疆气温降水随海拔变化的区域分异特征.冰川冻土,**33**(6):1203-1213.

赵娜,刘树华,虞海燕.2011.近48年城市化发展对北京区域气候的影响分析.大气科学,**35**(2):373-385.

赵思雄,陶祖钰,孙建华,等.2004.长江流域梅雨锋暴雨机理的分析研究.北京:气象出版社:281.

赵娴婷,苗春生.2009.《09年长江下游梅雨锋暴雨发送机制研究》.南京:南京信息工程大学.

赵玉春,王叶红,崔春光.2011.一次典型梅雨锋暴雨过程的多尺度结构特征.大气科学学报,**34**(1):14-27.

赵玉春,许小峰,崔春光.2012.中尺度地形对梅雨锋暴雨影响的个例研究.高原气象,**31**(5):1268-1282.

赵宗慈.1991.中国的气温变化与城市化影响.气象,**4**:14-17.

郑彬,梁建茵.2005.对流层准两年周期振荡的研究进展.热带气象学报,**21**(1):79-86.

郑祚芳,张秀丽.2007.边界层急流与北京局地强降水关系的数值研究.南京气象学院学报,**30**(4):457-462.

中国气象局气候变化中心.2014.中国气候变化监测公报(2013年).北京

周慧,杨令,刘志雄,等.2013.湖南省大暴雨时空分布特征及其分型.高原气象,**32**(5):1425-1431.

周雅清,任国玉.2009.城市化对华北地区最高、最低气温和日较差变化趋势的影响.环境科学学报,**28**(5):1158-1166.

周玉淑,李柏.2010.2003年7月8－9日江淮流域暴雨过程中涡旋的结构特征分析.大气科学,**34**(3):629-639.

朱乾根,周伟灿,张海霞.2001.高低空急流耦合对长江中游强暴雨形成的机理研究.南京气象学院学报,**4**(3):308-314.

朱乾根.1975.低空急流与暴雨.气象科技资料,**21**(8):12-18.

Anderson D L T. 1976. The low-level jet as a western boundary current. *Mon. Wea. Rev.*, **104**: 907-921.

Arakawa H. 1956. Characteristics of the low-level jet stream. *J. Meteor.*, **13**: 504-506.

Archer C L, Jacobson M Z. 2005. Evaluation of global wind power. *J. Geophys. Res.*, 110, doi:10.1029/2004JD005462.

Ardanuy P. 1979. On the observed diurnal oscillation of the Somali jet. *Mon. Wea. Rev.*, **107**: 1694-1700.

Arritt R W, Rink T D, Segal M, *et al*. 1997. The Great Plains low-level jet during the warm season of 1993. *Mon. Wea. Rev.*, **125**: 2176-2192.

Aspliden C I, Lynn A, Souza R L, *et al*. 1977. Diurnal and semi-diurnal low-level wind cycles over a tropical island. *Boundary-Layer Meteorol.*, **12**: 187-199.

Banta R M, Newsom R K, Lundquist J K, *et al*. 2002. Nocturnal low-level jet characteristics over Kansas during CASES—99. *Boundary-Layer Meteorology.*, **105**: 221-252.

Barry R G, Seimon A. 2000. Research for mountain area development: Climatic fluctuations in the mountains of the Americas and their significance. *Ambio*, **29**: 364-370.

Barry R G. 2008. Mountain Weather and Climate, 3rd Edition. Cambridge: Cambridge University Press, 506 pp.

Beniston M, Diaz H F, Bradley R S. 1997. Climatic change at high elevation sites: An overview. *Climatic Change*, **36**: 233-251.

Beniston M, Stephenson D. 2004. Extreme climatic events and their evolution under changing climatic conditions. *Global Planet Change*, **44**: 1-9.

Blackadar A K. 1957. Boundary layer wind maxima and their significance for the growth of nocturnal inversions. *Bull. Amer. Meteor. Soc.*, **38**: 283-290.

Bleeker W, Andre M J. 1951. On the diurnal variation of precipitation, particularly over central U. S. A., and its relation to large-scale orographic circulation systems. *Q. J. R. Meteorol. Soc.*, **77**: 260-271.

Bonner W D, Paegle J. 1970. Diurnal variations in boundary layer winds over the south-central United States in summer. *Mon. Wea. Rev.*, **98**: 735-744.

Bonner W D. 1968. Climatology of the low level jet. *Mon. Wea. Rev.*, **96**: 833-850.

Bougeault P, Binder P, Buzzi A, *et al*. 2001. The MAP special observing period. *Bull. Amer. Meteor. Soc.*, **82**: 433-462.

Bousquet O, Houze R A, *et al*. 2003. Airflow within major alpine river valleys under heavy rainfall. *Quart. J. Roy. Meteor. Soc.*, **129**: 411-431.

Browning K A, Pardoe C W. 1973. Structure of low-level jet streams ahead of mid-latitude cold fronts. *Quart. J. Roy. Meteor. Soc.*, **99**: 619-638.

Buajitti K, Blackadar A K. 1957. Theoretical studies of diurnal wind-structure variations in the planetary boundary layer. *Quart. J. Roy. Meteor. Soc.*, **83**: 486-500.

Bücher A, Dessens J. 1991. Secular trend of surface temperature at an elevated observatory in the Pyrenees. *J. Climate*, **4**: 859-868.

Chan R Y, Vuille M, Hardy D R, Bradley R S. 2007. Intraseasonal precipitation variability on Kilimanjaro and the East African region and its relationship to the large-scale circulation. *Theor. Appl. Climatol.*, **93**: 149-165.

Chandler R E, Scott E M. 2011. Statistical Methods for Trend Detection and Analysis in the Environmental Sciences. Chichester: John Wiley & Sons, 368 pp.

Chen F, Dudhia J. 2001. Coupling an advanced land-surface/hydrology model with the Penn State/NCAR MM5 modeling system. Part I: Model description and implementation. *Mon. Wea. Rev.*, **129**: 569-585.

Chen G T-J, Wang C-C, Lin L-F. 2006. A diagnostic study of a retreating Mei-Yu front and the accompanying low-level jet formation and intensification. *Mon. Wea. Rev.*, **134**: 874-896.

Chen G T-J, Yu C-C. 1988. Study of low-level jet and extremely heavy rainfall over northern Taiwan in the Mei-Yu season. *Mon. Wea. Rev.*, **116**: 884-891.

Chen H, Yu R, Li J, et al. 2010. Why nocturnal long-duration rainfall presents an eastward-delayed diurnal phase of rainfall down the Yangtze River Valley. *J. Climate*, **23**: 905-917.

Chen Q. 1982. The instability of the gravity-inertial wave and its relation to low-level jet and heavy rainfall. *J. Meteor. Soc. Japan*, **60**: 1041-1057.

Chen Y-L, Chen X A, Zhang Y-X, 1994. A diagnostic study of the low level jet during TAMEX IOP 5. *Mon. Wea. Rev.*, **122**: 2257-2284.

Chen Y-L, Feng J. 1995. The influences of inversion height on precipitation and airflow over the island of Hawaii. *Mon. Wea. Rev.*, **123**: 1660-1676.

Chou L C, Chang C-P, Williams R T. 1990. A numerical simulation of the Mei-Yu front and the associated low level jet. *Mon. Wea. Rev.*, **118**: 1408-1428.

Chow F K, De Wekker S F J, Snyder B J (eds.). 2013. Mountain Weather Research and Forecasting: Recent Progress and Current Challenges. Berlin: Springer, 750 pp.

Cleveland W S. 1979. Robust locally weighted regression and smoothing scatterplots. *J. Amer. Stat. Assoc.*, **74**: 829-836.

Cook K H, Vizy E K. 2010. Hydrodynamics of the Caribbean low-level jet and its relationship to precipitation. *J. Climate*, **23**: 1477-1494.

Coulter J D. 1967. Mountain climate. *Proc. New. Zealand. Ecol. Soc.*, **14**: 40-57.

Crawford K C, Hudson H R. 1973. The diurnal wind variation in the lowest 1500 ft in central Oklahoma. June 1966-May 1967. *J. Appl. Meteor.*, **12**: 127-132.

Cuxart J, Jiménez M A. 2007. Mixing processes in a nocturnal low-level jet: An LES study. *J. Atmos. Sci.*, **64**: 1666-1679.

Dai A, Deser C. 1999. Diurnal and semidiurnal variations in global surface wind and divergence fields. *J. Geophys. Res.*, **104**: 31109-31126.

Dee D P, Uppala S M, Simmons A J, et al. 2011. The ERA-Interim reanalysis: configuration and performance of the data assimilation system. *Quart. Joy. R. Meteor. Soc.*, **137**: 553-597.

Deser C, Smith C A. 1998. Diurnal and semidiurnal variations of the surface wind field over the tropical Pacific Ocean. *J. Climate*, **11**: 1730-1748.

Diaz H F, Bradley R S. 1997. Temperature variations during the last century at high elevation sites. *Climatic. Change*, **36**: 253-279.

Ding Y, Zhang Y, Ma Q, Hu, G. 2001. Analysis of the large-scale circulation features and synoptic systems in East Asia during the intensive observation period of GAME/HUBEX. *J. Meteor. Soc. Japan*, **79**(1B): 277-300.

Ding Y. 1994. Monsoons over China. Dordrecht: Kluwei Academic, 419 pp.

Douglas M W. 1995. The summertime low-level jet over the Gulf of California. *Mon. Wea. Rev.*, **123**: 2334-2347.

Du Y, Rotunno R. 2014. A simple analytical model of the nocturnal low-level jet over the Great Plains of the United States. *J. Atmos. Sci.*, **71**: 3674-3683.

Du Y, Zhang Q, Ying Y, Yang Y. 2012. Characteristics of low-level jets in Shanghai during the 2008−2009 warm seasons as inferred from wind profiler radar data. *J. Meteor. Soc. Japan*, **90**: 891-903.

Ding Y H, Li C Y, Liu YJ. 2004. Overview of the South China Sea monsoon experiment. *Adv Atmos. Sci.*, **21**(3): 343-360.

Dudhia J. 1989. Numerical study of convection observed during the winter monsoon experiment using a mesoscale two-dimensional model. *J. Atmos. Sci.*, **46**: 3077-3107.

Farquharson J S. 1939. The diurnal variation of wind over tropical Africa. Quart. *J. Roy. Meteor. Soc.*, **65**: 165-184.

Feng J, Chen Y-L. 1998. Evolution of katabatic flow on the Island of Hawaii on 10 August 1990. *Mon. Wea. Rev.*, **126**: 2185-2199.

Ferrier B S, Lin Y, Black T, *et al*. 2002. Implementation of a new grid-scale cloud and precipitation scheme in the NCEP Eta model. Preprints, 15th Conference on Numerical Weather Prediction, San Antonio, TX, Amer. Meteor. Soc., 280-283.

Fragoso M, Gomes P T. 2007. Classification of daily abundant rainfall patterns and associated large-scale atmospheric circulation types in Southern Portugal. *Int. J. Climatol.*, **28**: 537-544.

Garvert M F, Colle B A, Mass C F. 2005. The 13-14 December 2001 IMPROVE-2 event. Part I: Synoptic and mesoscale evolution and comparison with a mesoscale model simulation. *J. Atmos. Sci.*, **62**: 3474-3492.

Gimeno L, Nieto R, Vázquez M. 2014. Atmospheric rivers: a mini-review. *Front. Earth. Sci.*, **2**: 1-6.

Gocic M, Trajkovic S. 2013. Spatio-temporal patterns of precipitation in Serbia. *Theor. Appl. Climatol.*, **117**: 419-431.

Goualt J. 1938. Vents en altitude Fort Lamy (Tchad). *Ann. Phys. Globe France d'Outre-Mer*, **5**: 70-91.

Gultepe I, Isaac G A, Joe P, *et al*. 2014. Roundhouse (RND) mountain top research site: Measurements and uncertainties for winter alpine weather conditions. *Pure Appl.Geophy.*, **171**: 59-85.

He M Y, Liu H B,Wang B and Zhang D-L. 2016. A modeling study of a low-level jet along the Yun-Gui Plateau in South China. *J. Appl. Meteor. Climatol.*, **55**(1):41-60.

He Jinhai, Xu Haiming, Wang Lijuan, *et al*. 2003. Climatic features of SCS Summer monsoon onset and its possible mechanism. *Acta Metero Sini*, **17** (Suppl):19-34.

Higgins R, Yao Y, Yarosh E S, *et al*. 1997. Influence of the Great Plains low-level jet on summertime precipitation and moisture transport over the central United States. *J. Climate.*, **10**: 481-507.

Hodgkin E E, Richards W G. 1987. Molecular similarity based on electrostatic potential and electric field. *Int. J. Quantum Chem.*, **32**: 105-110.

Hoecker W H. 1963. Three southerly low-level jet systems delineated by the weather bureau special pibal network of 1961. *Mon. Wea. Rev.*, **91**: 573-582.

Holton J R. 1967. The diurnal boundary layer wind oscillation above sloping terrain. *Tellus*, **19**: 199-205.

Hong S-Y, Dudhia J, Chen S-H. 2004. A revised approach to ice-microphysical processes for the bulk parameterization of cloud and precipitation. *Mon. Wea. Rev.*, **132**: 103-120.

Hong S-Y, Noh Y, Dudhia J. 2006. A new vertical diffusion package with an explicit treatment of entrainment processes. *Mon. Wea. Rev.*, **134**: 2318-2341.

Houze R, McMurdie L, Petersen W, *et al*. 2015. OLYMPEX: Ground Validation Experiment Field Operations Plan (Version 3). Available at: http://olympex.atmos.washington.edu/docs/OLYMPEX_OpsPlan.pdf (last access: 7 October 2016).

Houze R. A. Jr. 2004. Mesoscale convective systems. *Rev. Geophys.*, **42**(4), RG4003, doi:10.1029/2004RG000150.

Hsu W-R and Sun W-Y. 1994. A numerical study of a low-level jet and its accompanying secondary circulation in a Mei-Yu system. *Mon. Wea. Rev.*, **122**: 324-340.

IPCC. 2014. Climate Change 2013−The Physical Science Basis: Working Group I Contribution to the Fifth Assessment Report of the Intergovernmental Panel on Climate Change. Cambridge: Cambridge University Press,1535 pp.

Isaac, G A, Joe P I, Mailhot J, *et al*. 2014. Science of Nowcasting Olympic Weather for Vancouver 2010 (SNOW-V10): A World Weather Research Programme project. *Pure Appl. Geophys.*, **171**: 1-24.

Joe P, Doyle C, Wallace A, *et al*. 2010. Weather services, science advances, and the Vancouver 2010 Olympic and Paralympic Winter Games. *Bull. Amer. Met. Soc.*, **91**: 31-36.

Joe P, Scott B, Doyle C, *et al*. 2014. The monitoring network of the Vancouver 2010 Olympics. *Pure Appl. Geophys.*, **171**: 25-58.

Kain J S. 2004. The Kain-Fritsch convective parameterization: An update. *J. Appl. Meteor.*, **43**: 170-181.

Kanamitsu M, Ebisuzaki W, Woollen J, *et al*. 2002. NCEP-DOE AMIP-II Reanalysis (R-2), *Bull. Amer. Meteor. Soc.*, **83**: 1631-1643.

Karl T R, Diaz H F, Kukla G. 1988. Urbanization: Its detection and effect in the United States climate record. *J. Climate*, **1**: 1099-1123

Kobayashi S, Ota Y, Harada Y, *et al*. 2015. The JRA-55 Reanalysis: General specifications and basic characteristics. *J. Meteor. Soc. Japan*, **93**: 5-48.

Liechti F, Schaller E. 1999. The use of low-level jets by migrating birds. *Naturwissenschaften*, **86**: 549-551.

Lighthill M J. 1969. Dynamic response of the Indian Ocean to onset of the southwest monsoon. *Phil. Trans. Roy. Soc. London*, **265**: 45-92.

Lin Y-L, Chiao S, Wang T-A, *et al*. 2001. Some common ingredients for heavy orographic rainfall. *Wea. Forecasting*, **16**: 633-660.

Lindsay E M. 1952. Meteorology at the Boyden Station of the Harvard Observatory. *Irish Astron. J.*, **2**: 99-107.

Lindzen R S. 1967. Thermally driven diurnal tide in the atmosphere. *Q. J. R. Meteorol. Soc.*, **93**: 18-42.

Liu H, He M, Wang B and Zhang Q. 2014. Advances in low-level jet research and future prospects. *J. Meteor. Res.*, **28**: 57-75.

Liu H, Li L-J, Wang B. 2012. Low-level jets over southeast China: The warm season climatology of the summer of 2003. *Atmos. Oceanic Sci. Lett.*, **5**: 394-400.

Liu H. 2012. Numerical simulation of the heavy rainfall in the Yangtze-Huai River Basin during summer 2003 using the WRF Model, *Atmos. Oceanic Sci. Lett.*, **5**: 20-25.

Lund R, Reeves J. 2002. Detection of undocumented change points: a revision of the two-phase regression model. *J. Climate*, **9**: 2547-2554.

MacQueen J B. 1967. Some methods for classification and analysis of multivariate observations. Proceedings of the Fifth Berkeley Symposium on Mathematical Statistics and Probability, **1**: 281-297.

Maddox R A. 1980. Meoscale convective complexes. *Bull. Amer. Meteor. Soc.*, **61**: 1374-1387.

Marzban C, Sandgathe S. 2006. Cluster analysis for verification of precipitation fields. *Wea. Forecasting*, **21**: 824-838.

Matsumoto S. 1973. Lower tropospheric wind speed and precipitation activity. *J. Meteor. Soc. Japan*, **51**: 101-107.

McCorcle M D. 1988. Simulation of surface-moisture effects on the Great Plains low-level jet. *Mon. Wea. Rev.*, **116**: 1705-1720.

Means L L. 1954. A study of the mean southerly wind-maximum in low levels associated with a period of summer precipitation in the Middle West. *Bull. Amer. Met. Soc.*, **35**: 166-170.

Meybeck M, Green P, Vörösmarty C. 2001. A new typology for mountains and other relief classes: An application to global continental water resources and population distribution. *Mountain Res. Dev.*, **21**: 34-45.

Milbrandt J A, Thériault J, Mo R. 2014. Modeling the phase transition associated with melting snow in a 1D kinematic framework: Sensitivity to the microphysics. *Pure Appl. Geophys.*, **171**: 303-322.

Mlawer E J, Taubman S J, Brown P D, *et al*. 1997: Radiative transfer for inhomogeneous atmospheres: RRTM, a validated correlated-k model for the longwave. *J. Geophys. Res.*, **102**: 16663-16682.

Mo R, Joe P, Isaac G A, *et al*. 2014. Mid-mountain clouds at Whistler during the Vancouver 2010 Winter Olympics and Paralympics. *Pure Appl. Geophys.*, **171**: 157-183.

Mo R, Ye C, Whitfield P H. 2014. Application potential of four nontraditional similarity metricsin hydrometeorology. *J. Hydrometeor.*, **15**: 1862-1880.

Montgomery D C, Peck E A, Vining G G. 2012. Introduction to Linear Regression Analysis (5th Ed). Hoboken: John Wiley & Sons, 672 pp.

Mukhopadhyay P, Mahakur M, Singh H A K. 2009. The interaction of large scale and mesoscale environment leading to formation of intense thunderstorms over Kolkata Part I: Doppler radar and satellite observations. *J. Earth Sys. Sci.*, **118**: 441-466.

Nagata M, Ogura Y. 1991. A modeling case study of interaction between heavy precipitation and a low-level jet over Japan in the Baiu season. *Mon. Wea. Rev.*, **119**: 1309-1336.

Nakanishi M, Niino H. 2006. An improved Mellor-Yamada level-3 model: Its numerical stability and application to a regional prediction of advection fog. *Boundary-Layer Meteor.*, **119**: 397-407.

Nicolini M, Waldron K M, Paegle J. 1993. Diurnal oscillations of low-level jets, vertical motion, and precipitation: A model case study. *Mon. Wea. Rev.*, **121**: 2588-2610.

Parish, T. R., and L. D. Oolman. 2010. On the role of sloping terrain in the forcing of the Great Plains low-level jet. *J. Atmos. Sci.*, **67**: 2690-2699.

Petke J D. 1993. Cumulative and discrete similarity analysis of electrostatic potentials and fields. *J. Comput. Chem.*, **14**: 928-933.

Qian J-H, Tao W-K, Lau K-M. 2004. Mechanisms for torrential rain associated with the Mei-Yu development during SCS-MEX 1998. *Mon. Wea. Rev.*, **132**: 3-27.

Ralph F M, Neiman P J, Rotunno R. 2005. Dropsonde observations in low-level jets over the northeastern Pacific Ocean from CALJET − 1998 and PACJET − 2001: Mean vertical-profile and atmospheric-river characteristics. *Mon. Wea. Rev.*, **133**: 889-910.

Raman M R, Ratnam M V, Rajeevan M, *et al*. 2011. Intriguing aspects of the monsoon low-level jet over Peninsular India revealed by high-resolution GPS radiosonde observations. *J. Atmos. Sci.*, **68**: 1413-1423.

Rasmussen R M, Smolarkiewicz P, Warner J. 1989. On the dynamics of Hawaiian cloud bands: Comparison of model results with observations and island climatology. *J. Atmos. Sci.*, **46**: 1589-1608.

Rebetez M, Lugon R, Baeriswyl P A. 1997. Climatic change and debris flows in high mountain regions: The case study of the Ritigraben torrent (Swiss Alps). *Climatic Change*, **36**: 371-389.

Rife D L, Pinto J O, Monaghan A J, *et al*. 2010. Global distribution and characteristics of diurnally varying low-level jets. *J. Climate*, **23**: 5041-5064.

Rogers E, Black T, Ferrier B, *et al*. 2001. Changes to the NCEP Meso Eta Analysis and Forecast System: Increase in resolution, new cloud microphysics, modified precipitation assimilation, modified 3DVAR analysis (available from http://www.emc.ncep.noaa.gov/mmb/mmbpll/eta12tpb/).

Romero R, Ramis C, Guijarro J A. 1999. Daily rainfall patterns in the Spanish Mediterranean area: an objective classification. *Int. J. Climatol.*, **19**: 95-112.

Saha S, Moorthi S, Pan H-L, *et al*. 2010. The NCEP Climate Forecast System Reanalysis. *Bull. Amer. Meteor. Soc.*, **91**: 1015-1057.

Saulo C, Ruiz J, Skabar Y G. 2007. Synergism between the low-level jet and organized convection at its exit region. *Mon. Wea. Rev.*, **135**: 1310-1326.

Seidel D J, Free M. 2003. Comparison of lower-tropospheric temperature climatologies and trends at low and high elevation radiosonde sites. *Climatic Change*, **59**: 53-74.

Sgouros G, Helmis C G. 2009. Low-level jet development and the interaction of different scale physical processes. *Meteor. Atmos. Phys.*, **104**: 213-228.

Shapiro A, Fedorovich E. 2010. Analytical description of a nocturnal low-level jet. *Quart. J. Roy. Meteor. Soc.*, **136**: 1255-1262.

Shepherd M, Mote T, Dowd J, *et al*. 2011. An overview of synoptic and mesoscale factors contributing to the disastrous Atlanta flood of 2009. *Bull. Amer. Meteor. Soc.*, **92**: 861-870.

Shrestha A B, Wake P C, Mayewski P A, Dibb J E. 1999. Maximum temperature trends in the Himalaya and its nicinity: An analysis based on temperature records from Nepal for the period 1971-94. *J. Climate*, **12**: 2775-2786.

Skamarock W C, Klemp J B, Dudhia J, *et al*. 2008. A description of the Advanced Research WRF Version 3, NCAR Technical Note, 125pp.

Smolarkiewicz P K, Rasmussen R M, Clark T L. 1988. On the dynamics of Hawaiian cloud bands: Island forcing. *J. Atmos. Sci.*, **45**: 1872-1905.

Smull B F, Houze R A. 2005. Cross-barrier flow during orographic precipitation events: Results from MAP and IMPROVE. *J. Atmos. Sci.*, **62**: 3580-3598.

Song J, Liao K, Coulter R L, Lesht B M. 2005. Climatology of the low-level jet at the southern Great Plains Atmospheric Boundary Layer Experiments site. *J. Appl. Meteor.*, **44**: 1593-1606.

Sperber K R, Yasunari T. 2006. Workshop on Monsoon Climate Systems: Toward better prediction of the monsoon. *Bull. Amer. Meteor. Soc.*, **87**: 1399-1403.

Stekl J, Podzimek J. 1993. Old mountain meteorological station Milesovka (Donnersberg) in central Europe. *Bull. Amer. Meteor. Soc.*, **74**: 831-834.

Stensrud D J. 1996. Importance of low-level jets to climate: A review. *J. Climate*, **9**: 1698-1711.

Storm B, Dudhia J, Basu S, *et al*. 2008. Evaluation of the Weather Research and Forecasting model on forecasting low-level jets: Implications for wind energy. *Wind Energy*, **12**: 81-90.

Sun S, Lorenzo D. 1985: Influence of Tibetan Plateau on low level jet in East Asia. *Scientia Sinica* (Series B), **53**: 68-81.

Taubman B F, Marufu L T, Piety C A, *et al*. 2004. Airborne characterization of the chemical, optical, and meteorological properties, and origins of a combined ozone-haze episode over the eastern United States. *J. Atmos. Sci.*, **61**: 1781-1793.

Teakles A, Mo R, Dierking C F, *et al*. 2014. Realizing user-relevant conceptual model for the ski jump venue of the Vancouver 2010 Winter Olympics. *Pure Appl. Geophys.*, **171**: 185-207.

Torrence C, Compo G P. 1998. A practical guide to wavelet analysis. *Bull. Amer. Meteor. Soc.*, **79**: 61-78.

Toumi R, Hartell N, Bignell K. 1999. Mountain station pressure as an indicator of climate change. *Geophys. Res. Lett.*, **26**: 1751-1754.

Tian S F, Yasunari T. 1998. Climatological aspects and mechanism of Spring Persistent Rains over central China. *J Meteor Soc Japan*, **76**(1): 57-71.

Van de Wiel B J H, Moene A F, Steeneveld G J, *et al*. 2010. A conceptual view on inertial oscillations and nocturnal low-level jets. *J. Atmos. Sci.*, **67**: 2679-2689.

Vautard R, Cattiaux J, Yiou P. 2010. Northern Hemisphere atmospheric stilling partly attributed to an increase in surface roughness. *Nature Geoscience*, **3**: 756-761.

Vera C, Baez J, Douglas M, *et al*. 2006. The South American Low-Level Jet Experiment. *Bull. Amer. Meteor. Soc.*, **87**: 63-77.

Wallace J M, Hartranft F R. 1969. Diurnal wind variations, surface to 30 kilometers. *Mon. Wea. Rev.*, **97**: 446-455.

Wallace J M, Tadd R F. 1974. Some further results concerning the vertical structure of atmospheric tidal motions within the lowest 30 kilometers. *Mon. Wea. Rev.*, **102**: 795-803.

Wang H. 2001. The weakening of the Asian monsoon circulation after the end of 1970's. *Adv. Atmos. Sci.*, **18**: 376-386.

Wang H. 2002. The instability of the East Asian summer monsoon-ENSO relations. *Adv. Atmos. Sci.*, **19**: 1-11.

Wang W C, Gong W, Wei H. 2000. A regional model simulation of the 1991 severe precipitation event over the Yangtze-Huai River Valley. Part I: Precipitation and circulation statistics. *J. Climate*, **13**: 74-92.

Wang Z, Bovik A C, Sheikh H R, Simoncelli E P. 2004. Image quality assessment: From error visibility to structural similarity. *IEEE Trans. Image Process.*, **13**: 600-612.

Wang Z, Bovik A C. 2002. A universal image quality index. *IEEE Signal Process. Lett.*, **9**: 81-84.

Weaver S J, Nigam S. 2008. Variability of the Great Plains low-level jet: Large-scale circulation context and hydroclimate impacts. *J. Climate*, **21**: 1532-1551.

Weber R O, Talkner P, Auer I, *et al*. 1997. 20th-century changes of temperature in the mountain regions of Central Europe. *Climatic Change*, **36**: 327-344.

Weber R O, Talkner P, Stefanicki G. 1994. Asymmetric diurnal temperature change in the Alpine region. *Geophys. Res. Lett.*, **21**: 673-676.

Werth D, Kurzeja R, Dias N L, *et al*. 2011. The simulation of the southern Great Plains nocturnal boundary layer and the low-level jet with a high-resolution mesoscale atmospheric model. *J. Appl. Meteor. Climatol.*, **50**: 1497-1513.

Wexler H. 1961. A boundary layer interpretation of the low-level jet. *Tellus*, **13**: 368-378.

Whiteman C D, Bian X, Zhong S. 1997. Low-level jet climatology from enhanced rawinsonde observations at a site in the southern Great Plains. *J. Appl. Meteor.*, **36**: 1363-1376.

Whiteman C D. 2000. Mountain meteorology: Fundamentals and applications. Oxford: Oxford University Press, 355 pp.

Wilks D S. 2011. Statistical Methods in the Atmospheric Sciences (3rd Edition). San Diego: Academic Press, 676 pp.

Williams C, Avery S. 1996. Diurnal winds observed in the tropical troposphere using 50 MHz wind profilers. *J. Geophys. Res.*, **101**: 15051-15060.

Williams M W, Losleben M, Caine N, Greenland D. 1996. Changes in climate and hydrochemical responses in a high-elevation catchment in the Rocky Mountains, USA. *Limnol. Oceanogr.*, **41**: 939-946.

WMO. 2010. WMO statement on the status of the global climate in 2010. Press release No. 1074.

Xue F. 2001. Interannual to interdecadal variation of East Asian summer monsoon and its association with the global atmospheric circulation and sea surface temperature. *Adv. Atmos. Sci.*, **18**: 567-575.

You Q, Kang S, Pepin N, *et al*,. 2010. Relationship between temperature trend magnitude, elevation and mean temperature in the Tibetan Plateau from homogenized surface stations and reanalysis data. *Global Planet. Change*, **71**: 124-133.

Yu R C, Li J, Chen H M. 2009. Diurnal variation of surface wind over central eastern China . *Climate Dyn.*, **33**: 1089-1097.

Yu R, Li J, Chen H, Yuan W. 2014. Progress in studies of the precipitation diurnal variation over contiguous China. *J. Meteorol. Res.*, **28**: 877-902.

Yu R, Zhou T, Xiong A, *et al*. 2007. Diurnal variations of summer precipitation over contiguous China. *Geophys. Res. Lett.*, 34, L01704, doi:10.1029/2006GL028129.

Yuan W, Zhao S. Mountaintop winds as representatives of low-level jets and precursors of downstream precipitation over eastern China. International Journal of Climatology(DOI: 10.1002/joc.4930).

Yuan W-H, Yu R-C, Fu Y-F. 2014. Study of different diurnal variations ofsummer long-duration rainfall between the southern and northern parts of the Huai River. *Chinese J. Geophys.*, **57**: 145 145.

Zhang D-L, Fritsch J M. 1986. Numerical simulation of the meso-βscale structure and evolution of the 1977 Johnstown flood. Part I: Model description and verification. *J. Atmos. Sci*,. **43**: 1913-1943.

Zhang D-L, Zhang S, Weaver S J. 2006. Low-level jets over the Mid-Atlantic States: Warm-season climatology and a case study. *J. Appl. Meteor. Climatol.*, **45**: 194-209.

Zhao Y. 2012. Numerical investigation of a localized extremely heavy rainfall event in complex topographic area during midsummer. *Atmos. Res.*, **113**: 22-39.

Zhong S, Fast J, Bian X. 1996. A case study of the Great Plains low-level jet using wind profiler network data and a high-resolution mesoscale model. *Mon. Wea. Rev.*, **124**: 785-806.

# 附录 A　台站历史沿革

## 1　湖南南岳站

### 1.台站名称

| | | |
|---|---|---|
| 19521101 | 19581130 | 南岳气象站 |
| 19581201 | 19600131 | 衡山县南岳气象站 |
| 19600201 | 19601231 | 南岳气象服务站 |
| 19610101 | 19611231 | 南岳高山气象站 |
| 19620101 | 19620831 | 南岳管理局气象站 |
| 19620901 | 19741231 | 南岳高山气象站 |
| 19750101 | 19791031 | 南岳山气象站 |
| 19791101 | 19801231 | 南岳高山气象站 |
| 19810101 | 19841231 | 衡阳地区南岳高山气象站 |
| 19850101 | 20061231 | 衡阳市南岳高山气象站 |
| 20070101 | 20081231 | 南岳国家气象观测一级站 |
| 20090101 | 20121231 | 南岳国家基本气象站 |
| 20130101 | 99999999 | 南岳国家基准气候站 |

### 2.区站号

| | | |
|---|---|---|
| 19521101 | 19530630 | 433 |
| 19530701 | 19570531 | 56752 |
| 19570601 | 99999999 | 57776 |

### 3.台站级别

| | | |
|---|---|---|
| 19521101 | 19531231 | 丙种气象站 |
| 19540101 | 19601231 | 气候站 |
| 19610101 | 19791231 | 气象站 |
| 19800101 | 20061231 | 国家基本气象站 |
| 20070101 | 20081231 | 国家气象观测一级站 |
| 20090101 | 20121231 | 国家基本气象站 |
| 20130101 | 99999999 | 国家基准气候站 |

### 4.所属机构

| | | |
|---|---|---|
| 19540101 | 99999999 | 湖南省气象局 |

### 5.台站位置

| | | | | | |
|---|---|---|---|---|---|
| 19521101 | 19550731 | 27°15′N | 112°45′E | 1130.9 m | 南岳祝融峰望日台 |

| | | | | | | |
|---|---|---|---|---|---|---|
| 19550801 | 19570531 | 27°15′N | 112°45′E | 1130.9 m | 衡山县南岳祝融峰望日台 | |
| 19570601 | 19601231 | 27°15′N | 112°45′E | 1265.9 m | 衡山县南岳祝融峰望日台 | |
| 19610101 | 19630731 | 27°15′N | 112°45′E | 1265.9 m | 南岳祝融峰望日台 | |
| 19630801 | 19660228 | 27°15′N | 112°45′E | 1265.9 m | 南岳县南岳祝融峰望日台 | |
| 19660301 | 19761231 | 27°15′N | 112°45′E | 1265.9m | 衡山县南岳祝融峰望日台 | |
| 19770101 | 19841231 | 27°18′N | 112°42′E | 1265.9 m | 衡山县南岳祝融峰望日台 | |
| 19850101 | 20061231 | 27°18′N | 112°42′E | 1265.9 m | 南岳区祝融峰望日台 | |
| 20070101 | 99999999 | 27°18′N | 112°42′E | 1265.9 m | 南岳区祝融峰望日台 | |

### 6. 观测要素

| | | |
|---|---|---|
| 19521101 | 99999999 | 气压 |
| 19521101 | 99999999 | 气温 |
| 19521101 | 99999999 | 最高气温 |
| 19521101 | 99999999 | 最低气温 |
| 19521101 | 99999999 | 湿度 |
| 19521101 | 99999999 | 风向 |
| 19521101 | 99999999 | 风速 |
| 19521101 | 99999999 | 降水量 |
| 19521101 | 99999999 | 雪深 |
| 19610101 | 19791231 | 积雪密度 |
| 19521101 | 19660930 | 蒸发量 |
| 19680101 | 99999999 | 蒸发量 |
| 19521101 | 99999999 | 日照时数 |
| 19580401 | 19580831 | 地面温度 |
| 19800101 | 99999999 | 地面温度 |
| 19580401 | 19580630 | 地面最高温度 |
| 19800101 | 99999999 | 地面最高温度 |
| 19540101 | 19560302 | 地面最低温度 |
| 19580401 | 19580831 | 地面最低温度 |
| 19800101 | 99999999 | 地面最低温度 |
| 19540101 | 99999999 | 电线积冰 |
| 19521101 | 20131231 | 云状 |
| 19521101 | 19531231 | 云向 |
| 19521101 | 99999999 | 云量 |
| 19521101 | 99999999 | 能见度 |
| 19521101 | 99999999 | 天气现象 |
| 19521101 | 19600731 | 地面状态 |
| 19521101 | 19531231 | 草面温度 |

### 7. 观测仪器

| 19521101 | 20061231 | 气温 | 百叶箱(木质,高 612 mm,宽 460 mm,深 460 mm);中国,?,? |
| 19521101 | 19531231 | 气温 | 百叶箱(木质,高 537 mm,宽 460 mm,深 290 mm);中国,?,? |
| 19540101 | 19610831 | 气温 | 百叶箱(木质,高 537 mm,宽 460 mm,深 290 mm);中国,?,? |
| 19610901 | 20061231 | 气温 | 百叶箱(木质,高 537 mm,宽 460 mm,深 290 mm);中国,?,? |
| 20030101 | 99999999 | 气温 | 百叶箱(玻璃钢 BB-1 型,高 615 mm,宽 470 mm,深 465 mm);中国,江苏,南京 |
| 19521101 | 19540131 | 气温 | 手摇式(美式)干湿球温度表;美国,?,FRIEZ 厂 |
| 19540201 | 19551231 | 气温 | 通风式(德式)干湿球温度表;德国,?,? |
| 19560101 | 19560517 | 气温 | 通风式(德式)干湿球温度表;前东德,?,? |
| 19560518 | 19570531 | 气温 | 干湿球温度表(苏式);前苏联,?,?,? |
| 19570601 | 19630524 | 气温 | 干湿球温度表(球状);前苏联,?,? |
| 19630525 | 19730101 | 气温 | 干湿球温度表(球状);中国,上海,上海天平仪器厂 |
| 19730102 | 19750503 | 气温 | 干湿球温度表(球状);中国,上海,上海医用仪表厂 |
| 19750504 | 19810122 | 气温 | 干湿球温度表(球状);中国,上海,上海天平仪器厂 |
| 19810123 | 19830517 | 气温 | 干湿球温度表(球状);中国,?,? |
| 19830518 | 19880301 | 气温 | 干湿球温度表(球状);中国,上海,上海医用仪表厂 |
| 19880302 | 19900629 | 气温 | 干湿球温度表(球状);中国,上海,? |
| 19900630 | 19940520 | 气温 | 干湿球温度表(球状);中国,上海,上海医用仪表厂 |
| 19940521 | 19971031 | 气温 | 干湿球温度表(球状);中国,上海,上海气象仪器厂 |
| 19971101 | 20000629 | 气温 | 干湿球温度表(球状);中国,天津,天津气象仪器厂 |
| 20000630 | 20020228 | 气温 | 干湿球温度表(球状);中国,上海,? |
| 20020301 | 20040408 | 气温 | 干湿球温度表(球状);中国,天津,? |
| 20040409 | 20110930 | 气温 | 干湿球温度表(球状,WQG-11);中国,天津,? |
| 20111001 | 20131231 | 气温 | 干湿球温度表(球状);中国,上海,上海气象仪器厂 |
| 19521101 | 19560630 | 气温 | 双金属温度计(周转);美国,?,FRIEZ 厂 |
| 19560701 | 19610228 | 气温 | 双金属温度计(日转);前苏联,?,? |
| 19610301 | 19651231 | 气温 | 双金属温度计(日转);中国,吉林,长春气象仪器厂 |
| 19660101 | 19741231 | 气温 | 双金属温度计(日转);中国,?,? |
| 19750101 | 19780331 | 气温 | 双金属温度计(日转,DWJ1 型);中国,上海,上海气象仪器厂 |
| 19780401 | 19830713 | 气温 | 双金属温度计(日转,DWJ1 型);中国,吉林,中国人民解放军 3613 工厂 |
| 19830714 | 19840816 | 气温 | 双金属温度计(日转,DWJ1 型);中国,吉林,长春气象仪器厂 |
| 19840817 | 19860624 | 气温 | 双金属温度计(日转,DWJ1 型);中国,吉林,长春气象仪器厂 |
| 19860625 | 19900731 | 气温 | 双金属温度计(日转,DWJ1 型);中国,上海,? |
| 19900801 | 19910331 | 气温 | 双金属温度计(日转,DWJ1 型);中国,吉林,长春气象仪器厂 |
| 19910401 | 19930630 | 气温 | 双金属温度计(日转,DWJ1 型);中国,吉林,长春 |
| 19930701 | 20020331 | 气温 | 双金属温度计(日转,DWJ1 型);中国,吉林,长春气象仪器厂 |
| 20020401 | 20040828 | 气温 | 双金属温度计(日转);中国,吉林,长春 |
| 20040829 | 20111231 | 气温 | 双金属温度计(日转,DWJ1 型);中国,吉林,长春 |
| 20030101 | 99999999 | 气温 | 铂电阻温度传感器 |

| | | | |
|---|---|---|---|
| 19521101 | 19540228 | 风向 | 风向器(箭型)；中国,?,? |
| 19540301 | 19541207 | 风向 | 丁字式风向器(丁字式)；中国,?,? |
| 19550301 | 19621130 | 风向 | 维尔德测风器(轻型)；中国,?,? |
| 19640601 | 19680731 | 风向 | 维尔德测风器(轻型)；中国,上海,? |
| 19550301 | 19621130 | 风向 | 维尔德测风器(重型)；中国,?,? |
| 19640601 | 19680731 | 风向 | 维尔德测风器(重型)；中国,上海,? |
| 19680801 | 19930731 | 风向 | EL 型电接风向风速计；中国,上海,上海气象仪器厂 |
| 19940201 | 20111231 | 风向 | EL 型电接风向风速计；中国,上海,上海气象仪器厂 |
| 19930801 | 19971005 | 风向 | 测风数据处理仪(EN1)；中国,山东,山东科学院能源研究所 |
| 19580601 | 19600301 | 风向 | 轻便风向风速表；前苏联,?,? |
| 19600302 | 19631223 | 风向 | 轻便风向风速表；中国,?,? |
| 19631224 | 19701114 | 风向 | 轻便风向风速表；中国,江苏,南京水利电力仪表厂 |
| 19701115 | 99999999 | 风向 | 轻便风向风速表(DEM6 型)；中国,天津,天津气象海洋仪器厂 |
| 20030101 | 20090330 | 风向 | 风杯式遥测风向风速传感器(EC9-1 型)；中国,吉林,长春气象仪器研究所 |
| 20090330 | 99999999 | 风向 | 风杯式遥测风向风速传感器(ZQZ-TF 型)；中国,江苏,江苏无线电科学研究所 |
| 19521101 | 19541207 | 风速 | 风程表(美式)；美国,?,FRIEZ 厂 |
| 19550301 | 19621130 | 风速 | 维尔德测风器(轻型)；中国,?,? |
| 19640601 | 19680731 | 风速 | 维尔德测风器(轻型)；中国,上海,? |
| 19550301 | 19621130 | 风速 | 维尔德测风器(重型)；中国,?,? |
| 19640601 | 19680731 | 风速 | 维尔德测风器(重型)；中国,上海,? |
| 19680801 | 19930731 | 风速 | EL 型电接风向风速计；中国,上海,上海气象仪器厂 |
| 19940201 | 20111231 | 风速 | EL 型电接风向风速计；中国,上海,上海气象仪器厂 |
| 19930801 | 19971005 | 风速 | 测风数据处理仪(EN1)；中国,山东,山东科学院能源研究所 |
| 19551201 | 19580531 | 风速 | 电传风速器(杯形)；前东德,?,? |
| 19580601 | 19600301 | 风速 | 轻便风向风速表；前苏联,?,? |
| 19600302 | 19631223 | 风速 | 轻便风向风速表；中国,?,? |
| 19631224 | 19701114 | 风速 | 轻便风向风速表；中国,江苏,南京水利电力仪表厂 |
| 19701115 | 19890201 | 风速 | 轻便风向风速表(DEM6 型)；中国,天津,天津气象海洋仪器厂 |
| 19890202 | 19930226 | 风速 | 轻便风向风速表(DEM6 型)；中国,天津,? |
| 19930227 | 19971222 | 风速 | 轻便风向风速表(DEM6 型)；中国,天津,天津气象海洋仪器厂 |
| 19971223 | 99999999 | 风速 | 轻便风向风速表(DEM6 型)；中国,天津,天津气象仪器厂 |
| 20030101 | 20090330 | 风速 | 风杯式遥测风向风速传感器(EC9-1 型)；中国,吉林,长春气象仪器研究所 |
| 20090331 | 99999999 | 风速 | 风杯式遥测风向风速传感器(ZQZ-TF 型)；中国,江苏,江苏无线电科学研究所 |
| 19521101 | 19650418 | 降水量 | 雨量器(20 cm 口径,无防风圈)；中国,?,? |
| 19650419 | 19720402 | 降水量 | 雨量器(20 cm 口径,无防风圈,DSM1 型)；中国,天津,天津气象仪器厂 |
| 19720403 | 19751125 | 降水量 | 雨量器(20 cm 口径,无防风圈,DSM1 型)；中国,上海,上海气象仪器厂 |
| 19751126 | 19781220 | 降水量 | 雨量器(20 cm 口径,无防风圈,DSM1 型)；中国,吉林,中国人民解放军 3614 工厂 |
| 19781221 | 19830408 | 降水量 | 雨量器(20 cm 口径,无防风圈,SM1 型)；中国,湖南,长沙市建新五金厂 |

| | | | |
|---|---|---|---|
| 19830409 | 19860902 | 降水量 | 雨量器(20 cm 口径,无防风圈,DSM1 型);中国,天津,天津气象海洋仪器厂 |
| 19860903 | 19991231 | 降水量 | 雨量器(20 cm 口径,无防风圈,DSM1 型);中国,上海,上海气象仪器厂 |
| 20000101 | 20051020 | 降水量 | 雨量器(20 cm 口径,无防风圈,DSM1 型);中国,吉林,长春气象仪器厂 |
| 20051021 | 20131231 | 降水量 | 雨量器(20 cm 口径,无防风圈,SDM6A 型);中国,天津,天津气象仪器厂 |
| 19560701 | 19580331 | 降水量 | 雨量计(16 cm 口径,日转);前东德,?,? |
| 19580401 | 19630430 | 降水量 | 虹吸式雨量计(25 cm 口径,日转,仿苏 17-1 型);中国,江苏,南京水工仪器厂 |
| 19630501 | 19650430 | 降水量 | 虹吸式雨量计(25 cm 口径,日转);中国,天津,天津气象仪器厂 |
| 19650501 | 19650630 | 降水量 | 虹吸式雨量计(20 cm 口径);中国,上海,上海气象仪器厂 |
| 19650701 | 19660331 | 降水量 | 虹吸式雨量计(25 cm 口径,日转);中国,天津,天津气象仪器厂 |
| 19660401 | 19700430 | 降水量 | 虹吸式雨量计(20 cm 口径,DSJ1 型);中国,上海,上海气象仪器厂 |
| 19700501 | 19810331 | 降水量 | 虹吸式雨量计(20 cm 口径,DSJ1 型);中国,天津,天津气象海洋仪器厂 |
| 19810401 | 19900331 | 降水量 | 虹吸式雨量计(20 cm 口径,DSJ1 型);中国,上海,上海气象仪器厂 |
| 19900401 | 20010331 | 降水量 | 虹吸式雨量计(20 cm 口径,DSJ1 型);中国,天津,天津气象海洋仪器厂 |
| 20010401 | 20051020 | 降水量 | 虹吸式雨量计(20 cm 口径,DSJ1 型);中国,上海,? |
| 20051021 | 20111231 | 降水量 | 虹吸式雨量计(20 cm 口径,SJ1 型);中国,上海,? |
| 20030101 | 20100620 | 降水量 | 双翻斗遥测雨量计传感器(SL-3 型);中国,上海,上海气象仪器厂 |
| 20100621 | 99999999 | 降水量 | 双翻斗遥测雨量计传感器(SL3-1 型);中国,上海,上海气象仪器厂 |
| 20141201 | 99999999 | 降水量 | 称重式降水传感器(DSC3 型);中国,天津,天津华云天仪 |

**8. 观测时制**

| | | |
|---|---|---|
| 19521101 | 19531231 | 120°E 标准时 |
| 19540101 | 19600630 | 地方平均太阳时 |
| 19600701 | 99999999 | 北京时 |

**9. 观测时间**

| | | | |
|---|---|---|---|
| 19521101 | 19531231 | 8 | 03、06、09、12、14、18、21、24 时 |
| 19540101 | 19600630 | 4 | 01、07、13、19 时 |
| 19600701 | 20121231 | 4 | 02、08、14、20 时 |
| 20130101 | 20131231 | 8 | 23、02、05、08、11、14、17、20 时 |
| 20140101 | 99999999 | 5 | 08、11、14、17、20 时 |
| 20030101 | 99999999 | 24 | 24 小时连续观测 |

**10. 其他变动事项**

| | | |
|---|---|---|
| 19541208 | 19580331 | 期间每年冬季因结冰维尔德测风器停用,风速用电传风速器观测,风向用估测值 |
| 19581101 | 19680731 | 期间每年冬季因结冰风向风速用维尔德测风器和轻便杯形风速器交替测定 |
| 19680801 | 19930731 | 期间每年冬季因结冰风向风速用 EL 型电接风向风速计和轻便杯形风速器交替测定 |
| 19930801 | 19971005 | 期间每年冬季因结冰风向风速用测风数据处理仪(EN 型)和 EL 型电接风向风速计及轻便杯形风速器交替测定 |
| 19971006 | 20061231 | 期间每年冬季因结冰风向风速用 EL 型电接风向风速计和轻便杯形风速器交替测定 |
| 20030101 | 20061231 | 人工观测与自动观测进行平行观测,2003 年以人工观测资料为正式记录,2004－2006 年以自动观测资料为正式记录 |

| | | |
|---|---|---|
| 20070101 | 20131231 | 由自动站与人工站双轨运行转为自动气象站业务单轨运行 |
| 20140101 | 99999999 | 根据气发〔2013〕54 号文,从 2014 年 1 月 1 日起使用新型 自动站,取消云状观测,取消雷暴,烟幕等 13 种天气现象观测,出现雪暴、霰、米雪、冰粒时,一律记为雪。这 4 种天气现象与雨同时出现时记为雨夹雪。降水量以自动观测记录为准,保留人工观测作为备份,人工定时观测时次调整为 08、11、14、17、20 时,天气现象 08－20 时连续观测,夜间 20－08 时按一般站执行 |

## 2　江西庐山站

### 1.台站名称

| | | |
|---|---|---|
| 19541201 | 19600630 | 庐山气象站 |
| 19600701 | 19620731 | 庐山水文气象服务站 |
| 19620801 | 19640131 | 庐山气象服务站 |
| 19640201 | 19640531 | 庐山气象站 |
| 19640601 | 19681115 | 庐山气象服务站 |
| 19681116 | 19800229 | 庐山气象站 |
| 19800301 | 19800630 | 庐山气象台 |
| 19800701 | 99999999 | 庐山气象台(局) |

### 2.区站号

| | | |
|---|---|---|
| 19541201 | 19570531 | 56772 |
| 19570601 | 99999999 | 58506 |

### 3.台站级别

| | | |
|---|---|---|
| 19541201 | 19621231 | 气象站 |
| 19630101 | 20061231 | 基本站 |
| 20070101 | 20081231 | 国家气象观测站一级站 |
| 20090101 | 20121231 | 国家基本气象站 |
| 20130101 | 99999999 | 国家基准气候站 |

### 4.所属机构

| | | |
|---|---|---|
| 19541201 | 19580509 | 江西省气象局 |
| 19580510 | 19590308 | 江西省水利电力厅水文气象局 |
| 19590309 | 19620513 | 江西省庐山管理局 |
| 19620514 | 19701227 | 江西省水利电力厅水文气象局 |
| 19701228 | 99999999 | 江西省气象局 |

### 5.台站位置

| | | | | | |
|---|---|---|---|---|---|
| 19541201 | 19651231 | 29°35′N | 115°59′E | 1215.0 m | 庐山牯牛背 |
| 19660101 | 19700430 | 29°35′N | 115°59′E | 1161.6 m | 庐山牯牛背 |
| 19700501 | 19781214 | 29°35′N | 115°59′E | 1164.0 m | 庐山牯牛背 |
| 19781215 | 20021231 | 29°35′N | 115°59′E | 1164.5 m | 庐山正街 1120 号 |
| 20030101 | 20131231 | 29°35′N | 115°59′E | 1164.5 m | 庐山牯岭街 87 号 |
| 20140101 | 99999999 | 29°34′N | 115°59′E | 1164.5 m | 庐山牯岭街 87 号 |

6. 观测要素

| | | |
|---|---|---|
| 19541201 | 99999999 | 气压 |
| 19541201 | 99999999 | 气温 |
| 19541201 | 99999999 | 最高气温 |
| 19541201 | 99999999 | 最低气温 |
| 19541201 | 99999999 | 湿度 |
| 19541201 | 99999999 | 风向 |
| 19541201 | 99999999 | 风速 |
| 19541201 | 99999999 | 降水量 |
| 19541201 | 99999999 | 蒸发量 |
| 19541201 | 99999999 | 日照时数 |
| 19541201 | 99999999 | 雪深 |
| 19550101 | 19791231 | 积雪密度 |
| 19800101 | 99999999 | 雪压 |
| 19541201 | 99999999 | 电线积冰 |
| 19561001 | 99999999 | 地面温度 |
| 19570301 | 99999999 | 地面最高温度 |
| 19570301 | 99999999 | 地面最低温度 |
| 20040101 | 99999999 | 5 cm 地温 |
| 20040101 | 99999999 | 10 cm 地温 |
| 20040101 | 99999999 | 15 cm 地温 |
| 20040101 | 99999999 | 20 cm 地温 |
| 20070101 | 99999999 | 草面温度 |
| 19541201 | 20131231 | 云状 |
| 19570601 | 19590930 | 云向 |
| 19541201 | 20131231 | 云量 |
| 19541201 | 20131231 | 蒸发量 |
| 19541201 | 99999999 | 估测云高 |
| 19541201 | 99999999 | 能见度 |
| 19541201 | 99999999 | 天气现象 |

7. 观测仪器

| | | | |
|---|---|---|---|
| 19541201 | 20031231 | 气温 | 百叶箱(小型木质,高 537 mm,宽 460 mm,深 290 mm);中国,?,? |
| 19541201 | 20031231 | 气温 | 百叶箱(大型木质,高 612 mm,宽 460 mm,深 460 mm);中国,?,? |
| 20040101 | 99999999 | 气温 | 百叶箱(BB-1 型,高 615 mm,宽 470 mm,深 465 mm);中国,?,? |
| 19541201 | 19560831 | 气温 | 干湿球温度表;日本,?,? |
| 19560901 | 19570531 | 气温 | 干湿球温度表;中国,?,中国理工 |
| 19570601 | 19581231 | 气温 | 干湿球温度表;前苏联,?,? |
| 19590101 | 19600630 | 气温 | 干湿球温度表;德国,?,? |

| | | | |
|---|---|---|---|
| 19600701 | 19600930 | 气温 | 干湿球温度表;中国,?,? |
| 19601222 | 19611231 | 气温 | 干湿球温度表;德国,?,? |
| 19620101 | 19630228 | 气温 | 干湿球温度表;中国,?,天平 |
| 19630301 | 19661231 | 气温 | 干湿球温度表;前东德,?,? |
| 19670101 | 19711231 | 气温 | 干湿球温度表;?,?,? |
| 19720101 | 19731231 | 气温 | 干湿球温度表;德国,?,? |
| 19740101 | 19820531 | 气温 | 干湿球温度表;前东德,?,? |
| 19820601 | 19841231 | 气温 | 干湿球温度表;中国,?,天平 |
| 19850101 | 19880604 | 气温 | 百叶箱通风干湿球表;中国,天津,? |
| 19880605 | 19910524 | 气温 | 干湿球温度表;中国,上海,? |
| 19910525 | 19940525 | 气温 | 干湿球温度表;?,?,? |
| 19940526 | 20020503 | 气温 | 干湿球温度表;中国,?,天平 |
| 20020504 | 20030525 | 气温 | 干湿球温度表;中国,上海,? |
| 20030526 | 20041231 | 气温 | 干湿球温度表;中国,?,天平 |
| 19541201 | 19691231 | 气温 | 双金属温度计(日转);?,?,? |
| 19700101 | 19731231 | 气温 | 双金属温度计(日转);中国,上海,上海气象仪器厂 |
| 19740101 | 19751231 | 气温 | 双金属温度计(日转);?,?,? |
| 19760101 | 20111231 | 气温 | 双金属温度计(日转);中国,长春,? |
| 20030101 | 20131117 | 气温 | 铂电阻温度传感器(HMP45D 型);芬兰,?,VAISALA |
| 20131118 | 20131231 | 气温 | 铂电阻温度传感器(HMP155 型);芬兰,?,VAISALA |
| 20140101 | 99999999 | 气温 | 铂电阻温度传感器(WUSH-TW100);中国,江苏,江苏无线电科学研究所 |
| 19541201 | 19600930 | 风向 | 维尔德测风器(轻型);中国,?,? |
| 19601001 | 19601231 | 风向 | 维尔德测风器(轻型);?,?,? |
| 19610101 | 19661231 | 风向 | 维尔德测风器(轻型);中国,?,? |
| 19670101 | 19680822 | 风向 | 维尔德测风器(轻型);?,?,? |
| 19541201 | 19600930 | 风向 | 维尔德测风器(重型);中国,?,? |
| 19601001 | 19601231 | 风向 | 维尔德测风器(重型);?,?,? |
| 19610101 | 19661231 | 风向 | 维尔德测风器(重型);中国,?,? |
| 19670101 | 19680822 | 风向 | 维尔德测风器(重型);?,?,? |
| 19680823 | 19691231 | 风向 | EL 型电接风向风速计;?,?,? |
| 19700101 | 99999999 | 风向 | EL 型电接风向风速计;中国,上海,上海气象仪器厂 |
| 20030101 | 20091231 | 风向 | 单翼风向传感器(EZC-1 型);中国,吉林,长春 |
| 20100101 | 20131231 | 风向 | 单翼风向传感器(EZC-1 型);中国,吉林,长春气象仪器厂 |
| 20140101 | 99999999 | 风向 | 风杯式遥测风向风速传感器(ZQZ-TF);中国,江苏,江苏无线电科学研究所 |
| 19541201 | 19600930 | 风速 | 维尔德测风器(轻型);中国,?,? |
| 19601001 | 19601231 | 风速 | 维尔德测风器(轻型);?,?,? |
| 19610101 | 19661231 | 风速 | 维尔德测风器(轻型);中国,?,? |
| 19670101 | 19680822 | 风速 | 维尔德测风器(轻型);?,?,? |

| 19541201 | 19600930 | 风速 | 维尔德测风器(重型);中国,?,? |
|---|---|---|---|
| 19601001 | 19601231 | 风速 | 维尔德测风器(重型);?,?,? |
| 19610101 | 19661231 | 风速 | 维尔德测风器(重型);中国,?,? |
| 19670101 | 19680822 | 风速 | 维尔德测风器(重型);?,?,? |
| 19680823 | 20111231 | 风速 | EL型电接风向风速计;中国,上海,上海气象仪器厂 |
| 20030101 | 20091231 | 风速 | 风杯风速传感器(EZC-1型);中国,吉林,长春 |
| 20100101 | 20131231 | 风速 | 风杯风速传感器(EZC-1型);中国,吉林,长春气象仪器厂 |
| 20140101 | 99999999 | 风速 | 风杯式遥测风向风速传感器(ZQZ-TF);中国,江苏,江苏无线电科学研究所 |
| 19541201 | 19661231 | 降水量 | 雨量器(20 cm口径,无防风圈);中国,?,? |
| 19670101 | 19711231 | 降水量 | 雨量器(20 cm口径,无防风圈);?,?,? |
| 19720101 | 19761231 | 降水量 | 雨量器(20 cm口径,无防风圈);中国,上海,上海气象仪器厂 |
| 19770101 | 20001213 | 降水量 | 雨量器(20 cm口径,无防风圈);中国,上海,? |
| 20001214 | 99999999 | 降水量 | 雨量器(20 cm口径,无防风圈);中国,天津,? |
| 20030101 | 99999999 | 降水量 | 双翻斗雨量传感器(SL3型);中国,上海,? |
| 19560701 | 19570531 | 降水量 | 虹吸式雨量计(16 cm口径,日转);?,?,? |
| 19570601 | 19600930 | 降水量 | 虹吸式雨量计(25 cm口径,日转);?,?,? |
| 19601001 | 19640713 | 降水量 | 虹吸式雨量计(25 cm口径,日转);中国,?,? |
| 19640714 | 19791231 | 降水量 | 虹吸式雨量计(20 cm口径,日转);?,?,? |
| 19800101 | 20111231 | 降水量 | 虹吸式雨量计(20 cm口径,日转);中国,上海,? |
| 20140101 | 99999999 | 降水量 | 翻斗式雨量传感器(SL3-1);中国,上海,上海气象仪器厂有限公司 |

**8.观测时制**

| 19541201 | | 19600630 | | 地方平均太阳时 |
|---|---|---|---|---|
| 19600701 | | 99999999 | | 北京时 |

**9.观测时间**

| 19541201 | 19600630 | 4 | 01、07、13、19时 |
|---|---|---|---|
| 19600701 | 20131231 | 4 | 02、08、14、20时 |
| 20140101 | 99999999 | 5 | 08、11、14、17、20时 |
| 20040101 | 99999999 | 24 | 24小时连续观测 |

**10.其他变动事项**

| 20030101 | 20041231 | 人工站与自动站平行对比观测,2003年以人工观测资料为正式记录,2004年以自动观测资料为正式记录 |
|---|---|---|

# 3 福建九仙山站

**1.台站名称**

| 19550915 | 19600331 | 九仙山气象站 |
|---|---|---|
| 19600401 | 19630430 | 德化九仙山气象服务站 |
| 19630501 | 19660531 | 德化九仙山气象站 |
| 19660601 | 19710131 | 九仙山气象服务站 |

| | | |
|---|---|---|
| 19710201 | 19810630 | 九仙山气象站 |
| 19810701 | 20071231 | 德化九仙山气象站 |
| 20080101 | 20081231 | 德化九仙山国家气象观测站(一级站) |
| 20090101 | 99999999 | 九仙山国家基本气象站 |

**2. 区站号**

| | | |
|---|---|---|
| 19550915 | 19570531 | 57931 |
| 19570601 | 99999999 | 58931 |

**3. 台站级别**

| | | |
|---|---|---|
| 19550915 | 19621231 | 气象站 |
| 19630101 | 20061231 | 国家基本气象站 |
| 20070101 | 20081231 | 国家气象观测站(一级站) |
| 20090101 | 99999999 | 国家基本气象站 |

**4. 所属机构**

| | | |
|---|---|---|
| 19550915 | 99999999 | 福建省气象局 |

**5. 台站位置**

| | | | | | |
|---|---|---|---|---|---|
| 19550915 | 19810331 | 25°43′N | 118°06′E | 1650.0 m | 德化九仙山山顶 |
| 19810401 | | 25°43′N | 118°06′E | 1653.5 m | 德化九仙山山顶 |

**6. 观测要素**

| | | |
|---|---|---|
| 19550915 | 99999999 | 气压 |
| 19550915 | 99999999 | 气温 |
| 19601231 | 99999999 | 最高气温 |
| 19550915 | 99999999 | 最低气温 |
| 19550915 | 99999999 | 湿度 |
| 19550915 | 99999999 | 风向 |
| 19550915 | 99999999 | 风速 |
| 19550915 | 99999999 | 降水量 |
| 19580101 | 99999999 | 雪深 |
| 19800101 | 99999999 | 雪压 |
| 19551120 | 19560312 | 电线积冰 |
| 19740101 | 99999999 | 电线积冰 |
| 19550915 | 19620630 | 蒸发量 |
| 19800101 | 99999999 | 蒸发量 |
| 19551001 | 19620630 | 日照时数 |
| 19740101 | 99999999 | 日照时数 |
| 20070725 | 99999999 | 地面温度 |
| 20070725 | 99999999 | 5、10、15、20 cm 地温 |
| 19550915 | 99999999 | 云向、云状、云量 |
| 19550915 | 19601231 | 地面状态 |

| 19550915 | | | 99999999 | | 能见度 |
| 19550915 | | | 99999999 | | 天气现象 |

**7. 观测仪器**

| 19560915 | 19601231 | 气温 | 小百叶箱(木制);?,?,? /20/— |
|---|---|---|---|
| 19610101 | 20010331 | 气温 | 小百叶箱(木制);?,?,? /15/— |
| 20000401 | 99999999 | 气温 | 玻璃钢百叶箱(BB-1型);中国,江苏,南京水利水文自动化研究所/15/— |
| 19560801 | 19601231 | 气温 | 大百叶箱(木制);?,?,? /20/— |
| 19610101 | 19801231 | 气温 | 大百叶箱(木制);中国,福建,? /15/— |
| 19810101 | 20100630 | 气温 | 大百叶箱(木制);中国,福建,福建建阳/15/— |
| 19550915 | 19601204 | 气温 | 水银温度表,?,?,? /20/— |
| 19601205 | 19901231 | 气温 | 水银温度表,中国,?,? /15/— |
| 19910101 | 20010724 | 气温 | 水银温度表,中国,上海,上海气象仪器厂/15/— |
| 19560801 | 19601231 | 气温 | 双金属片温度计(周转);?,?,? /20/— |
| 19610101 | 19670131 | 气温 | 双金属片温度计(周转);?,?,? /15/— |
| 19670201 | 19901231 | 气温 | 双金属片温度计(日转);中国,?,? /15/— |
| 19910101 | 20111231 | 气温 | 双金属片温度计(日转);中国,上海,上海气象仪器厂/15/— |
| 20000725 | 99999999 | 气温 | 铂电阻温度传感器(HMP45D);芬兰,?,VAISALA公司/15/— |
| 20030101 | 99999999 | 气温 | 铂电阻温度传感器 |
| 19550915 | 19640630 | 风向 | 维尔德测风器(重型);?,?,? /112/— |
| 19640701 | 19680731 | 风向 | 维尔德测风器(重型);?,?,? /125/— |
| 19680801 | 19710531 | 风向 | 维尔德测风器(重型);?,?,? /90/— |
| 19710701 | 19791231 | 风向 | EL型电接风向计;?,?,? /90/— |
| 19800101 | 20111231 | 风向 | EL型电接风向计;?,?,? /96/— |
| 19550915 | 19620630 | 风向 | 维尔德测风器(轻型);?,?,? /112/— |
| 19620701 | 19640630 | 风向 | 维尔德测风器(轻型);?,?,? /108/— |
| 19640701 | 19680731 | 风向 | 维尔德测风器(轻型);?,?,? /122/— |
| 19680801 | 19710531 | 风向 | 维尔德测风器(轻型);?,?,? /90/— |
| 19710601 | 19791231 | 风向 | EL型电接风向风速计;?,?,? /90/— |
| 19800101 | 20030731 | 风向 | EL型电接风向风速计;?,?,? /96/— |
| 20030801 | 20100630 | 风向 | EL型电接风向风速计;?,?,? /110/— |
| 20000101 | 20081231 | 风向 | 风向计(传感器);中国,天津,天津气象仪器厂/105/— |
| 20090101 | 99999999 | 风向 | 风向计传感器(EL15-2D);中国,天津,天津气象仪器厂/103/— |
| 19550915 | 19620630 | 风向 | 福斯风速表及布条(手提式);?,?,? /—/— |
| 19550915 | 19640630 | 风速 | 维尔德测风器(重型);?,?,? /112/— |
| 19640701 | 19680731 | 风速 | 维尔德测风器(重型);?,?,? /125/— |
| 19680801 | 19710531 | 风速 | 维尔德测风器(重型);?,?,? /90/— |
| 19710701 | 19791231 | 风速 | EL型电接风速计;?,?,? /90/— |
| 19800101 | 99999999 | 风速 | EL型电接风速计;?,?,? /96/— |

| | | | |
|---|---|---|---|
| 19550915 | 19620630 | 风速 | 维尔德测风器(轻型);?,?,? /112/— |
| 19620701 | 19640630 | 风速 | 维尔德测风器(轻型);?,?,? /108/— |
| 19640701 | 19680731 | 风速 | 维尔德测风器(轻型);?,?,? /122/— |
| 19680801 | 19710531 | 风速 | 维尔德测风器(轻型);?,?,? /90/— |
| 19710601 | 19791231 | 风速 | EL 型电接风向风速计;?,?,? /90/— |
| 19800101 | 20111231 | 风速 | EL 型电接风向风速计;?,?,? /96/— |
| 20030801 | 20100630 | 风速 | EL 型电接风向风速计;?,?,? /110/— |
| 20000101 | 20081231 | 风速 | 风速计(传感器);中国,天津,天津气象仪器厂/105/— |
| 20090101 | 99999999 | 风速 | 风速计传感器(EL15-1A);中国,天津,天津气象仪器厂/103/— |
| 19550915 | 19620630 | 风速 | 福斯风速表及布条(手提式);?,?,? /—/— |
| 19550915 | 19600927 | 降水量 | 雨量器(带防风圈,20 cm 口径);?,?,? /20/— |
| 19600928 | 19901231 | 降水量 | 雨量器(不带防风圈,20 cm 口径);中国,天津,天津气象仪器厂/07/— |
| 19910101 | 20081231 | 降水量 | 雨量器(不带防风圈,20 cm 口径);中国,上海,上海气象仪器厂/07/— |
| 20090101 | 99999999 | 降水量 | 雨量器(20 cm 口径 SM1);中国,上海,上海气象仪器厂/07/— |
| 19550915 | 19850430 | 降水量 | 虹吸式雨量计;?,?,?,? /— |
| 19850501 | 99999999 | 降水量 | 翻斗式遥测雨量器;?,?,?,? /— |
| 20000101 | 99999999 | 降水量 | 雨量计(SL2-1 传感器);中国,天津,天津气象仪器厂/07/— |

**8. 观测时制**

| | | |
|---|---|---|
| 19550915 | 19600731 | 地方平均太阳时 |
| 19600801 | 99999999 | 北京时 |

**9. 观测时间**

| | | | |
|---|---|---|---|
| 19550915 | 19600731 | 4 | 01、07、13、19 时 |
| 19600801 | 20051231 | 4 | 02、08、14、20 时 |
| 20060101 | 99999999 | 24 | 24 小时连续观测 |

**10. 其他变动事项**

| | | |
|---|---|---|
| 20060601 | 20071231 | 人工观测与自动观测进行平行观测,2006 年以人工观测资料为正式记录,2007 年以自动观测资料为正式记录 |
| 20080101 | 99999999 | 开始自动站单轨运行 |

## 4　安徽黄山站

**1. 台站名称**

| | | |
|---|---|---|
| 19560101 | 99999999 | 黄山气象站 |

**2. 区站号**

| | | |
|---|---|---|
| 19560101 | 99999999 | 58437 |

**3. 台站级别**

| | | |
|---|---|---|
| 19560101 | 20061231 | 气象站 |
| 20070101 | 20081231 | 国家气象观测站(一级站) |
| 20090101 | 20121231 | 国家基本气象站 |

| 20130101 | | | 99999999 | | | 国家基准气候站 |

**4. 所属机构**

| 19541201 | | | 99999999 | | | 安徽省气象局 |

**5. 台站位置**

| 19560101 | 19591231 | 30°05′N | 118°05′E | 1841.0 m | 歙县汤口乡黄山光明顶山顶 |
| 19600101 | 99999999 | 30°05′N | 118°05′E | 1840.4 m | 黄山市黄山光明顶山顶 |

**6. 观测要素**

| 19560101 | 99999999 | 气压 |
| 19560101 | 99999999 | 气温 |
| 19561101 | 99999999 | 最高气温 |
| 19561101 | 99999999 | 最低气温 |
| 19561101 | 99999999 | 湿度 |
| 19561101 | 99999999 | 风向 |
| 19561101 | 99999999 | 风速 |
| 19561101 | 99999999 | 降水量 |
| 19561101 | 99999999 | 雪深 |
| 19561101 | 19660930 | 蒸发量 |
| 19561101 | 99999999 | 日照时数 |
| 19800101 | 19881231 | 地面温度 |
| 19800101 | 19881231 | 地面最高温度 |
| 19800101 | 19881231 | 地面最低温度 |
| 1982101 | 99999999 | 电线积冰 |
| 19561101 | 20131231 | 云状 |
| 19561101 | 99999999 | 云量 |
| 19561101 | 99999999 | 能见度 |
| 19561101 | 99999999 | 天气现象 |

**7. 观测仪器**

| 19560101 | 19570228 | 气温 | 百叶箱(木质,高 537 mm,宽 460 mm,深 290 mm);中国,?,中央气象局工厂 |
| 19570301 | 19620326 | 气温 | 百叶箱(木质,高 537 mm,宽 460 mm,深 290 mm);中国,安徽,自制 |
| 19620327 | 19631231 | 气温 | 百叶箱(木质,高 612 mm,宽 460 mm,深 460 mm);中国,安徽,自制 |
| 19640101 | 19741231 | 气温 | 百叶箱(木质,高 537 mm,宽 460 mm,深 290 mm);中国,安徽,自制 |
| 19750101 | 19771231 | 气温 | 百叶箱(木质,高 537 mm,宽 460 mm,深 290 mm);中国,广东,广东省气象局 |
| 19780101 | 19851231 | 气温 | 百叶箱(木质,高 537 mm,宽 460 mm,深 290 mm);中国,安徽,自制 |
| 19860101 | 20031231 | 气温 | 百叶箱(木质,高 537 mm,宽 460 mm,深 290 mm);中国,黑龙江,黑龙江伊春市五营厂 |
| 20040101 | 99999999 | 气温 | 百叶箱(玻璃钢 BB-1,高 615 mm,宽 470 mm,深 465 mm);中国,江苏,水利部南京水利自动化研究所 |
| 19560101 | 19601231 | 气温 | 干湿球温度表(球状);前苏联,?,前苏联水文气象仪器工厂 |

| | | | |
|---|---|---|---|
| 19610101 | 19621231 | 气温 | 干湿球温度表(球状);前苏联,?,? |
| 19630101 | 19661231 | 气温 | 干湿球温度表(球状);日本,?,? |
| 19670101 | 19751231 | 气温 | 干湿球温度表(球状);前东德,?,? |
| 19760101 | 19761231 | 气温 | 干湿球温度表(球状);中国,?,? |
| 19770101 | 19771231 | 气温 | 干湿球温度表(球状);?,?,? |
| 19780101 | 19851231 | 气温 | 干湿球温度表(球状);中国,上海,上海医用仪表厂 |
| 19860101 | 19861231 | 气温 | 干湿球温度表(球状);中国,上海,? |
| 19870101 | 19921231 | 气温 | 干湿球温度表(球状);中国,上海,上海气象仪器厂 |
| 19930101 | 20091231 | 气温 | 干湿球温度表(球状);中国,上海,上海医用仪表厂 |
| 19560101 | 19560731 | 气温 | 双金属温度计(周转);前苏联,?,前苏联水文气象局仪器工厂 |
| 19560801 | 19791231 | 气温 | 双金属温度计(日转);前苏联,?,前苏联水文气象局仪器工厂 |
| 19800101 | 19851231 | 气温 | 双金属温度计(DWJ1 型,日转);中国,吉林,长春气象仪器厂 |
| 19860101 | 19861231 | 气温 | 双金属温度计(DWJ1 型,日转);中国,吉林,长春 |
| 19870101 | 20011231 | 气温 | 双金属温度计(DWJ1 型,日转);中国,吉林,长春气象仪器厂 |
| 20050101 | 20091231 | 气温 | 双金属温度计(DWJ1 型,日转);中国,吉林,长春气象仪器厂 |
| 20000101 | 20091028 | 气温 | 铂电阻温度传感器(WQG—13);中国,上海,上海华辰医用仪表有限公司 |
| 20091029 | 99999999 | 气温 | 铂电阻温度传感器(HMP45D 型);芬兰,?,? |
| 19561101 | 19561231 | 风向 | 风信袋(长 57.0 cm);中国,安徽,自制 |
| 19570101 | 19570131 | 风向 | 风信袋(长 18 cm);中国,安徽,自制 |
| 19570201 | 19570531 | 风向 | 风信袋(长 30 cm);中国,安徽,自制 |
| 19570601 | 19591130 | 风向 | 维尔德测风器(轻型);中国,?,中央气象局工厂 |
| 19591201 | 19591231 | 风向 | 维尔德测风器(轻型);中国,?,中央气象局 |
| 19600101 | 19610620 | 风向 | 维尔德测风器(轻型);中国,?,中央气象局工厂 |
| 19610621 | 19791231 | 风向 | 维尔德测风器(轻型);中国,?,中央气象局 |
| 19560601 | 19591130 | 风向 | 维尔德测风器(重型);中国,?,中央气象局工厂 |
| 19591201 | 19591231 | 风向 | 维尔德测风器(重型);中国,?,中央气象局 |
| 19600101 | 19610620 | 风向 | 维尔德测风器(重型);中国,?,中央气象局工厂 |
| 19610621 | 19661231 | 风向 | 维尔德测风器(重型);中国,?,中央气象局 |
| 19670101 | 19671231 | 风向 | 电接风向风速计(三杯型);中国,上海,上海气象仪器厂 |
| 19680101 | 19681231 | 风向 | 电接风向风速计(EL 型);中国,上海,上海气象仪器厂 |
| 19690101 | 19711231 | 风向 | 电接风向风速计(EL 型);中国,上海,? |
| 19720101 | 19731231 | 风向 | 电接风向风速计(EL 型);中国,上海,上海气象仪器厂 |
| 19740101 | 19771231 | 风向 | 电接风向风速计(DEY1 型);中国,上海,上海气象仪器厂 |
| 19780101 | 19921231 | 风向 | 电接风向风速计(EL 型);中国,上海,上海气象仪器厂 |
| 19930101 | 19961231 | 风向 | EN 型测风数据处理仪;中国,山东,山东能源研究所 |
| 19970101 | 20091231 | 风向 | EN1 型测风数据处理仪;中国,山东,山东能源研究所 |
| 20000101 | 20091028 | 风向 | EC9-1 型高动态性能测风传感器;中国,吉林,长春气象仪器研究所 |
| 20091029 | 99999999 | 风向 | 遥测风向风速传感器(EL15-2D 型);中国,天津,天津气象仪器厂 |

| 19560101 | 19560531 | 风速 | 杯形风速器(三杯);前苏联,?,前苏联水文气象仪器工厂 |
|---|---|---|---|
| 19560601 | 19561031 | 风速 | 维尔德测风器(轻型);中国,?,中央气象局工厂 |
| 19561101 | 19561130 | 风速 | 杯形风速器(三杯);前苏联,?,前苏联水文气象仪器工厂 |
| 19561201 | 19561231 | 风速 | 杯形风速器(四杯);前苏联,?,前苏联水文气象仪器工厂 |
| 19570101 | 19570131 | 风速 | 杯形风速器(三杯);前苏联,?,前苏联水文气象仪器工厂 |
| 19570201 | 19570531 | 风速 | 杯形风速器(四杯);前苏联,?,前苏联水文气象仪器工厂 |
| 19570601 | 19570630 | 风速 | 杯形风速器(三杯);前东德,?,? |
| 19570701 | 19591130 | 风速 | 维尔德测风器(轻型);中国,?,中央气象局工厂 |
| 19591201 | 19591231 | 风速 | 维尔德测风器(轻型);中国,?,中央气象局 |
| 19600101 | 19610620 | 风速 | 维尔德测风器(轻型);中国,?,中央气象局工厂 |
| 19610621 | 19661231 | 风速 | 维尔德测风器(重型);中国,?,中央气象局 |
| 19670101 | 19671231 | 风速 | 电接风向风速计(三杯型);中国,上海,上海气象仪器厂 |
| 19680101 | 19681231 | 风速 | 电接风向风速计(EL型);中国,上海,上海气象仪器厂 |
| 19690101 | 19711231 | 风速 | 电接风向风速计(EL型);中国,上海,? |
| 19720101 | 19921231 | 风速 | 电接风向风速计(EL型);中国,上海,上海气象仪器厂 |
| 19930101 | 19961231 | 风速 | EN型测风数据处理仪;中国,山东,山东能源研究所 |
| 19970101 | 20091231 | 风速 | EN1型测风数据处理仪;中国,山东,山东能源研究所 |
| 20000101 | 20091228 | 风速 | EC9-1型高动态性能测风传感器;中国,吉林,长春气象仪器研究所 |
| 19560101 | 19601231 | 降水量 | 雨量器(20 cm口径,有防风圈);中国,?,中央气象局工厂 |
| 19610101 | 19621231 | 降水量 | 雨量器(20 cm口径);中国,?,中央气象局 |
| 19630101 | 19631231 | 降水量 | 雨量器(20 cm口径);中国,?,? |
| 19640101 | 19761231 | 降水量 | 雨量器(20 cm口径);中国,?,中央气象局 |
| 19770101 | 19781231 | 降水量 | 雨量器(SM1型,20 cm口径);中国,上海,上海气象仪器厂 |
| 19790101 | 19851231 | 降水量 | 雨量器(SM1型,20cm口径);中国,?,解放军3614工厂 |
| 19860101 | 19861231 | 降水量 | 雨量器(SM1型,20 cm口径);中国,上海,? |
| 19870101 | 20071231 | 降水量 | 雨量器(SM1型,20 cm口径);中国,上海,上海气象仪器厂 |
| 20080101 | 99999999 | 降水量 | 雨量器(SDM6型,20 cm口径);中国,天津,天津气象仪器厂 |
| 19560701 | 19791231 | 降水量 | 虹吸式雨量计(日转);前东德,?,? |
| 19800101 | 19851231 | 降水量 | 虹吸式雨量计(SJ1型);中国,上海,上海气象仪器厂 |
| 19860101 | 19861231 | 降水量 | 虹吸式雨量计(SJ1型);中国,上海,? |
| 19870101 | 20111231 | 降水量 | 虹吸式雨量计(SJ1型);中国,上海,上海气象仪器厂 |
| 19800101 | 19991231 | 降水量 | 翻斗式遥测雨量计(SL1型);中国,上海,上海气象仪器厂 |
| 20000101 | 20071231 | 降水量 | 双翻斗遥测雨量传感器(SL3型);中国,上海,上海气象仪器厂 |
| 20080101 | 99999999 | 降水量 | 双翻斗遥测雨量传感器(SL3-1型);中国,上海,上海气象仪器厂有限公司 |

**8.观测时制**

| 19541201 | | 19600731 | | 地方平均太阳时 |
|---|---|---|---|---|
| 19600801 | | 99999999 | | 北京时 |

**9.观测时间**

| 19541201 | 19600731 | 4 | 01、07、13、19 时 |
| 19600801 | 99999999 | 4 | 02、08、14、20 时 |
| 20000101 | 99999999 | 24 | 自动观测 |

**10.其他变动事项**

| 20000101 | 20001231 | 人工站与自动气象站进行平行对比观测,以人工观测资料为正式记录,以人工观测资料制作报表 |
| 20010101 | 20011231 | 自动气象站与人工站平行对比观测,用自动观测资料为正式记录,用自动站观测资料制作报表 |
| 20020101 | 99999999 | 自动气象站单轨运行后云、能见度、天气现象、蒸发、日照、降水定时和降水自记等项目仍按规定进行人工观测和记录 |
| 20020101 | 99999999 | 自动气象站单轨运行后压、温、湿、风记录纸均不做整理 |
| 20091029 | 99999999 | 自动站由 ZQZ-CⅡ升级为 CWS600BS-N 型,并更换全部传感器,2009 年 10 月 29 日 14 时后气压传感器由值班室迁致观测场 |
| 20120101 | 99999999 | 停止降水自记观测,本站即不再使用虹吸雨量计 |
| 20140101 | 99999999 | 根据气测函〔2013〕321 号文件进行地面观测业务调整:取消 02 时人工定时观测和 23、05 时补充定时观测;取消云状观测;取消雷暴、闪电、飑、龙卷、烟幕、尘卷风、极光、米雪、冰粒、吹雪、雪暴、冰针、霰等 13 种天气现象的观测;取消非结冰期 08、20 时定时降水量的人工观测,定时降水量用自动观测数据代替,降水上下连接值以自动降水量为准;启用能见度自动观测,视程障碍类天气现象由软件自动判别;调整部分编发报任务,取消降水、雨凇、积雪重要报的编发 |

## 5　湖北绿葱坡站

**1.台站名称**

| 19570101 | 19651231 | 巴东县绿葱坡气象站 |
| 19660101 | 19720731 | 巴东县绿葱坡气象服务站 |
| 19720801 | 19840930 | 绿葱坡气象站 |
| 19841001 | 19971231 | 鄂西土家族苗族自治州气象局绿葱坡气象站 |
| 20080918 | 99999999 | 绿葱坡高山无人自动气象站 |

**2.区站号**

| 19570101 | 19570531 | 56726 |
| 19570601 | 19971231 | 57451 |

**3.台站级别**

| 19570101 | 19621231 | 气象站 |
| 19630101 | 19791231 | 基本站 |
| 19800101 | 19971231 | 国家基本气象站 |
| 20080918 | 99999999 | 国家基本气象站 |

**4.所属机构**

| 19570101 | 19971231 | 湖北省气象局 |
| 20080918 | 99999999 | 湖北省气象局 |

**5. 台站位置**

| | | | | | |
|---|---|---|---|---|---|
| 19570101 | 19710831 | 30°47′N | 110°14′E | 1819.3 m | 巴东县绿葱坡山顶 |
| 19710901 | 19971231 | 30°47′N | 110°14′E | 1819.3 m | 巴东县绿葱坡山顶 |
| 20080918 | 99999999 | 30°49′N | 110°15′E | 1813.5 m | 绿葱坡雷达站山顶 |

**6. 观测要素**

| | | |
|---|---|---|
| 19570101 | 19600306 | 气压 |
| 19610401 | 19971231 | 气压 |
| 19570101 | 19971231 | 气温 |
| 19570101 | 19971231 | 最高气温 |
| 19570101 | 19971231 | 最低气温 |
| 19570101 | 19971231 | 湿度 |
| 19570101 | 19971231 | 风向 |
| 19570101 | 19971231 | 风速 |
| 19600101 | 19600131 | 风力 |
| 19570101 | 99999999 | 降水量 |
| 19570101 | 19971231 | 雪深 |
| 19651215 | 19660331 | 积雪密度 |
| 19800101 | 19971231 | 雪压 |
| 19570101 | 19971231 | 蒸发量 |
| 19570701 | 19971231 | 日照时数 |
| 19800101 | 19971231 | 地面温度 |
| 19800101 | 19971231 | 地面最高温度 |
| 19800101 | 19971231 | 地面最低温度 |
| 19591109 | 19971231 | 冻土 |
| 19571231 | 19600318 | 电线积冰 |
| 19621120 | 19971231 | 电线积冰 |
| 19570101 | 19971231 | 云状 |
| 19570101 | 19971231 | 云量 |
| 19610101 | 19610131 | 目测云高 |
| 19570101 | 19971231 | 能见度 |
| 19570101 | 19971231 | 天气现象 |
| 19570101 | 19601231 | 地面状态 |

**7. 观测仪器**

| | | | |
|---|---|---|---|
| 19570101 | 19971231 | 气温 | 百叶箱（木制） |
| 19570101 | 19600724 | 气温 | 百叶箱（木质,高 537 mm,宽 460 mm,深 290 mm）;中国,?,? |
| 19600725 | 19971231 | 气温 | 百叶箱（木质,高 537 mm,宽 460 mm,深 290 mm）;中国,湖北,? |
| 19570101 | 19600724 | 气温 | 百叶箱（木质,高 612 mm,宽 460 mm,深 460 mm）;中国,?,? |
| 19600725 | 19971231 | 气温 | 百叶箱（木质,高 612 mm,宽 460 mm,深 460 mm）;中国,湖北,? |

| 19570101 | 19660512 | 气温 | 干湿球温度表(水银,球状);前苏联,?,? |
|---|---|---|---|
| 19660513 | 19730430 | 气温 | 干湿球温度表(水银,球状);中国,上海,上海医用仪表厂 |
| 19730501 | 19780415 | 气温 | 干湿球温度表(水银,球状);中国,天津,天津气象仪器厂 |
| 19780416 | 19791231 | 气温 | 干湿球温度表(水银,球状);中国,上海,? |
| 19800101 | 19800630 | 气温 | 百叶箱通风干湿表(水银,人工通风);中国,天津,天津气象仪器厂 |
| 19800701 | 19811231 | 气温 | 干湿球温度表(水银,球状);中国,天津,天津气象仪器厂 |
| 19820101 | 19850430 | 气温 | 干湿球温度表(水银,球状);中国,上海,? |
| 19850501 | 19880427 | 气温 | 百叶箱通风干湿表(水银,球状,人工通风);中国,天津,天津气象仪器厂 |
| 19880428 | 19971231 | 气温 | 干湿球温度表(水银,球状);中国,天津,天津气象仪器厂 |
| 19570101 | 19600724 | 气温 | 双金属温度计(苏式,日转);前苏联,?,? |
| 19600725 | 19751121 | 气温 | 双金属温度计(苏式,日转);前苏联,?,? |
| 19751122 | 19971231 | 气温 | 双金属温度计(日转);中国,吉林,长春气象仪器厂 |
| 20080916 | 99999999 | 气温 | 铂电阻温度传感器(HMP45D型);芬兰,?,VAISALA公司/? /— |
| 19570101 | 19971231 | 风向 | 立轴式风向计;中国,?,? |
| 19570401 | 19680630 | 风向 | 维尔德测风器(轻型);中国,?,? |
| 19570401 | 19651031 | 风向 | 维尔德测风器(重型);中国,?,? |
| 19660401 | 19680630 | 风向 | 维尔德测风器(重型);中国,?,? |
| 19680701 | 19971231 | 风向 | EL型电接风向风速计 |
| 19570101 | 19610228 | 风向 | 手持风速表;前东德,?,? |
| 19610301 | 19610321 | 风向 | 九灯式风向风速指示器;?,?,? |
| 19610322 | 19971231 | 风向 | 手持风速表;天津,?,? |
| 19570101 | 19610228 | 风速 | 手持风速表;前东德,?,? |
| 19610301 | 19610321 | 风速 | 九灯式风向风速指示器;?,?,? |
| 19610322 | 19971231 | 风速 | 手持风速表;天津,?,? |
| 19800701 | 19971231 | 风速 | EL型电接风向风速计(EL型);中国,上海,上海气象仪器厂 |
| 20080918 | 99999999 | 风速 | 风杯式遥测风向风速传感器(ZQZ-TF型);中国,江苏,江苏省无线电科研所 |
| 19570101 | 19600928 | 降水量 | 雨量器(20 cm口径,有防风圈);中国,?,? |
| 19600929 | 19791231 | 降水量 | 雨量器(20 cm口径,无防风圈);中国,?,? |
| 19800101 | 19971231 | 降水量 | 雨量器(20 cm口径,无防风圈);中国,上海,? |
| 19570601 | 19640430 | 降水量 | 虹吸式雨量计(DSJ2型);前东德,?,? |
| 19640501 | 19651088 | 降水量 | 虹吸式雨量计(DSJ2型);中国,天津,天津气象仪器厂 |
| 19651088 | 19660430 | 降水量 | 虹吸式雨量计(DSJ2型);前东德,?,? |
| 19660501 | 19971231 | 降水量 | 虹吸式雨量计(DSJ2型);中国,上海,? |
| 20080918 | 99999999 | 降水量 | 双翻斗遥测雨量计传感器(SL3-1型);中国,上海,上海气象仪器厂/07/— |

**8. 观测时制**

| 19570101 | 19600731 | 地方平均太阳时 |
|---|---|---|
| 19600801 | 19971231 | 北京时 |

**9. 观测时间**

| 19570101 | 19600731 | 4 | 01、07、13、19 时 |
|---|---|---|---|
| 19600801 | 19971231 | 4 | 02、08、14、20 时 |
| 20080918 | 99999999 | 24 | 自动观测 |

**10.其他变动事项**

| 19570101 | 19610228 | 观测仪器栏手持风速表为冬季使用 |
|---|---|---|
| 19570101 | 19981231 | 1998 年 1 月 1 日撤销绿葱坡气象站 |
| 20080918 | 99999999 | 恢复绿葱坡气象站 |

## 6  湖北神农架站

**1.台站名称**

| 19750101 | 20060630 | 神农架林区气象站 |
|---|---|---|
| 20060701 | 20071029 | 神农架林区国家气象观测站二级站 |
| 20071030 | 20081231 | 神农架国家气象观测站二级站 |
| 20090101 | 99999999 | 神农架国家一般气象站 |

**2.区站号**

| 19750101 | 99999999 | 57362 |
|---|---|---|

**3.台站级别**

| 19750101 | 19791231 | 气象站 |
|---|---|---|
| 19800101 | 20060630 | 国家一般气象站 |
| 20060701 | 20081231 | 国家气象观测站二级站 |
| 20090101 | 99999999 | 国家一般气象站 |

**4.所属机构**

| 19750101 | 99999999 | 湖北省气象局 |
|---|---|---|

**5.台站位置**

| 19750101 | 19791231 | 31°45′N | 110°40′E | 922.4 m | 神农架林区松香坪 |
|---|---|---|---|---|---|
| 19800101 | 99999999 | 31°45′N | 110°40′E | 935.2 m | 神农架林区松香坪 |

**6.观测要素**

| 19750101 | 99999999 | 气压 |
|---|---|---|
| 19750101 | 99999999 | 气温 |
| 19750101 | 20031231 | 最高气温 |
| 19750101 | 20031231 | 最低气温 |
| 19750101 | 99999999 | 湿度 |
| 19750101 | 99999999 | 风向 |
| 19750101 | 99999999 | 风速 |
| 19750101 | 99999999 | 降水量 |
| 19750101 | 99999999 | 地面温度 |
| 19750101 | 20031231 | 地面最高温度 |
| 19750101 | 20031231 | 地面最低温度 |

| | | | |
|---|---|---|---|
| 19750101 | 99999999 | | 5 cm 地温 |
| 19750101 | 99999999 | | 10 cm 地温 |
| 19750101 | 99999999 | | 15 cm 地温 |
| 19750101 | 99999999 | | 20 cm 地温 |
| 19750101 | 99999999 | | 日照时数 |
| 19750101 | 99999999 | | 蒸发量 |
| 19750101 | 99999999 | | 雪深 |
| 19750101 | 20131001 | | 云状 |
| 19750101 | 20131001 | | 云量 |
| 19750101 | 99999999 | | 能见度 |
| 19750101 | 99999999 | | 天气现象 |
| 19750101 | 99999999 | | 目测云高 |
| 20080220 | 99999999 | | 电线积冰 |

**7. 观测仪器**

| | | | |
|---|---|---|---|
| 19750101 | 20031231 | 气温 | 百叶箱（木质，高 537 mm，宽 460 mm，深 290 mm）；中国，广西，？ |
| 19750101 | 20111231 | 气温 | 百叶箱（木质，高 612 mm，宽 460 mm，深 460 mm）；中国，广西，？ |
| 20030101 | 99999999 | 气温 | 百叶箱（BB-1 型玻璃钢，高 615 mm，宽 470 mm，深 465 mm）；中国，江苏，南京水利水文自动化研究所 |
| 19750101 | 20031231 | 气温 | 干湿球温度表（水银，球状）；中国，上海，上海医用仪表厂 |
| 19750101 | 19820331 | 气温 | 双金属温度计（日转，DWJ1 型）；中国，吉林，中国人民解放军 3613 工厂 |
| 19820401 | 20111231 | 气温 | 双金属温度计（日转，DWJ1 型）；中国，吉林，长春气象仪器厂 |
| 20020101 | 99999999 | 气温 | 铂电阻温度传感器（HMP45D 型）；芬兰，？，VAISALA 公司 |
| 20048888 | 20130624 | 气温 | 铂电阻温度传感器（ZZG－2 型）；中国，？，中国航空工业总公司太行仪器表厂 |
| 20130625 | 99999999 | 气温 | 铂电阻温度传感器（HMP45D 型）；中国，江苏，江苏省无线科学研究所 |
| 19940101 | 19970831 | 风向 | EL 型电接风向风速计（EL 型）；中国，上海，上海气象仪器厂 |
| 19970901 | 19980731 | 风向 | EN 型测风数据处理仪（EN1 型）；中国，山东，山东科学院新源研究所 |
| 19980801 | 19990430 | 风向 | EL 型电接风向风速计（EL 型）；中国，上海，上海气象仪器厂 |
| 19990501 | 20000418 | 风向 | EN 型测风数据处理仪（EN1 型）；中国，山东，山东科学院新源研究所 |
| 20000419 | 20111231 | 风向 | EL 型电接风向风速计（EL 型）；中国，上海，上海气象仪器厂 |
| 20020101 | 20068888 | 风向 | 风杯式遥测风向风速传感器（EC9-1 型）；中国，吉林，长春气象仪器研究所 |
| 20068888 | 20130624 | 风向 | 风杯式遥测风向风速传感器（EC9-1 型）；中国，江苏，江苏省无线电科学研究所 |
| 20130625 | 99999999 | 风向 | 风杯式遥测风向风速传感器（ZQZ-TF 型）；中国，江苏，江苏省无线电科学研究所 |
| 19750101 | 19911231 | 风速 | EL 型电接风向风速计（EL 型）；中国，上海，上海气象仪器厂 |
| 19920101 | 19931031 | 风速 | EN 型测风数据处理仪（EN1 型）；中国，山东，山东科学院能源研究所 |
| 19931101 | 19970831 | 风速 | EL 型电接风向风速计（EL 型）；中国，上海，上海气象仪器厂 |
| 19970901 | 19980731 | 风速 | EN 型测风数据处理仪（EN1 型）；中国，山东，山东科学院新源研究所 |
| 19980801 | 19990430 | 风速 | EL 型电接风向风速计（EL 型）；中国，上海，上海气象仪器厂 |
| 19990501 | 20000418 | 风速 | EN 型测风数据处理仪（EN1 型）；中国，山东，山东科学院新源研究所 |
| 20000419 | 20111231 | 风速 | EL 型电接风向风速计（EL 型）；中国，上海，上海气象仪器厂 |
| 20020101 | 20068888 | 风速 | 风杯式遥测风向风速传感器（EC9-1 型）；中国，吉林，长春气象仪器研究所 |

| 20068888 | 20130624 | 风速 | 风杯式遥测风向风速传感器(EC9-1 型);中国,江苏,江苏省无线电科学研究所 |
| 20130625 | 99999999 | 风速 | 风杯式遥测风向风速传感器(ZQZ-TF 型);中国,江苏,江苏省无线电科学研究所 |
| 19750101 | 99999999 | 降水量 | 雨量器(口径 20 cm,不带防风圈,SW1 型);中国,上海,上海气象仪器厂 |
| 19750101 | 19830331 | 降水量 | 虹吸式雨量计(20 cm 口径,SJ1 型);中国,上海,上海气象仪器厂 |
| 19830401 | 20031231 | 降水量 | 翻斗式遥测雨量计(20 cm 口径,SL1);中国,上海,上海气象仪器厂 |
| 20080401 | 20111231 | 降水量 | 翻斗式遥测雨量计(20 cm 口径,SL1);中国,上海,上海气象仪器厂 |
| 20020101 | 20130624 | 降水量 | 双翻斗遥测雨量计传感器(SL3-1 型);中国,上海,上海气象仪器厂有限公司 |
| 20130625 | 99999999 | 降水量 | 双翻斗遥测雨量计传感器(SL3-1 型);中国,江苏,江苏省无线电科学研究所 |

**8. 观测时制**

| 19750101 | 99999999 | 北京时 |

**9. 观测时间**

| 19750101 | 200212311 | 3 | 08、14、20 时 |
| 20030101 | 99999999 | 24 | 自动观测 |

**10. 其他变动事项**

| 20040101 | 20080331 | 降水量自记理解有误中断观测 |
| 20020101 | 20031231 | 人工观测与自动观测进行平行观测,2002 年以人工观测资料为正式记录,2003 年以自动观测资料为正式记录 |
| 20040101 | 99999999 | 自动记录单轨运行后云,能,天,蒸发,日照,降水定时和降水自记等项目仍按规定进行人工观测和记录 |
| 20040101 | 20111231 | 自动记录单轨运行后,压、温、湿、风记录纸均不做整理 |
| 20040101 | 20130630 | 自动记录单轨运行后每天 20 时进行自动项目人工对比观测记录 |
| 20120221 | 99999999 | 取消压、温、湿、风、降水等人工自计仪器观测任务;保留 EL 或 EN 型测风仪和人工降水自计仪器备用 |
| 20130701 | 99999999 | 7 月 1 日停止人工对比观测 |

注 1:"仪器设备名称"按照"观测仪器设备名称(规格型号);生产国别,省名简称,厂家名称"的形式编报,其中规格型号可以有以半角逗号间隔的多项内容;无论何级单位自制的仪器,厂家名称一律编报"自制";若规格型号不详,则括号略去不编报;若生产国别和厂家不详,则编报"观测仪器设备名称(规格型号);?,?,?"。

注 2:列表中"8888"表示月/日时间不详。

# 附录 B　2006—2015 年华中区域暴雨个例统计表

| 序号 | 过程起始日期 | 天气型 | | 主要影响系统 |
| --- | --- | --- | --- | --- |
| 1 | 20060409—0410 | 低涡冷槽型 | 200 hPa | 高空槽、高空急流 |
| | | | 500 hPa | 高空槽 |
| | | | 700 hPa | 冷式切变线、低空急流 |
| | | | 850 hPa | 西南低涡、人字形切变线、低空急流 |
| | | | 地面 | 低压倒槽 |
| 2 | 20060412—0413 | 地面暖倒槽锋生型 | 200 hPa | 高空急流 |
| | | | 500 hPa | 南支槽 |
| | | | 700 hPa | 冷式切变线、低空急流 |
| | | | 850 hPa | 西南低涡、切变线、低空急流 |
| | | | 地面 | 倒槽锋生 |
| 3 | 20060505—0507 | 地面暖倒槽锋生型 | 200 hPa | 高空急流 |
| | | | 500 hPa | 高空槽 |
| | | | 700 hPa | 冷式切变线 |
| | | | 850 hPa | 冷式切变线、低空急流 |
| | | | 地面 | 暖低压倒槽、倒槽锋生 |
| 4 | 20060508—0510 | 地面暖倒槽锋生型 | 200 hPa | 高空急流 |
| | | | 500 hPa | 高空槽 |
| | | | 700 hPa | 冷式切变线、低空急流 |
| | | | 850 hPa | 冷式切变线、低空急流 |
| | | | 地面 | 倒槽锋生 |
| 5 | 20060525—0527 | 地面暖倒槽锋生型 | 200 hPa | 高空急流 |
| | | | 500 hPa | 高空槽 |
| | | | 700 hPa | 冷式切变线、低空急流 |
| | | | 850 hPa | 冷式切变线、低空急流 |
| | | | 地面 | 暖低压倒槽 |
| 6 | 20060603—0605 | 低涡冷槽型 | 200 hPa | 南亚高压、高空急流 |
| | | | 500 hPa | 短波槽 |
| | | | 700 hPa | 冷式切变线、低空急流 |
| | | | 850 hPa | 西南低涡、人字形切变线、低空急流 |
| | | | 地面 | 低压倒槽 |

续表

| 序号 | 过程起始日期 | 天气型 | | 主要影响系统 |
|---|---|---|---|---|
| 7 | 20060613－0615 | 低涡冷槽型 | 200 hPa | 南亚高压、高空急流 |
| | | | 500 hPa | 东北冷涡、高空槽 |
| | | | 700 hPa | 西南低涡、冷式切变线、低空急流 |
| | | | 850 hPa | 西南低涡、人字形切变线、低空急流 |
| | | | 地面 | 低压倒槽 |
| 8 | 20060707－0709 | 低涡冷槽型 | 200 hPa | 南亚高压、高空槽 |
| | | | 500 hPa | 高空槽 |
| | | | 700 hPa | 式冷切变线 |
| | | | 850 hPa | 西南低涡、人字形切变线、低空急流 |
| | | | 地面 | 地面辐合线 |
| 9 | 20060714－0716 | 西北行台风型 | 200 hPa | 南亚高压 |
| | | | 500 hPa | (0604)"碧利斯"台风 |
| | | | 700 hPa | (0604)"碧利斯"台风 |
| | | | 850 hPa | (0604)"碧利斯"台风 |
| | | | 地面 | (0604)"碧利斯"台风 |
| 10 | 20060908－0910 | 副高边缘型 | 200 hPa | 南亚高压 |
| | | | 500 hPa | 高空槽、副高 |
| | | | 700 hPa | 切变线 |
| | | | 850 hPa | 西南低涡、冷式切变线、低空急流 |
| | | | 地面 | 冷锋 |
| 11 | 20070530－0602 | 地面暖倒槽锋生型 | 200 hPa | 南亚高压 |
| | | | 500 hPa | 短波槽、副高 |
| | | | 700 hPa | 冷式切变线、低空急流 |
| | | | 850 hPa | 西南低涡、冷式切变线、低空急流 |
| | | | 地面 | 暖低压倒槽 |
| 12 | 20070612－0614 | 华南准静止锋 | 200 hPa | 高空槽、高空急流 |
| | | | 500 hPa | 高空槽 |
| | | | 700 hPa | 西南低涡、冷式切变线、低空急流 |
| | | | 850 hPa | 西南低涡、冷式切变线、低空急流 |
| | | | 地面 | 准静止锋 |
| 13 | 20070712－0714 | 低涡冷槽型 | 200 hPa | 南亚高压、高空急流 |
| | | | 500 hPa | 高空槽 |
| | | | 700 hPa | 西南低涡、人字形切变线 |
| | | | 850 hPa | 西南低涡、人字形切变线、低空急流 |
| | | | 地面 | 准静止锋 |

续表

| 序号 | 过程起始日期 | 天气型 | | 主要影响系统 |
| --- | --- | --- | --- | --- |
| 14 | 20070819—0825 | 西北行台风型 | 200 hPa | 南亚高压 |
| | | | 500 hPa | (0709)"圣帕"台风 |
| | | | 700 hPa | (0709)"圣帕"台风 |
| | | | 850 hPa | (0709)"圣帕"台风 |
| | | | 地面 | (0709)"圣帕"台风 |
| 15 | 20080527—0529 | 地面暖倒槽锋生型 | 200 hPa | 南亚高压、高空急流 |
| | | | 500 hPa | 高空槽、副高 |
| | | | 700 hPa | 冷式切变线、低空急流 |
| | | | 850 hPa | 西南低涡、人字形切变线、低空急流 |
| | | | 地面 | 倒槽锋生 |
| 16 | 20080608—0611 | 低涡冷槽型 | 200 hPa | 高空槽、高空急流 |
| | | | 500 hPa | 高空槽、副高 |
| | | | 700 hPa | 西南低涡、人字形切变线、低空急流 |
| | | | 850 hPa | 西南低涡、人字形切变线、低空急流 |
| | | | 地面 | 准静止锋 |
| 17 | 20080612—0613 | 低涡冷槽型 | 200 hPa | 高空槽、高空急流 |
| | | | 500 hPa | 高空槽、副高 |
| | | | 700 hPa | 西南低涡、人字形切变线、低空急流 |
| | | | 850 hPa | 西南低涡、人字形切变线、低空急流 |
| | | | 地面 | 准静止锋 |
| 18 | 20080722—0724 | 副高边缘型 | 200 hPa | 南亚高压 |
| | | | 500 hPa | 高空槽、副高 |
| | | | 700 hPa | 西南低涡、人字形切变线、低空急流 |
| | | | 850 hPa | 西南低涡、人字形切变线、低空急流 |
| | | | 地面 | 暖低压倒槽 |
| 19 | 20080815—0817 | 副高边缘型 | 200 hPa | 南亚高压 |
| | | | 500 hPa | 高空槽、副高 |
| | | | 700 hPa | 西南低涡、人字形切变线、低空急流 |
| | | | 850 hPa | 西南低涡、冷式切变线、低空急流 |
| | | | 地面 | 低压倒槽 |
| 20 | 20080828—0830 | 副高边缘型 | 200 hPa | 南亚高压、高空急流 |
| | | | 500 hPa | 高空槽、副高 |
| | | | 700 hPa | 西南低涡、人字形切变线、低空急流 |
| | | | 850 hPa | 西南低涡、人字形切变线、低空急流 |
| | | | 地面 | 低压倒槽 |

| 序号 | 过程起始日期 | 天气型 | | 主要影响系统 |
|---|---|---|---|---|
| 21 | 20090423—0424 | 地面暖倒槽锋生型 | 200 hPa | 高空急流 |
| | | | 500 hPa | 短波槽 |
| | | | 700 hPa | 冷式切变线、低空急流 |
| | | | 850 hPa | 西南低涡、人字形切变线、低空急流 |
| | | | 地面 | 低压倒槽、冷锋 |
| 22 | 20090519—0521 | 低涡冷槽型 | 200 hPa | 高空槽、高空急流 |
| | | | 500 hPa | 高空槽、副高 |
| | | | 700 hPa | 西南低涡、冷式切变线、低空急流 |
| | | | 850 hPa | 西南低涡、人字形切变线、低空急流 |
| | | | 地面 | 冷锋 |
| 23 | 20090527—0529 | 低涡冷槽型 | 200 hPa | 南亚高压、高空急流 |
| | | | 500 hPa | 高空槽 |
| | | | 700 hPa | 冷式切变线、低空急流 |
| | | | 850 hPa | 西南低涡、暖式切变线、低空急流 |
| | | | 地面 | 低压倒槽 |
| 24 | 20090608—0610 | 地面暖倒槽锋生型 | 200 hPa | 南亚高压、高空急流 |
| | | | 500 hPa | 短波槽 |
| | | | 700 hPa | 冷式切变线、低空急流 |
| | | | 850 hPa | 冷式切变线、低空急流 |
| | | | 地面 | 倒槽锋生 |
| 25 | 20090628—0704 | 梅雨锋切变型 | 200 hPa | 南亚高压、高空急流、高空槽 |
| | | | 500 hPa | 高空槽、副高 |
| | | | 700 hPa | 冷式切变线、低空急流 |
| | | | 850 hPa | 西南低涡、人字形切变线、低空急流 |
| | | | 地面 | 地面辐合线 |
| 26 | 20100512—0515 | 地面暖倒槽锋生型 | 200 hPa | 高空急流 |
| | | | 500 hPa | 高空槽、副高 |
| | | | 700 hPa | 冷式切变线、低空急流 |
| | | | 850 hPa | 西南低涡、暖式切变线、低空急流 |
| | | | 地面 | 低压倒槽 |
| 27 | 20100521—0523 | 低涡冷槽型 | 200 hPa | 高空急流、高空槽 |
| | | | 500 hPa | 高空槽、副高 |
| | | | 700 hPa | 冷式切变线、低空急流 |
| | | | 850 hPa | 西南低涡、人字形切变线、低空急流 |
| | | | 地面 | 倒槽锋生 |

续表

| 序号 | 过程起始日期 | 天气型 | | 主要影响系统 |
| --- | --- | --- | --- | --- |
| 28 | 20100607—0609 | 地面暖倒槽锋生型 | 200 hPa | 高空槽、高空急流 |
| | | | 500 hPa | 高空槽、副高 |
| | | | 700 hPa | 西南低涡、人字形切变线、低空急流 |
| | | | 850 hPa | 西南低涡、人字形切变线、低空急流 |
| | | | 地面 | 倒槽锋生 |
| 29 | 20100616—0618 | 华南准静止锋 | 200 hPa | 高空急流 |
| | | | 500 hPa | 高空槽、副高 |
| | | | 700 hPa | 冷式切变线、低空急流 |
| | | | 850 hPa | 冷式切变线、低空急流 |
| | | | 地面 | 准静止锋 |
| 30 | 20100619—0621 | 梅雨锋切变型 | 200 hPa | 南亚高压、高空急流 |
| | | | 500 hPa | 短波槽、副高 |
| | | | 700 hPa | 西南低涡、人字形切变线、低空急流 |
| | | | 850 hPa | 西南低涡、人字形切变线、低空急流 |
| | | | 地面 | 准静止锋 |
| 31 | 20100623—0624 | 低涡冷槽型 | 200 hPa | 南亚高压、高空急流 |
| | | | 500 hPa | 高空槽 |
| | | | 700 hPa | 西南低涡、人字形切变线、低空急流 |
| | | | 850 hPa | 西南低涡、人字形切变线、低空急流 |
| | | | 地面 | 倒槽锋生 |
| 32 | 20100708—0715 | 梅雨锋切变型 | 200 hPa | 南亚高压、高空急流 |
| | | | 500 hPa | 高空槽、副高 |
| | | | 700 hPa | 西南低涡、冷式切变线、低空急流 |
| | | | 850 hPa | 西南低涡、人字形切变线、低空急流 |
| | | | 地面 | 准静止锋 |
| 33 | 20110604—0607 | 低涡冷槽型 | 200 hPa | 高空急流 |
| | | | 500 hPa | 高空槽、副高 |
| | | | 700 hPa | 冷式切变线、低空急流 |
| | | | 850 hPa | 西南低涡、冷式切变线、低空急流 |
| | | | 地面 | 倒槽锋生 |
| 34 | 20110609—0613 | 低涡冷槽型 | 200 hPa | 南亚高压、高空急流 |
| | | | 500 hPa | 高空槽、副高 |
| | | | 700 hPa | 冷式切变线、低空急流 |
| | | | 850 hPa | 西南低涡、人字形切变线、低空急流 |
| | | | 地面 | 倒槽锋生 |

| 序号 | 过程起始日期 | 天气型 | | 主要影响系统 |
|---|---|---|---|---|
| 35 | 20110614—0616 | 低涡冷槽型 | 200 hPa | 南亚高压、高空槽、高空急流 |
| | | | 500 hPa | 高空槽、副高 |
| | | | 700 hPa | 西南低涡、冷式切变线、低空急流 |
| | | | 850 hPa | 西南低涡、人字形切变线、低空急流 |
| | | | 地面 | 倒槽锋生 |
| 36 | 20110617—0619 | 梅雨锋切变型 | 200 hPa | 南亚高压、高空急流 |
| | | | 500 hPa | 高空槽、副高 |
| | | | 700 hPa | 西南低涡、人字形切变线、低空急流 |
| | | | 850 hPa | 西南低涡、人字形切变线、低空急流 |
| | | | 地面 | 准静止锋 |
| 37 | 20120511—0513 | 地面暖倒槽锋生型 | 200 hPa | 高空急流 |
| | | | 500 hPa | 高空槽 |
| | | | 700 hPa | 西南低涡、人字形切变线、低空急流 |
| | | | 850 hPa | 西南低涡、人字形切变线、低空急流 |
| | | | 地面 | 倒槽锋生 |
| 38 | 20120529—0530 | 低涡冷槽型 | 200 hPa | 高空急流 |
| | | | 500 hPa | 高空槽、副高 |
| | | | 700 hPa | 冷式切变线 |
| | | | 850 hPa | 西南低涡、人字形切变线、低空急流 |
| | | | 地面 | 地面辐合线 |
| 39 | 20120610—0612 | 低涡冷槽型 | 200 hPa | 南亚高压、高空急流 |
| | | | 500 hPa | 高空槽 |
| | | | 700 hPa | 西南低涡、人字形切变线 |
| | | | 850 hPa | 西南低涡、人字形切变线、低空急流 |
| | | | 地面 | 地面辐合线 |
| 40 | 20120621—0625 | 低涡冷槽型 | 200 hPa | 高空槽、高空急流 |
| | | | 500 hPa | 高空槽、副高 |
| | | | 700 hPa | 西南低涡、人字形切变线、低空急流 |
| | | | 850 hPa | 西南低涡、人字形切变线、低空急流 |
| | | | 地面 | 地面辐合线 |
| 41 | 20120625—0628 | 低涡冷槽型 | 200 hPa | 南亚高压 |
| | | | 500 hPa | 高空槽 |
| | | | 700 hPa | 西南低涡、人字形切变线、低空急流 |
| | | | 850 hPa | 西南低涡、人字形切变线、低空急流 |
| | | | 地面 | 倒槽锋生 |

续表

| 序号 | 过程起始日期 | 天气型 | | 主要影响系统 |
|---|---|---|---|---|
| 42 | 20120713—0718 | 副高边缘型 | 200 hPa | 南亚高压、高空槽、高空急流 |
| | | | 500 hPa | 高空槽、副高 |
| | | | 700 hPa | 冷式切变线、低空急流 |
| | | | 850 hPa | 西南低涡、冷式切变线、低空急流 |
| | | | 地面 | 地面辐合线 |
| 43 | 20130428—0430 | 地面暖倒槽锋生型 | 200 hPa | 高空急流 |
| | | | 500 hPa | 高空槽 |
| | | | 700 hPa | 西南低涡、人字形切变线、低空急流 |
| | | | 850 hPa | 西南低涡、人字形切变线、低空急流 |
| | | | 地面 | 倒槽锋生 |
| 44 | 20130514—0516 | 地面暖倒槽锋生型 | 200 hPa | 高空急流 |
| | | | 500 hPa | 高空槽 |
| | | | 700 hPa | 冷式切变线、低空急流 |
| | | | 850 hPa | 西南低涡、人字形切变线、低空急流 |
| | | | 地面 | 低压倒槽 |
| 45 | 20130525—0527 | 低涡冷槽型 | 200 hPa | 高空槽、高空急流 |
| | | | 500 hPa | 高空槽 |
| | | | 700 hPa | 西南低涡、人字形切变线、低空急流 |
| | | | 850 hPa | 西南低涡、人字形切变线、低空急流 |
| | | | 地面 | 低压倒槽 |
| 46 | 20130606—0608 | 低涡冷槽型 | 200 hPa | 高空急流 |
| | | | 500 hPa | 高空槽、副高 |
| | | | 700 hPa | 西南低涡、人字形切变线、低空急流 |
| | | | 850 hPa | 西南低涡、人字形切变线、低空急流 |
| | | | 地面 | 低压倒槽 |
| 47 | 20130626—0629 | 梅雨锋切变型 | 200 hPa | 南亚高压、高空槽、高空急流 |
| | | | 500 hPa | 高空槽、副高 |
| | | | 700 hPa | 西南低涡、人字形切变线、低空急流 |
| | | | 850 hPa | 西南低涡、人字形切变线、低空急流 |
| | | | 地面 | 准静止锋 |
| 48 | 20130822—0825 | 西北行台风型 | 200 hPa | 南亚高压 |
| | | | 500 hPa | (1312)"潭美"台风低压倒槽 |
| | | | 700 hPa | (1312)"潭美"台风低压倒槽 |
| | | | 850 hPa | (1312)"潭美"台风低压倒槽 |
| | | | 地面 | (1312)"潭美"台风低压倒槽 |

| 序号 | 过程起始日期 | 天气型 | | 主要影响系统 |
|---|---|---|---|---|
| 49 | 20130923—0925 | 西北行台风型 | 200 hPa | 南亚高压 |
| | | | 500 hPa | (1319)"天兔"台风低压倒槽 |
| | | | 700 hPa | (1319)"天兔"台风低压倒槽 |
| | | | 850 hPa | (1319)"天兔"台风低压倒槽 |
| | | | 地面 | (1319)"天兔"台风低压倒槽 |
| 50 | 20140509—0512 | 地面暖倒槽锋生型 | 200 hPa | 高空槽、高空急流 |
| | | | 500 hPa | 高空槽、画高 |
| | | | 700 hPa | 西南低涡、人字形切变线、低空急流 |
| | | | 850 hPa | 西南低涡、人字形切变线、低空急流 |
| | | | 地面 | 倒槽锋生 |
| 51 | 20140601—0602 | 低涡冷槽型 | 200 hPa | 南亚高压、高空急流 |
| | | | 500 hPa | 短波槽、副高 |
| | | | 700 hPa | 冷式切变线、低空急流 |
| | | | 850 hPa | 西南低涡、人字形切变线、低空急流 |
| | | | 地面 | 地面冷锋 |
| 52 | 20140619—0622 | 梅雨锋切变型 | 200 hPa | 南亚高压、高空急流 |
| | | | 500 hPa | 短波槽、副高 |
| | | | 700 hPa | 西南低涡、人字形切变线、低空急流 |
| | | | 850 hPa | 西南低涡、人字形切变线、低空急流 |
| | | | 地面 | 准静止锋 |
| 53 | 20140703—0705 | 低涡冷槽型 | 200 hPa | 高空槽、高空急流 |
| | | | 500 hPa | 高空槽、副高 |
| | | | 700 hPa | 西南低涡、人字形切变线、低空急流 |
| | | | 850 hPa | 西南低涡、人字形切变线、低空急流 |
| | | | 地面 | 地面辐合线 |
| 54 | 20150514—0516 | 地面暖倒槽锋生型 | 200 hPa | 高空急流 |
| | | | 500 hPa | 高空槽、东北冷涡 |
| | | | 700 hPa | 冷式切变线、低空急流 |
| | | | 850 hPa | 西南低涡、人字形切变线、低空急流 |
| | | | 地面 | 低压倒槽、倒槽锋生 |
| 55 | 20150520—0622 | 低涡冷槽型 | 200 hPa | 南亚高压 |
| | | | 500 hPa | 高空槽、副高 |
| | | | 700 hPa | 西南低涡、人字形切变线、低空急流 |
| | | | 850 hPa | 西南低涡、人字形切变线、低空急流 |
| | | | 地面 | 地面冷锋、准静止锋 |

续表

| 序号 | 过程起始日期 | 天气型 | | 主要影响系统 |
|---|---|---|---|---|
| 56 | 20150526—0530 | 地面暖倒槽锋生型 | 200 hPa | 高空急流 |
| | | | 500 hPa | 高空槽、副高 |
| | | | 700 hPa | 冷式切变线、低空急流 |
| | | | 850 hPa | 西南低涡、人字形切变线、低空急流 |
| | | | 地面 | 暖低压倒槽 |
| 57 | 20150601—0604 | 低涡冷槽型 | 200 hPa | 高空急流 |
| | | | 500 hPa | 高空槽、副高 |
| | | | 700 hPa | 冷式切变线、低空急流 |
| | | | 850 hPa | 西南低涡、人字形切变线、低空急流 |
| | | | 地面 | 低压倒槽 |
| 58 | 20150607—0609 | 低涡冷槽型 | 200 hPa | 高空急流 |
| | | | 500 hPa | 高空槽、副高 |
| | | | 700 hPa | 西南低涡、人字形切变线、低空急流 |
| | | | 850 hPa | 西南低涡、人字形切变线、低空急流 |
| | | | 地面 | 低压倒槽、倒槽锋生 |
| 59 | 20150610—0611 | 副高边缘型 | 200 hPa | 高空槽 |
| | | | 500 hPa | 高空槽、东北冷涡、副高 |
| | | | 700 hPa | 冷式切变线、低空急流 |
| | | | 850 hPa | 冷式切变线、低空急流 |
| | | | 地面 | 地面辐合线 |
| 60 | 20150722—0725 | 地面暖倒槽锋生型 | 200 hPa | 高空槽、高空急流 |
| | | | 500 hPa | 高空槽、副高 |
| | | | 700 hPa | 西南低涡、人字形切变线、低空急流 |
| | | | 850 hPa | 西南低涡、人字形切变线、低空急流 |
| | | | 地面 | 低压倒槽、倒槽锋生 |

# 附录 C　2006—2015 年湖南暴雨个例统计表

| 序号 | 过程起止日期 | 南岳山风场型 | 天气型 | | 主要影响系统 |
|---|---|---|---|---|---|
| 1 | 20060408—0409 | 南风转北风型 | 低涡冷槽型 | 200 hPa | 高空槽、高空急流 |
| | | | | 500 hPa | 高空槽 |
| | | | | 700 hPa | 切变线 |
| | | | | 850 hPa | 低涡、人字形切变线、低空急流 |
| | | | | 地面 | 低压倒槽 |
| 2 | 20060411—0412 | 南风转北风型 | 地面暖倒槽锋生型 | 200 hPa | 高空急流 |
| | | | | 500 hPa | 南支槽 |
| | | | | 700 hPa | 低空急流 |
| | | | | 850 hPa | 暖式切变线、低空急流 |
| | | | | 地面 | 暖低压倒槽 |
| 3 | 20060504—0506 | 南风转北风型 | 地面暖倒槽锋生型 | 200 hPa | 高空急流 |
| | | | | 500 hPa | 高空槽 |
| | | | | 700 hPa | 冷式切变线 |
| | | | | 850 hPa | 冷式切变线、低空急流 |
| | | | | 地面 | 暖低压倒槽、倒槽锋生 |
| 4 | 20060507—0509 | 南风转北风型 | 低涡冷槽型 | 200 hPa | 高空急流 |
| | | | | 500 hPa | 高空槽 |
| | | | | 700 hPa | 低空急流 |
| | | | | 850 hPa | 西南低涡、暖式切变线、低空急流 |
| | | | | 地面 | 低压倒槽 |
| 5 | 20060524—0526 | 南风转北风型 | 地面暖倒槽锋生型 | 200 hPa | 高空急流 |
| | | | | 500 hPa | 高空槽 |
| | | | | 700 hPa | 冷式切变线、低空急流 |
| | | | | 850 hPa | 切变线、低空急流 |
| | | | | 地面 | 暖低压倒槽 |
| 6 | 20060603—0606 | 南北风交替型 | 低涡冷槽型 | 200 hPa | 南亚高压、高空急流 |
| | | | | 500 hPa | 短波槽 |
| | | | | 700 hPa | 切变线 |
| | | | | 850 hPa | 低涡切变线、低空急流 |
| | | | | 地面 | 低压倒槽 |

续表

| 序号 | 过程起止日期 | 南岳山风场型 | 天气型 | | 主要影响系统 |
|---|---|---|---|---|---|
| 7 | 20060613—0614 | 南风转北风型 | 低涡冷槽型 | 200 hPa | 南亚高压、高空急流 |
| | | | | 500 hPa | 东北冷涡、高空槽 |
| | | | | 700 hPa | 西南低涡、冷式切变线、低空急流 |
| | | | | 850 hPa | 西南低涡、人字形切变线、低空急流 |
| | | | | 地面 | 暖低压倒槽 |
| 8 | 20060616—0618 | 南风转北风型 | 地面暖倒槽锋生型 | 200 hPa | 高空急流、高空槽 |
| | | | | 500 hPa | 高空槽 |
| | | | | 700 hPa | 冷式切变线 |
| | | | | 850 hPa | 冷式切变线、低空急流 |
| | | | | 地面 | 冷锋 |
| 9 | 20060622—0625 | 持续南风型 | 梅雨锋切变型 | 200 hPa | 南亚高压、高空急流 |
| | | | | 500 hPa | 高空槽、副高 |
| | | | | 700 hPa | 切变线 |
| | | | | 850 hPa | 切变线 |
| | | | | 地面 | 准静止锋 |
| 10 | 20060706—0710 | 持续南风型 | 低涡冷槽型 | 200 hPa | 南亚高压、高空槽 |
| | | | | 500 hPa | 高空槽 |
| | | | | 700 hPa | 西南低涡、人字形切变线 |
| | | | | 850 hPa | 西南低涡、人字形切变线、低空急流 |
| | | | | 地面 | 地面辐合线 |
| 11 | 20060714—0716 | 南北风交替型 | 西北行台风型 | 200 hPa | 南亚高压 |
| | | | | 500 hPa | (0604)"碧利斯"台风 |
| | | | | 700 hPa | (0604)"碧利斯"台风 |
| | | | | 850 hPa | (0604)"碧利斯"台风 |
| | | | | 地面 | (0604)"碧利斯"台风 |
| 12 | 20060724—0726 | 南北风交替型 | 西北行台风型 | 200 hPa | 高空槽 |
| | | | | 500 hPa | (0605)"格美"台风倒槽 |
| | | | | 700 hPa | (0605)"格美"台风倒槽 |
| | | | | 850 hPa | (0605)"格美"台风倒槽 |
| | | | | 地面 | (0605)"格美"台风倒槽 |
| 13 | 20060904—0905 | 南风转北风型 | 副高边缘型 | 200 hPa | 南亚高压 |
| | | | | 500 hPa | 高空槽、副高 |
| | | | | 700 hPa | 切变线 |
| | | | | 850 hPa | 切变线 |
| | | | | 地面 | 冷锋 |

| 序号 | 过程起止日期 | 南岳山风场型 | 天气型 | | 主要影响系统 |
|---|---|---|---|---|---|
| 14 | 20060908 | 南风转北风型 | 副高边缘型 | 200 hPa | 南亚高压 |
| | | | | 500 hPa | 高空槽、副高 |
| | | | | 700 hPa | 切变线 |
| | | | | 850 hPa | 西南低涡、冷式切变线、低空急流 |
| | | | | 地面 | 冷锋 |
| 15 | 20070428—0429 | 持续北风型 | 华南准静止锋 | 200 hPa | 高空槽、高空急流 |
| | | | | 500 hPa | 高空槽 |
| | | | | 700 hPa | 暖式切变线、低空急流 |
| | | | | 850 hPa | 暖式切变线 |
| | | | | 地面 | 准静止锋 |
| 16 | 20070511—0512 | 南风转北风型 | 低涡冷槽型 | 200 hPa | / |
| | | | | 500 hPa | 高空槽、副高 |
| | | | | 700 hPa | 冷式切变线 |
| | | | | 850 hPa | 西南低涡、人字形切变线、低空急流 |
| | | | | 地面 | 冷锋 |
| 17 | 20070523—0524 | 南风转北风型 | 地面暖倒槽锋生型 | 200 hPa | / |
| | | | | 500 hPa | 短波槽 |
| | | | | 700 hPa | 冷式切变线 |
| | | | | 850 hPa | 西南低涡、人字形切变线、低空急流 |
| | | | | 地面 | 暖低压倒槽 |
| 18 | 20070531—0601 | 持续南风型 | 地面暖倒槽锋生型 | 200 hPa | 南亚高压 |
| | | | | 500 hPa | 短波槽、副高 |
| | | | | 700 hPa | 冷式切变线 |
| | | | | 850 hPa | 西南低涡、冷式切变线 |
| | | | | 地面 | 暖低压倒槽 |
| 19 | 20070606—0610 | 持续南风型 | 低涡冷槽型 | 200 hPa | 高空槽 |
| | | | | 500 hPa | 短波槽 |
| | | | | 700 hPa | 西南低涡、人字形切变线、低空急流 |
| | | | | 850 hPa | 西南低涡、暖式切变线、低空急流 |
| | | | | 地面 | 暖低压倒槽 |
| 20 | 20070612—0613 | 持续北风型 | 华南准静止锋 | 200 hPa | 高空槽、高空急流 |
| | | | | 500 hPa | 高空槽 |
| | | | | 700 hPa | 西南低涡、冷式切变线 |
| | | | | 850 hPa | 冷式切变线 |
| | | | | 地面 | 准静止锋 |

| 序号 | 过程起止日期 | 南岳山风场型 | 天气型 | | 主要影响系统 |
|---|---|---|---|---|---|
| 21 | 20070622—0624 | 持续南风型 | 低涡冷槽型 | 200 hPa | 南亚高压 |
| | | | | 500 hPa | 高空槽 |
| | | | | 700 hPa | 冷式切变线 |
| | | | | 850 hPa | 冷式切变线、低空急流 |
| | | | | 地面 | 低压倒槽 |
| 22 | 20070709—0714 | 持续南风型 | 低涡冷槽型 | 200 hPa | 南亚高压、高空急流 |
| | | | | 500 hPa | 高空槽 |
| | | | | 700 hPa | 西南低涡、人字形切变线 |
| | | | | 850 hPa | 西南低涡、人字形切变线、低空急流 |
| | | | | 地面 | 准静止锋 |
| 23 | 20070721—0725 | 持续南风型 | 副高边缘型 | 200 hPa | 高空槽、高空急流 |
| | | | | 500 hPa | 高空槽、副高 |
| | | | | 700 hPa | 冷式切变线、低空急流 |
| | | | | 850 hPa | 冷式切变线、低空急流 |
| | | | | 地面 | 地面辐合线 |
| 24 | 20070802—0804 | 持续南风型 | 副高边缘型 | 200 hPa | 高空槽、高空急流 |
| | | | | 500 hPa | 高空槽、副高 |
| | | | | 700 hPa | 冷式切变线 |
| | | | | 850 hPa | 冷式切变线 |
| | | | | 地面 | 地面辐合线 |
| 25 | 20070819—0825 | 南北风交替型 | 西北行台风型 | 200 hPa | 南亚高压 |
| | | | | 500 hPa | (0709)"圣帕"台风 |
| | | | | 700 hPa | (0709)"圣帕"台风 |
| | | | | 850 hPa | (0709)"圣帕"台风 |
| | | | | 地面 | (0709)"圣帕"台风 |
| 26 | 20070827—0828 | 持续南风型 | 副高边缘型 | 200 hPa | 南亚高压 |
| | | | | 500 hPa | 副高 |
| | | | | 700 hPa | 暖式切变线 |
| | | | | 850 hPa | 冷式切变线 |
| | | | | 地面 | 地面辐合线 |
| 27 | 20070908—0909 | 南风转北风型 | 低涡冷槽型 | 200 hPa | 南亚高压 |
| | | | | 500 hPa | 高空槽 |
| | | | | 700 hPa | 西南低涡、暖式切变线 |
| | | | | 850 hPa | 暖式切变线 |
| | | | | 地面 | 地面冷锋 |

| 序号 | 过程起止日期 | 南岳山风场型 | 天气型 | | 主要影响系统 |
|---|---|---|---|---|---|
| 28 | 20080412—0413 | 持续北风型 | 华南准静止锋 | 200 hPa | 高空急流 |
| | | | | 500 hPa | 短波槽 |
| | | | | 700 hPa | 低空急流 |
| | | | | 850 hPa | 冷式切变线 |
| | | | | 地面 | 准静止锋 |
| 29 | 20080507—0509 | 南风转北风型 | 地面暖倒槽锋生型 | 200 hPa | 高空急流、南亚高压 |
| | | | | 500 hPa | 高空槽 |
| | | | | 700 hPa | 切变线 |
| | | | | 850 hPa | 切变线、低空急流 |
| | | | | 地面 | 暖低压倒槽、冷锋 |
| 30 | 20080526—0528 | 南风转北风型 | 地面暖倒槽锋生型 | 200 hPa | 高空急流 |
| | | | | 500 hPa | 高空槽、副高 |
| | | | | 700 hPa | 冷式切变线、低空急流 |
| | | | | 850 hPa | 切变线、低空急流 |
| | | | | 地面 | 暖低压倒槽 |
| 31 | 20080607—0611 | 南风转北风型 | 低涡冷槽型 | 200 hPa | 高空槽、高空急流 |
| | | | | 500 hPa | 高空槽 |
| | | | | 700 hPa | 西南低涡、人字形切变线、低空急流 |
| | | | | 850 hPa | 西南低涡、人字形切变线、低空急流 |
| | | | | 地面 | 准静止锋 |
| 32 | 20080612—0613 | 南风转北风型 | 低涡冷槽型 | 200 hPa | 高空槽、高空急流 |
| | | | | 500 hPa | 高空槽 |
| | | | | 700 hPa | 冷式切变线、低空急流 |
| | | | | 850 hPa | 西南低涡、人字形切变线、低空急流 |
| | | | | 地面 | 准静止锋 |
| 33 | 20080615—0617 | 持续北风型 | 华南准静止锋 | 200 hPa | 高空槽、高空急流 |
| | | | | 500 hPa | 高空槽 |
| | | | | 700 hPa | 冷式切变线 |
| | | | | 850 hPa | 冷式切变线 |
| | | | | 地面 | 南岭静止锋 |
| 34 | 20080625—0627 | 持续北风型 | 南海北上台风型 | 200 hPa | 南亚高压、高空急流 |
| | | | | 500 hPa | 高空槽 |
| | | | | 700 hPa | (0806)"风神"台风倒槽 |
| | | | | 850 hPa | (0806)"风神"台风倒槽 |
| | | | | 地面 | (0806)"风神"台风 |

续表

| 序号 | 过程起止日期 | 南岳山风场型 | 天气型 | | 主要影响系统 |
|---|---|---|---|---|---|
| 35 | 20080718—0719 | 南北风交替型 | 低涡冷槽型 | 200 hPa | 南亚高压、高空急流 |
| | | | | 500 hPa | 高空槽 |
| | | | | 700 hPa | 冷式切变线 |
| | | | | 850 hPa | 冷式切变线 |
| | | | | 地面 | 地面辐合线 |
| 36 | 20080722—0723 | 持续南风型 | 副高边缘型 | 200 hPa | 南亚高压 |
| | | | | 500 hPa | 高空槽、副高 |
| | | | | 700 hPa | 西南低涡、冷式切变线 |
| | | | | 850 hPa | 西南低涡、人字形切变线、低空急流 |
| | | | | 地面 | 暖低压倒槽 |
| 37 | 20080729—0730 | 北风转南风型 | 西北行台风型 | 200 hPa | 南亚高压 |
| | | | | 500 hPa | (0808)"凤凰"台风 |
| | | | | 700 hPa | (0808)"凤凰"台风 |
| | | | | 850 hPa | (0808)"凤凰"台风 |
| | | | | 地面 | (0808)"凤凰"台风 |
| 38 | 20080814—0817 | 持续南风型 | 副高边缘型 | 200 hPa | 南亚高压 |
| | | | | 500 hPa | 高空槽、副高 |
| | | | | 700 hPa | 冷式切变线 |
| | | | | 850 hPa | 西南低涡、冷式切变线、低空急流 |
| | | | | 地面 | 低压倒槽 |
| 39 | 20080829—0830 | 南风转北风型 | 副高边缘型 | 200 hPa | 南亚高压、高空急流 |
| | | | | 500 hPa | 高空槽、副高 |
| | | | | 700 hPa | 冷式切变线 |
| | | | | 850 hPa | 西南低涡、冷式切变线、低空急流 |
| | | | | 地面 | 低压倒槽 |
| 40 | 20080902—0904 | 南风转北风型 | 低涡冷槽型 | 200 hPa | 高空急流 |
| | | | | 500 hPa | 高空槽 |
| | | | | 700 hPa | 西南低涡、人字形切变线 |
| | | | | 850 hPa | 西南低涡、人字形切变线、低空急流 |
| | | | | 地面 | 地面倒槽 |
| 41 | 20090411—0412 | 持续南风型 | 地面暖倒槽锋生型 | 200 hPa | 高空急流 |
| | | | | 500 hPa | 高空槽 |
| | | | | 700 hPa | 冷式切变线、低空急流 |
| | | | | 850 hPa | 暖式切变线、低空急流 |
| | | | | 地面 | 暖低压倒槽 |

| 序号 | 过程起止日期 | 南岳山风场型 | 天气型 | | 主要影响系统 |
|---|---|---|---|---|---|
| 42 | 20090418－0419 | 南风转北风型 | 地面暖倒槽锋生型 | 200 hPa | 高空急流 |
| | | | | 500 hPa | 高空槽 |
| | | | | 700 hPa | 冷式切变线、低空急流 |
| | | | | 850 hPa | 西南低涡、人字形切变线、低空急流 |
| | | | | 地面 | 暖低压倒槽 |
| 43 | 20090423－0424 | 南风转北风型 | 地面暖倒槽锋生型 | 200 hPa | 高空急流 |
| | | | | 500 hPa | 短波槽 |
| | | | | 700 hPa | 冷式切变线、低空急流 |
| | | | | 850 hPa | 西南低涡、人字形切变线、低空急流 |
| | | | | 地面 | 低压倒槽、冷锋 |
| 44 | 20090429 | 持续南风型 | 低涡冷槽型 | 200 hPa | 高空急流、高空槽 |
| | | | | 500 hPa | 高空槽 |
| | | | | 700 hPa | 冷式切变线 |
| | | | | 850 hPa | 暖式切变线、低空急流 |
| | | | | 地面 | 南岭静止锋 |
| 45 | 20090516－0519 | 南风转北风型 | 低涡冷槽型 | 200 hPa | 高空急流 |
| | | | | 500 hPa | 高空槽 |
| | | | | 700 hPa | 冷式切变线、低空急流 |
| | | | | 850 hPa | 冷式切变线、低空急流 |
| | | | | 地面 | 冷锋 |
| 46 | 20090607－0610 | 南风转北风型 | 地面暖倒槽锋生型 | 200 hPa | 南亚高压、高空急流 |
| | | | | 500 hPa | 短波槽 |
| | | | | 700 hPa | 冷式切变线、低空急流 |
| | | | | 850 hPa | 冷式切变线、低空急流 |
| | | | | 地面 | 倒槽锋生 |
| 47 | 20090628－0703 | 南风转北风型 | 梅雨锋切变型 | 200 hPa | 南亚高压、高空急流、高空槽 |
| | | | | 500 hPa | 高空槽、副高 |
| | | | | 700 hPa | 冷式切变线、低空急流 |
| | | | | 850 hPa | 西南低涡、人字形切变线、低空急流 |
| | | | | 地面 | 地面辐合线 |
| 48 | 20090723－0728 | 南风转北风型 | 低涡冷槽型 | 200 hPa | 南亚高压、高空急流 |
| | | | | 500 hPa | 高空槽、副高 |
| | | | | 700 hPa | 西南低涡、人字形切变线、低空急流 |
| | | | | 850 hPa | 西南低涡、人字形切变线、低空急流 |
| | | | | 地面 | 冷锋 |

续表

| 序号 | 过程起止日期 | 南岳山风场型 | 天气型 | | 主要影响系统 |
|---|---|---|---|---|---|
| 49 | 20090829－0830 | 南风转北风型 | 副高边缘型 | 200 hPa | 南亚高压 |
| | | | | 500 hPa | 高空槽、副高 |
| | | | | 700 hPa | 冷式切变线 |
| | | | | 850 hPa | 西南低涡、人字形切变线 |
| | | | | 地面 | 冷锋 |
| 50 | 20090920 | 南风转北风型 | 副高边缘型 | 200 hPa | 南亚高压 |
| | | | | 500 hPa | 高空槽、副高 |
| | | | | 700 hPa | 冷式切变线 |
| | | | | 850 hPa | 西南低涡、冷式切变线、低空急流 |
| | | | | 地面 | 冷锋 |
| 51 | 20100412－0414 | 南风转北风型 | 低涡冷槽型 | 200 hPa | 高空急流 |
| | | | | 500 hPa | 高空槽 |
| | | | | 700 hPa | 冷式切变线、低空急流 |
| | | | | 850 hPa | 冷式切变线 |
| | | | | 地面 | 冷锋 |
| 52 | 20100417－0421 | 南风转北风型 | 地面暖倒槽锋生型 | 200 hPa | 高空急流 |
| | | | | 500 hPa | 南支槽 |
| | | | | 700 hPa | 冷式切变线、低空急流 |
| | | | | 850 hPa | 西南低涡、人字形切变线、低空急流 |
| | | | | 地面 | 冷锋 |
| 53 | 20100505－0509 | 南风转北风型 | 地面暖倒槽锋生型 | 200 hPa | 高空急流 |
| | | | | 500 hPa | 高空槽 |
| | | | | 700 hPa | 冷式切变线、低空急流 |
| | | | | 850 hPa | 冷式切变线、低空急流 |
| | | | | 地面 | 冷锋 |
| 54 | 20100512－0514 | 南风转北风型 | 地面暖倒槽锋生型 | 200 hPa | 高空急流 |
| | | | | 500 hPa | 高空槽 |
| | | | | 700 hPa | 冷式切变线、低空急流 |
| | | | | 850 hPa | 西南低涡、暖式切变线、低空急流 |
| | | | | 地面 | 低压倒槽 |
| 55 | 20100516－0519 | 南风转北风型 | 地面暖倒槽锋生型 | 200 hPa | 高空急流 |
| | | | | 500 hPa | 高空槽 |
| | | | | 700 hPa | 低空急流 |
| | | | | 850 hPa | 冷式切变线、低空急流 |
| | | | | 地面 | 冷锋 |

| 序号 | 过程起止日期 | 南岳山风场型 | 天气型 | | 主要影响系统 |
|---|---|---|---|---|---|
| 56 | 20100520—0522 | 南风转北风型 | 低涡冷槽型 | 200 hPa | 高空急流、高空槽 |
| | | | | 500 hPa | 高空槽 |
| | | | | 700 hPa | 冷式切变线、低空急流 |
| | | | | 850 hPa | 西南低涡、人字形切变线、低空急流 |
| | | | | 地面 | 倒槽锋生 |
| 57 | 20100526—0528 | 南风转北风型 | 低涡冷槽型 | 200 hPa | 高空急流 |
| | | | | 500 hPa | 高空槽 |
| | | | | 700 hPa | 高空槽、副高 |
| | | | | 850 hPa | 西南低涡、人字形切变线、低空急流 |
| | | | | 地面 | 倒槽锋生 |
| 58 | 20100607—0609 | 南风转北风型 | 地面暖倒槽锋生型 | 200 hPa | 高空急流、高空槽 |
| | | | | 500 hPa | 高空槽、副高 |
| | | | | 700 hPa | 冷式切变线、低空急流 |
| | | | | 850 hPa | 西南低涡、人字形切变线、低空急流 |
| | | | | 地面 | 倒槽锋生 |
| 59 | 20100616—0618 | 持续南风型 | 低涡冷槽型 | 200 hPa | 高空急流 |
| | | | | 500 hPa | 高空槽、副高 |
| | | | | 700 hPa | 冷式切变线、低空急流 |
| | | | | 850 hPa | 冷式切变线 |
| | | | | 地面 | 地面辐合线 |
| 60 | 20100618—0621 | 南风转北风型 | 梅雨锋切变型 | 200 hPa | 南亚高压、高空急流 |
| | | | | 500 hPa | 短波槽、副高 |
| | | | | 700 hPa | 西南低涡、人字形切变线、低空急流 |
| | | | | 850 hPa | 西南低涡、人字形切变线、低空急流 |
| | | | | 地面 | 准静止锋 |
| 61 | 20100623—0624 | 南风转北风型 | 低涡冷槽型 | 200 hPa | 南亚高压、高空急流 |
| | | | | 500 hPa | 高空槽 |
| | | | | 700 hPa | 冷式切变线、低空急流 |
| | | | | 850 hPa | 西南低涡、人字形切变线、低空急流 |
| | | | | 地面 | 倒槽锋生 |
| 62 | 20100704—0707 | 持续南风型 | 梅雨锋切变型 | 200 hPa | 南亚高压 |
| | | | | 500 hPa | 高空槽、副高 |
| | | | | 700 hPa | 冷式切变线、低空急流 |
| | | | | 850 hPa | 暖式切变线、低空急流 |
| | | | | 地面 | 准静止锋 |

续表

| 序号 | 过程起止日期 | 南岳山风场型 | 天气型 | | 主要影响系统 |
|------|-------------|-------------|--------|--------|-------------|
| 63 | 20100708—0715 | 持续南风型 | 梅雨锋切变型 | 200 hPa | 南亚高压、高空急流 |
| | | | | 500 hPa | 高空槽、副高 |
| | | | | 700 hPa | 冷式切变线、低空急流 |
| | | | | 850 hPa | 西南低涡、人字形切变线、低空急流 |
| | | | | 地面 | 准静止锋 |
| 64 | 20100720 | 持续南风型 | 副高边缘型 | 200 hPa | 高空急流、高空槽 |
| | | | | 500 hPa | 高空槽、副高 |
| | | | | 700 hPa | 冷式切变线、低空急流 |
| | | | | 850 hPa | 冷式切变线、低空急流 |
| | | | | 地面 | 地面辐合线 |
| 65 | 20100815—0817 | 持续南风型 | 低涡冷槽型 | 200 hPa | 南亚高压、高空急流、高空槽 |
| | | | | 500 hPa | 高空槽、副高 |
| | | | | 700 hPa | 冷式切变线 |
| | | | | 850 hPa | 西南低涡、冷式切变线、低空急流 |
| | | | | 地面 | 冷锋 |
| 66 | 20100921—0922 | 南北风交替型 | 西行台风型 | 200 hPa | 南亚高压 |
| | | | | 500 hPa | (1011)"凡亚比"台风低压倒槽 |
| | | | | 700 hPa | (1011)"凡亚比"台风低压倒槽 |
| | | | | 850 hPa | (1011)"凡亚比"台风低压倒槽 |
| | | | | 地面 | (1011)"凡亚比"台风低压 |
| 67 | 20110415—0416 | 南风转北风型 | 地面暖倒槽锋生型 | 200 hPa | 高空急流 |
| | | | | 500 hPa | 短波槽 |
| | | | | 700 hPa | 冷式切变线 |
| | | | | 850 hPa | 冷式切变线 |
| | | | | 地面 | 倒槽锋生 |
| 68 | 20110508 | 持续南风型 | 地面暖倒槽锋生型 | 200 hPa | 高空急流 |
| | | | | 500 hPa | 高空槽 |
| | | | | 700 hPa | 低空急流 |
| | | | | 850 hPa | 暖式切变线、低空急流 |
| | | | | 地面 | 低压倒槽 |
| 69 | 20110510—0512 | 南风转北风型 | 地面暖倒槽锋生型 | 200 hPa | 高空急流 |
| | | | | 500 hPa | 高空槽 |
| | | | | 700 hPa | 冷式切变线、低空急流 |
| | | | | 850 hPa | 西南低涡、冷式切变线、低空急流 |
| | | | | 地面 | 倒槽锋生 |

| 序号 | 过程起止日期 | 南岳山风场型 | 天气型 | | 主要影响系统 |
|------|------------|------------|--------|--------|------------|
| 70 | 20110521—0522 | 持续北风型 | 华南准静止锋 | 200 hPa | 高空急流 |
| | | | | 500 hPa | 高空槽 |
| | | | | 700 hPa | 西南低涡、人字形切变线、低空急流 |
| | | | | 850 hPa | 西南低涡、暖式切变线 |
| | | | | 地面 | 准静止锋 |
| 71 | 20110603—0606 | 持续南风型 | 低涡冷槽型 | 200 hPa | 高空急流 |
| | | | | 500 hPa | 高空槽、副高 |
| | | | | 700 hPa | 冷式切变线、低空急流 |
| | | | | 850 hPa | 西南低涡、冷式切变线、低空急流 |
| | | | | 地面 | 倒槽锋生 |
| 72 | 20110609—0611 | 持续南风型 | 低涡冷槽型 | 200 hPa | 南亚高压、高空急流 |
| | | | | 500 hPa | 高空槽 |
| | | | | 700 hPa | 冷式切变线、低空急流 |
| | | | | 850 hPa | 西南低涡、人字形切变线、低空急流 |
| | | | | 地面 | 低压倒槽锋生 |
| 73 | 20110614—0616 | 南风转北风型 | 低涡冷槽型 | 200 hPa | 南亚高压、高空急流、高空槽 |
| | | | | 500 hPa | 高空槽、副高 |
| | | | | 700 hPa | 西南低涡、冷式切变线、低空急流 |
| | | | | 850 hPa | 西南低涡、人字形切变线、低空急流 |
| | | | | 地面 | 倒槽锋生 |
| 74 | 20110617—0619 | 持续南风型 | 梅雨锋切变型 | 200 hPa | 南亚高压、高空急流 |
| | | | | 500 hPa | 高空槽、副高 |
| | | | | 700 hPa | 冷式切变线、低空急流 |
| | | | | 850 hPa | 西南低涡、人字形切变线、低空急流 |
| | | | | 地面 | 准静止锋 |
| 75 | 20110623—0625 | 南风转北风型 | 低涡冷槽型 | 200 hPa | 南亚高压、高空急流 |
| | | | | 500 hPa | 高空槽 |
| | | | | 700 hPa | (1104)"海马"台风低压倒槽 |
| | | | | 850 hPa | (1104)"海马"台风低压倒槽 |
| | | | | 地面 | (1104)"海马"台风低压倒槽 |
| 76 | 20110805—0807 | 南北风交替型 | 低涡冷槽型 | 200 hPa | 南亚高压、高空急流、高空槽 |
| | | | | 500 hPa | 高空槽 |
| | | | | 700 hPa | 冷式切变线、低空急流 |
| | | | | 850 hPa | 西南低涡、冷式切变线 |
| | | | | 地面 | 地面辐合线 |

续表

| 序号 | 过程起止日期 | 南岳山风场型 | 天气型 | | 主要影响系统 |
| --- | --- | --- | --- | --- | --- |
| 77 | 20110809—0810 | 持续南风型 | 副高边缘型 | 200 hPa | 高空槽 |
| | | | | 500 hPa | 高空槽、副高 |
| | | | | 700 hPa | 冷式切变线 |
| | | | | 850 hPa | 冷式切变线 |
| | | | | 地面 | 地面辐合线 |
| 78 | 20110822—0823 | 南风转北风型 | 副高边缘型 | 200 hPa | 南亚高压、高空急流 |
| | | | | 500 hPa | 高空槽、副高 |
| | | | | 700 hPa | 冷式切变线 |
| | | | | 850 hPa | 西南低涡、冷式切变线 |
| | | | | 地面 | 冷锋 |
| 79 | 20120412 | 南风转北风型 | 地面暖倒槽锋生型 | 200 hPa | 高空急流 |
| | | | | 500 hPa | 高空槽 |
| | | | | 700 hPa | 冷式切变线、低空急流 |
| | | | | 850 hPa | 西南低涡、冷式切变线、低空急流 |
| | | | | 地面 | 倒槽锋生 |
| 80 | 20120428—0501 | 南风转北风型 | 低涡冷槽型 | 200 hPa | 高空急流 |
| | | | | 500 hPa | 高空槽、副高 |
| | | | | 700 hPa | 冷式切变线、低空急流 |
| | | | | 850 hPa | 西南低涡、冷式切变线、低空急流 |
| | | | | 地面 | 低压倒槽 |
| 81 | 20120508—0510 | 南风转北风型 | 地面暖倒槽锋生型 | 200 hPa | 高空急流 |
| | | | | 500 hPa | 高空槽、副高 |
| | | | | 700 hPa | 冷式切变线、低空急流 |
| | | | | 850 hPa | 西南低涡、人字形切变线、低空急流 |
| | | | | 地面 | 倒槽锋生 |
| 82 | 20120511—0513 | 南风转北风型 | 地面暖倒槽锋生型 | 200 hPa | 高空急流 |
| | | | | 500 hPa | 高空槽 |
| | | | | 700 hPa | 西南低涡、人字形切变线、低空急流 |
| | | | | 850 hPa | 西南低涡、人字形切变线、低空急流 |
| | | | | 地面 | 倒槽锋生 |
| 83 | 20120513—0514 | 南风转北风型 | 低涡冷槽型 | 200 hPa | 高空急流 |
| | | | | 500 hPa | 高空槽 |
| | | | | 700 hPa | 冷式切变线、低空急流 |
| | | | | 850 hPa | 西南低涡、人字形切变线、低空急流 |
| | | | | 地面 | 冷锋 |

| 序号 | 过程起止日期 | 南岳山风场型 | 天气型 | | 主要影响系统 |
|---|---|---|---|---|---|
| 84 | 20120521—0523 | 南风转北风型 | 低涡冷槽型 | 200 hPa | 高空急流 |
| | | | | 500 hPa | 高空槽 |
| | | | | 700 hPa | 冷式切变线 |
| | | | | 850 hPa | 西南低涡、人字形切变线 |
| | | | | 地面 | 低压倒槽 |
| 85 | 20120529—0530 | 南风转北风型 | 低涡冷槽型 | 200 hPa | 高空急流 |
| | | | | 500 hPa | 高空槽、副高 |
| | | | | 700 hPa | 冷式切变线 |
| | | | | 850 hPa | 西南低涡、冷式切变线 |
| | | | | 地面 | 地面辐合线 |
| 86 | 20120609—0611 | 南风转北风型 | 低涡冷槽型 | 200 hPa | 南亚高压、高空急流 |
| | | | | 500 hPa | 高空槽 |
| | | | | 700 hPa | 冷式切变线、低空急流 |
| | | | | 850 hPa | 西南低涡、冷式切变线、低空急流 |
| | | | | 地面 | 地面辐合线 |
| 87 | 20120625—0628 | 持续南风型 | 低涡冷槽型 | 200 hPa | 南亚高压 |
| | | | | 500 hPa | 高空槽 |
| | | | | 700 hPa | 西南低涡、人字形切变线、低空急流 |
| | | | | 850 hPa | 西南低涡、人字形切变线、低空急流 |
| | | | | 地面 | 低压倒槽 |
| 88 | 20120711—0719 | 持续南风型 | 副高边缘型 | 200 hPa | 南亚高压、高空急流、高空槽 |
| | | | | 500 hPa | 高空槽、副高 |
| | | | | 700 hPa | 冷式切变线、低空急流 |
| | | | | 850 hPa | 冷式切变线、低空急流 |
| | | | | 地面 | 地面辐合线 |
| 89 | 20120804—0805 | 北风转南风型 | 西北行台风型 | 200 hPa | 南亚高压 |
| | | | | 500 hPa | (1211)"海葵"台风倒槽 |
| | | | | 700 hPa | (1211)"海葵"台风切变线 |
| | | | | 850 hPa | (1211)"海葵"台风切变线 |
| | | | | 地面 | (1211)"海葵"台风 |
| 90 | 20120902—0903 | 南风转北风型 | 副高边缘型 | 200 hPa | 南亚高压、高空急流、高空槽 |
| | | | | 500 hPa | 高空槽、副高 |
| | | | | 700 hPa | 冷式切变线 |
| | | | | 850 hPa | 冷式切变线 |
| | | | | 地面 | 地面冷锋 |

续表

| 序号 | 过程起止日期 | 南岳山风场型 | 天气型 | | 主要影响系统 |
| --- | --- | --- | --- | --- | --- |
| 91 | 20120908—0909 | 持续南风型 | 副高边缘型 | 200 hPa | 南亚高压、高空急流 |
| | | | | 500 hPa | 高空槽、副高 |
| | | | | 700 hPa | 低空急流 |
| | | | | 850 hPa | 冷式切变线、低空急流 |
| | | | | 地面 | 地面辐合线 |
| 92 | 20120911—0912 | 南风转北风型 | 副高边缘型 | 200 hPa | 南亚高压、高空急流 |
| | | | | 500 hPa | 高空槽、副高 |
| | | | | 700 hPa | 冷式切变线、低空急流 |
| | | | | 850 hPa | 冷式切变线、低空急流 |
| | | | | 地面 | 地面冷医 |
| 93 | 20130404—0405 | 南风转北风型 | 地面暖倒槽锋生型 | 200 hPa | 高空急流 |
| | | | | 500 hPa | 高空槽 |
| | | | | 700 hPa | 暖式切变线、低空急流 |
| | | | | 850 hPa | 暖式切变线、低空急流 |
| | | | | 地面 | 倒槽锋生 |
| 94 | 20130423—0425 | 南风转北风型 | 低涡冷槽型 | 200 hPa | 高空急流 |
| | | | | 500 hPa | 短波槽 |
| | | | | 700 hPa | 冷式切变线、低空急流 |
| | | | | 850 hPa | 冷式切变线、低空急流 |
| | | | | 地面 | 地面冷锋 |
| 95 | 20130428—0430 | 南风转北风型 | 地面暖倒槽锋生型 | 200 hPa | 高空急流 |
| | | | | 500 hPa | 高空槽 |
| | | | | 700 hPa | 西南低涡、人字形切变线、低空急流 |
| | | | | 850 hPa | 西南低涡、人字形切变线、低空急流 |
| | | | | 地面 | 倒槽锋生 |
| 96 | 20130506—0508 | 持续南风型 | 低涡冷槽型 | 200 hPa | 高空急流 |
| | | | | 500 hPa | 高空槽 |
| | | | | 700 hPa | 冷式切变线、低空急流 |
| | | | | 850 hPa | 西南低涡、人字形切变线、低空急流 |
| | | | | 地面 | 地面辐合线 |
| 97 | 20130514—0516 | 南风转北风型 | 地面暖倒槽锋生型 | 200 hPa | 高空急流 |
| | | | | 500 hPa | 高空槽 |
| | | | | 700 hPa | 冷式切变线、低空急流 |
| | | | | 850 hPa | 西南低涡、冷式切变线、低空急流 |
| | | | | 地面 | 低压倒槽 |

| 序号 | 过程起止日期 | 南岳山风场型 | 天气型 | | 主要影响系统 |
|---|---|---|---|---|---|
| 98 | 20130528—0529 | 南风转北风型 | 低涡冷槽型 | 200 hPa | 南亚高压 |
| | | | | 500 hPa | 短波槽、副高 |
| | | | | 700 hPa | 冷式切变线 |
| | | | | 850 hPa | 西南低涡、暖式切变线、低空急流 |
| | | | | 地面 | 倒槽锋生 |
| 99 | 20130605—0606 | 持续南风型 | 低涡冷槽型 | 200 hPa | 高空急流 |
| | | | | 500 hPa | 高空槽 |
| | | | | 700 hPa | 冷式切变线、低空急流 |
| | | | | 850 hPa | 西南低涡、人字形切变线、低空急流 |
| | | | | 地面 | 地面辐合线 |
| 100 | 20130609—0610 | 持续北风型 | 华南准静止锋 | 200 hPa | 高空急流、高空槽 |
| | | | | 500 hPa | 高空槽 |
| | | | | 700 hPa | 冷式切变线 |
| | | | | 850 hPa | 西南低涡、暖式切变线、低空急流 |
| | | | | 地面 | 准静止锋 |
| 101 | 20130626—0628 | 持续南风型 | 梅雨锋切变型 | 200 hPa | 南亚高压、高空急流、高空槽 |
| | | | | 500 hPa | 高空槽、副高 |
| | | | | 700 hPa | 冷式切变线、低空急流 |
| | | | | 850 hPa | 冷式切变线、低空急流 |
| | | | | 地面 | 准静止锋 |
| 102 | 20130705—0706 | 持续南风型 | 副高边缘型 | 200 hPa | 南亚高压 |
| | | | | 500 hPa | 高空槽、副高 |
| | | | | 700 hPa | 冷式切变线、低空急流 |
| | | | | 850 hPa | 冷式切变线、低空急流 |
| | | | | 地面 | 地面辐合线 |
| 103 | 20130815—0818 | 南北风交替型 | 南海北上台风型 | 200 hPa | 南亚高压 |
| | | | | 500 hPa | (1311)"尤特"台风 |
| | | | | 700 hPa | (1311)"尤特"台风 |
| | | | | 850 hPa | (1311)"尤特"台风 |
| | | | | 地面 | (1311)"尤特"台风 |
| 104 | 20130822—0823 | 北风转南风型 | 西北行台风型 | 200 hPa | 南亚高压 |
| | | | | 500 hPa | (1312)"潭美"台风 |
| | | | | 700 hPa | (1312)"潭美"台风 |
| | | | | 850 hPa | (1312)"潭美"台风 |
| | | | | 地面 | (1312)"潭美"台风 |

续表

| 序号 | 过程起止日期 | 南岳山风场型 | 天气型 | | 主要影响系统 |
|---|---|---|---|---|---|
| 105 | 20130910—0911 | 持续南风型 | 副高边缘型 | 200 hPa | 高空急流 |
| | | | | 500 hPa | 高空槽、副高 |
| | | | | 700 hPa | 冷式切变线 |
| | | | | 850 hPa | 冷式切变线 |
| | | | | 地面 | 地面冷锋 |
| 106 | 20130923—0924 | 北风转南风型 | 西北行台风型 | 200 hPa | 南亚高压 |
| | | | | 500 hPa | (1319)"天兔"台风低压倒槽 |
| | | | | 700 hPa | (1319)"天兔"台风低压倒槽 |
| | | | | 850 hPa | (1319)"天兔"台风低压倒槽 |
| | | | | 地面 | (1319)"天兔"台风低压倒槽 |
| 107 | 20140405—0406 | 北风转南风型 | 低涡冷槽型 | 200 hPa | 高空急流、高空槽 |
| | | | | 500 hPa | 高空槽 |
| | | | | 700 hPa | 冷式切变线、低空急流 |
| | | | | 850 hPa | 西南低涡、暖式切变线 |
| | | | | 地面 | 地面辐合线 |
| 108 | 20140508—0510 | 持续南风型 | 地面暖倒槽锋生型 | 200 hPa | 高空急流、高空槽 |
| | | | | 500 hPa | 短波槽 |
| | | | | 700 hPa | 暖式切变线、低空急流 |
| | | | | 850 hPa | 暖式切变线、低空急流 |
| | | | | 地面 | 低压倒槽 |
| 109 | 20140521—0522 | 南风转北风型 | 地面暖倒槽锋生型 | 200 hPa | 高空急流 |
| | | | | 500 hPa | 高空槽 |
| | | | | 700 hPa | 冷式切变线、低空急流 |
| | | | | 850 hPa | 西南低涡、人字形切变线、低空急流 |
| | | | | 地面 | 低压倒槽 |
| 110 | 20140524—0525 | 南风转北风型 | 低涡冷槽型 | 200 hPa | 南亚高压、高空急流 |
| | | | | 500 hPa | 短波槽、副高 |
| | | | | 700 hPa | 冷式切变线、低空急流 |
| | | | | 850 hPa | 西南低涡、人字形切变线、低空急流 |
| | | | | 地面 | 地面辐合线 |
| 111 | 20140601—0602 | 南风转北风型 | 低涡冷槽型 | 200 hPa | 南亚高压、高空急流 |
| | | | | 500 hPa | 高空槽、副高 |
| | | | | 700 hPa | 冷式切变线、低空急流 |
| | | | | 850 hPa | 冷式切变线、低空急流 |
| | | | | 地面 | 地面冷锋 |

| 序号 | 过程起止日期 | 南岳山风场型 | 天气型 | | 主要影响系统 |
|---|---|---|---|---|---|
| 112 | 20140603－0605 | 南风转北风型 | 低涡冷槽型 | 200 hPa | 南亚高压、高空急流 |
| | | | | 500 hPa | 高空槽 |
| | | | | 700 hPa | 冷式切变线 |
| | | | | 850 hPa | 西南低涡、暖式切变线、低空急流 |
| | | | | 地面 | 地面辐合线 |
| 113 | 20140619－0621 | 南风转北风型 | 低涡冷槽型 | 200 hPa | 南亚高压、高空急流 |
| | | | | 500 hPa | 高空槽 |
| | | | | 700 hPa | 西南低涡、人字形切变线、低空急流 |
| | | | | 850 hPa | 西南低涡、人字形切变线、低空急流 |
| | | | | 地面 | 地面冷锋 |
| 114 | 20140703－0705 | 持续南风型 | 低涡冷槽型 | 200 hPa | 高空急流、高空槽 |
| | | | | 500 hPa | 高空槽、副高 |
| | | | | 700 hPa | 西南低涡、人字形切变线、低空急流 |
| | | | | 850 hPa | 西南低涡、人字形切变线、低空急流 |
| | | | | 地面 | 地面辐合线 |
| 115 | 20140712－0713 | 持续南风型 | 梅雨锋切变型 | 200 hPa | 南亚高压、高空急流 |
| | | | | 500 hPa | 高空槽、副高 |
| | | | | 700 hPa | 冷式切变线 |
| | | | | 850 hPa | 西南低涡、人字形切变线、低空急流 |
| | | | | 地面 | 准静止锋 |
| 116 | 20140714－0717 | 持续南风型 | 梅雨锋切变型 | 200 hPa | 南亚高压、高空急流、高空槽 |
| | | | | 500 hPa | 高空槽、副高 |
| | | | | 700 hPa | 冷式切变线、低空急流 |
| | | | | 850 hPa | 冷式切变线、低空急流 |
| | | | | 地面 | 准静止锋 |
| 117 | 20140817－0819 | 南风转北风型 | 低涡冷槽型 | 200 hPa | 南亚高压、高空急流、高空槽 |
| | | | | 500 hPa | 高空槽、副高 |
| | | | | 700 hPa | 切变线、低空急流 |
| | | | | 850 hPa | 冷式切变线、低空急流 |
| | | | | 地面 | 地面辐合线 |
| 118 | 20150403－0405 | 持续南风型 | 地面暖倒槽锋生型 | 200 hPa | 高空急流 |
| | | | | 500 hPa | 高空槽 |
| | | | | 700 hPa | 低空急流 |
| | | | | 850 hPa | 西南低涡、人字形切变线、低空急流 |
| | | | | 地面 | 低压倒槽、倒槽锋生 |

续表

| 序号 | 过程起止日期 | 南岳山风场型 | 天气型 | | 主要影响系统 |
|---|---|---|---|---|---|
| 119 | 20150419—0420 | 南风转北风型 | 地面暖倒槽锋生型 | 200 hPa | 高空急流 |
| | | | | 500 hPa | 东北冷涡、高空槽 |
| | | | | 700 hPa | 冷式切变线、低空急流 |
| | | | | 850 hPa | 冷式切变线 |
| | | | | 地面 | 低压倒槽、倒槽锋生 |
| 120 | 20150501—0502 | 南风转北风型 | 地面暖倒槽锋生型 | 200 hPa | 高空急流 |
| | | | | 500 hPa | 高空槽 |
| | | | | 700 hPa | 冷式切变线、低空急流 |
| | | | | 850 hPa | 西南低涡、人字形切变线、低空急流 |
| | | | | 地面 | 低压倒槽、倒槽锋生 |
| 121 | 20150507—0508 | 南风转北风型 | 地面暖倒槽锋生型 | 200 hPa | 高空急流 |
| | | | | 500 hPa | 高空槽 |
| | | | | 700 hPa | 冷式切变线、低空急流 |
| | | | | 850 hPa | 西南低涡、人字形切变线、低空急流 |
| | | | | 地面 | 低压倒槽、倒槽锋生 |
| 122 | 20150510—0511 | 南风转北风型 | 地面暖倒槽锋生型 | 200 hPa | 高空槽、高空急流 |
| | | | | 500 hPa | 东北冷涡、高空槽 |
| | | | | 700 hPa | 冷式切变线、低空急流 |
| | | | | 850 hPa | 西南低涡、人字形切变线 |
| | | | | 地面 | 低压倒槽、倒槽锋生 |
| 123 | 20150514—0516 | 南风转北风型 | 地面暖倒槽锋生型 | 200 hPa | 高空急流 |
| | | | | 500 hPa | 东北冷涡、高空槽 |
| | | | | 700 hPa | 冷式切变线、低空急流 |
| | | | | 850 hPa | 西南低涡、人字形切变线、低空急流 |
| | | | | 地面 | 低压倒槽、倒槽锋生 |
| 124 | 20150518—0520 | 南风转北风型 | 华南准静止锋 | 200 hPa | 高空急流 |
| | | | | 500 hPa | 短波槽、副高 |
| | | | | 700 hPa | 冷式切变线、低空急流 |
| | | | | 850 hPa | 西南低涡、人字形切变线、低空急流 |
| | | | | 地面 | 华南准静止锋 |
| 125 | 20150526—0530 | 南风转北风型 | 地面暖倒槽锋生型 | 200 hPa | 高空急流 |
| | | | | 500 hPa | 高空槽、副高 |
| | | | | 700 hPa | 冷式切变线、低空急流 |
| | | | | 850 hPa | 西南低涡、人字形切变线、低空急流 |
| | | | | 地面 | 暖低压倒槽 |

| 序号 | 过程起止日期 | 南岳山风场型 | 天气型 | | 主要影响系统 |
|---|---|---|---|---|---|
| 126 | 20150601—0604 | 南风转北风型 | 低涡冷槽型 | 200 hPa | 高空急流 |
| | | | | 500 hPa | 高空槽、副高 |
| | | | | 700 hPa | 冷式切变线、低空急流 |
| | | | | 850 hPa | 西南低涡、人字形切变线、低空急流 |
| | | | | 地面 | 低压倒槽 |
| 127 | 20150607—0609 | 南风转北风型 | 低涡冷槽型 | 200 hPa | 高空急流 |
| | | | | 500 hPa | 高空槽、副高 |
| | | | | 700 hPa | 西南低涡、人字形切变线、低空急流 |
| | | | | 850 hPa | 西南低涡、人字形切变线、低空急流 |
| | | | | 地面 | 低压倒槽、倒槽锋生 |
| 128 | 20150610—0611 | 南风转北风型 | 副高边缘型 | 200 hPa | 高空槽 |
| | | | | 500 hPa | 东北冷涡、高空槽、副高 |
| | | | | 700 hPa | 冷式切变线、低空急流 |
| | | | | 850 hPa | 冷式切变线、低空急流 |
| | | | | 地面 | 地面辐合线 |
| 129 | 20150620—0622 | 持续南风型 | 低涡冷槽型 | 200 hPa | 南亚高压 |
| | | | | 500 hPa | 高空槽、副高 |
| | | | | 700 hPa | 西南低涡、人字形切变线、低空急流 |
| | | | | 850 hPa | 西南低涡、人字形切变线、低空急流 |
| | | | | 地面 | 地面冷锋 |
| 130 | 20150630—0704 | 南风转北风型 | 低涡冷槽型 | 200 hPa | 南亚高压、高空急流 |
| | | | | 500 hPa | 高空槽、副高 |
| | | | | 700 hPa | 冷式切变线 |
| | | | | 850 hPa | 西南低涡、人字形切变线、低空急流 |
| | | | | 地面 | 低压倒槽 |
| 131 | 20150722—0725 | 南风转北风型 | 地面暖倒槽锋生型 | 200 hPa | 高空槽、高空急流 |
| | | | | 500 hPa | 高空槽、副高 |
| | | | | 700 hPa | 西南低涡、人字形切变线、低空急流 |
| | | | | 850 hPa | 西南低涡、人字形切变线、低空急流 |
| | | | | 地面 | 低压倒槽、倒槽锋生 |
| 132 | 20150812—0814 | 持续南风型 | 副高边缘型 | 200 hPa | 南亚高压、高空槽 |
| | | | | 500 hPa | 高空槽、副高 |
| | | | | 700 hPa | 冷式切变线 |
| | | | | 850 hPa | 西南低涡、人字形切变线 |
| | | | | 地面 | 地面辐合线 |

| 序号 | 过程起止日期 | 南岳山风场型 | 天气型 | | 主要影响系统 |
|---|---|---|---|---|---|
| 133 | 20150818—0819 | 持续南风型 | 副高边缘型 | 200 hPa | 南亚高压、高空急流 |
| | | | | 500 hPa | 高空槽、副高 |
| | | | | 700 hPa | 西南低涡、人字形切变线、低空急流 |
| | | | | 850 hPa | 西南低涡、人字形切变线、低空急流 |
| | | | | 地面 | 低压倒槽 |
| 134 | 20150827—0828 | 持续南风型 | 副高边缘型 | 200 hPa | 高空槽、高空急流 |
| | | | | 500 hPa | 东北冷涡、高空槽、副高 |
| | | | | 700 hPa | 西南低涡、人字形切变线 |
| | | | | 850 hPa | 暖式切变线 |
| | | | | 地面 | 低压倒槽 |
| 135 | 20150905—0907 | 南风转北风型 | 副高边缘型 | 200 hPa | 南亚高压、高空急流 |
| | | | | 500 hPa | 短波槽、副高 |
| | | | | 700 hPa | 冷式切变线、低空急流 |
| | | | | 850 hPa | 西南低涡、人字形切变线、低空急流 |
| | | | | 地面 | 地面辐合线 |

# 附录 D 中尺度天气分析业务技术规范

本附录节选自《中尺度天气分析业务技术规范》(2012 年修订版),为国家气象中心的中尺度对流天气分析业务的技术依据,也可供各级气象台站开展中尺度对流天气分析业务时参考。

## 1 天气图分析规范

### 1.1 水汽条件

分析地面以及对流层中低层环境场湿度信息,判断有利于对流天气发生发展的水汽条件。分析层次包括地面、925 hPa、850 hPa、700 hPa、500 hPa。

(注:代表地面、对流层低层和中层的等压面及其环境场条件分析阈值因不同海拔地区和季节而异。)

#### 1.1.1 低层显著湿区

定义:显著湿区是指天气图上绝对湿度或相对湿度显著高的区域,也称湿舌。

分析目的:分析对流层低层的水汽绝对含量大或接近饱和的程度,用以判断对流天气发生发展的基本水汽条件。

技术要求:当满足附表 D1 条件任意一项时,在对流层低层分析显著湿区。多项同时满足时,挑选其中最能反映低层高湿水汽条件特征的一项进行分析。

**附表 D1 低层显著湿区**

| 分析对象/层次 | 地面 | 925 hPa | 850 hPa |
|---|---|---|---|
| 低层露点温度 | ≥20℃ | ≥16℃ | ≥12℃ |
| 低层温度露点差($T-T_d$) | ≤5℃ | ≤5℃ | ≤5℃ |
| 低层相对湿度(RH) | ≥70% | ≥70% | ≥70% |

(注:高原地区可改用 700hPa 或 500hPa。)

分析符号及标注: ![TTTT] ;颜色:绿色。锯齿指向大值区内部。

在分析线上标注湿度要素的名称及大小:"850$T_d$12"表示 850hPa 露点大于 12℃;"$T-T_d$3"表示温度露点差小于等于 3 ℃;"RH80"表示相对湿度大于等于 80%。

#### 1.1.2 中层干区(也称干舌)

分析目的:分析与低层湿区相配合时,可形成"下湿上干"层结的对流层中层干区,与雷暴大风强度有密切联系。

技术要求:当对流层低层存在显著湿区时,在其上方及其上游地区分析中层干区,具体分析条件如附表 D2 所示。当两层都符合条件时,挑选其中最能反映中层干区特征的一层进行分析。

**附表 D2　中层干区指标参考值**

| 分析对象/层次 | 700 hPa | 500 hPa |
|---|---|---|
| 温度露点差($T-T_d$) | ≥15℃ | ≥15℃ |
| 相对湿度(RH) | ≤40% | ≤40% |

分析符号及标注：　　　　；颜色：橘黄色。锯齿指向干舌内部。

在分析线上标注物理量及大小："$T-T_d20$"表示温度露点差大于等于 20 ℃；"RH40"表示相对湿度小于等于 40%。

### 1.1.3　判断分类强对流天气的水汽条件量化指标

国家气象中心中尺度天气分析业务中,判断不同类型强对流天气的水汽条件参考阈值见附表 D3。各地区分析业务中采用的量化分析指标应当由当地统计分析得到。

**附表 D3　分类强对流天气的水汽条件参考值**

| | | 区域性短时强降水 | 大冰雹 | 强雷暴大风 |
|---|---|---|---|---|
| 低层显著湿区或湿舌 | $T_d$(850hPa) | >12℃ | >10℃ | >8℃ |
| | $T_d$(925hPa) | >16℃ | >14℃ | >12℃ |
| | $T_d$(地面) | >20℃ | >16℃ | >14℃ |
| 中层干区或干舌 | | / | / | $T-T_d$≥ 30℃ |

### 1.1.4　湿度锋区

湿度锋区根据露点线(也可根据等比湿线或等假相当位温线)分析露点锋或干线。

地面干线：　　　　；颜色：黑色。锯齿指向湿区一侧。

925 hPa 露点锋：　　　　；颜色：灰色。锯齿指向湿区一侧。

850 hPa 露点锋：　　　　；颜色：红色。锯齿指向湿区一侧。

700 hPa 露点锋：　　　　；颜色：棕色。锯齿指向湿区一侧。

## 1.2　热力不稳定条件

分析对流层温度场,判断有利于对流天气发生发展的热力不稳定条件。分析层次包括 850 hPa、700 hPa、500 hPa。

(注:代表边界层顶和对流层中、低的等压面的环境热力场条件,分析阈值因不同海拔地区和季节而异。)

### 1.2.1　低层暖脊

分析目的:分析低层暖环境及暖平流,判断热力不稳定条件及其变化趋势。

技术要求:从暖中心出发,沿等温度线曲率最大处分析温度脊。

分析符号及标注:850 hPa 暖脊：● ● ● ●；颜色：红色。

700 hPa 暖脊：● ● ● ●；颜色：棕色。

根据需要,用红色"N"标注暖中心,并标注大小,如"N22"表示暖中心温度达到或超过 22℃。

## 1.2.2 中层冷槽

分析目的:分析中层冷环境及冷平流,判断热力不稳定条件及变化趋势。

技术要求:从冷中心出发,沿等温度线曲率最大处分析温度槽。当两层都符合条件时,挑选其中最能反映中层冷区特征的一层进行分析。

分析符号及标注:500 hPa 分析符号:▲▲ ▲ ▲;颜色:蓝色。

700 hPa 分析符号:▲▲ ▲ ▲;颜色:棕色。

根据需要,用蓝色"L"标注冷中心,并标注大小,如"L−16"表示冷中心温度等于或小于−16℃。

## 1.2.3 中低层垂直温差或假相当位温差

分析目的:分析环境温度或假相当位温直减率,判断热力不稳定条件。

技术要求:在满足低层存在显著湿区的地区,当满足附表 D4 条件任意一项时,分析上下等温度差线或假相当位温差线;如果附表 D4 中有 2 项或 3 项都满足,则选择其中最显著的一项分析。

附表 D4 中低层垂直温差或假相当位温差

| | 850 hPa 与 500 hPa 温度差(DT85) | 700 hPa 与 500 hPa 的温度差(DT75) | 850 hPa 与 500 hPa 假相当位温度差 |
|---|---|---|---|
| 分析阈值 | ≥25℃ | ≥16℃ | ≥6℃ |

分析符号及标注:━━ ━ ━;颜色:橘黄色。

在分析线上标注物理量及大小:如"T8525"表示 850 hPa 与 500 hPa 的温度差大于等于 25 ℃;"T7516"表示 700 hPa 与 500 hPa 的温度差大于等于 16 ℃;"$\theta_{se}856$"表示 850 hPa 与 500 hPa 的假相当位温差大于等于 6 ℃。

## 1.2.4 显著降温区

分析目的:分析中层冷环境及冷平流,判断热力不稳定条件及变化趋势。

技术要求:当 500 hPa 变温超过−3℃时,在负变温低值区分析显著降温区。夏半年分析 24 h 变温,冬半年分析 12 h 变温。

分析符号及标注:━●━●━●━;颜色:蓝色。

在显著降温线上标注大小。如"−6"表示 500 hPa 的降温大于等于 6 ℃。

## 1.2.5 判断分类强对流天气的不稳定条件量化指标

国家气象中心中尺度天气分析业务中,判断不同类型强对流天气的不稳定条件参考阈值见附表 D5。各地区分析业务中采用的量化分析指标由当地根据本地区气候特点决定。

附表 D5 不同类型强对流天气的不稳定条件参考阈值

| | 区域性短时强降水 | 大冰雹 | 强雷暴大风 |
|---|---|---|---|
| 低层温度脊或暖平流 | 有利 | 有利 | 有利 |
| 中层温度槽或冷平流 | / | 有利 | 有利 |
| $T_{850}-T_{500}$ | ≥22℃ | ≥27℃ | ≥25℃ |
| $\theta_{se850}-\theta_{se500}$ | ≥0℃ | ≥6℃ | ≥6℃ |
| 中层显著降温 | / | 有利 | 有利 |

## 1.3　抬升条件

分析中低层流场,判断有利于触发对流天气的抬升条件。分析层次包括地面、925 hPa、850 hPa(高原地区可用 700 hPa、500 hPa)。

(注:代表地面、边界层对流层低层等压面的环境场条件分析,阈值因不同海拔地区和季节而异。)

### 1.3.1　边界线

分析目的:判断各类有利于触发强对流天气的边界层边界线。

技术要求:综合分析天气图上各温湿要素分布的不连续,即要素等值线疏密的不连续。温度锋区参照传统天气图分析方法分析冷锋、暖锋、静止锋、锢囚锋;地面辐合线分析地面气流汇合线,包括地面辐合线、出流边界、海陆风辐合线,但不包括常定的地形辐合线。

分析符号:冷锋: ；颜色:蓝色

暖锋: ；颜色:红色

静止锋: ；颜色:红色＋紫色＋蓝色

锢囚锋: ；颜色:红色＋紫色＋蓝色

地面辐合线: ■ × ■ ；颜色:黑色。

锋的分类和符号参照大尺度天气图分析,中尺度边界线符号用地面锋的符号代替。

### 1.3.2　中低层槽、切变线

分析目的:判断短波槽、切变线等造成抬升触发条件的环流系统。

技术要求:依据等压线或等高线的气旋性曲率最大处的连线分析槽线,依据风向或风速气旋型转折的不连续线分析切变线。

分析符号:850 hPa 切变线/槽线: ；颜色:红色。

700 hPa 切变线/槽线: ；颜色:棕色。

500 hPa 切变线/槽线: ；颜色:蓝色。

925 hPa 辐合线: ■ × ■ ；颜色:灰色。

## 1.4　风切变条件

分析对流层各层流场,判断有利于对流天气发生发展和加强的动力组织条件。分析层次包括 925 hPa、850 hPa、700 hPa、500 hPa、300 hPa、200 hPa。

(注:代表各地各高度层的等压面及其环境场条件分析阈值因不同海拔地区和季节而异。)

### 1.4.1　大风速带和急流核

分析目的:判断有利于存在强垂直风切变条件的高、低空大风速带特别是急流区等风场特征,有助于判断低空辐合和高空辐散。低空辐合常位于低空急流核的左前方;高空辐散常位于高空急流核的左前方或右后方(即高空急流出口区的左侧或入口区的右侧),辅助判断有利于垂直运动的环境场条件。也作为结合其他要素(温度、湿度等)分析判断平流过程时的参考。

技术要求:沿气流方向在风速显著大于周边的几何中心分析大风速带,当各等压面大风速达到附表 D6 的标准时,分析急流核。

分析符号:925 hPa:　　　　　;颜色:灰色。

　　　　　850 hPa:　　　　　;颜色:红色。

　　　　　700 hPa:　　　　　;颜色:棕色。

　　　　　500 hPa:　　　　　;颜色:蓝色。

　　　　　300/200 hPa:　　　　　;颜色:紫色。

　　　急流核:▭▭▭▭;颜色:与各层大风速带同。

**附表 D6　高、低空急流标准参考值**

|  | 925/850 hPa | 700 hPa | 500 hPa | 300/200 hPa |
|---|---|---|---|---|
| 各层急流风速阈值 | 12 m/s | 16 m/s | 20 m/s | 30 m/s |

#### 1.4.2　与辐合辐散区有关的特征流线

分析目的:标识与流场中主要辐合辐散区、风速切变区等相关联的主要流线。

技术要求:只用于标识未达到大风速带标准的气流,特征流线的走向必须与风向一致。

分析符号:地面:　　　　　;颜色:黑色。

　　　　　925 hPa:　　　　　;颜色:灰色。

　　　　　850 hPa:　　　　　;颜色:红色。

　　　　　700 hPa:　　　　　;颜色:棕色。

　　　　　500 hPa:　　　　　;颜色:蓝色。

　　　　　300/200 hPa:　　　　　;颜色:紫色。

## 2　术语和定义

本规范采用下列术语和定义(附表 D7)。

### 2.1　强对流天气

指雷暴、暴雨、冰雹、对流性大风、龙卷、下击暴流等对流性天气。

### 2.2　中尺度分析

尺度范围为几千米到几百千米的中尺度天气系统的分析。

### 2.3　锋

不同密度(温度、湿度)的气团间狭窄的过渡区。水平锋区内各种气象要素急剧变化。

### 2.4　切变线

风向和风速的不连续线。

### 2.5　辐合线

气流汇合处的切变线。

**附表 D7　中尺度天气分析符号**

| 500 hPa 槽线 | 冷锋 | 暖锋 | 静止锋 | 锢囚锋 | 强降水区 | 冰雹 |
|---|---|---|---|---|---|---|
| ▬▬▬▬ | ▬▬▬ | ▬▬▬ | ▬▬▬ | ▬▬▬ | ▨ | ◇ |
| 等露点温度（$T_d$）线 | 显著湿区线 | 过去 12h 槽线、切变线 | 等 850（700）hPa 与 500 hPa 温度差（T85，T75）线 | 等 CAPE（KI、LI、$\theta_{se}$）线 | 中尺度对流系统 | 雷暴大风 |
| ▬ ▬ | ▬▬ | ▬ ▬ | ▬ ▬ ▬ | ▬ ▬ ▬ | ⬭ | ⌐ |
| 湿轴 | 冷堆 | 干舌 | 过去 12h 暖锋 | 过去 12h 冷锋 | 飑线 | 龙卷 |
| ∿→ | K | ▬▬ | ▬▬ | ▬▬ | ▬··▬··▬ | Ж |
| 等整层可降水量（PWAT）线 | 24 h 等变高线 | 500 hPa 季节温度特征线 | 3 h 显著升压线 | 3 h 显著降压线 | 中尺度对流系统移动趋势 | 干侵入特征线 |
| ▬▬▬ | ▭▭▭▭ | ▬▪▬▪▬ | ▬ ▬ ▬ | ▬ ▬ ▬ | ⟹ | ·▭·▭·▭· |
| 等压线 | 等风速线 | 等温度线 | 24h 等变温线 | | | |
| ▬▬ | ▬▬ | ▬▬ | ▫▫▫ | | | |
| | 地面 | 925hPa | 850hPa | 700hPa | 500hPa | 200hPa |
| 干线 | ⌒⌒⌒⌒ | ⌒⌒⌒⌒ | ⌒⌒⌒⌒ | ⌒⌒⌒⌒ | | |
| 辐合线 | ▬×▬ | ▬×▬ | ▬×▬ | ▬×▬ | ▬×▬ | |
| 标识流线 | → | → | → | → | → | → |
| 大风速轴 | ➡ | ➡ | ➡ | ➡ | ➡ | ➡ |
| 急流轴 | ➡ | ➡ | ➡ | ➡ | ➡ | ➡ |
| 切变线 | ══ | ══ | ══ | ══ | ══ | ══ |
| 温度脊 | | | ●●● | ●●● | | |
| 显著降温 | | | | ●▬●▬●▬● | ●▬●▬●▬● | |
| 温度槽 | | | ▲▲▲ | ▲▲▲ | | |

## 2.6　急流核

即急流中心,急流中风速最大的区域。

## 2.7　干线(露点锋)

水平方向上的湿度不连续线。穿过干线,水平方向露点温度变化剧烈。干线两侧的露点温度可相差 14℃/500km 以上。一般出现在高原和平原的过渡区。干线是边界层湍流混合的产物,具有明显的日变化。两侧湿度差异所伴随的密度差使干线成为具有自身垂直环流的中尺度系统,垂直伸展高度达地面以上 1～2 km。干线是对流的触发机制之一。

## 2.8　特征流线

对分析辐合辐散区、风速切变区或天气系统等具有指示意义的流线。

## 2.9　大风速带

大风速带指气流中最大风速点的连线的区域。

## 2.10　槽线

具有相对低的大气压力的一个拉长区。

## 2.11　冷槽

向赤道明显伸展的冷空气区。

## 2.12　暖脊

明显向极地方向伸展的暖空气。

## 2.13　中尺度对流系统

水平尺度为 10～2000 km 的具有旺盛对流运动的天气系统。

# 附录 E　相似指数简介

　　在科学研究和应用里,常常需要比较两个同类事物的相似程度,例如两个台风的强度、路径、灾害的相互比较,两次厄尔尼诺过程的异同等等。相似指数就是一个可以用来衡量两个可比变量场相似程度的定量指标。这种指标在气象工作中的数值模式比较和订正、相似预报模式、可预报性研究以及分型分类研究等领域具有广泛应用价值。假设 $\bm{x}=\{x_i|i=1,2,\cdots,N\}$ 和 $\bm{y}=\{y_i|i=1,2,\cdots,N\}$ 是两组各有 $N$ 个对应特征的可比事物(比如两组气温观测资料),它们之间的相似指数用 $S(\bm{x},\bm{y})$ 来表示。一个理想的相似系数有以下期待特征:

- 对称:$S(\bm{x},\bm{y})=S(\bm{y},\bm{x})$
- 有界:$|S(\bm{x},\bm{y})<M$,其中 $M$ 为有界常数
- 唯一最大(小)值:当 $\bm{x}=\bm{y}$ 时,达到最大(或最小)值
- 无量纲:无量纲量便于相互比较

## 1　传统相似指数

　　在科学文献里,均方根距离和相关系数是两个最常用来衡量相似程度的统计量。均方根距离也叫欧氏距离(Euclidean distance)定义为:

$$D_{xy} = \left[ \frac{1}{N} \sum_{i=1}^{N} (x_i - y_i)^2 \right]^{1/2} \tag{E.1}$$

均方根距离可以理解为 $\bm{x}$ 和 $\bm{y}$ 之间的平均误差,它具有如下特征:

- 对称:$D_{xy}=D_{yx}$
- 无上界:$0 \leqslant D_{xy} < \infty$
- 唯一最小值:只有当时 $\bm{x}=\bm{y}$,才有 $D_{xy}=0$
- 有量纲:$D_{xy}$ 与 $\bm{x}$ 和 $\bm{y}$ 的量纲一致

　　用 $D_{xy}$ 作为相似指数的不利因素除了无上界和有量纲外,还有对 $\bm{x}$ 和 $\bm{y}$ 之间的位相差别不敏感。相关系数的计算公式如下:

$$r_{xy} = \frac{\sigma_{xy}}{\sigma_x \sigma_y}, \tag{E.2}$$

其中:

$$\sigma_{xy} = \frac{1}{N} \sum_{i=1}^{N} (x_i - \bar{x})(y_i - \bar{y}), \quad \sigma_x^2 = \frac{1}{N} \sum_{i=1}^{N} (x_i - \bar{x})^2, \quad \sigma_y^2 = \frac{1}{N} \sum_{i=1}^{N} (y_i - \bar{y})^2; \tag{E.3}$$

$$\bar{x} = \frac{1}{N} \sum_{i=1}^{N} x_i, \qquad \bar{y} = \frac{1}{N} \sum_{i=1}^{N} y_i \tag{E.4}$$

相关系数有如下特征：

- 对称：$r_{xy} = r_{yx}$
- 有界：$-1 \leqslant r_{xy} \leqslant +1$
- 最大值不唯一：当 $\boldsymbol{x} = \boldsymbol{y}$ 时，$r_{xy} = 1$；但是当 $r_{xy} = 1$ 时，$\boldsymbol{x}$ 和 $\boldsymbol{y}$ 不一定完全相等
- 无量纲

用来做相似指数时，相关系数的最大缺陷是对平均值之间的差别和均方差之间的差别不敏感。

## 2  一些非传统相似指数

（1）非距平相关系数由于相关系数对平均值之间的差别和均方差之间的差别不敏感，可以考虑由下式定义的一个非距平相关系数（Wilks，2011）：

$$C_{xy} = \frac{\sum_{i=1}^{N} x_i y_i}{\sqrt{\sum_{i=1}^{N} x_i^2 \sum_{i=1}^{N} y_i^2}} \tag{E.5}$$

与（附E 2）式定义的 $r_{xy}$ 相比，（附E 5）式定义的 $C_{xy}$ 用的是原始变量，即非距平变量 $x_i$ 和 $y_i$，所以没有预先排除平均值 $\bar{x}$ 和 $\bar{y}$ 的影响。和 $r_{xy}$ 一样，$C_{xy}$ 有如下特征：

- 对称：$C_{xy} = C_{yx}$
- 有界：$|C_{xy}| \leqslant 1$
- 最大值不唯一：当 $\boldsymbol{x} = \boldsymbol{y}$ 时，$C_{xy} = 1$；但是当 $C_{xy} = 1$ 时，$\boldsymbol{x}$ 和 $\boldsymbol{y}$ 不一定完全相等
- 无量纲

虽然非距平相关系数里保留了平均值 $\bar{x}$ 和 $\bar{y}$ 的影响，但是具体的影响形式并不能从（附E 5）式表现出来。Mo 等（2014）通过对两个变量做适当的变换后得到了以下的改进非距平相关系数：

$$C_{xy}^{\dagger} = \left( \frac{\sigma_x/2}{\sqrt{(\bar{x} - \bar{y})^2 + \sigma_x^2}} + \frac{\sigma_y/2}{\sqrt{(\bar{x} - \bar{y})^2 + \sigma_y^2}} \right) r_{xy} \tag{E.6}$$

（附E 6）和（附E 5）式定义的 $C_{xy}$ 一样，（附E 6）中的 $C_{xy}^{\dagger}$ 也是一个对称、有界、无量纲的统计量。但是 $C_{xy}^{\dagger}$ 还有以下特点：

1）与相关系数 $r_{xy}$ 成正比

2）与平均值的差别 $(\bar{x} - \bar{y})$ 成反比

3）如果 $\bar{x} = \bar{y}$，则 $C_{xy}^{\dagger} = r_{xy}$；否则 $|C_{xy}^{\dagger}| < |r_{xy}|$

和传统的相关系数 $r_{xy}$ 一样，$C_{xy}$ 和 $C_{xy}^{\dagger}$ 都不能与 $\boldsymbol{x}$ 和 $\boldsymbol{y}$ 的标准差之间的区别，即 $(\sigma_x - \sigma_y)$，直接挂钩。

（2）Hodgkin-Richards 相似指数

Hodgkin 等（1987）给出的一个相似指数可以写成以下形式：

$$H_{xy} = 2 \sum_{i=1}^{N} (x_i y_i) \Big/ \sum_{i=1}^{N} (x_i^2 + y_i^2) \tag{E.7}$$

该相似指数有以下特征：

- 对称：$H_{xy} = H_{yx}$
- 有界：$|H_{xy}| \leqslant 1$
- 唯一最大值：只有当 $x = y$ 时，才有 $H_{xy} = 1$
- 无量纲

作为相似指数，$H_{xy}$ 对 $C_{xy}$ 的优势是具有唯一的最大值。所以通过 $H_{xy}$ 可以确定 $x$ 是否等同于 $y$，而 $C_{xy}$ 则没有这个功能。但是（附 E 7）式给出的 $H_{xy}$ 不能与平均值的差别和标准差的差别直接挂钩。为了克服这个缺点，Mo 等提出了改进的 Hodgkin-Richards 相似指数：

$$H^{\dagger}_{xy} = \frac{2\sigma_x\sigma_y r_{xy}}{(\bar{x} - \bar{y})^2 + (\sigma_x - \sigma_y)^2 + 2\sigma_x\sigma_y} \tag{E.8}$$

$H^{\dagger}_{xy}$ 对 $H_{xy}$ 的改进可以归结为：

1）与相关系数直接挂钩，成正比关系

2）与 $(\bar{x} - \bar{y})^2$ 和 $(\sigma_x - \sigma_y)^2$ 直接挂钩，均成反比关系

3）当 $\bar{x} = \bar{y}$，$\sigma_x = \sigma_y$ 时，$H^{\dagger}_{xy} = r_{xy}$；否则 $|H^{\dagger}_{xy}| < |r_{xy}|$

（3）Petke 相似指数

Petke（1993）提出一个和 Hodgkin-Richards 相似指数略有差别的指数：

$$P_{xy} = \sum_{i=1}^{N}(x_i y_i) \Big/ \max\Big(\sum_{i=1}^{N} x_i^2, \sum_{i=1}^{N} y_i^2\Big) \tag{E.9}$$

作为相似指数，$P_{xy}$ 和 $H_{xy}$ 具有同样的特征，但是它们之间可能存在着数量上的差别，因为 $P_{xy}$、$H_{xy}$ 和 $C_{xy}$ 三者之间还满足下列不等式：

$$|P_{xy}| \leqslant |H_{xy}| \leqslant |C_{xy}| \leqslant 1 \tag{E.10}$$

Mo 等（2014）提出了一个改进的 Petke 相似指数：

$$P^{\dagger}_{xy} = \left[\frac{\sigma_x\sigma_y}{(\bar{x} - \bar{y})^2 + \max(\sigma_x^2, \sigma_y^2)}\right] r_{xy} \tag{E.11}$$

$P^{\dagger}_{xy}$ 和 $H^{\dagger}_{xy}$ 具有同样的功能和特征。与（附 E10）式类似，下列不等式成立：

$$|P^{\dagger}_{xy}| \leqslant |H^{\dagger}_{xy}| \leqslant |C^{\dagger}_{xy}| \leqslant 1 \tag{E.12}$$

（4）Wang-Bovik 相似指数

Wang 等（2002）给出了一个可以分解成三个分量的相似指数：

$$Q_{xy} = \underbrace{\left(\frac{2\bar{x}\bar{y}}{\bar{x}^2 + \bar{y}^2}\right)}_{m_{xy}} \underbrace{\left(\frac{2\sigma_x\sigma_y}{\sigma_x^2 + \sigma_y^2}\right)}_{\upsilon_{xy}} \underbrace{\left(\frac{\sigma_{xy}}{\sigma_x\sigma_y}\right)}_{r_{xy}} \tag{E.13}$$

其中 $r_{xy}$ 是由（附E 2）式定义的相关系数，$m_{xy}$ 和 $\upsilon_{xy}$ 分别称为平均值失真系数和标准差失真系数。从上式可以看出，$0 \leqslant m_{xy} \leqslant 1$，$0 \leqslant \upsilon_{xy} \leqslant 1$，因此，$-1 \leqslant Q_{xy} \leqslant 1$。$|Q_{xy}| \leqslant |r_{xy}|$ 和 $H_{xy}$、$P_{xy}$ 一样，$Q_{xy}$ 也具有以下特征：

- 对称：$Q_{xy} = Q_{yx}$
- 有界：$|Q_{xy}| \leqslant 1$
- 唯一最大值：只有当 $x = y$ 时，才有 $Q_{xy} = 1$
- 无量纲

注意，$m_{xy}$ 和 $\upsilon_{xy}$ 还可以写成以下形式：

$$m_{xy} = \frac{2\bar{x}\,\bar{y}}{(\bar{x} - \bar{y})^2 + 2\bar{x}\,\bar{y}}, \qquad \upsilon_{xy} = \frac{2\sigma_x\sigma_y}{(\sigma_x - \sigma_y)^2 + 2\sigma_x\sigma_y} \tag{E.14}$$

所以 $Q_{xy}$ 也具有以下特点：

1）与相关系数直接挂钩，成正比关系

2）与 $(\bar{x}-\bar{y})^2$ 和 $(\sigma_x-\sigma_y)^2$ 直接挂钩，均成反比关系

3）当 $\bar{x}=\bar{y}, \sigma_x=\sigma_y$ 时，$Q_{xy}=r_{xy}$；否则 $|Q_{xy}| < |r_{xy}|$

与 $H_{xy}^{\dagger}$、$P_{xy}^{\dagger}$ 做比较，$Q_{xy}$ 可以分成三个分量，其中 $(\bar{x}-\bar{y})^2$ 和 $(\sigma_x-\sigma_y)^2$ 对相关系数的订正可以分开来考察；而在 $H_{xy}^{\dagger}$ 和 $P_{xy}^{\dagger}$ 里，这两个订正因素是不可分的。

由（附E 13））式定义的 Wang-Bovik 相似指数也被称为结构相似指数。但是作为相似指数，由（附E 13）式给出的定义只适合于两个变量都为同一符号的情况，即所有的 $x$ 和 $y$ 值要么都大于或者等于零，要么都小于或者等于零，而不能同时有正有负。为了取消这种符号限制，Mo 等提出了一个改进的 Wang－Bovik 相似指数：

$$Q_{xy}^{\dagger} = \underbrace{\left(\frac{2\tilde{x}\tilde{y}}{\tilde{x}^2 + \tilde{y}^2}\right)}_{\tilde{m}_{xy}} \underbrace{\left(\frac{2\sigma_x\sigma_y}{\sigma_x^2 + \sigma_y^2}\right)}_{\upsilon_{xy}} \underbrace{\left(\frac{\sigma_{xy}}{\sigma_x\sigma_y}\right)}_{r_{xy}} \tag{E.15}$$

其中：

$$(\tilde{x}, \tilde{y}) = (\bar{x}, \bar{y}) - \psi_{xy}, \qquad \psi_{xy} = \min(x_i - y_i \,|\, i = 1, 2, \cdots, N) \tag{E.16}$$

由于气象中的观测数据很多都是可正可负的，所以应用（附 E 15）式给出的 $Q_{xy}^{\dagger}$ 比较合适。由于 Wang-Bovik 指数能被分解成相关系数、平均值差别订正系数和方差差别订正系数这三个有明确物理意义的分量，在气象、水文等应用上有一定优势。

# 附录 F  中尺度模式简介

"高山站资料应用暴雨预报系统"中的"暴雨客观预报"模块提供了 8 种模式降水预报产品,方便广大预报业务人员实时调取。现将其中 4 种中尺度模式产品介绍如下:

## 1  AREM-RUC

中国气象局武汉暴雨研究所研制,并于 2009 年汛期开始投入业务应用。系统包括暴雨中尺度数值预报模式 AREM(Advanced Regional Eta-coordinate Model)和局地分析预报系统 LAPS(Local Analysis and Prediction System)两部分,其流程如附图 F1 所示:首先利用 LAPS 系统,将地面站、探空、GPS 和多普勒雷达等多源观测资料融入 NCEP 大尺度模式预报场中,得到包含更多中尺度信息的气象分析场;其次将 LAPS 分析的温、压、湿、风、云水、雨水等作为 AREM 模式的初始场,利用 GFS 资料作为边界条件,热启动 AREM 模式,得到不断更新的预报场供预报员使用。AREM-RUC 每隔 3 h 运行 1 次,在 00 和 12 UTC(世界时,下同)每次进行 84 h 时效的预报,在 00UTC 及 12UTC,LAPS 系统融合的观测资料包括地面站、探空、GPS 和多普勒雷达资料(资料站点分布如附图 F2 所示),在其他时次(03、06、09、15、18、21 UTC)LAPS 系统融合的观测资料包括地面站、GPS 和雷达资料,每次进行 36 h 时效的预报。

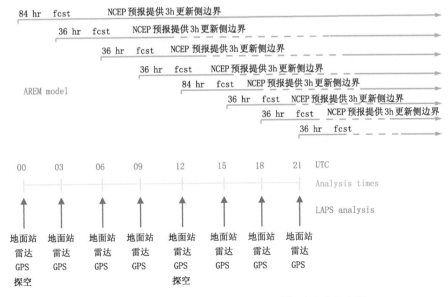

附图 F1  AREM-RUC 3 h 快速更新同化预报系统流程

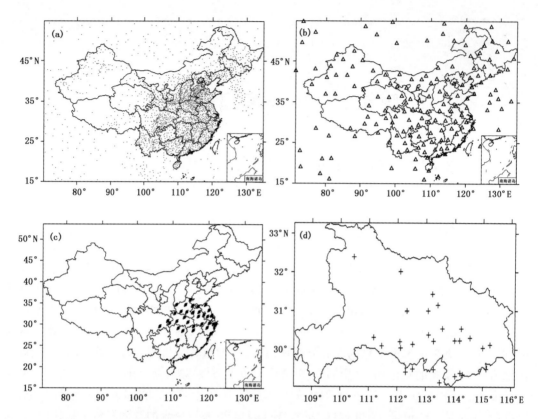

附图 F2　LAPS 系统融合的地面(a)、探空站(b)、雷达站(c)、GPS 资料站(d)点分布图

　　其中 AREM 模式采用的是 V2.3 版,模式垂直坐标为 $\eta$ 坐标,变量的水平分布采用 E 网格,水平分辨率平均约 37 km,垂直方向不等距分为 35 层,模式顶为 50 hPa。模式的主要物理过程包括非局地边界层、水平扩散、暖云微物理过程、Betts 对流参数化调整方案、基于 Benjamin 理论的地表辐射参数化,地表通量采用多层结通量—廓线法,水汽平流计算采用正定保形平流方案。模式积分范围为 $70^\circ\sim135^\circ$ E、$15^\circ\sim55^\circ$ N,时间积分步长设为 225 s。

　　资料同化系统采用美国国家海洋大气管理局(NOAA)地球系统研究实验室(Earth System Research Laboratory)发展的 LAPS 系统,它能够有效融合卫星、雷达、GPS、探空、自动站、风廓线、微波辐射计等多种观测资料,形成高时空分辨率的三维格点中尺度气象分析场。LAPS 的基本算法是在背景场基础上采用距离权重插值得到网格点值,然后对地面风压关系采用二维变分进行约束,对高空温、压、风关系采用三维变分进行约束,对垂直水汽分布采用一维变分进行约束等。

　　除了对各类观测资料进行融合形成一个统一的高分辨的三维格点场外,LAPS 系统中的云分析方案很有特色,采用卫星、雷达、风廓线、飞机、地面报告、LAPS 温度分析场等多种资料,进行三维云量、云类型和水成物分析,最终可获得云底高度、云顶高度、云量、云型、云水、雨水、云冰、雪含量等多种云信息。

　　目前业务运行的 LAPS 系统中融合的观测资料包括地面站、探空、GPS 和多普勒雷达等 4 种资料,LAPS 资料空间分辨率为 $0.05^\circ\times0.05^\circ$,垂直高度分为 22 层。

## 2　WRF/3D

2012 年 3 月,中国气象局武汉暴雨研究所与美国国家大气研究中心(NCAR)开展技术交流与合作,建立了华中区域中尺度数值预报模式系统(WRF/3D)。该系统于 2014 年 3 月 13 日通过中国气象局的业务准入,2014 年 4 月 1 日正式业务运行,预报产品向华中区域三省(湖北、湖南、河南)实时提供。

WRF/3D 系统主模式采用 WRF V3.4 版,模式中心位于(30°37′N,114°08′E),采用双向三重嵌套,三重嵌套的格点数分别为 370×214、250×190、400×265,格距分别为 27 km、9 km、3 km,垂直方向 45 个 σ 层,模式层顶 30 hPa,时间步长设为 120 s(以下称模式 27 km 区为 D1,9 km 区为 D2,3 km 区为 D3)。模式系统主要物理过程设置如下:WSM6 显式微物理方案;Kain-Fritsch(new Eta)积云参数化方案(D3 区无积云参数化方案);YSU 边界层方案;RRTM 长波辐射方案;Goddard 短波辐射方案;辐射方案每 15 min 计算一次;Noah LSM 陆面模式。如附图 F3 所示是模式区域设置,D1 区涵盖了全国范围;D2 区主要涵盖华中区域;D3 区主要涵盖湖北省及三峡库区。

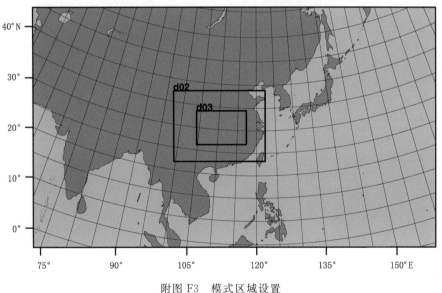

附图 F3　模式区域设置

WRF/3D 系统根据其背景场来源可分为一次冷启动、两次热启动三个循环同化预报过程。其中,冷启动预报为第一次预报循环,该循环以起报时间之前 12 h 的全球模式 NCEP GFS(0.5°×0.5°)分析场作为同化的背景场,第二次热启动预报是在冷启动 6 h 预报场基础上进行同化分析,第三次热启动预报利用第二次热启动的 6 h 预报场作为背景场进行同化,再进行 84 h 的预报。目前系统每天起报时间分别是 00:00UTC 和 12:00UTC,共两次。WRF/3D 系统采用三维变分同化技术(WRFDA)进行观测资料的同化分析,同化的观测资料包括常规探空、常规地面、船舶/浮标、航空、小球探空飞机报、卫星测厚等全球观测资料(附图 F4)。

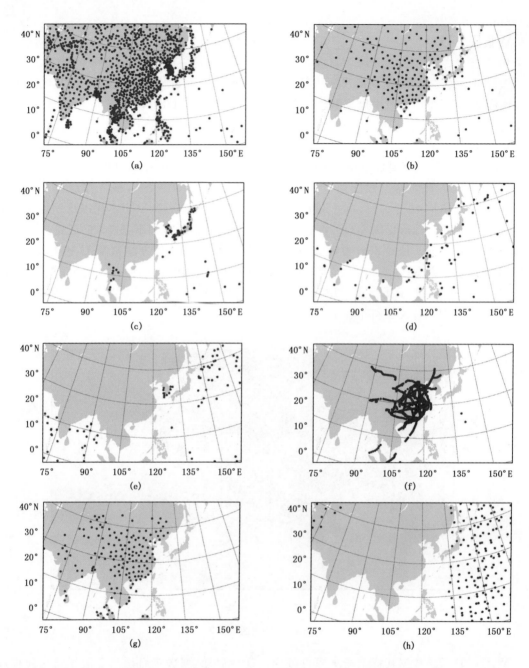

附图 F4　WRF/3D 系统同化 2015 年 8 月 10 日 00UTC 的常规地面(a)、常规探空(b)、航空(c)、船舶(d)、
浮标(e)、小球探空飞机报(f)、飞机报(g)、卫星测厚(h)等全球观测资料分布图

## 3　HNWRF

2007 年 6 月,湖南省气象台移植引进 WRF 模式,建立了湖南区域中尺度数值预报模式系统(HNWRF)。系统主模式采用 WRF V3.4.1 版,模式中心位于(27°30′N,115°30′E),采用两

重嵌套网格(附图 F5),嵌套的格点数分别为 121×121、121×121,格距分别为 27 km、9 km,垂直方向 28 个 σ 层,模式层顶 100 hPa,粗网格积分步长设为 120 s;模式系统主要物理过程设置如下:粗、细网格微物理过程均采用 WSM3 简单冰相方案;长波辐射均选用 RRTM 方案;短波辐射均选用 Dudhia 方案;近地面方案选用 Monin-Obukhov 方案;陆面过程采用 Noah 陆面参数化方案;积云参数化方案选用 Betts-Miller-Janjic 方案;边界层方案选用 YSU 方案。

HNWRF 系统以全球模式 NCEP GFS(1.0°×1.0°)预报场作为模式的背景场,每天两次冷启动,起报时间分别是 00:00UTC 和 12:00UTC,进行 84 h 的预报。

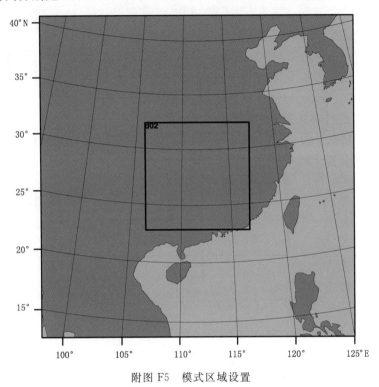

附图 F5　模式区域设置

## 4　XSLD

2010 年,国家气象中心以 T639、EC、JAPAN、NCEP 业务模式产品为基础,以相似离度、逐级归并法等数学方法为技术手段,根据不同数值模式降水预报之间的相似程度(雨带和雨强的相似)确定不同模式的权重系数,建立了多模式动态权重定量降水集成预报系统(简称 XSLD)(流程如附图 F6 所示)。该集成方法既考虑了各模式成员总体的差异性,又考虑了降水的概率分布,对提高极端天气事件的预报准确率有一定效果。该方法与 MOS 统计方法相比,不依赖于历史资料,实现方便快捷;与集合平均方法相比提高了对极端降水的预报能力。该系统自 2010 年开始在国家气象中心业务试运行,2012 年 6 月 15 日产品正式业务化,并下发给各省(区、市)气象台。

模式资料采用 Micaps 第四类数据格式,其中 T639、NCEP、JAPAN 细网格和 EC 细网格模式分辨率分别为 1.125°、0.5°、0.25° 和 0.125°。集成后的定量降水预报产品的分辨率为

0.25°×0.25°,6 h集成产品时效为 96 h(6 h间隔),6 h集成累加 24 h产品时效为 96 h(12 h间隔)、24 h集成产品时效为 240 h(12 h间隔)。

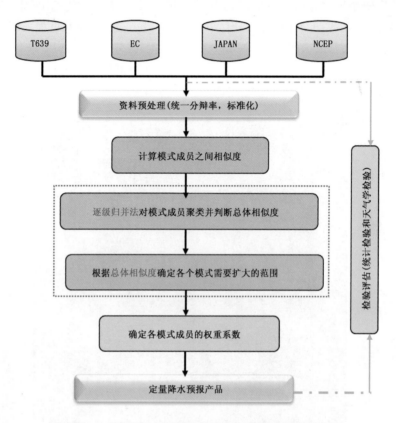

附图 F6 多模式动态权重定量降水集成预报系统流程图